HZ Books

华章图书

一本打开的书，一扇开启的门，
通向科学殿堂的阶梯，托起一流人才的基石。

U0178962

www.hzbook.com

计 算 机 科 学 丛 书

雾计算与边缘计算
原理及范式

[澳大利亚] 拉库马·布亚（Rajkumar Buyya）
墨尔本大学　　　　　　　　　　　　等编著

[爱沙尼亚] 萨蒂什·纳拉亚纳·斯里拉马（Satish Narayana Srirama）
塔尔图大学

彭木根 孙耀华 译
北京邮电大学

Fog and Edge Computing
Principles and Paradigms

机械工业出版社
China Machine Press

图书在版编目（CIP）数据

雾计算与边缘计算：原理及范式 /（澳）拉库马·布亚（Rajkumar Buyya）等编著；彭木根，
孙耀华译 . —北京：机械工业出版社，2020.1（2020.9 重印）
（计算机科学丛书）
书名原文：Fog and Edge Computing: Principles and Paradigms

ISBN 978-7-111-64410-1

I. 雾… II. ① 拉… ② 彭… ③ 孙… III. 云计算 - 研究 IV. TP393.027

中国版本图书馆 CIP 数据核字（2019）第 279469 号

本书版权登记号：图字 01-2019-2155

本书对驱动雾计算和边缘计算的前沿应用程序及架构进行了全面概述，同时重点介绍了潜在的研究
方向和新兴技术。本书还探讨了可扩展架构开发、从封闭系统转变为开放系统以及数据感知引起的道德
问题等主题，以应对雾计算和边缘计算带来的挑战和机遇。书中由资深物联网专家撰写的章节讨论了联
合边缘资源、中间件设计、数据管理和预测分析、智能交通以及监控应用等主题。全书分为三个部分：
第一部分聚焦基础原理，第二部分关注中间件，第三部分介绍雾计算应用和相关问题。

本书能够帮助读者全面了解雾计算和边缘计算的核心基础、应用及问题，是计算机科学和工程领域
的系统设计师、开发人员、研究人员以及高年级本科生和研究生的前沿信息的重要来源。

出版发行：机械工业出版社（北京市西城区百万庄大街 22 号 邮政编码：100037）
责任编辑：孙榕舒 责任校对：殷 虹
印 刷：三河市宏图印务有限公司 版 次：2020 年 9 月第 1 版第 2 次印刷
开 本：185mm×260mm 1/16 印 张：21
书 号：ISBN 978-7-111-64410-1 定 价：119.00 元

客服电话：(010) 88361066 88379833 68326294 投稿热线：(010) 88379604
华章网站：www.hzbook.com 读者信箱：hzjsj@hzbook.com

版权所有·侵权必究
封底无防伪标均为盗版
本书法律顾问：北京大成律师事务所 韩光 / 邹晓东

文艺复兴以来，源远流长的科学精神和逐步形成的学术规范，使西方国家在自然科学的各个领域取得了垄断性的优势；也正是这样的优势，使美国在信息技术发展的六十多年间名家辈出、独领风骚。在商业化的进程中，美国的产业界与教育界越来越紧密地结合，计算机学科中的许多泰山北斗同时身处科研和教学的最前线，由此而产生的经典科学著作，不仅擘划了研究的范畴，还揭示了学术的源变，既遵循学术规范，又自有学者个性，其价值并不会因年月的流逝而减退。

近年，在全球信息化大潮的推动下，我国的计算机产业发展迅猛，对专业人才的需求日益迫切。这对计算机教育界和出版界都既是机遇，也是挑战；而专业教材的建设在教育战略上显得举足轻重。在我国信息技术发展时间较短的现状下，美国等发达国家在其计算机科学发展的几十年间积淀和发展的经典教材仍有许多值得借鉴之处。因此，引进一批国外优秀计算机教材将对我国计算机教育事业的发展起到积极的推动作用，也是与世界接轨、建设真正的世界一流大学的必由之路。

机械工业出版社华章公司较早意识到"出版要为教育服务"。自1998年开始，我们就将工作重点放在了遴选、移译国外优秀教材上。经过多年的不懈努力，我们与Pearson、McGraw-Hill、Elsevier、MIT、John Wiley & Sons、Cengage等世界著名出版公司建立了良好的合作关系，从它们现有的数百种教材中甄选出Andrew S. Tanenbaum、Bjarne Stroustrup、Brian W. Kernighan、Dennis Ritchie、Jim Gray、Afred V. Aho、John E. Hopcroft、Jeffrey D. Ullman、Abraham Silberschatz、William Stallings、Donald E. Knuth、John L. Hennessy、Larry L. Peterson等大师名家的一批经典作品，以"计算机科学丛书"为总称出版，供读者学习、研究及珍藏。大理石纹理的封面，也正体现了这套丛书的品位和格调。

"计算机科学丛书"的出版工作得到了国内外学者的鼎力相助，国内的专家不仅提供了中肯的选题指导，还不辞劳苦地担任了翻译和审校的工作；而原书的作者也相当关注其作品在中国的传播，有的还专门为其书的中译本作序。迄今，"计算机科学丛书"已经出版了近500个品种，这些书籍在读者中树立了良好的口碑，并被许多高校采用为正式教材和参考书籍。其影印版"经典原版书库"作为姊妹篇也被越来越多实施双语教学的学校所采用。

权威的作者、经典的教材、一流的译者、严格的审校、精细的编辑，这些因素使我们的图书有了质量的保证。随着计算机科学与技术专业学科建设的不断完善和教材改革的逐渐深化，教育界对国外计算机教材的需求和应用都将步入一个新的阶段，我们的目标是尽善尽美，而反馈的意见正是我们达到这一终极目标的重要帮助。华章公司欢迎老师和读者对我们的工作提出建议或给予指正，我们的联系方法如下：

华章网站：www.hzbook.com

电子邮件：hzjsj@hzbook.com

联系电话：（010）88379604

联系地址：北京市西城区百万庄南街1号

邮政编码：100037

华章科技图书出版中心

译者序

Fog and Edge Computing: Principles and Paradigms

回顾无线通信发展史，从以"大哥大"为特征的第一代移动通信到以智能手机为代表的 4G 时代，网络覆盖越来越广、通信速率越来越快、人与人之间的沟通越来越便捷、人们获取信息的方式愈加多样化，这极大地促进了全社会的信息流动。尽管如此，移动通信仍未停下它演进的步伐，在 5G/ 后 5G 时代将不仅仅聚焦人与人之间的通信，人与物、物与物之间的连接也将无处不在，我们正在拥抱一个物联网时代。

传感器是物联网的重要组成部分，通过部署各类传感器进行信息感知，人类能够直观了解所处物理世界的状态，例如房间的温湿度、工厂机器的振动、电流电压等，在此基础上，通过在物体中内置控制器，可以根据物理世界的状态反过来对其进行控制，从而实现期望的目标。物联网的另外一个重要元素是云计算，已有的大多数物联网方案均基于云计算进行大规模数据分析和处理，即各传感器 / 数据采集器将数据上报至云服务器，进而利用大数据、人工智能等技术进行数据挖掘和智能推送等。然而，基于云计算的无线物联网在一些典型应用场景中存在着不足：

- 当传感器采集的数据量非常庞大时，会给回传链路，特别是无线同传链路带来巨大的容量和时延压力；
- 基于云计算进行大数据挖掘会产生较大的时延，导致在时延敏感场景中无法实现及时控制，例如车联网、无人车、机械臂等；
- 云计算在数据回传和集中存储处理中存在信息安全隐患，因此对内容敏感数据并不合适；
- 由于至云端的回传距离长，容易出现链路不可靠、数据丢失、维护成本高等问题。

为了弥补云计算的不足，业界提出了雾计算，目的是充分利用计算机网络交换机、路由器，以及无线接入网络基站等网络边缘设备的计算、存储能力提升网络性能和用户体验。在物联网逐渐兴起的趋势下，可以将雾计算与物联网相结合，赋予物联网设备计算、存储、通信、控制等能力，以更好地支撑各类物联网应用。面向物联网的雾网络和面向 5G 的雾无线接入网络作为雾计算的两种典型组网模式，已经成为业界关注的焦点和热点，相关理论研究成果和产业应用近年来不断呈现且发展得非常迅速。

为了在国内更好地推进雾计算理论和技术发展、促进 5G 和物联网的成熟及完善，译者基于此前在雾计算领域的研究积累，翻译了本书。本书全面呈现了雾计算和边缘计算的基础概念、架构和组成、应用实施以及有关的仿真软件，无论是相关领域的工程师、科研人员，还是高年级本科生、研究生，均可从本书中获取雾计算领域的有益信息。然而，由于译者的水平有限，译著内容难免有疏漏之处，因此我们非常期待得到读者的反馈。

彭木根　孙耀华

2019 年 10 月 16 日于北京邮电大学

物联网范式有望把"物"作为互联网环境的一部分，这些物通常包括具有感知能力和标签的物理设备、移动设备（如智能手机和汽车）、消费类电子设备以及家用电器（如冰箱、电视和医疗设备）。在以云为中心的物联网应用中，来自"物"的感知数据在公共云和私有云上进行提取、积聚和处理，这将导致显著的时延。为此，雾计算利用了网关、微云、网络交换机/路由器上的分布在物联网各层的近邻计算资源来应对开发实时物联网应用时的时延问题。而在电信领域，一种类似的利用近邻资源的方法是移动边缘计算。

为了充分发挥雾计算和边缘计算及其他相似范式的潜能，研究者和实践者需要应对相关挑战，并提出概念上和技术上的合理解决方案。这些方案包括开发可扩展架构，开放封闭系统，解决数据感知、存储、处理和操作时涉及的隐私与道德问题，设计交互协议，以及自动管理。

本书的主要目的是展示雾计算和边缘计算中最先进的应用、架构和技术。本书也着眼于挖掘潜在的研究方向和技术，力图促进多个领域的进一步发展，包括智能家居、智慧城市、科学、工业、商业和消费者应用程序等。我们希望本书能作为一个参考帮助到更多的受众，如系统架构师、实践者、开发人员、新研究人员和研究生。本书还有一个关联网站（http://cloudbus.org/fog/book/）用来存放前沿的在线资源。

本书的结构

本书包含了由物联网、云计算和雾计算领域的几位权威专家撰写的章节，以协调统一的方式呈现，从基础原理开始，接着介绍中间件，最后提出实现与雾计算和边缘计算相关的应用的技术解决方案。

本书内容分为三个部分。第一部分（第 1 ~ 5 章）聚焦基础原理。第 1 章介绍了物联网范式以及以云为中心的物联网的局限性，讨论了克服局限性的相关技术和新计算范式，如雾计算、边缘计算等，以及它们的主要优势和基本机制。此外，还展示了雾计算和边缘计算环境的分层，并详细讲解了雾计算和边缘计算带来的机遇和挑战。第 2 章从组网、管理、资源等角度对其挑战以及未来研究方法进行了进一步阐述。第 3 章讨论了建模技术的使用和对由云、雾和物联网组成的云 – 物系统进行展示和评估的文献。第 4 章盘点了最新的在 5G、边缘/雾和云计算下进行网络切片的相关文献。作为第一部分的最后一章，第 5 章基于一致的、定义明确的、正式的约束和优化目标表达式，讨论了雾计算中优化问题的一般概念性框架。

第二部分（第 6 ~ 10 章）关注中间件。第 6 章讨论了在所提出的架构下，雾计算和边缘计算中间件设计的不同方面。第 7 章介绍了一种边缘云参考架构的核心原理，该架构基于容器作为打包和分布机制。该章还提供了使用 Raspberry Pi 集群的实验结果来验证提出的架构方案。第 8 章提出了在雾计算环境下的数据管理概念架构，并讨论了雾计算数据管理的未来研究方向。第 9 章讨论了在雾环境下支撑应用程序部署的 FogTorch II 原型。该原型可以展示处理能力、预测服务质量属性、评估雾计算基础设施的运行成本以及应用程序的处理和服务质量需求。第 10 章盘点了用于物联网设备安全防护的机器学习算法和雾计算下机器学习的适用范围。

第三部分（第 11 ~ 17 章）主要介绍了雾计算应用和相关问题。第 11 章讨论了可以部署在传统集中数据分析平台中且可以在雾计算环境下进行数据分析的雾引擎原型。另外，该章还提供了智能家居和智能营养监控系统的研究案例，它们在概念上使用了雾引擎。第 12 章介绍了智能电子健康网关中的雾计算服务，并通过远程心电监控案例对实施的系统进行了评估。第 13 章讨论和比较了在雾及边缘处构建这样的自动化监控应用需要的计算能力和算法。第 14 章在智能交通管理系统用例的场景下，确定了数据驱动传输架构的计算需求，为智能交通应用设计了基于云、雾协同的计算平台。第 15 章分别在智能家居、智能健康、智能交通领域探讨了应用的测试问题。第 16 章对雾 / 边缘 / 物联网应用进行了分类，分析了通用数据保护条例中最新的限制条例，讨论了这些法律约束如何影响物联网在云和雾环境下的设计与运行。雾计算环境由物联网设备、雾节点、云数据中心组成，并将产生大量的物联网数据，其高昂的开销是物联网发展面临的一个重大问题。为了解决这个问题，第 17 章介绍了 iFogSim 仿真组件，提供了详细的安装教程以及建模雾环境的详细指导。

首先，感谢所有参与作者在写作中付出的时间、精力以及给予的理解。

感谢 Wiley 出版社并行和分布式计算系列丛书的编辑 Albert Zomaya，没有他的热情帮助，我们就无法轻松地完成出版工作。

Raj 想要感谢他的家人，特别是 Smrithi、Soumya 和 Radha Buyya 在他的写作过程中给予的关怀、理解和支持。Satish 想要感谢他的妻子 Gayatri 和父母（S.Lakshminarayana 和 Lolakshi）给予的爱和支持，以及刚出生的女儿 Meghana 给家里带来的欢乐。

最后感谢 Wiley 出版社的编辑，特别是 Brett Kurzman（资深编辑）和 Victoria Bradshaw（编辑助理），与他们合作是一次令人愉快的经历。

Rajkumar Buyya

澳大利亚墨尔本大学和 Manjrasoft 私人有限公司

Satish Narayana Srirama

爱沙尼亚塔尔图大学

Zoltán Ádám Mann
University of Duisburg-Essen
Germany
e-mail: zoltan.mann@gmail.com

Edison Albuquerque
Universidade de Pernambuco
Brazil
e-mail: edison@ecomp.poli.br

Mohammad Saad Alam
Aligarh Muslim University
India
e-mail: saad.alam@zhcet.ac.in

Ahmet Cihat Baktir
Bogazici University
Turkey
e-mail: cihatbaktir@gmail.com

Ayan Banerjee
Arizona State University
USA
e-mail: abanerj3@asu.edu

M. M. Sufyan Beg
Aligarh Muslim University
India
e-mail: mmsbeg@cs.berkely.edu

Yu Chen
Binghamton University
USA
e-mail: ychen@binghamton.edu

Qinghua Chi
University of Melbourne
Australia
e-mail: chiqinghua@huawei.com

Nabil El Ioini
Free University of Bozen-Bolzano
Italy
e-mail: nelioini@unibz.it

Antonio Brogi
University of Pisa
Italy
e-mail: brogi@di.unipi.it

Rajkumar Buyya
University of Melbourne
Australia
e-mail: rbuyya@unimelb.edu.au

Vinaya Chakati
Arizona State University
USA
e-mail: vchakati@asu.edu

Chii Chang
University of Tartu
Estonia
e-mail: chang@ut.ee

Priyanka Chawla
Lovely Professional University
India
e-mail: priyankamatrix@gmail.com

Rohit Chawla
Apeejay College
India
e-mail: rc.j2ee@gmail.com

Tuan Nguyen Gia
University of Turku
Finland
e-mail: tuan.nguyengia@utu.fi

Sandeep Kumar S. Gupta
Arizona State University
USA
e-mail: sandeep.gupta@asu.edu

Sven Helmer
Free University of Bozen-Bolzano
Italy
e-mail: shelmer@inf.unibz.it

Patricia Takako Endo
Universidade de Pernambuco
Dublin City University
Ireland
e-mail: patricia.endo@upe.br

Cem Ersoy
Bogazici University
Turkey
e-mail: ersoy@boun.edu.tr

Leylane Ferreira
Universidade Federal de Pernambuco
Brazil
e-mail: leylane.silva@gprt.ufpe.br

Matheus Ferreira
Universidade de Pernambuco
Brazil
e-mail:
matheus0906.mhci@gmail.com

Stefano Forti
University of Pisa
Italy
e-mail: stefano.forti@di.unipi.it

Attila Kertesz
University of Szeged
Hungary
e-mail: keratt@inf.u-szeged.hu

Theo Lynn
Dublin City University
Ireland
e-mail: theo.lynn@dcu.ie

Aniket Mahanti
University of Auckland
New Zealand
e-mail: a.mahanti@auckland.ac.nz

Redowan Mahmud
University of Melbourne
Australia
e-mail:
mahmudm@student.unimelb.edu.au

M. Muzakkir Hussain
Aligarh Muslim University
India
e-mail:
md.muzakkirhussain@zhcet.ac.in

Ahmad Ibrahim
University of Pisa
Italy
e-mail: ahmad@di.unipi.it

Bahman Javadi
Western Sydney University
Australia
e-mail:
b.javadi@westernsydney.edu.au

Mingzhe Jiang
University of Turku
Finland
e-mail: mizhji@utu.fi

Judith Kelner
Universidade Federal de Pernambuco
Brazil
e-mail: jk@gprt.ufpe.br

Tina Samizadeh Nikoui
Islamic Azad University
Iran
e-mail: tina.samizadeh@srbiau.ac.ir

Atay Ozgovde
Galatasaray University
Turkey
e-mail: atay.ozgovde@gmail.com

Claus Pahl
Free University of Bozen-Bolzano
Italy
e-mail: cpahl@unibz.it

Madhurima Pore
Arizona State University
USA
e-mail: mpore@asu.edu

X

Farhad Mehdipour
New Zealand School of Education
and STEM Fern Ltd.
Auckland
New Zealand
e-mail: farhadm@nzseg.com

Lorenzo Miori
Free University of Bozen-Bolzano
Italy
e-mail: memorys60@gmail.com

Melody Moh
San Jose State University
USA
e-mail: melody.moh@sjsu.edu

Seyed Yahya Nikouei
Binghamton University
USA
e-mail: snikoue1@binghamton.edu

Julian Sanin
Free University of Bozen-Bolzano
Italy
e-mail: Julian.Sanin@stud-inf.unibz.it

Guto Leoni Santos
Universidade Federal de Pernambuco
Brazil
e-mail: guto.leoni@gprt.ufpe.br

Cagatay Sonmez
Bogazici University
Turkey
e-mail: cagataysonmez@hotmail.com

Satish Narayana Srirama
University of Tartu
Estonia
e-mail: srirama@ut.ee

Hooman Tabarsaied
Islamic Azad University
Iran
e-mail: h.tabarsaied@yahoo.com

Adel Nadjaran Toosi
University of Melbourne
Australia
e-mail:
adel.nadjaran@unimelb.edu.au

Amir Masoud Rahmani
Islamic Azad University & University
of Human Development
Iran
e-mail: rahmani@srbiau.ac.ir

Robinson Raju
San Jose State University
USA
e-mail: robinson.raju@sjsu.edu

Guillermo Ramirez-Prado
Unitec Institute of Technology
Auckland
New Zealand
e-mail: gprado@unitec.ac.nz

Djamel Sadok
Universidade Federal de Pernambuco
Brazil
e-mail: jamel@gprt.ufpe.br

Sz. Varadi
University of Szeged
Hungary
e-mail:
varadiszilvia@juris.u-szeged.hu

Blesson Varghese
Queen's University Belfast
UK
e-mail: B.Varghese@qub.ac.uk

G. Gultekin Varkonyi
University of Szeged
Hungary
e-mail: gizemgv@juris.u-szeged.hu

David von Leon
Free University of Bozen-Bolzano
Italy
e-mail: david@davole.com

Ronghua Xu
Binghamton University
USA
e-mail: rxu22@binghamton.edu

第三部分 应用和问题

第 11 章 大数据分析的雾计算实现···178

第 12 章 在健康监测中运用
雾计算···············199

基 础 原 理

物联网和新的计算范式

Chii Chang, Satish Narayana Srirama, Rajkumar Buyya

1.1 引言

物联网（Internet of Things，IoT）[1]代表了一个综合环境，其将大量异构物理对象或事物（如电器、设施、动物、车辆、农场、工厂等）连接到互联网上，以提高物流、制造业、农业、城市计算、家庭自动化、环境辅助生活以及各种实时而无处不在的计算应用的效率。

通常，物联网系统遵循以云为中心的互联网（CIoT）架构，其中，物理对象表示为由全球互联网中的服务器管理的 Web 资源[2]。为了将物理实体连接到互联网，系统将利用诸如有线或无线传感器、执行器和读取器的各种前端设备来与它们交互。此外，前端设备可通过互联网调制解调器、路由器、交换机、蜂窝基站等中间网关节点与互联网连接。一般而言，常见的物联网系统涉及三大主要技术：嵌入式系统、中间件和云服务，其中嵌入式系统为前端设备提供智能，中间件将前端设备的异构嵌入式系统与云互连，最后，云提供全面的存储、处理和管理机制。

尽管 CIoT 模型是实施物联网系统的常用方法，但它正面临着与物联网相关的日益增长的挑战。具体而言，CIoT 面临着带宽、时延、不间断、资源约束和安全性方面的挑战[3]。

- 带宽：物联网中的对象产生的海量数据将超过带宽的可用范围。例如，一辆连网汽车每秒可以生成数十兆字节的数据，用于传输其路线、速度、汽车运行状况、驾驶员状况、周围环境、天气等信息。此外，由于实时视频流的需求，一辆自动驾驶车辆每秒可以生成数千兆字节的数据。因此，完全依靠远端云来管理事物变得不切实际。
- 时延：云面临着需要将端到端时延控制在几十毫秒内的挑战。具体而言，工业智能电网系统、自动驾驶车载网络、虚拟现实和增强现实应用、实时金融交易应用、医疗保健和老年人护理应用都无法承受由 CIoT 带来的时延。
- 不间断：由于云与前端物联网设备之间距离较远，二者之间的通信可能会由于网络连接的不稳定而受到影响。例如，当车辆和远程云之间的中间节点处发生断开时，基于 CIoT 连接的车辆将不能正常运行。
- 资源受限：通常，许多前端设备受资源限制而无法执行复杂的计算任务，因此，CIoT 系统通常需要通过前端设备将其数据源源不断地传输到云端。然而，这种设计对于许多使用电池供电的设备来说是不切实际的，因为通过互联网的端到端数据传输会消耗大量能量。

- 安全性：大量的前端设备可能没有足够的资源来保护自己免受攻击。具体而言，依赖远程云来保持安全软件更新的户外前端设备可能是攻击者的目标，攻击者可以在前端设备所处的边缘网络中执行恶意活动（云端无法完全控制边缘网络）。此外，攻击者还可能损坏或控制前端设备并向云端发送虚假数据。

CIoT 日益增加的挑战引发了一个问题：如何克服当前以云为中心的架构的局限性？

在过去十年中，一些方法尝试将集中式云计算在地理上变得更加分散，其中计算、网络和存储资源可以分布到更靠近数据源或最终用户应用程序的位置。例如，地理上分布的云计算模型[4]倾向于将进程的各部分划分到边缘网络附近的数据中心。此外，移动云计算模型[5]引入了由本地无线互联网接入点提供商提供的基于物理邻近度的云计算资源。在学术研究项目[6]中，研究者使用高级 RISC 机器（ARM）驱动的设备进行了基于移动 Ad Hoc 网络（MANET）的云的可行性实验。在各种各样的方法中，工业界主导的首先由思科的研究[7]提出的雾计算架构引起了最多的关注。

雾计算架构[8]涵盖了广泛的设备和网络。一般来说，它是一个概念模型，其将云扩展到 CIoT 的边缘网络，涉及地理上分布的数据中心、中间网络节点以及前端物联网设备。图 1.1 展示了支持使能物联网的智能系统和应用程序的不同网络计算范式。一般的 CIoT 范式（图 1.1 中圆圈标记 1）完全在远程中央云数据中心管理智能系统，其中物联网设备作为简单的数据采集器或执行器，而处理和决策则在云端进行。一般的边缘计算范式（圆圈标记 2）将某些任务分配给物联网设备或与物联网设备处于同一子网的共址计算机。例如，这些任务可以是数据分类、过滤或信号转换。雾计算范式（圆圈标记 3 和 4）利用基于分层的分布式计算模型，该模型支持计算资源的水平可扩展性。

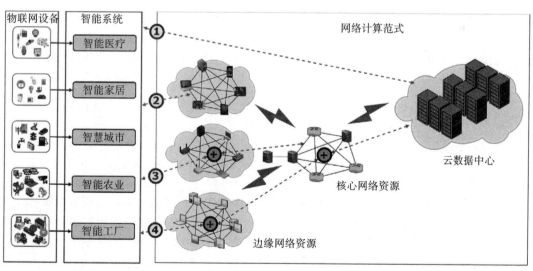

4 种智能系统分别由不同的计算范式启用：
①是云计算，②是边缘计算，③和④是雾计算
⊕ 表示网络中的下一级资源进一步增强的能力

图 1.1　具有计算范式支持的物联网应用程序和环境

例如，使能雾计算的物联网系统可以将简单的数据分类任务分发给物联网设备并将更复杂的上下文推理任务分配给边缘网关设备。此外，对于需要更高处理能力的包含 TB 量级数据的分析任务，系统可以进一步利用核心网络的资源进行处理，这些资源包括广域网（WAN）服务提供商的数据中心，或者也可以将其交给云端处理。当然，系统应该将任务分配给哪些层的哪些资源取决于效率和适应性。例如，智能系统可能需要将某些决策任务分配到边缘设备，以便及时获取其关注的状况，包括智能医疗中的患者状况、智能家居中的安全状况、智慧城市中的交通状况、智能农业中的供水状况或生产线智能工厂的运行状况。

业界已将雾计算视为实际物联网系统的主流趋势，走在前列的 OpenFog 联盟已经与主要的工业标准组织建立了合作关系来加速雾计算的发展，如欧洲电信标准化协会（ETSI）多接入边缘计算（MEC）和雾计算和组网的 IEEE 标准[9]。此外，雾计算市场研究报告[10]显示，雾计算在各领域的市场价值将从 2019 年的 37 亿美元升至 2022 年的 182 亿美元，其中应用雾计算的五大领域将是能源或公用事业、运输、医疗保健、工业和农业。

在本章，我们将讨论实现新兴的物联网应用程序的计算范式的基础，尤其是雾计算和边缘计算以及它们的背景、特征、架构和挑战。1.2 节将介绍雾计算和边缘计算的相关技术。1.3 节将描述雾计算和边缘计算如何改进 CIoT。1.4 节将解释雾计算和边缘计算的分层特性。1.5 节将说明雾计算和边缘计算的商业模式。1.6 节将阐述雾计算和边缘计算的机遇和挑战。最后，1.7 节将总结本章的内容。

1.2 相关技术

让计算资源靠近数据源似乎不是新的概念。特别地，2004 年诞生的术语"边缘计算"代表了一个将程序方法和相应的数据分发到网络边缘的系统，该系统可以提高性能和效率[11]。在 2009 年，有学者提出了类似的概念（利用 Wi-Fi 子网中基于虚拟化技术的计算资源）[5]。然而，直到面向物联网的雾计算的提出，工业界才真正开始对将计算资源扩展到边缘网络感兴趣。在此之前，在边缘网络应用公用云基本仅限于学术界的研究，没有明确的定义或架构，并且工业界的参与也较少。目前，工业界通过由 ARM Holdings、思科、戴尔、英特尔、微软、普林斯顿大学以及来自全世界主要工业和学术合作伙伴的 60 多名成员发起的 OpenFog 联盟推动雾计算的发展。此外，在国际标准组织 ETSI、IEEE 等的推动下，雾计算已经成为信息与通信技术（ICT）领域的主流趋势。

在过去几年中，研究人员一直在使用不同的术语来表示与雾计算类似的架构。例如，基于虚拟机（VM）的微云（cloudlet）[5] 的作者倾向于使用边缘计算来描述边缘云的概念。此外，该作者后来的工作表明雾计算是边缘计算的一部分[12]。另一方面，OpenFog 联盟特别区分了这两个术语。显然，微云的最初目标是为移动应用程序提供来自远程云的替代，其中移动应用程序可以将计算密集型任务转移到位于同一 Wi-Fi 子网内的附近的微云 VM 机器上。相比之下，雾计算的最初引入旨在通过将云扩展到网络网关来完成云计算。从本质上讲，当共址的物理服务器可用时，微云可被视为一种雾计算的实现方法。

一些其他文献将多接入边缘计算（MEC，曾经是移动边缘计算）作为雾计算的另一种描述。从本质上讲，ETSI 从电信的角度提出了 MEC 标准，其中 ETSI 规定了应用程序接口（API）标准，在该标准下，电信公司可以通过扩展现有的在网络功能虚拟化（NFV）中使用的架构来为它们的客户提供基于计算虚拟化的服务。该标准已经在现有设备中实现，例如蜂窝基站收发信台（BTS）。尽管将 MEC 作为雾计算的替代性描述是不准确的，但根据最近的

OpenFog 和 ETSI 的合作，MEC 将成为加速雾计算实现的实用方法 [13]。

在早期阶段，"薄雾计算"是雾计算的另一种说法。然而，最近的文献将薄雾计算描述为雾计算的一个子集。薄雾计算详细阐述了将计算机制引入物联网设备所在的物联网边缘的需求，以便最小化物联网设备之间的通信时延，实现毫秒级时延的通信 [14-16]。从本质上讲，薄雾计算的动机为通过赋予物联网自组织、自管理和其他若干自主能力，使得即使互联网连接不稳定时，物联网设备也能够持续运行。

通常，薄雾计算设备可能听起来类似于嵌入式服务或移动 Web 服务 [17]，其中应用服务托管在异构的资源受限设备中，例如传感器、执行器和移动电话。然而，薄雾计算强调了自我意识和情境意识的能力，其允许基于情况和上下文变化动态地和远程地（重新）将软件程序代码部署到设备 [14]。在提供允许软件灵活部署和重新配置的平台时，这样的特征与雾相似。

为实现这一点，雾需要所有相关边缘计算技术的支撑。换句话说，如果不结合边缘计算技术，就不可能部署和管理雾。所以在本章的剩余部分，我们将用术语"雾计算和边缘计算"（Fog and Edge Computing，FEC）来描述整个领域。

1.3 通过雾计算和边缘计算完成云计算

FEC 通过填补云和物的差距以提供服务连续性来完成物联网中的云计算 [3]。本节将描述 FEC 的优势并讨论它如何实现这些优势。

1.3.1 FEC 的优势：SCALE

FEC 提供了五大优势（SCALE），包括安全（security）、认知（cognition）、敏捷（agility）、低延迟（latency）和高效率（efficiency）[8]。

1.3.1.1 安全

FEC 为物联网设备提供额外的安全性，以保证交易的安全性和可信赖性。例如，现在部署在户外环境中的无线传感器经常需要远程的无线信源编码更新以解决与安全相关的问题。然而，由于动态环境因素，如信号强度不稳定、中断、带宽约束等，远程中央后端服务器可能面临着快速执行更新的挑战，因此增加了受到网络安全攻击的机会。另一方面，如果 FEC 设备可用，则后端可以通过各种 FEC 节点从整个网络中配置最佳路由路径，以对无线传感器快速执行软件安全更新。

1.3.1.2 认知

FEC 使客户能够意识到在何时何地部署计算、存储和控制功能，从而支持自主决策。从本质上讲，FEC 的意识涉及大量自我适应、自我组织、自我修复、自我表达等机制 [16]，它将物联网设备的角色从被动转变为主动智能设备，使其能够持续运行并对客户需求做出响应，而无须依赖远程云端的决定。

1.3.1.3 敏捷

FEC 增强了大范围物联网系统部署的敏捷性。与现有的依赖大型业务持有者来建立、部署和管理基础架构的公用云服务业务模式相比，FEC 为个人和小型企业提供了使用通用开放软件接口或开放软件开发工具包（SDK）来提供 FEC 服务的机会。例如，ETSI 的 MEC 标准和独立雾（Indie Fog）商业模式 [18] 将加速物联网基础设施的大范围部署。

1.3.1.4　低延迟

FEC 可为需要超低延迟的应用程序提供快速响应。具体地，在许多无处不在的应用程序和工业自动化中，系统需要以数据流的形式连续收集和处理传感数据，以便识别事件并及时执行操作。显然，通过应用 FEC，这些系统能够支持时间敏感的功能。此外，FEC 具有软件化的特征，其中物理设备的行为可由远程中心服务器使用软件抽象进行完整配置，这为物联网设备的快速重新配置提供了高度灵活的平台。

1.3.1.5　高效率

通过提高性能和降低不必要的成本，FEC 可改善 CIoT 的效率。例如，通过应用 FEC，医疗保健或老年护理系统可以将许多任务分配给医疗保健传感器的互联网网关设备并利用这些网关设备执行传感数据分析任务。理想情况下，由于该过程发生在数据源附近，因此系统可以更快地生成结果。此外，由于系统利用网关设备来执行大部分任务，因此大大降低了输出通信带宽的不必要成本。

1.3.2　FEC 如何实现 SCALE 五大优势：通过 SCANC

为了回答 FEC 如何提供上述优势的问题，我们将描述使能 FEC 设备（FEC 节点，见图 1.2）支持的五种基本机制。这些机制可以被称为 SCANC，分别对应存储（storage）、计算（compute）、加速（acceleration）、组网（networking）和控制（control）。

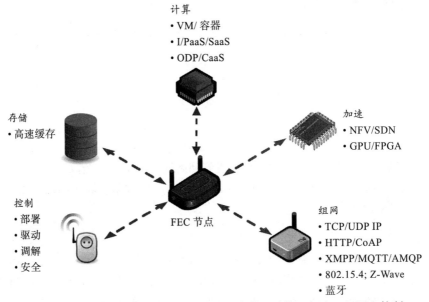

图 1.2　FEC 节点支持五种基本机制——存储、计算、加速、组网和控制

1.3.2.1　存储

FEC 中的存储机制对应于 FEC 节点处的临时数据存储和高速缓存，以便改善信息或内容传递的性能。例如，内容服务提供商可以在最接近其客户的 FEC 节点处执行多媒体内容高速缓存，以便提高体验质量[19]。此外，在车联网场景中，连网车辆可以利用路边的 FEC 节点获取并分享车辆不断收集的信息。

1.3.2.2 计算

FEC 节点主要在两种模型中提供计算机制——基础设施或平台即服务（I/PaaS）和软件即服务（SaaS）。通常，FEC 提供商基于两种方法提供 I/PaaS——虚拟机管理程序（VM）或容器引擎（CE），这使得 FEC 客户端能够在 FEC 节点中托管的沙箱环境部署所需的定制软件。除了 I/PaaS 之外，SaaS 在 FEC 服务提供方面也很有前途[3]。例如，SaaS 提供商可以提供两种类型的服务——按需数据处理（ODP）和上下文即服务（CaaS）。具体而言，基于 ODP 的服务具有预先安装的方法，这些方法可以以请求/响应的方式处理从客户端发送的数据。而基于 CaaS 的服务则能够提供定制的数据提供方法，其中 FEC 节点可以收集和处理数据以为其客户生成有意义的信息。

1.3.2.3 加速

FEC 通过关键概念（可编程）提供加速。从根本上说，FEC 节点在两个方面支持加速——网络加速和计算加速。

- 网络加速。最初，大多数网络运营商都有自己的消息路由路径配置，客户端无法请求自己的自定义路由表。例如，东欧的互联网服务提供商（ISP）可能有两条路由路径，这些路径具有不同的延迟以到达位于中欧的 Web 服务器，而分配给客户端的路径由 ISP 的负载平衡设置决定，该设置在许多情况并不是客户端的最佳选择。另一方面，FEC 支持基于网络虚拟化技术的网络加速机制，使 FEC 节点能够并行操作多个路由表，并实现软件定义网络（SDN）。因此，FEC 节点的客户端可以为其应用程序配置定制的路由路径，以实现最佳的网络传输速度。

- 计算加速。雾计算的研究人员设想 FEC 节点将通过利用先进的嵌入式处理单元，如图形处理单元（GPU）或现场可编程门阵列（FPGA）单元来提供计算加速[8]。具体而言，利用 GPU 来提升复杂算法的运行速度已成为一般云计算的常用方法。因此，可以预见 FEC 提供商还可以提供包含中高性能的独立 GPU 设备。此外，FPGA 单元允许用户在其上重新部署程序代码，以便改进或更新主机设备的功能。特别是传感器技术研究人员[20]已经在很长一段时间内利用 FPGA 进行传感器的运行时重新配置。此外，与 GPU 相比，FPGA 有可能成为更加节能的方法，通过允许客户端在 FEC 节点配置其定制代码，进而提供所需的加速。

1.3.2.4 组网

FEC 的组网涉及垂直和水平连接。垂直网络将物和云与 IP 网络互连，而水平网络在网络信号和协议中可以是异构的，这取决于 FEC 节点支持的硬件规范。

- 垂直网络。FEC 节点使用基于 IP 网络的标准协议，例如基于请求/响应的 TCP/UDP 套接字、HTTP、互联网工程任务组（IETF）-约束应用协议（CoAP）或基于发布-订阅的可扩展通信和表示协议（XMPP）、OASIS-高级消息队列协议（AMQP，ISO/IEC 19464）、消息队列遥测传输（MQTT，ISO/IEC PRF 20922）等启用垂直网络。具体地，物联网设备可以操作服务器端功能（例如 CoAP 服务器），充当云代理的 FEC 节点从设备收集数据，然后将数据转发到云。此外，FEC 节点还可以作为基于发布-订阅的协议的消息代理来操作，该协议允许物联网设备将数据流发布到 FEC 节点并使云后端能够订阅来自 FEC 节点的数据流。

- 水平网络。考虑到诸如能效或网络传输效率的各种要求，物联网系统通常使用异构的、经济的组网方法。例如智能家居、智能工厂和车联网通常在物联网设备上使用蓝牙、ZigBee（基于 IEEE 802.15.4）和 Z-Wave，并将它们连接到 IP 网络网关，以实现设备和后端云间的连接。通常，IP 网络网关设备是托管 FEC 服务器的理想实体，因为它们能与具有各种信号的物联网设备连接。例如，云可以请求车联网中托管的 FEC 服务器使用 ZigBee 与路边物联网设备通信，以便收集分析实时交通情况所需的环境信息。

1.3.2.5 控制

FEC 支持的控制机制包括四个基本类型：部署、驱动、调解和安全。

- 部署控制允许客户端动态执行可自定义的软件程序部署。此外，客户端可以配置 FEC 节点以控制 FEC 节点应该执行哪个程序以及何时应该执行它。另外，FEC 提供商还可以提供完整的 FEC 网络拓扑作为服务，允许客户端将其程序从一个 FEC 节点移动到另一个 FEC 节点。此外，客户端还可以控制多个 FEC 节点以实现其应用程序的最佳性能。
- 执行控制是一种由硬件规范以及 FEC 节点和连接的设备之间的连接支持的机制。具体来说，云可以将某些决策委托给 FEC 节点，由 FEC 节点直接控制物联网设备的行为，而不是云和设备直接进行交互。
- 调解控制指的是 FEC 与不同方拥有的外部实体的交互能力。特别地，由不同服务提供商支持的连网车辆可以彼此通信，尽管它们最初可能没有共同的协议。利用 FEC 节点的软件化功能，车辆可以通过按需软件更新来增强其互操作性。
- 安全控制是 FEC 节点的基本要求，其允许客户端控制在 FEC 节点上运行的虚拟化运行环境的身份验证、授权、认证和保护。

1.4 雾计算和边缘计算的层次结构

一般而言，从核心网络中心云的角度来看，CIoT 系统可以在三个边缘层部署 FEC 服务器——内边缘、中边缘和外边缘（见图 1.3）。在本节，我们将总结每一层的特征。

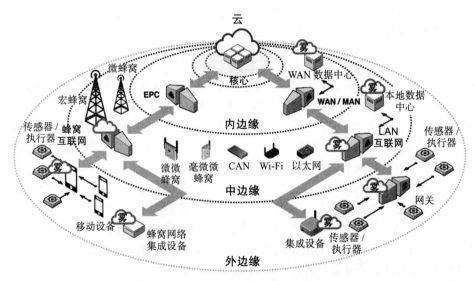

图 1.3 雾计算和边缘计算的层次结构

1.4.1 内边缘

内边缘（也被称为近边缘[4]）对应于企业、ISP、演进分组核心（EPC）的数据中心和城域网（MAN）在全国、全州和区域范围内的广域网（WAN）。最初，内边缘的服务提供商仅提供将本地网络连接到全球互联网的基础设施。然而，最近提高 Web 服务的体验质量（QoE）的需求激发了 WAN 的网络数据中心的地理分布式缓存和处理机制。例如，在商业服务方面，谷歌边缘网络（peering.google.com）与 ISP 合作，在 ISP 的数据中心部署数据服务器，以提高谷歌云服务的响应速度。此外，许多 ISP（例如 AT&T、Telstra、Vodafone、Deutsche Telekom 等）意识到许多本地企业需要低延迟云，因此，它们在国内提供本地云。基于雾计算的参考架构[8]，基于 WAN 的云数据中心可被视为内边缘的雾。

1.4.2 中边缘

中边缘对应于最常理解的 FEC 环境，FEC 由两种类型的网络组成——局域网（LAN）和蜂窝网络。总而言之，LAN 包括以太网、无线 LAN（WLAN）和校园区域网络（CAN）。蜂窝网络由宏蜂窝、微蜂窝、微微蜂窝和毫微微蜂窝组成。明确地说，中边缘涵盖了用于托管 FEC 服务器的各种设备。

1.4.2.1 局域网

思科的研究[7]引入的雾计算架构利用互联网网关设备（例如 Cisco IR829 工业集成路由器）提供与公用云服务类似的模型，其中网关设备提供了允许其支持前面提到的 FEC 机制的虚拟化技术。此外，将 FEC 节点部署在位于 LAN 或 CAN 的相同子网内（即在物联网设备和计算机之间的一跳范围内）的启用虚拟化技术的服务器计算机上也是理想的解决方案。通常，这种方法也被称为本地云、本地数据中心或微云。

1.4.2.2 蜂窝网络

提供 FEC 机制的想法源自已在各种蜂窝网络中使用的现有网络虚拟化技术。一般而言，大多数发达城市都拥有广泛的蜂窝网络覆盖，这些网络由多种类型的 BTS 提供，这些 BTS 是路边 FEC 主机的理想部署设备，从而满足各种需要对实时数据流进行快速处理和响应的移动物联网用例需求（如车联网、移动医疗保健，以及虚拟现实或增强现实）。当前，诺基亚、ADLink 和华为等主要电信基础设施和设备供应商已开始提供使能 MEC 的硬件和基础设施解决方案。因此，可以预见，在不久的将来，基于蜂窝网络的 FEC 将可广泛应用于相关设备，从宏蜂窝和微蜂窝 BTS 到诸如微微蜂窝和毫微微蜂窝[21]基站的室内蜂窝扩展设备。

1.4.3 外边缘

外边缘，也被称为极端边缘、远边缘或薄雾[14-16]，代表物联网网络的前端，它包括三种类型的设备——受限设备、集成设备和 IP 网关设备。

1.4.3.1 受限设备

诸如传感器或执行器的受限设备通常由具有非常有限的处理和存储能力的微控制器控制。例如，Atmel ATmega328 单片机微控制器，即 Arduino Uno Rev3 的 CPU，仅具有 20MHz 的处理能力和 32KB 的闪存。通常，物联网管理员不希望将复杂任务部署到此类设备上。然而，由于当今无线传感器和执行器的现场可编程能力，物联网系统可以始终动态和远程地更新或重新配置设备的程序代码。明确地说，这种机制赋予受限的物联网设备自我意识，并激发了薄雾计算学科[14]，它强调物联网设备对互相之间交互和协作的自我管理能力，以实现不依赖远程云进行操控的高度自动化的机器对机器（M2M）环境。

1.4.3.2　集成设备

这些设备由具有良好处理能力的处理器操控。此外，集成设备在组网（例如，Wi-Fi 和蓝牙连接）、嵌入式传感器（例如陀螺仪、加速器）和适当的存储内存方面具有许多嵌入式功能。通常，ARM（Acorn RISC Machine）、基于 CPU 的智能手机和平板电脑（例如 Android OS、iOS 设备）是集成设备中最具成本效益的商业产品。它们既可以执行传感任务，也可以通过中边缘设施与云进行交互。虽然集成设备可能在操作系统环境方面存在约束，这降低了在其上部署虚拟化平台的灵活性，但考虑到集成设备中 ARM CPU 和嵌入式传感器的快速发展，可以预见在不久的将来，基于虚拟化的 FEC 将在集成设备上可用。总体上，在这个阶段，一些平台，如 Apache Edgent（edgent.apache.org）或 Termux（termux.com），为集成设备上实现 FEC 提供了有前景的途径。

1.4.3.3　IP 网关设备

集线器或 IP 网关设备充当受限设备和中边缘设备之间的中介。通常，出于提升无线通信能效的目的，许多受限设备不在 IP 网络中操作，这是由于 IP 网络通常需要能量密集型 Wi-Fi（例如 IEEE 802.11g/n/ac）。相反，受限设备使用能耗较少的协议进行通信，例如蓝牙、IEEE 802.15.4（例如 ZigBee）或 Z-Wave。此外，由于低能耗通信协议不直接与 IP 网络连接，因此系统将使用 IP 网关设备来中继受限设备和互联网网关（例如路由器）之间的通信消息。因此，后端云能够与前端受限设备进行交互。通常，基于 Linux 操作系统的 IP 网关设备（如 Prota 的集线器（prota.info）、Raspberry Pi 或 ASUS Tinker Board）可以轻松托管 Docker Containers Engine 等虚拟化环境。因此，通常会看到一些研究项目[22-24]已经将 IP 网关设备用作 FEC 节点。

1.5　商业模式

虽然关于 FEC 的大多数讨论都集中在优势和应用上，但有关 FEC 商业模式的基本问题还有待探讨。在本节，我们将讨论近期工作中的三种基本商业模式[3,10,18]。

1.5.1　X 即服务

在这里，X 即服务（XaaS，又称一切皆服务）的 X 对应于基础设施、平台、软件、网络、缓存或存储，以及一般云服务中提到的许多其他类型的资源。具体而言，FEC 的 XaaS 提供商允许其客户付费使用支持 1.3.2 节中描述的 SCANC 机制的硬件设备。此外，XaaS 模型不限于主要的商业提供商，如 ISP 或大型云提供商。理想情况下，个人和小型企业也可以以 IndieFog[18]的形式提供 XaaS，其中，IndieFog 基于受欢迎的消费者作为提供者（CaP）的多领域服务供给模型。

例如，MQL5 云网络分布式计算项目（cloud.mql5.com）利用用户驻地设备（CPE）来执行各种分布式计算任务。此外，Fon（fon.com）利用 CPE 建立全球 Wi-Fi 网络。这些例子表明许多人愿意让应用服务提供商付费使用他们的设备来提供服务。

1.5.2 支持服务

FEC 的支持服务类似于一般信息系统中的软件管理支持服务，其中拥有硬件设备的客户可以向支持服务的提供商支付费用，以便提供商在客户的设备上根据客户的要求提供相应的软件安装、配置和更新。此外，客户还可以向提供商购买月度或年度支持服务以获得维护和技术支持。通常，支持服务提供商为其客户提供高度定制的解决方案，以实现其 FEC 集成系统的最佳运营。

支持服务提供商的典型示例是思科提供雾计算解决方案，其中客户购买思科的支持 IOX 的设备，然后支付额外的服务费以获得与配置 FEC 环境有关的软件更新和技术支持。可以预见，在不久的将来，这种模式不会受限于单一提供商的硬件和软件。支持服务提供商将与硬件设备供应商脱钩，就像现今的企业信息系统支持服务提供商，如 RedHat、IBM 或 Microsoft 一样。

1.5.3 应用服务

应用服务提供商提供应用解决方案，以帮助客户处理客户端操作环境内外的数据。例如，最近的数字孪生技术创建了一个实时虚拟双胞胎，克隆了从工业设施、设备到整个工厂平面以及相关生产线和供应链的各种物理实体的真实行为。确切地说，这种技术可以提供优化和改进工业活动效率和性能的见解。因此，FEC 应用服务提供商可以提供跨边缘网络中涉及的所有实体配置的数字孪生解决方案，以便以超低延迟方式（小于几十毫秒）提供分析以帮助工业系统迅速响应。类似地，FEC 应用服务提供商还可以协助当地政府构建实时交通控制系统，以实现连网车辆的自动驾驶。此外，IndieFog 提供商还可以提供各种应用服务，例如对环境辅助生活（AAL）服务提供商有用的分析。举例来说，已安装 Apache Edgent 的 IndieFog 提供商可以提供内置流数据分类功能，作为提供给近距离移动的 AAL 客户端的应用服务。

1.6 机遇和挑战

其他机遇和挑战涉及开箱即用的体验（out-of-box experience，OOBE）、开放平台和系统管理。

1.6.1 开箱即用的体验

工业营销研究预测，到 2022 年，FEC 硬件组件的市场价值将达到 76.59 亿美元[10]，这表明市场上将有更多支持 FEC 的设备，如路由器、交换机、IP 网关或集线器。此外，可以预见的是，这些产品将以两种形式——基于 OOBE 的设备和基于 OOBE 的软件，提供开箱即用的体验。

1.6.1.1 基于 OOBE 的设备

基于 OOBE 的设备表示产品供应商已将 FEC 运行平台与其产品（如路由器、交换机或其他网关设备）集成在一起，其中购买了设备的用户可以通过某些用户界面轻松配置和部署设备上的 FEC 应用程序，这类似于具有图形用户界面以便用户自定义配置的商用路由器产品。

1.6.1.2　基于 OOBE 的软件

这类似于微软 Windows 的体验，其中拥有 FEC 兼容设备的用户可以购买并在其设备上安装基于 OOBE 的 FEC 软件，以启用 FEC 运行环境和 SCANC 机制，而不需要任何额外的低级配置。

基于 OOBE 的 FEC 面临软件和硬件标准化方面的挑战。首先，基于 OOBE 的设备向供应商提出了一个问题，即哪些 FEC 平台和相关软件包应该包含在它们的产品中。其次，基于 OOBE 的软件向供应商提出了有关兼容性的问题。具体地，考虑到用户可能使用具有异构标准和处理单元（例如 x86、ARM 等）的设备，供应商可能需要为每种类型的硬件提供对应的软件版本。此外，除非存在相应的通用规范或硬件标准，否则开发和维护这种基于OOBE 的软件可能成本极高。

1.6.2　开放平台

在这个阶段，除了用于雾计算的思科 IOX 等商业平台外，还有一些支持 FEC 的开放平台。但是，大多数平台都处于早期阶段，并且在部署方面的支持有限。下面，我们将总结每个平台的特征。

1.6.2.1　OpenStack++

OpenStack++[25] 是由位于匹兹堡的卡内基 – 梅隆大学开发的框架，用于为常规 x86 计算机提供基于虚拟机的微云平台，用于移动应用程序卸载。然而，由于 FEC 趋向于应用轻量级虚拟化技术，因此 OpenStack++ 不太适用于大多数 FEC 用例，例如在路由器或集线器上托管 FEC 服务器。此外，FEC 中使用的虚拟化技术更侧重于容器化，例如采用 Docker Containers Engine。

1.6.2.2　WSO2-IoT 服务器

WSO2-IoT 服务器是流行的开源企业服务导向集成平台 WSO2 服务器的扩展（见 wso2.com/iot），该服务器由某些与物联网相关的机制组成，例如使用标准协议，如 MQTT 和 XMPP，将各种常见的物联网设备（例如 Arduino Uno、Raspberry Pi、Android OS 设备、iOS 设备、Windows 10 物联网核心设备等）和云端连接。此外，WSO2-IoT 服务器包括嵌入式 Siddhi 3.0 组件，允许系统在嵌入式设备中部署实时流处理。换句话说，WSO2-IoT 服务器为外边缘设备提供 FEC 计算能力。

1.6.2.3　Apache Edgent

Apache Edgent 以前被称为 Quarks，是 IBM 提供的开源平台（参阅 edgent.apache.org）。通常，该平台在云和边缘设备之间提供分布式流数据处理。具体而言，云端支持流数据处理领域中的大多数开放平台，例如 Apache Spark、Apache Storm、Apache Flink 等。此外，在外边缘，Edgent 支持常见的开放式操作系统，如 Linux 和 Android OS。总之，通过利用 Edgent，系统可以动态地迁移云和边缘之间的流数据处理，这满足了涉及边缘分析的大多数用例的需要。

当前的开放平台缺乏在边缘网络的所有层次结构层中部署和管理 FEC 的能力。然而，这可能是由于现有商业设备在支持 FEC 机制配置方面不够灵活。另一方面，它也表明产品供应商有机会提供支持 FEC 的增强型设备。

1.6.3　系统管理

FEC 的管理涉及三个基本生命周期阶段：设计、实施和调整。

1.6.3.1　设计

系统管理团队需要确定三个边缘层（即内边缘、中边缘、外边缘）的理想位置，以便放置 FEC 服务器 [3]。此外，管理团队需要开发或应用可以描述 FEC 服务器所需的资源类型以及 FEC 服务器如何与系统交互的理想抽象建模方法。

1.6.3.2　实施

管理团队需要考虑 FEC 环境的异构性，特别是中边缘和外边缘，其中节点可能具有各种硬件规范、通信协议和操作系统。具体而言，现有的 FEC 设备供应商（例如思科或戴尔）可能提供单独的平台，其中开发人员需要为每个平台实施其 FEC，这会导致高复杂性。尽管 FEC 正在进行一系列的工业界领导的开放平台项目，但每个平台的依赖性要求仍然会导致实施中的大量时间成本。

1.6.3.3　调整

FEC 系统需要支持运行时调整，系统可以在其中调度激活 FEC 功能的位置和时间，以优化整个过程。例如，系统应具有在可行的 FEC 节点上动态部署或终止运行时环境（例如虚拟机或容器）和应用方法的能力。此外，系统应该能够基于运行时上下文因素将运行时环境或应用方法从一个 FEC 节点动态地移动到另一个 FEC 节点。通常，实现调整阶段所需的能力面临如下挑战：如何支持 FEC 节点间软件的可靠迁移以及如何最小化由这些活动引起的延迟。特别地，基于室外的远端边缘的动态代码部署和重新配置在延迟和可靠性方面极具挑战性，这是因为无线和移动通信的动态性会带来信号中断从而导致代码部署失败 [16]。

1.7　结论

雾计算和边缘计算（FEC）通过将云计算模型扩展到物联网的边缘网络来增强以云为中心的物联网（CIoT），其中网络中间节点（如路由器、交换机、集线器和物联网设备）参与信息处理和决策，以提高安全性、认知、敏捷性、延迟性能和效率。

本章从技术背景、特性、部署环境层次结构、商业模式、机遇和开放挑战等方面对 FEC 的最新技术进行了介绍性概述。具体来说，我们已经描述了 FEC 的五个基本优势（SCALE），这些优势通过 FEC 节点的五种机制——存储、计算、加速、组网和控制来实现。此外，为了阐明资源可用性及其功能，本章从核心网络中心云的角度解释了 FEC 环境的三层结构。举例来说，它包括内边缘与 WAN 提供商、中边缘与 LAN 和前线蜂窝网络，以及集线器和物联网设备所在的外边缘。

FEC 的功能将支持三种商业模式，包括 X 即服务（XaaS）、支持服务和应用服务。XaaS 对应提供 IaaS、PaaS、SaaS 和 S/CaaS（存储或缓存即服务）的模式，它们类似于现有的云服务模式；支持服务对应 FEC 软件安装、配置和维护服务，帮助客户在自己的设备上设置 FEC；应用服务表示服务提供商为客户提供实现 FEC 机制的完整解决方案，而无需由客户配置其 FEC 系统。

FEC 带来了新的机遇，也为开发和运营带来了新的挑战。具体而言，开发面临复杂性和标准化方面的挑战，这可能导致跨不同 FEC 提供商和物联网端点的系统集成困难。此外，运营挑战源于 FEC 在设计、实施和调整方面的管理周期。显然，与基于核心网络互联网的云相比，FEC 中涉及的异构网络和实体导致了更复杂的挑战。另一方面，业界意识到了这些挑战，并提出了许多开放平台，如 WSO2-IoT、Apache Edgent。此外，Linux 基础项目，即 EdgeX Foundry（edgexfoundry.org）旨在为 FEC 提供完整的软件开发工具包，这表明工业界对物联网的兴趣不再满足于设备与云之间的连接。相反，趋势已从连接事物转移到认知事物，在这些事物中，过程和决策尽可能接近物理对象，甚至物联网设备本身。

参考文献

1 J. Gubbi, R. Buyya, S. Marusic and M. Palaniswami. Internet of Things (IoT): A vision, architectural elements, and future directions. *Future Generation Computer Systems*, 29(7): 1645–1660, 2013.

2 C. Chang, S.N. Srirama, and R. Buyya. Mobile cloud business process management system for the Internet of Things: A survey. *ACM Computing Surveys*, 49(4): 70:1–70:42, December 2016.

3 M. Chiang and T. Zhang, Fog and IoT: An overview of research opportunities. *IEEE Internet of Things Journal*, 3(6): 854–864, 2016.

4 H.P. Sajjad, K. Danniswara, A. Al-Shishtawy and V. Vlassov. SpanEdge: Towards unifying stream processing over central and near-the-edge data centers. In *Proceedings of the IEEE/ACM Symposium on Edge Computing (SEC)*, pp. 168–178, IEEE, 2016.

5 M. Satyanarayanan, P. Bahl, R. Caceres and N. Davies. The Case for VM-Based Cloudlets in Mobile Computing, *IEEE Pervasive Computing*, 8(4): 14–23, 2009.

6 S.W. Loke, K. Napier, A. Alali, N. Fernando and W. Rahayu. Mobile computations with surrounding devices: Proximity sensing and multilayered work stealing. *ACM Transactions on Embedded Computing Systems (TECS)*, 14(2): 22:1–22:25, February 2015.

7 F. Bonomi, R. Milito, J. Zhu, and S. Addepalli. Fog computing and its role in the Internet of Things. In *Proceedings of the First Edition of the MCC Workshop on Mobile Cloud Computing*, pp. 13–16, ACM, August 2012.

8 OpenFog Consortium. OpenFog Reference Architecture for Fog Computing. *Technical Report*, February 2017.

9 IEEE Standard Association. FOG – Fog Computing and Networking Architecture Framework, [Online] http://standards.ieee.org/develop/wg/FOG.html. Accessed: 2 April 2018.

10 451 Research. Size and impact of fog computing market. The 451 Group, USA, October 2017. [Online] https://www.openfogconsortium.org/wp-content/uploads/451-Research-report-on-5-year-Market-Sizing-of-Fog-Oct-2017.pdf. Accessed: 2 April 2018.

11 H. Pang and K.L. Tan. Authenticating query results in edge computing. In *Proceedings of the 20th International Conference on Data Engineering*, pp. 560–571, IEEE, March 2004.

12 M. Satyanarayanan. The Emergence of Edge Computing *Computer*, 50(1): 30–39, 2017.

13 OpenFog News. New IEEE working group is formed to create fog computing and networking standards [Online]. https://www.openfogconsortium.org/news/new-ieee-working-group-is-formed-to-create-fog-computing-and-networking-standards/. Accessed: 2 April 2018.

14　J.S. Preden, K. Tammemae, A. Jantsch, M. Leier, A. Riid, and E. Calis. The benefits of self-awareness and attention in fog and mist computing. *Computer*, 48(7): 37–45, 2015.

15　M. Liyanage, C. Chang, and S. N. Srirama. mePaaS: Mobile-embedded platform as a service for distributing fog computing to edge nodes. In *Proceedings of the 17th International Conference on Parallel and Distributed Computing, Applications and Technologies (PDCAT-16)*, pp. 73–80, Guangzhou, China, December 16–18, 2016.

16　K. Tammemäe, A. Jantsch, A. Kuusik, J.-S. Preden, and E. Õunapuu. Self-aware fog computing in private and secure spheres. *Fog Computing in the Internet of Things*, pp. 71–99, Springer International Publishing, 2018.

17　S. N. Srirama, M. Jarke, and W. Prinz, Mobile web service provisioning. In *Proceedings of the Advanced International Conference on Telecommunications and International Conference on Internet and Web Applications and Services (AICT-ICIW'06)*, pp. 120–120. IEEE, 2006.

18　C. Chang, S.N. Srirama, and R. Buyya. Indie fog: An efficient fog-computing infrastructure for the Internet of Things. *IEEE Computer*, 50(9): 92–98, September 2017.

19　A.S. Gomes, B. Sousa, D. Palma, V. Fonseca, Z. Zhao, E. Monteiro, T. Braun, P. Simoes, and L. Cordeiro. Edge caching with mobility prediction in virtualized LTE mobile networks. *Future Generation Computer Systems*, 70: 148–162, May 2017.

20　Y.E. Krasteva, J. Portilla, E. de la Torre, and T. Riesgo. Embedded runtime reconfigurable nodes for wireless sensor networks applications. *IEEE Sensors Journal*, 11(9): 1800–1810, 2011.

21　D. Lopez-Perez, I. Guvenc, G. de la Roche, M. Kountouris, T.Q. Quek, and J. Zhang. Enhanced intercell interference coordination challenges in heterogeneous networks. *IEEE Wireless Communications*, 18(3): 22–30, 2011.

22　W. Hajji and F.P. Tso. Understanding the performance of low power Raspberry Pi cloud for big data. *MDPI Electronics*, 5(2): 29:1–29:14, 2016.

23　A. Van Kempen, T. Crivat, B. Trubert, D. Roy, and G. Pierre. MEC-ConPaaS: An experimental single-board based mobile edge cloud. In *Proceedings of the 5th IEEE International Conference on Mobile Cloud Computing, Services, and Engineering (MobileCloud)*, pp. 17–24, 2017.

24　R. Morabito. Virtualization on Internet of Things edge devices with container technologies: a performance evaluation. *IEEE Access*, 5(0): 8835–8850, 2017.

25　K. Ha and M. Satyanarayanan. Openstack++ for Cloudlet Deployment. *Technical Report CMU-CS-15-123*, School of Computer Science, Carnegie Mellon University, Pittsburgh, USA, 2015.

解决联合边缘资源面临的挑战

Ahmet Cihat Baktir, Cagatay Sonmez, Cem Ersoy, Atay Ozgovde, Blesson Varghese

2.1 引言

随着数以十亿计的"物"被整合到互联网上,边缘计算正在迅速发展,以减轻基于云的应用程序的延迟、带宽和服务质量(QoS)问题[1]。目前的研究主要集中在将资源从集中的云数据中心分散到网络边缘,并利用这些资源来提高应用程序的性能。通常,边缘资源以 Ad Hoc 方式配置,且一个应用程序或应用程序的集合可私有地使用它们。这些资源不对外公开,如云资源。此外,边缘资源分布不均匀,在地理分布上呈零星分布。

然而,Ad Hoc 方式的、私有的和零星的边缘部署在改造全球互联网方面用处不大。发展中国家和发达国家应当可以平等地获得使用边缘的好处,以确保计算的公平性并将数十亿的设备连接到互联网。然而,关于如何在全球环境中实现边缘部署的讨论极少,即跨多个地理区域联合边缘部署,以创建一个基于边缘的全球结构,从而分散数据中心的计算。当然,目前这是不切实际的,不仅是因为技术挑战,还因为它受到社会、法律和地缘政治问题的影响。在本章,我们将讨论联合边缘部署中的两个关键挑战——组网和管理,如图 2.1 所示。此外,我们还将考虑联合边缘未来需要解决的资源和建模挑战。

我们要解决的组网挑战的关键问题是,"如何创建一个足够动态的组网环境,与联合设置中预见的边缘计算场景相兼容?"[2] 对于独立或小规模边缘部署而言,这已经是一个难题,需要在联合设置中进一步考虑。所需的动态性是由组网资源的可编程性提供的,这些资源在当今的环境中可通过软件定义网络(SDN)获得[3,4]。具有北向编程接口的 SDN 是边缘计算资源编排的理想候选者[5]。但是,在联合边缘环境中,需要在 SDN 管理域内进行全球协调。本地边缘部署与联合基础架构之间的协调是至关重要的,因为可能从竞争的角度来看,系统的两个视图将基于相同的网络资源。这可能需要对边缘的网络模型进行全面的重新思考,并在 SDN 的东–西接口上进一步努力。本章将讨论解决组网挑战的潜在途径。

与任何大规模计算基础架构一样,解决管理挑战成为提供无缝服务的关键。目前,基于边缘的部署假设在边缘节点上运行的服务可以克隆,或者也可以在备用边缘节点上使用[6]。虽然这是在其初期开展研究时的合理假设,但这在联合边缘资源时成为一项关键挑战。在这种情况下,未来的互联网架构需要考虑如何根据需求将服务从一个节点快速迁移到另一个节点[7]。由于高开销和对资源受限环境(例如边缘)的适用性的缺乏,当前实现这一目标的技术范围有限。我们将对管理问题（基准测试、供应、发现、扩展和迁移）进行讨论，并提供解决这些问题的研究方向[8, 9]。

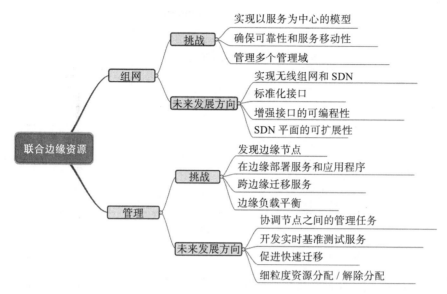

图 2.1　联合边缘资源中的组网和管理挑战

此外，我们还将介绍这一领域的资源和建模挑战。资源挑战与边缘处使用的资源的硬件和软件级别有关[10-13]。尽管有许多参考架构可用于基于边缘的系统，但我们还没有看到这些系统的实际实现。通常，硬件解决方案是针对特定的应用程序定制的，并在很大程度上带来难以桥接的异构性。另一方面，为使边缘资源公开可用而提供抽象的软件解决方案是为云数据中心设计的，因此有很大的开销。

最后将考虑建模挑战。将边缘集成到云计算生态系统中会导致互联网架构发生根本性的变化。从技术和社会经济的角度来看，调查和了解大规模边缘部署的影响几乎是不可能的。许多部署可以在模拟器中建模，这些模拟器具有实验可重复性的优点，最大程度地降低了实验测试台的硬件成本，并在受控环境中进行测试[14]。但我们目前对用户、边缘节点和云之间交互的理解是有限的。

在本章，我们将使用通用术语"边缘"来指通过分散数据中心资源以使计算资源更接近最终用户的技术集合。移动云计算（MCC）、微云、雾计算和多接入边缘计算（MEC）都可以被视为边缘计算的实例[9]。因此，一般而言，本章讨论的原理可以广泛应用于上述技术。

本章的其余部分将按照上述讨论顺序进行组织。2.2 节将考虑组网挑战。2.3 节将考虑管理挑战。2.4 节将介绍资源和建模挑战。2.5 节将总结本章内容。

2.2　组网挑战

边缘服务器促进分布式计算的网络环境可能是动态的。这是因为终端用户级别的需求是不断变化的。网络基础设施需要确保所部署应用程序和服务的 QoS 不受影响[15]。为此，用户体验的质量不能受到影响，促进边缘计算的活动协调必须是无缝的并且对最终用户是隐藏的[16]。

表 2.1 总结了我们在本章中考虑的组网挑战。一般的组网挑战在于如何应对预期的边缘

的高度动态环境。例如，这将直接影响用户的移动性。当计算资源靠近流量源时，服务就变得上下文相关。这导致需要处理从一个边缘节点到另一个边缘节点的应用层切换[17]。根据用户所在的位置以及请求模式的形成方式，服务的位置可能随时发生变化。另一个挑战与在动态变化的环境中维持 QoS 有关。

表 2.1 联合边缘资源的组网挑战、原因和潜在解决方案

组网挑战	为什么会发生？	需要什么来解决？
用户移动性	跟踪不同的移动模式	应用层切换的机制
动态环境中的 QoS	不容忍延迟的服务、网络的动态状态	网络的反应行为
实现以服务为中心的模式	大量具有复制功能的服务	网络机制专注于"什么"而不是"在哪里"
确保可靠性和服务移动性	加入（或离开）网络的设备和节点	频繁更新拓扑、监控服务器和服务
管理多个管理域	异质性、独立的内部运营和特征、不同的服务提供商	逻辑集中、物理分布的控制平面，供应商的独立性，全局同步

2.2.1 联合边缘环境中的组网挑战

联合边缘资源会带来很多与可扩展性相关的组网挑战。例如，不同管理域之间的全球同步需要在联合边缘中维护。单个边缘部署将具有不同的特征，例如承载的服务数量和覆盖范围内的终端用户。在联合环境中，需要从多个域进行不同的服务卸载，并且需要跨联合部署同步进行。在本节，我们将考虑三个需要解决的挑战。我们假设边缘计算应用程序会受到新的流量特征的影响，这些特征将利用可能来自不同服务供应商的边缘资源。

2.2.1.1 以服务为中心的模型

第一个挑战是在边缘实现以服务为中心的模型。传统的以主机为中心的模型遵循"给定地理位置的服务器"模型，该模型在许多方面具有限制性。例如，单纯地将虚拟机（VM）映像从一个位置传输到另一个位置可能很困难。然而，在全球边缘部署中，重点需要放在"什么"而不是"在哪里"上，这样就可以在事先不知道其地理位置的情况下请求服务[18]。在这个模型中，服务可以具有唯一的标识符，可以在多个区域中被复制，并且可以进行协调。然而，鉴于目前的互联网和协议栈的设计不利于全球服务协调，这并不是一项简单的任务。

2.2.1.2 可靠性和服务移动性

第二个挑战是确保可靠性和服务移动性。用户设备和边缘节点可以立即与互联网连接和断开。这可能导致不可靠的环境。临时终端用户设备可能期望通过即插即用功能实现无缝服务以从边缘获得服务，但不可靠的网络可能导致延迟。这里的挑战是缓解这种情况并创建一个支持边缘的可靠环境。实现可靠性的一种机制是复制服务或促进服务从一个节点到另一个节点的迁移（在管理挑战中考虑）。这里的关键挑战是将开销保持在最低限度，这样应用程序的 QoS 就不会受到任何影响。

2.2.1.3 多个管理域

第三个挑战是管理多个管理域。网络基础设施需要能够跟踪网络、边缘服务器和部署在其上的服务的最新状态。当终端用户设备集合需要部署在边缘上的服务时，首先需要确定潜

在的边缘主机。然后将选择最可行的边缘节点作为执行的资源。

此操作需要考虑两种备选方案：一是服务器离最终用户最近，二是潜在服务器位于其他地理区域。与场景无关，网络应将请求转发给服务器并将响应返回给最终用户。在此过程中，数据包可以通过多种传输技术跨多个不同的域传输。这里的挑战是，考虑到这种异构性，用户体验不能受到影响，而技术细节可能需要隐藏在用户设备中。

解决上述挑战需要一种能够同时继承集中式和分布式系统特性的解决方案。为了实现网络的全球视图并在不同的管理域之间保持同步，网络编排器需要遵循集中式结构。但是，需要分发用于协调私有域的内部操作的控制操作。换句话说，网络的控制应该分布在网络上，但是应该放在逻辑上集中的上下文中。

2.2.2　解决组网挑战

我们建议将 SDN 作为解决组网挑战的方案，因为它有助于处理这些挑战 [5]。SDN 的关键概念是将控制平面与数据平面分开，并将核心逻辑集中在基于软件的控制器上 [19]。控制器通过其逻辑集中式结构维护底层网络资源的总体视图 [20]。这简化了网络的管理、增强了资源的容量，并通过更有效地利用资源降低了复杂度障碍 [21,22]。最重要的是，SDN 通过随时监控网络状态，促进了动态环境中的即时决策。

控制平面通过 OpenFlow 协议 [23] 与底层网络节点通信，该协议被视为 SDN 南向接口的事实标准。另一方面，定义网络行为的应用程序通过北向接口与控制器通信，尽管它仍然需要被标准化 [24,25]。

可编程控制平面可以是集中的或物理分布的。SDN 和 OpenFlow 的初始方案考虑了校园环境，并且假设控制通道能够处理典型的覆盖区域，设计标准基于单个控制器。然而，新的边缘计算场景需要的比这更多。为了使边缘部署可被公开访问并在边缘构建全球计算资源池，应分布控制平面以便与多个控制实例协调。典型的 SDN 协调边缘计算环境如图 2.2 所示，其中网络设备与 SDN 控制器和相关的北向应用程序对齐。

控制平面的逻辑集中方案是通过简化已连接设备和资源的管理来管理用户移动性的关键特征 [26]。当新设备连接到网络或由于移动性而在另一网络中进行身份验证时，网络应尽快响应并提供即插即用功能。此功能通过 OpenFlow 发现（OFDP）协议 [27] 授予 SDN 控制器拓扑发现功能。一旦终端用户的状态发生变化，控制器就会立即更新相应的流规则。通过作为北向应用程序实现的模块，可以频繁地检查拓扑，并且可以在拓扑视图上更新任何新添加、断开连接或已修改的节点。节点可以是最终用户设备、计算资源或交换机。控制器可以在更新拓扑视图的同时处理每种类型组件的集成。这种方法还支持应用层切换，这是由服务卸载期间的移动性触发的。

利用基于 OpenFlow 的交换机（如 OpenvSwitch [28]）和 SDN 控制器作为整个系统的保护伞，通过更好的管理解决方案提高了控制的有效性 [29]。考虑到通过用户定义的策略描述网络行为的北向应用程序，网络可以是被动的或主动的。例如，在大学校园环境中，学生和大学工作人员总是在运动。交通流量在白天增加，在工作时间后减少。在这个移动性很高的单一管理域中，反应性操作就显得尤为突出。通过交换 OpenFlow 消息从数据平面元素收集统计信息（例如由某个节点或链路转发的业务负载），SDN 控制器可以指定流规则，从而在网络中获得近乎最优的解决方案。在边缘计算的情况下，多租户共享资源并且应用程序实例在延迟方面强制执行严格的 QoS 标准，如果边缘服务器负载过高或有出现拥塞的可能性，则

SDN 控制器可以修改网络边缘的流规则。SDN 控制器不仅监控网络节点和链路的状态,还可以通过北向应用程序与服务器监控功能集成。因此,可以定义一个定制的策略,该策略能够提供一个兼顾计算和组网资源的负载平衡算法。

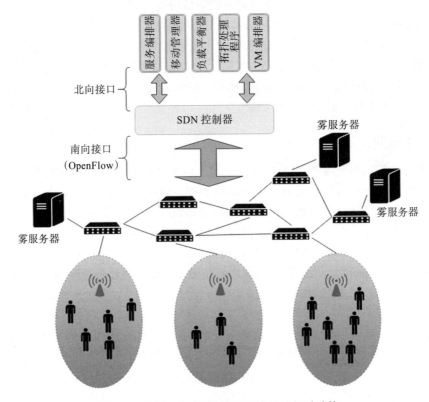

图 2.2 使用 SDN 作为网络编排器进行雾计算

联合边缘资源创建了一个全球可访问的基础架构,但也使环境更具动态性。管理单个域内的移动性、处理同一附近服务器之间的应用层切换,以及对由于一组用户引起的改变做出响应可以通过单个控制平面组件加以利用。然而,边缘计算部署的现实和实用方法需要网络行为以灵活地支持全球环境中的联合设置的操作。正如所料,单个控制平面无法满足各种类型的设备和管理域的全球管理。SDN 和 OpenFlow 的发展允许逻辑上集中但物理上分散的控制平面。数据流量可以通过属于不同服务提供商的至少两个不同域转发。因此,需要对具有多个控制器的不相交域进行抽象和控制。

可以部署控制器来处理单个域内的操作。但是,需要进行域间或控制器间通信,以保持向网关转发流量的可靠性。该通信由东西向接口提供。可以将控制平面组织为分层结构或平面结构。在分层结构中,主平面提供域之间的同步。较低级别的控制器负责其自己的域。如果在域内发生事件,则相应的控制器可以通过通知主控制器来更新其他控制器。当采用平面结构时,控制器彼此直接通信并通过其东西接口实现同步。

在联合边缘设置中,分布式控制平面将在解决可伸缩性和一致性问题方面发挥重要作用。考虑到以服务为中心的环境,多个控制器应同时处理协调服务复制和跟踪其位置。如果没有 SDN 和可编程网络提供的灵活性[30],则需要额外的努力来实现以服务为中心的设计。由于 SDN 可以内在地检索底层网络的最新视图,因此控制器可以跟踪服务的位置。将服务标识符映射到位置列表的北向应用程序为将以服务为中心的模型嵌入到全球边缘设置中铺平了道路。每当用户通过指定其标识符来卸载服务时，负责该域的控制器可以检查该信息并检索可能的目标列表。可能的目标列表通常通过与协调其他管理域的其余控制器进行通信来更新。借助相邻的负载平衡北向应用程序，网络可以确定最可行的服务器并通过修改数据包的头字段来转发请求。如果目的地部署在另一个区域，则转发操作要求数据包在多个域上路由，并且由分布式控制平面的协同工作处理。如果在区域内部署新服务或创建服务复制，则负责的控制器首先更新其数据库并创建一个事件，以通知其他控制器保持同步。通过东西接口交换的 OpenFlow 消息在事件发生时提供全球同步。

　　服务移动性需要在联合边缘环境中解决。创建、迁移和复制服务必须在边缘完成，以处理不同的流量模式和负载平衡 [31]。由于 SDN 确定了可能的目标节点，以及可用于迁移服务以使性能受到的影响最小（阻止拥塞）的路径 [32]，SDN 再次成为一个候选解决方案。SDN 中的操作可以使用流规则来执行。

　　在研究和实验中，SDN 以管理和处理异质性良好而著称 [33,34]。从网络角度来看，联合边缘环境通常是异构的，因为除了不同的流量模式之外，它们还包括不同的网络类型。在这种情况下，控制平面可以为边缘服务器和终端用户设备提供一个可互操作的网络环境，该环境包括不同提供商的多个域。此外，不同网络设备之间的供应商依赖性和兼容性问题也被消除了 [35]。

2.2.3　未来研究方向

　　雾计算和 SDN 的集成具有加速实际部署和联合边缘资源的巨大潜力。 但是，仍然需要探索弥合雾计算和 SDN 之间差距的途径。在本节，我们将考虑四种这样的途径作为未来研究的方向。

　　1）无线组网和 SDN 的实施。现有的研究和实际实施通过 SDN 实现网络虚拟化。但是，重点通常是有线网络中 SDN 控制器的虚拟化和管理 [36]。我们相信 SDN 和当前标准（如OpenFlow）的优势必须通过无线网络充分利用，以便联合边缘节点，而这些节点在未来主要服务于移动社区。

　　2）互操作性接口的标准化。OpenFlow 目前是南向接口的实际标准。但是，北向通信并没有公认的标准（尽管北向标准的开放网络基金会（ONF）[37] 组织了一个工作组）。缺乏标准化会妨碍在同一控制器上运行的北向应用程序之间的互操作性。我们认为，为北向应用制定标准是未来研究的另一个重要途径。此外，现有的基于 SDN 的场景不依赖于东西接口，并且该领域的研究很少。相邻控制器之间的通信需要变得更加可靠和有效，以免给控制信道带来负担。我们相信，专注于这一领域的努力将会为在边缘联合计算资源池提供机会。

　　3）增强现有标准和接口的可编程性。使用 OpenFlow 进行编程的经验使我们建议实现其他功能。最新版本的 OpenFlow（v1.5.1）仅在网络中提供部分可编程性。为了实现边缘资源联合以进行通用雾的部署，我们认为需要进一步研究以增强标准和接口的可编程性。

　　4）覆盖更广泛地理区域的 SDN 平面的可扩展性。预计边缘节点将分布在广泛的地理区域上，并且雾计算系统中将存在不同的管理域。在这里，需要分布式 SDN 控制平面与相邻控制器通信。因此，我们建议进一步研究 SDN 平面的可扩展性 [38]。这是具有挑战性的，因为没有适用于东西接口的标准，而这需要应用于控制器间的通信。

2.3 管理挑战

在云和用户设备之间增加单层边缘节点会带来显著的管理开销。当边缘节点的集群需要从不同的地理位置联合以创建全球架构时,这将更具有挑战性。

2.3.1 联合边缘环境中的管理挑战

在本节,我们将考虑四个需要解决的管理挑战,见表 2.2。

表 2.2 联合边缘资源的管理挑战、解决这些问题的必要性以及潜在解决方案

管理挑战	为什么要解决它?	需要什么来解决?
边缘节点的发现	在资源在地理上分散和松散耦合时进行资源选择	轻量级协议和握手
部署服务和应用程序	为多个服务和应用程序提供隔离	实时监控和基准测试机制
迁移服务	用户移动性、工作负载平衡	低开销虚拟化
负载平衡	避免在单个节点上进行大量订阅	弹性伸缩机制

2.3.1.1 发现边缘资源

第一个管理挑战与在个体层面和集合层面发现边缘资源有关。在个体层面,提供计算的潜在边缘节点需要在网络中可见,包括在用户设备上运行的应用程序及其各自的云服务器。在集合层面,给定地理位置(或任何其他粒度)的边缘节点集合将需要对其他边缘节点集合可见。

除了系统挑战外,假设边缘节点具有与网络设备和通用计算设备相似的功能,这里的挑战是确定发现的最佳实践——是否发现边缘节点是自发起的并导致松散耦合的集合,或是由外部监控器发起并导致紧密耦合的集合,或是这两者的组合。

2.3.1.2 部署服务和应用程序

第二个管理挑战与在边缘上部署服务和应用程序有关。通常,需要将可以从用户设备提供请求的服务卸载到一个或一组边缘节点上。但是,如果不了解目标边缘的功能并将它们与服务或应用程序的需求(例如预期的负载和所需资源量)相匹配,这就将是不可能的,因为在同一地理位置可能有多个边缘节点集群可用。同时对多个边缘节点(或多个集合)进行基准测试对于满足服务目标至关重要。这很有挑战性,需要被实时执行。

2.3.1.3 跨边缘迁移服务

第三个管理挑战与跨边缘迁移服务有关。现有技术允许使用虚拟机(VM)、容器和单核技术部署应用程序和服务。事实证明,这些技术在云环境中非常有用,可以部署应用程序并跨数据中心迁移它们。鉴于云数据中心拥有大量可访问资源,维护可用于在发生故障或负载平衡时启动或复制服务的大型映像存储库并不具有挑战性。然而,鉴于实时和资源限制,这在边缘中是具有挑战性的。此外,需要考虑网络中用于将服务从边缘节点迁移到另一个节点的最短路径。

2.3.1.4 负载平衡

第四个管理挑战与边缘的负载平衡有关。如果在边缘有大量服务订阅,则需要管理单个边缘节点或集合中单个服务的资源分配。例如,如果与边缘处休眠的其他服务相比,有一个服务订阅量很大，那么分配给订阅量很大的服务的资源将需要进行扩展。虽然这只是其中一种场景，但当更多服务需要来自相同边缘节点集合的资源时，情况将变得更加复杂。这需要对边缘处的资源进行大量监控，但鉴于边缘节点上的资源限制，不能使用传统方法。同样，需要建立机制来扩展一个服务（可能是大量订阅）的资源，同时从休眠服务中解除分配的资源。监控和扩展机制都需要确保完整性，这样工作负载才能相当平衡。

2.3.2　目前的研究

用于发现边缘节点的现有技术可以基于它们是否在多租户环境（例如，边缘节点上可以承载多个服务）中操作来分类。例如，FocusStack 在单租户环境 [39] 中发现边缘节点，而 ParaDrop[40] 和边缘即服务（EaaS）[41] 在多租户边缘环境中运行。但是，在联合多个边缘节点集合时，还需要解决一些额外的挑战以实现发现。

目前关于部署服务的研究主要集中在部署前资源供应（在部署应用程序之前将应用程序的需求与可用资源匹配）[42]。由于边缘上预期的工作负载的可变性（需要在边缘节点的集合上托管更多应用程序），因此在单个边缘节点和联合边缘资源的环境中，后期部署变得更加重要。此外，在分布式集群上运行的工作负载部署服务专注于大型作业，例如 Hadoop 或 MapReduce[43,44]。但是，联合边缘资源将需要适用于更细粒度工作负载的后期部署技术。

通过虚拟机跨集群迁移服务是可能的，但实际上有很大的时间开销 [45,46]。此外，跨地理分布的云数据中心的实时迁移更具挑战性且更耗时。在虚拟机实时迁移边缘资源的背景中，也采用了类似的策略 [47,48]。虽然这是可能的（尽管迁移需要花费几分钟），但使用现有策略进行实时使用仍然具有挑战性。此外，虚拟机可能不是边缘服务器上托管服务的事实标准 [11,49]。需要研究替代的轻量级技术，如容器，以及如何将它们用于迁移边缘工作负载，并且需要将支持这些技术的策略整合到容器技术中。

监控边缘资源是实现负载平衡的关键要求。例如，需要监控性能指标来实现弹性伸缩方法以平衡边缘上的工作负载。现有的分布式系统的监控系统要么没有扩展，要么消耗资源。这些方法不适用于大规模资源受限的边缘部署。目前用于自动扩展资源的机制仅限于单边节点，并采用轻量级监控 [11]。但是，扩展这些机制具有挑战性。

2.3.3　解决管理挑战

上述四个研究挑战中的三个（即发现、部署和负载平衡）是在 EaaS 平台和 ENORM 框架上贝尔法斯特（Belfast）的各个边缘节点的背景下解决的。

2.3.3.1　边缘即服务平台

EaaS[41] 平台以发现挑战为目标，并为同构边缘资源集合（Raspberry Pi）实现轻量级发现协议。EaaS 平台在三层环境中运行——顶层是云，底层包含用户设备，中间层包含边缘节点。该平台需要一个主节点，该主节点可以是计算可用的网络设备或专用节点，并且执行与边缘节点通信的管理器进程。主节点管理器与潜在的边缘节点通信，并在边缘节点上安装管理器以执行命令。主节点上提供管理控制面板以监视各个边缘节点。一旦 EaaS 平台发现边缘节点，就可以部署 Docker 或 LXD 容器。该平台在类似于流行的《精灵宝可梦 Go》的在线游戏环境中进行了测试，以提高应用程序的整体性能。

该平台的好处是实现的发现协议是轻量级的，并且启动、开始、停止或终止容器的开销是几秒钟。其在单个边缘节点上启动了多达 50 个具有在线游戏工作负载的容器。然而，这是在单个边缘节点集合的环境中执行的。在联合边缘环境中使用这种模型还需要进一步的研究。

EaaS 平台的主要缺点是它假设了一个可以与所有潜在边缘节点通信的集中主节点。该研究还假设可以查询边缘节点，并且可以通过所有者在公共市场中获得边缘节点。此外，尚未考虑主节点在边缘节点上安装管理器和在边缘节点上执行命令的相关安全影响。

2.3.3.2 边缘节点资源管理框架

边缘节点资源管理（ENORM）框架[11] 主要解决各个边缘节点上的部署和负载平衡挑战。与 EaaS 平台类似，ENORM 在三层环境中运行，但主控制器不控制边缘节点。相反，假设它们对想要利用边缘的云服务器是可见的。该框架允许对云服务器进行分区并将其卸载到边缘节点，以提高应用程序的整体 QoS。

该框架以用于将工作负载从云服务器部署到边缘服务器的供应机制为基础。云和边缘服务器通过握手建立连接，以确保有足够的资源满足将被卸载到边缘的服务器的请求。供应机制满足应用程序服务器的整个生命周期，从通过容器将其卸载到边缘，直到它终止并通知云服务器。

单个边缘节点上的负载平衡是通过弹性伸缩算法实现的。假设边缘节点可以是流量路由节点，例如路由器或移动基站，因此卸载的服务不应该损害在节点上执行的基本服务（流量路由）的 QoS。在边缘节点上执行的每个应用程序服务器都具有优先级。每台边缘服务器都受到监控（从网络和系统性能两方面考虑），并估计是否可以满足 QoS。如果具有较高优先级的边缘服务器无法满足其 QoS，则会缩放应用程序的资源。如果在边缘上无法满足应用程序的资源需求，则会将其移回卸载它的云服务器。这是以周期性的间隔迭代发生的，以确保实现 QoS 和节点稳定。

ENORM 框架也在在线游戏用例和 EaaS 平台上得到了验证。值得注意的是，应用程序延迟可以减少 20% 到 80%，并且针对此用例传输到云的整体数据减少了高达 95%。

2.3.4 未来研究方向

EaaS 平台和 ENORM 框架都具有局限性，因为它们没有假设联合边缘资源。本节将考虑在联合边缘资源时解决管理挑战的四个研究方向。

1）**协调多个边缘集合的异构节点之间的管理任务**。联合边缘资源不可避免地需要将异构边缘节点（路由器、基站、交换机和专用低功率计算设备）集合在一起。虽然管理同类资源本身可能具有挑战性，但协调多个异构资源集合将更加复杂。这里的挑战是通过标准协议实现所需的协调，以便在地理位置不同、具有不同 CPU 架构的设备之间进行管理，并且设备本身可以用于网络流量路由。

2）**为联合边缘资源开发实时基准测试服务**。鉴于边缘节点的计算能力和（通过节点的流量的）工作负载不同，云服务器需要对边缘节点组合进行可靠的基准测试。该组合可以来自不同或相同的地理位置，因此如果需要在边缘上部署分区工作负载，则通过基准测试，应用程序服务器可以识别可满足服务级目标（SLO）的边缘节点。需要制定可实时促进基准测试的机制。

3）**促进联合边缘资源之间的快速迁移**。当前的迁移技术在尝试从一个节点迁移到另一个节点时，通常至少会有几分钟的开销。这一开销明显会随着地理距离的增加而增加。当前的迁移机制在边缘节点上获取虚拟机或容器的快照，然后将其传输到另一个节点。为了便于快速迁移，可能需要开发其他虚拟化技术，以允许迁移更抽象的实体（如函数或程序）。这项技术也可用于未来的无服务器计算平台，以开发跨联合边缘资源的互操作平台。

4）使用弹性伸缩调查用于负载平衡的细粒度资源分配 / 解除分配。当前的弹性伸缩方法在边缘上添加或移除离散的预定义资源单元以进行弹性伸缩。但是，这种伸缩在资源受限的环境中是有限的，因为资源可能被过度供应。需要研究替代机制，这些替代机制可以根据特定的应用程序要求获得需要分配 / 解除分配的资源量，以满足 SLO 而不会影响边缘环境的稳定性。

2.4　其他挑战

前两节已经考虑了联合地理分布的边缘资源的组网挑战和管理挑战。但是，还需要考虑其他挑战。例如，开发定价模型以利用边缘资源的挑战。由于支持公共边缘计算的技术还处于初级阶段，这将依赖于一个目前无法完全预见的解决方案空间。在本节，我们将考虑另外两个挑战，即图 2.3 所示的资源挑战和建模挑战，这些挑战均依赖于组网和管理。

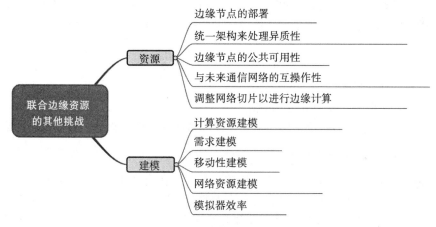

图 2.3　联合边缘资源中的资源挑战和建模挑战

2.4.1　资源挑战

在云数据中心和用户设备之间引入边缘层用于新兴应用程序的前景是很吸引人的，因为可以最小化到网络核心的延迟和数据传输以改善应用程序的整体 QoS。尽管有参考边缘架构和测试平台可以验证这些架构，但边缘计算尚未被公开采用，我们还没有看到这些系统的大规模实际实现。在边缘层成为现实之前，我们提出了五个需要解决的资源挑战。

2.4.1.1　定义边缘节点

第一个资源挑战与部署边缘节点有关。目前尚不清楚边缘节点是否可能是以下三者之一：流量路由节点，例如路由器、交换机、网关和通过其上的 CPU 集成通用计算的移动基站；具有低功率计算设备的专用计算节点，在这些设备上可以实现通用计算，例如微型云；前两者的混合。

在零售市场中，可以使用在流量路由节点上实现通用计算的产品。例如，目前市场上有支持边缘的互联网网关。◯此外，正在进行的研究旨在在网络边缘使用微型云数据中心。◯似乎以上任何一个选项都有相应的商业用例，但后者如何与流量路由节点共存尚未被确定。此外，由于现有的流量路由节点需要升级，迁移到前者可能需要很长时间。

2.4.1.2　考虑异构性的统一架构

第二个资源挑战与考虑异构性而开发的统一架构有关。从软件、中间件和硬件的角度来看，将具有不同性能和计算资源的不同类型的基于边缘的节点作为一个连贯的单层或多层可能具有挑战性。鉴于从小型家庭路由器到微型云设备的各种边缘计算选项，联合它们将需要在所有节点上开发统一的可互操作标准。这是前所未有的，并且与云中使用的标准不同，在云中，大量计算资源具有相同的底层架构。如果是这种情况，则需要以对基础硬件无关的方式执行应用程序和服务。但是，目前通过虚拟化或容器化实现这一目标的研究并不适用，并且无法用于所有硬件架构。

2.4.1.3　边缘节点的公共可用性

第三个资源挑战与边缘节点的公共可用性有关。无论边缘层被如何启用，预计它都可以被访问，既可以用于使云端的计算更接近用户设备，也可以用于服务用户设备的请求，或者在将数据发送到云端之前处理大量传感器收集的数据。这引发了几个问题：

1）如何审核边缘节点？
2）使用哪个接口使其可被公开访问？
3）需要哪种计费模式？
4）边缘需要采取哪些安全和隐私措施？

这些问题超出了本章的讨论范围。但是，需要解决它们以获得可公开使用的边缘节点。

2.4.1.4　与通信网络的互操作性

第四个资源挑战与未来通信网络的互操作性有关。在边缘计算系统环境中，网络本身是定义边缘解决方案的整体性能的关键资源。资源管理策略应该考虑网络资源以及使边缘系统有效运行的计算资源[14]。初始边缘计算建议几乎完全采用 WLAN 技术来访问计算资源。然而，鉴于 5G 的出现，这可能会有所改变。在触觉互联网层面提供的 QoS 使得 5G 系统成为边缘接入的强有力的替代方案[52]。考虑到边缘系统的潜力，欧洲电信标准协会（ETSI）与电信行业的许多贡献者一起开始了多接入边缘计算（MEC）标准化[53]工作。原则上，MEC 是一种边缘计算架构，被视为 5G 系统的固有组件。对于 5G 的实际部署，边缘计算服务是否依赖 MEC 功能，或者它是否将利用高带宽 5G 网络功能并将自己定位为"顶层"（OTT）尚不清楚，这将取决于成本和开放性等参数。这两个选项将为边缘计算系统的联合规定完全不同的位置。ETSI-MEC 凭借其在 5G 架构中的固有地位，将紧密耦合总体上的边缘系统以及它与电信运营商对整个网络的运营联合。

2.4.1.5　边缘系统的网络切片

第五个资源挑战与调整边缘系统的网络切片有关。预计切片是未来网络将提供的另一个

◯ http://www.dell.com/uk/business/p/edge-gateway
◯ http://www.dell.com/en-us/work/learn/rack-scale-infrastructure

重要机遇。网络切片被定义为覆盖在物理或虚拟网络上的逻辑网络，可以使用一组参数按需创建 [52]。切片将允许网络运营商满足特定于一个服务或一组服务的 QoS。

尽管切片不是边缘计算特有的方法，但它会显著影响边缘系统的操作和性能。专用于一个边缘服务器上的每个服务的端到端切片是有益的。然而，由于可扩展性和管理挑战，切片变得细粒化是具有挑战性的。此外，与边缘计算相关的切片需要考虑边缘服务器和云服务器之间的交互量。一种简单的方法是为每个边缘部署分配切片，并期望边缘编排系统在边缘系统内分配额外的资源。在联合设置中，可以将有限容量的资源分配给一组独立边缘系统，并且可以在考虑资源使用模式的同时全局调整单个边缘系统的整体切片。

2.4.2 建模挑战

边缘计算为各种技术铺平了道路，例如 MEC、移动 MCC、微云和雾计算 [5]。这表明可以利用不同的技术在多个域中获得边缘解。鉴于没有事实上的标准，并且文献中出现了大量的边缘架构，因此需要用于建模和分析边缘系统的工具。

边缘系统建模的一个选择是实现特定于用例需求的测试平台。考虑到用于虚拟化资源（计算和网络）的开源工具的可用性，为研究环境开发测试平台是可行的。例如，Living Edge Lab⊖ 就是一个实验测试平台。但是，建立测试台可能非常昂贵。此外，为了进行完整的性能分析，测试平台，有时甚至是现实世界的部署可能不适合使用模拟器进行可重复和可扩展的实验 [50]。因此，可以将模拟器用于补充实验测试平台以进行全面评估。

模拟器的核心是一个捕捉环境的复杂数学模型。虽然使用模拟器是有利的，但在设计理想的（甚至是合理的）模拟器时需要解决许多建模挑战 [51]。理想的模拟环境应该包含编程 API、配置文件管理和 UI 仪表板，以便以最少的手动工作轻松进行建模。我们预计相同的原理将适用于边缘模拟器。在本节中，我们将考虑理想边缘模拟器需要解决的五个特定建模挑战。

2.4.2.1 计算资源建模

像云数据中心一样，边缘服务器将通过虚拟化技术（如虚拟机和容器）为其用户提供计算能力 [12]。此环境中的模拟环境应支持虚拟资源的创建、大小调整和迁移，并在不同粒度级别（进程、应用程序和整个节点）上模拟 CPU、内存和网络资源消耗。该模型需要捕获使用现有流量路由节点、专用节点或这些节点的组合的可能性。

2.4.2.2 需求建模

为了能够对边缘计算系统上的负载建模，需要对由个体用户（或用户集合）引起的边缘资源的需求进行建模。移动设备的异构性和各种应用程序产生的流量的解释是复杂的。终端用户设备或云服务器可以将计算卸载到边缘服务器上，这需要在需求模型中加以考虑。需要考虑需求的分布和边缘流量的到达时间。具有预定义分布的用户和应用程序系列的配置文件也是有益的。

2.4.2.3 移动性建模

移动性是需要考虑的关键组件，用于准确地建模边缘上的时变需求。对移动性的需求出现在多个用例中。例如，具有可穿戴小配件的人从一个边缘服务器的覆盖区域移动到另一个

⊖ http://openedgecomputing.org/lel.html

边缘服务器的覆盖区域时，可能会导致服务从一个边缘服务器迁移到另一个边缘服务器，或者使用另一个边缘服务器上的用户数据复制服务。在该用例中，模拟环境应该允许设计实际上捕获各种形式的移动性的实验。

2.4.2.4 网络建模

网络的性能和行为模式对于边缘系统的整体操作至关重要。由于动态工作负载使用不同的网络接入技术（如 Wi-Fi、蓝牙和蜂窝网络）运行，因此准确的网络延迟建模并不容易。与传统的网络模拟器相比，边缘模拟工具应该能够快速扩展网络资源。这种要求是由于前面描述的切片方法而产生的，其中需要在网络中建模多个网络切片[52]。

2.4.2.5 模拟器效率

模拟器需要具有可伸缩性、可扩展以适应不断变化的基础架构要求，并且易于使用。考虑到即将到来的物联网和机器对机器通信，考虑到联合边缘资源的模拟器的时间复杂性应该为大量设备和用户的连接建模。

2.5 结论

通常集中在云数据中心的计算资源现在被提议通过边缘计算架构在网络边缘提供。边缘资源将在地理位置上分布，它们需要被联合起来以形成一个可全球访问的边缘层，该层可以同时服务数据中心和用户设备请求。本章的目的是强调联合地理分布的边缘资源需要解决的一些挑战。本章首先介绍了与组网和管理相关的问题。然后，本章考虑了现有的文献中的研究如何解决这些挑战并提供了未来的研究方向。随后，我们提出了与联合边缘的资源和建模相关的其他挑战。本章的关键信息是联合边缘资源并不是一项简单的任务，更不用说其中的社会和法律方面的内容，促进公共边缘计算的基础技术仍处于起步阶段并且正在迅速发生变化。在组网、管理、资源和建模方面都有许多技术挑战需要解决，以开发新的解决方案使联合边缘计算逐渐成为现实。

参考文献

1 B. Varghese, and R. Buyya. Next generation cloud computing: New trends and research directions. *Future Generation Computer Systems*, 79(3): 849–861, February 2018.

2 W. Shi, and S. Dustdar. The promise of edge computing. *Computer*, 49(5): 78–81, May 2016.

3 T. Taleb, K. Samdanis, B. Mada, H. Flinck, S. Dutta, and D. Sabella. On multi-access edge computing: A survey of the emerging 5G network edge architecture and orchestration. *IEEE Communications Surveys & Tutorials*, 19(3): 1657–1681, May 2017.

4 R. Vilalta, A. Mayoral, D. Pubill, R. Casellas, R. Martínez, J. Serra, and R. Muñoz. End-to-end SDN orchestration of IoT services using an SDN/NFV-enabled edge node. In *Proceedings of Optical Fiber Communications Conference and Exhibition*, Anaheim, CA, USA, March 20–24, 2016.

5 A. C. Baktir, A. Ozgovde, and C. Ersoy. How can edge computing benefit from software-defined networking: A survey, Use Cases & Future Directions. *IEEE Communications Surveys & Tutorials*, 19(4): 2359–2391, June 2017.

6 T. Q. Dinh, J. Tang, Q.D. La, and T.Q.S. Quek. Offloading in mobile edge computing: Task allocation and computational frequency scaling. *IEEE Transactions on Communications*, 65(8): 3571–3584, August, 2017.

7 L. F. Bittencourt, M. M. Lopes, I. Petri, and O. F. Rana. Towards virtual machine migration in fog computing. *10th International Conference on P2P, Parallel, Grid, Cloud and Internet Computing*, Krakow, Poland, November 4–6, 2015.

8 J. Xu, L. Chen, and S. Ren, Online learning for offloading and autoscaling in energy harvesting mobile edge computing. *IEEE Transactions on Cognitive Communications and Networking*, 3(3): 361–373, September 2017.

9 N. Apolónia, F. Freitag, L. Navarro, S. Girdzijauskas, and V. Vlassov. Gossip-based service monitoring platform for wireless edge cloud computing. In *Proceedings of the 14th International Conference on Networking, Sensing and Control*, Calabria, Italy, May 16–18, 2017.

10 M. Satyanarayanan. Edge computing: Vision and challenges. *IEEE Internet of Things Journal*, 3(5): 637–646, June 2016.

11 N. Wang, B. Varghese, M. Matthaiou, and D. S. Nikolopoulos. ENORM: A framework for edge node resource management. *IEEE Transactions on Services Computing*, PP(99): 1–1, September 2017.

12 B. Varghese, N. Wang, S. Barbhuiya, P. Kilpatrick, and D. S. Nikolopoulos. Challenges and opportunities in edge computing. In *Proceedings of the International Conference on Smart cloud*, New York, USA, November 18–20, 2016.

13 Z. Hao, E. Novak, S. Yi, and Q. Li. Challenges and software architecture for fog computing. *IEEE Internet Computing*, 21(2): 44–53, March 2011.

14 C. Sonmez, A. Ozgovde, and C. Ersoy. EdgeCloudSim: An environment for performance evaluation of edge computing systems. In *Proceedings of the 2nd International Conference on Fog and Mobile Edge Computing*. Valencia, Spain, May 8–11, 2017.

15 S. Yi, C. Li, and Q. Li. A survey of fog computing: Concepts, applications and issues. In *Proceedings of the Workshop on Mobile Big Data*. Hangzhou, China, June 22–25, 2015.

16 L. M. Vaquero and L. Rodero-Merino. Finding your way in the fog: Towards a comprehensive definition of fog computing. *SIGCOMM Computer Communication Review*, 44(5): 27–32, October 2014.

17 I. Stojmenovic, S. Wen, X. Huang, and H. Luan. An overview of fog computing and its security issues, *Concurrency and Computation: Practice and Experience*, 28(10): 2991–3005, April 2015.

18 A. C. Baktir, A. Ozgovde, and C. Ersoy. Enabling service-centric networks for cloudlets using SDN. in *Proceedings of the 15th International Symposium on Integrated Network and Service Management*, Lisbon, Portugal, May 8–12, 2017.

19 H. Farhady, H. Lee, and A. Nakao. Software-Defined Networking: A survey, *Computer Networks*, 81(C): 79–95, December 2014.

20 R. Jain, and S. Paul. Network virtualization and software defined networking for cloud computing: A survey. *IEEE Communications Magazine*, 51(11): 24–31, 2013.

21 M. Jammal, T. Singh, A. Shami, R. Asal, and Y. Li. Software defined networking: State of the art and research challenges, *Computer Networks*, 72: 74–98, 2014.

22 V. R. Tadinada. Software defined networking: Redefining the future of Internet in IoT and cloud era. In *Proceedings of the 4th International Conference on Future Internet of Things and cloud*, Barcelona, Spain, August 22–24, 2014.

23 Open Networking Foundation. OpenFlow Switch Specification Version 1.5.1, https://www.opennetworking.org/images/stories/downloads/sdn-resources/onf-specifications/openflow/. Accessed December 2017.

24 S. Tomovic, M. Pejanovic-Djurisic, and I. Radusinovic. SDN based mobile networks: Concepts and benefits. *Wireless Personal Communications*, 78(3): 1629–1644, July 2014.

25 X. N. Nguyen, D. Saucez, C. Barakat, and T. Turletti. Rules placement problem in OpenFlow networks: A survey. *IEEE Communications Surveys & Tutorials*, 18(2): 1273–1286, December 2016.

26 G. Luo, S. Jia, Z. Liu, K. Zhu, and L. Zhang. sdnMAC: A software defined networking based MAC protocol in VANETs. In *Proceedings of the 24th International Symposium on Quality of Service*, Beijing, China, June 20–21, 2016.

27 Geni, http://groups.geni.net/geni/wiki/OpenFlowDiscoveryProtocol/. Accessed on 14 March, 2018.

28 B. Pfaff, J. Pettit, T. Koponen, E. J. Jackson, A. Zhou, J. Rajahalme, J. Gross, A. Wang, J. Stringer, P. Shelar, K. Amidon, and M. Casado. 2015. The design and implementation of open vSwitch. In *Proceedings of the 12th USENIX Conference on Networked Systems Design and Implementation*, Berkeley, CA, USA, May 7–8, 2015.

29 R. Mijumbi, J. Serrat, J. Rubio-Loyola, N. Bouten, F. De Turck, and S. Latré. Dynamic resource management in SDN-based virtualized networks, in *Proceedings of the 10th International Conference on Network and Service Management*, Rio de Janeiro, Brazil, November 17–21, 2014.

30 J. Bailey, and S. Stuart. Faucet: Deploying SDN in the enterprise, *ACM Queue*, 14(5): 54–68, November 2016.

31 C. Puliafito, E. Mingozzi, and G. Anastasi. Fog computing for the Internet of Mobile Things: Issues and challenges, in *Proceedings of the 3rd International Conference on Smart Computing*, Hong Kong, China, May 29–31, 2017.

32 A. Mendiola, J. Astorga, E. Jacob, and M. Higuero. A survey on the contributions of Software-Defined Networking to Traffic Engineering, *IEEE Communications Surveys & Tutorials*, 19(2), 918–953, November 2016.

33 N. B. Truong, G. M. Lee, and Y. Ghamri-Doudane. Software defined networking-based vehicular ad hoc network with fog computing, in *Proceedings of IFIP/IEEE International Symposium on Integrated Network Management*, Ottawa, ON, Canada, May 11–15, 2015.

34 K. Bakshi, Considerations for software defined networking, SDN: Approaches and use cases, in *Proceedings of IEEE Aerospace Conference*, Big Sky, MT, USA, March 2–9, 2013.

35 Open Networking Foundation. SDN Definition, https://www.opennetworking.org/sdn-resources/sdn-definition. Accessed on November 2017.

36 C. J. Bernardos, A. De La Oliva, P. Serrano, A. Banchs, L. M. Contreras, H. Jin, and J. C. Zúñiga. An architecture for software defined wireless networking, *IEEE Wireless Communications*, 21(3), 52–61, June 2014.

37 Open Networking Foundation. Northbound Interfaces, https://www
.opennetworking.org/images/stories/downloads/working-groups/charter-
nbi.pdf, Accessed on: 14 March, 2018.

38 Open Networking Foundation. Special Report: OpenFlow and SDN - State
of the union, https://www.opennetworking.org/images/stories/downloads/
sdn-resources/special-reports/Special-Report-OpenFlow-and-SDN-State-of-
the-Union-B.pdf. Accessed on 14 March, 2018.

39 B. Amento, B. Balasubramanian, R. J. Hall, K. Joshi, G. Jung, and K. H.
Purdy. FocusStack: Orchestrating edge clouds using location-based focus
of attention. In *Proceedings of IEEE/ACM Symposium on Edge Computing*,
Washington, DC, USA, October 27–28, 2016.

40 P. Liu, D. Willis, and S. Banerjee. ParaDrop: Enabling lightweight
multi-tenancy at the network's extreme edge. In *Proceedings of IEEE/ACM
Symposium on edge Computing*, Washington, DC, USA, October 27–28,
2016.

41 B. Varghese, N. Wang, J. Li, and D. S. Nikolopoulos. Edge-as-a-service:
Towards distributed cloud architectures. In *Proceedings of the 46th Interna-
tional Conference on Parallel Computing*, Bristol, United Kingdom, August
14–17, 2017.

42 S. Nastic, H. L. Truong, and S. Dustdar. A middleware infrastructure
for utility-based provisioning of IoT cloud systems. In *Proceedings of
IEEE/ACM Symposium on edge Computing*, Washington, DC, USA, October
27–28, 2016.

43 V. K. Vavilapalli, A. C. Murthy, C. Douglas, S. Agarwal, M. Konar, R. Evans,
T. Graves, J. Lowe, H. Shah, S. Seth, B. Saha, C. Curino, O. O'Malley, S.
Radia, B. Reed, and E. Baldeschwieler. Apache Hadoop YARN: Yet another
resource negotiator, in *Proceedings of the 4th Annual Symposium on cloud
Computing*, Santa Clara, California, October 1–3, 2013.

44 B. Hindman, A. Konwinski, M. Zaharia, A. Ghodsi, A. D. Joseph, R. Katz,
S. Shenker, and I. Stoica. Mesos: A platform for fine-grained resource
sharing in the data center, in *Proceedings of the 8th USENIX Conference on
Networked Systems Design and Implementation*, Berkeley, CA, USA, March
30–April 01, 2011.

45 C. Clark, K. Fraser, S. Hand, J. G. Hansen, E. Jul, C. Limpach, I. Pratt, and
A. Warfield. Live migration of virtual machines. In *Proceedings of the 2nd
conference on Symposium on Networked Systems Design & Implementation*,
Berkeley, CA, USA, May 2–4, 2005.

46 S. Wang, R. Urgaonkar, M. Zafer, T. He, K. Chan, and K. K. Leung.
Dynamic service migration in mobile edge-clouds, *IFIP Networking Con-
ference*, 91(C): 205–228, September 2015.

47 F. Callegati, and W. Cerroni. Live migration of virtualized edge networks:
Analytical modelling and performance evaluation, in *Proceedings of the
IEEE SDN for Future Networks and Services*, Trento, Italy, November 11–13,
2013.

48 D. Darsena, G. Gelli, A. Manzalini, F. Melito, and F. Verde. Live migration
of virtual machines among edge networks viaWAN links. In *Proceedings
of the 22nd Future Network & Mobile Summit*, Lisbon, Portugal, July 3–5,
2013.

49 S. Shekhar, and A. Gokhale. Dynamic resource management across
cloud-edge resources for performance-sensitive applications. In *Proceed-*

ings of the 17th IEEE/ACM International Symposium on Cluster, Cloud and Grid Computing, Madrid, Spain, May 14–17, 2017.

50 G. D'Angelo, S. Ferretti, and V. Ghini. Modelling the Internet of Things: A simulation perspective. In *Proceedings of the International Conference on High Performance Computing Simulation*, Genoa, Italy, July 17–21, 2017.

51 G. Kecskemeti, G. Casale, D. N. Jha, J. Lyon, and R. Ranjan. Modelling and simulation challenges in Internet of Things, *IEEE Cloud Computing*, 4(1): 62–69, January 2017.

52 X. Foukas, G. Patounas, A. Elmokashfi, and M.K. Marina. Network slicing in 5G: Survey and challenges, *IEEE Communications Magazine*, 55(5): 94–100, May 2017.

53 Y.C. Hu, M. Patel, D. Sabella, N. Sprecher, and V. Young. Mobile edge computing—A key technology towards 5G, *ETSI White Paper*, 11(11):1–16, September 2015.

集成物联网＋雾＋云基础设施：系统建模和研究挑战

Guto Leoni Santos, Matheus Ferreira, Leylane Ferreira, Judith Kelner, Djamel Sadok,
Edison Albuquerque, Theo Lynn, Patricia Takako Endo

3.1 引言

　　学术界、工业界和政策制定者普遍认识到，社交媒体、云计算、大数据和相关分析、移动技术以及物联网（Internet of Things，IoT）正在改变社会的运行方式，并且这些技术彼此之间存在交互关系[1,2]。这些技术通常被称为万物互联（Internet of Everything，IoE）或"第三 IT 平台"，预示着人类、设备和支持这些关系的基础设施之间存在更大的相互依赖关系。据思科公司估计，目前的 IoE 存在约 80 亿～ 100 亿的连接[3]。

　　虽然云计算已成为物联网的关键使能技术，但已连接或信息物理对象所占百分比的小幅度增长意味着计算特征空间的巨大变化以及潜在的计算和超连接海啸，如今的基础设施将难以满足与过去水平相当的服务质量（QoS）。大规模分布式控制系统、地理分布式应用程序、依赖时间的移动应用程序，以及要求非常低且可预测的时延或者要求服务提供者之间互操作性的应用程序，只是属于某些物联网的应用程序类别，而现有云基础设施配置不完善，无法在超大规模下管理它们[4]。传统的云计算架构在设计时没有考虑到物联网，其特点是最大程度实现地理分布、异质性和动态性。因此，需要一种新方法来满足物联网的需求，包括横向需求（可扩展性、互操作性、灵活性、可靠性、高效率、可用性和安全性）以及云到物（C2T）特定的计算、存储和通信需求[5]。

　　为了应对 C2T 统一体中对新中间层的需求，雾计算已经成为位于云与连接体或智能终端设备之间的计算范式，在这些设备中中间计算元件（雾节点）提供数据管理和（或）通信服务以便于执行相关物联网应用程序[6]，如图 3.1 所示。雾计算的目标是更好地支持服务提供商之间的互操作性、实时处理和分析、移动性、地理分布性，以及不同的设备或雾节点形式因素，从而实现预期的 QoS[4]。除了这些优势，雾计算也增加了 C2T 统一体中运营商需要考虑的复杂性，尤其是资源编排和管理方面[4,7]。雾计算既是可以利用的机会，也是需要减少的风险。不仅需要考虑云和端点中的故障，也要考虑整个 C2T 统一体中故障的潜在性和影响。

　　在本章，我们将回顾有关使用建模方法来表示和评估由云计算、雾计算和物联网（C2F2T）组成的集成 C2T 系统的文献。本章的其余部分的内容安排如下。下一节将介绍用于指导本系统文献综述的方法论，并对本章最终选用的工作进行描述性分析。3.3 节将分析云计算、雾计算和物联网研究中使用的四类现有系统建模方法，分别为解析模型、佩特里网（Petri Net）模型、整数线性规划和其他方法。3.4 节将介绍现有研究中建模的主要场景，3.5 节将讨论评估中使用的度量指标。本章的最后一节将探讨研究挑战和未来的研究方向。

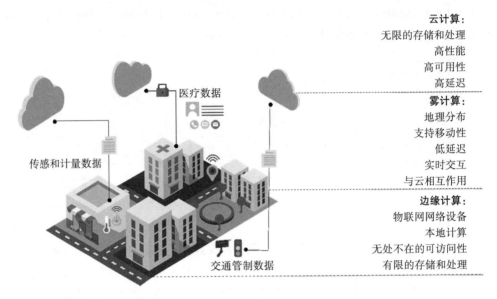

图 3.1   物联网设备与雾计算和云计算集成

3.2   方法论

本系统文献综述的目的是在以下三个方面对学术文献进行概述：表示和评估集成 C2F2T 系统使用的建模方法、主要建模的场景、用于评估模型的指标。一般而言，文献综述遵循文献 [8] 中概述的方法，如图 3.2 所示。

虽然文献 [9] 建议作者力争实现完全覆盖所有学科，但这是不可行的。因此，我们将此综述限制在计算机科学学科，并且仅限于三个资源库中的出版物，即 Science Direct、IEEE Xplore 和 ACM 数字图书馆（ACM Digital Library）。文献检索仅限于建模、云计算和物联网。鉴于有人认为有关雾计算的集成 C2F2T 论文可能需要使用 "cloud computing"（云计算）和 "IoT"（物联网）关键字进行检索，我们没有在关键字中包含 "fog"（雾）。因此，检索结果仅限于使用以下检索表达式得到的出版物：model AND（cloud OR cloud computing）AND（IoT OR Internet of Tings）（模型 AND（云 OR 云计算）AND（IoT OR 物联网））。

我们的初步检索得到了 1857 份出版物，出版时间范围为 2013 年到 2017 年。我们主要考虑了会议和期刊论文，没有包括书籍、博士论文和行业出版物。经过进一步审查文献的摘要，最后得到了包含 23 篇相关论文的列表。有一些论文未被列入最终表格，理由分别如下：第一，它们主要关注的不是集成 C2T 系统；第二，论文涉及商业建模；第三，论文介绍了架构而非模型；第四，未涉及或较少涉及建模方法。而后对最终的 23 篇论文的全文进行了评估，以验证论文符合文献检索标准。表 3.1 列出了初始检索和最终选择的论文数量，表 3.2 显示了按年份和出版物来源分类的论文数量。

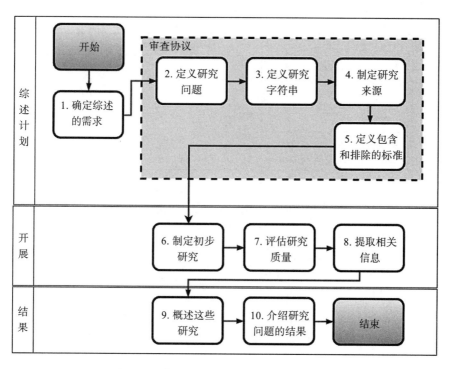

图 3.2 系统文献综述步骤，改编自文献 [8]

表 3.1 系统检索结果统计

资源库	Science Direct	IEEE Explore	ACM 数字图书馆	总数
初始检索	1244	426	187	1857
最终选择	10	12	1	23

从表 3.2 中可以看出，论文发表数量最多的年份是 2016 年（11 篇），其次是 2017 年（5 篇）。由于云计算、物联网和雾计算都是相对较新的领域，专门针对该主题的高层次网站很少，而主题符合的网站可能不被 IEEE 收录，或者可能需要更长的接收周期。鉴于自 2013 年以来的会议论文数量不断增加，人们预计未来几年会有更多的期刊论文。

表 3.2 关于集成物联网、雾和云建模的论文

出版年份 / 来源	IEEE	Science Direct	ACM
2013		High-performance scheduling model for multisensory gateway of cloud sensor system-based smart-living[10]	
		QoS-aware computational method for IoT composite service[11]	
总数	0	2	0
2014	Energy effcient and quality-driven continuous sensor management for mobile IoT applications[12]	A fault fuzzy-ontology for large-scale fault-tolerant wireless sensor networks[13]	
总数	1	1	0

（续）

出版年份 / 来源	IEEE	Science Direct	ACM
2015	Virtualization framework for energy effcient IoT networks[14]		
	Opacity in IoT with cloud computing[15]		
	Reliability modeling of service-oriented Internet of Things[16]		
总数	3	0	0
2016	Query processing for the IoT: Coupling of device energy consumption and cloud infrastructure billing[17]	System modeling and performance evaluation of a three-tier cloud of things[18]	
	A location-based interactive model for IoT and cloud (IoT-cloud)[19]	Collaborative building of behavioral models based on IoT[20]	
	An IoT-based system for collision detection on guardrails [21]	Deviation-based neighborhood model for context-aware QoS prediction of cloud and IoT services[22]	
	Towards distributed service allocation in fog-to-cloud(F2C) scenarios[23]	Event prediction in an IoT environment using naïve Bayesian models [24]	
	Interconnecting fog computing and microgrids for greening IoT[25]	Mobile crowdsensing as a service: A platform for applications on top of sensing clouds[26]	
	Theoretical modeling of fog computing: a green computing paradigm to support IoT applications[27]		
总数	6	5	0
2017	Application-aware resource provisioning in a heterogeneous IoT [28]	Wearable IoT data stream traceability in a distributed health information system [29]	A novel distributed latency-aware data processing in fog computing-enabled IoT networks [30]
	Leveraging renewable energy in edge clouds for data stream analysis in IoT[31]	Incentive mechanism for computation offloading using edge computing: A Stackelberg game approach[32]	
总数	2	2	1

3.3　集成 C2F2T 文献中的建模技巧

本节我们将分析在指导阶段确定的论文样本所使用的建模方法。这些论文包含的建模方法十分广泛。图 3.3 中的分析表明，解析模型是集成 C2F2T 系统进行建模时最常用的技术，其次是佩特里网（Petri Net）和整数线性规划。

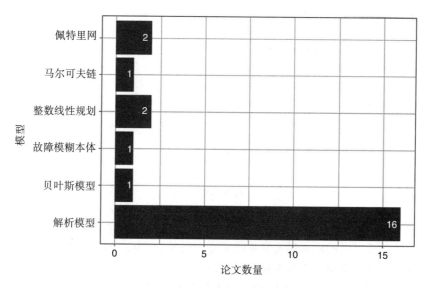

图 3.3　集成云、雾和物联网建模的最常用方法

3.3.1　解析模型

解析模型是具有封闭形式解的数学模型，即用于描述给定系统变化的方程的解可以表示为一个数学解析函数。通常，解析模型可用于预测与工作负载行为、内容和数量变化相关的计算资源需求，并测量硬件和软件变化的影响[33]。但是，大多数解析模型都依赖于近似，因此需要意识到使用近似会对任何给定模型的结果造成何种影响。可以看到，在 C2F2T 文献的建模方法中，绝大部分论文都使用了解析模型。在本系统文献综述中，我们发现共有16 篇论文使用了解析模型。

在文献 [18] 中作者定义了架构，其中每个物理层和虚拟组件层都被描述为一个关联特征向量。该作者还规定了一组方程作为不同场景下功耗和时延的计算度量。

在文献 [30] 中，作者在建模中考虑了架构中存在的网关（从物联网设备接收数据并转发到云基础设施或雾设备的设备）数量、每个网关收到的总数据以及每个网关处理这些数据消耗的时间。该作者提出了表示网关缓冲区的可用缓冲和占用效率的方程。根据网关的可用空间，数据将被传输到更高层，从而增加了数据处理的时延。该作者定义了数个计算时延的方程，并且提出了网关效率的优化方法，改善了系统中所有网关的占用率和响应时间效率。

文献 [20] 的作者提出了一种解析模型来表示物联网环境中的调度机制。其定义了表示设备需要处理的附加负载的方程。这个过程考虑了几个变量，例如处理器负载、空闲存储和空闲带宽等。

文献 [22] 提出了一种预测物联网服务的 QoS 的方法。该模型基于邻域协同过滤方法，并允许有效的全局优化方案。该文献基于时延、响应时间和用户网络条件等方面，定义了一组方程以正确预测服务的 QoS。

文献 [10] 提出了一种调度模型，该模型可以通过网关管理传感器应用程序。该文献在调度问题中考虑了应用程序的资源需求。式（3-1）表示了文献 [10] 提出的问题。在具有 n 个应用程序 $A=\{a_i(R_i, r_i, w_i(t), s_i(t))\}$（其中 R_i 是资源需求向量，$r_i \in [0, 1]$ 是优先级，$w_i(t)$ 是

要求的工作状态，$s_i(t)$ 是 a_i 的实际工作状态）的场景中，

$$\min.\varphi = \sum_{i=1}^{n}\int_{0}^{T} r_i w_i(t)(1-s_i(t))\mathrm{d}t$$

$$s.t.\,(1)\sum_{i=1}^{n} u_i s_i(t) \leqslant \alpha_c u_c$$

$$(2)\sum_{i=1}^{n} c_i s_i(t) \leqslant \alpha_m c_m$$

$$(3)\sum_{i=1}^{n} b_i^l s_i(t) \leqslant \alpha_l b_l \qquad (3\text{-}1)$$

$$(4)\sum_{i=1}^{n} b_i^O s_i(t) \leqslant \alpha_O b_O$$

上述积分计算任务的总等待时间，其中 T 是评估时间。u_c、c_m、b_l 和 b_O 分别是总可用 CPU、总内存容量、网关可提供的输入带宽和输出带宽。向量 $[\alpha_c, \alpha_m, -\alpha_l, \alpha_O]$ 分别表示 CPU 负载因子、内存、输入和输出带宽，表示系统在一定程度上可以平稳运行。

文献 [17] 提出了一组表示设备的预期能耗的解析表达式，以及物联网聚合器上的一组设备的云计费方法。考虑到 n 个设备，式（3-2）计算每个设备在监测周期内的能耗 T。其中 $E[\Psi_e]$ 是设备的查询数据量，g_e 是能耗率（焦耳 / 位），即每个设备的"空闲"能耗。式中第二项的积分表示处于空闲模式的设备的预期能耗。$c_e E[\Psi_e]$ 是应用程序激活"空闲"模式的阈值，$P_e(\omega_e)$ 代表 Ψ_e 的概率密度函数。

$$E_{\exp} = E[\psi_e]g_e + i_e\int_{0}^{c_e E[\psi_e]}(c_e E[\psi_e] - \omega_e)P_e(\omega_e)\mathrm{d}\omega_e \qquad (3\text{-}2)$$

式（3-3）显示了预期云计费成本的计算，同时考虑了来自 n 个设备的 n 个汇总查询量。其中 $E[\Psi_b]g_b$ 表示传输成本或存储成本，第一个积分表示空闲计费成本，第二个积分表示活动计费成本。i_b 是传输 1bit 的成本（美元 / 查询位），而 c_b 是定义期望计费成本的耦合点。

$$B_{\exp} = E[\Psi_b]g_b + i_b\int_{0}^{c_b}(c_b - \omega_b)P(\omega_b)\mathrm{d}\omega_b + p_b\int_{c_b}^{\infty}(\omega_b - c_b)P(\omega_b)\mathrm{d}\omega_b \qquad (3\text{-}3)$$

文献 [25] 考虑使用微网格雾计算策略来降低物联网应用程序的能耗，并提出了两个公式用于评估能耗。式（3-4）使用云计算来计算物联网服务的能耗。这个方程考虑了物联网网关在从物联网设备和传感器接收数据时的能耗 $E_{\mathrm{GW}\text{-}r}$、物联网网关将数据传输到云数据中心的能耗 $E_{\mathrm{GW}\text{-}t}$、物联网网关与云之间传输网络的能耗 E_{net}，以及数据中心组件的能耗 E_{DC}。

$$E_{\mathrm{IoT\text{-}cloud}} = E_{\mathrm{GW}\text{-}r} + E_{\mathrm{GW}\text{-}t} + E_{\mathrm{net}} + E_{\mathrm{DC}} \qquad (3\text{-}4)$$

式（3-5）计算物联网和雾之间通信的能耗。这个公式考虑了前一个公式的相同分量以及另外两个分量：物联网网关用于本地计算和处理的能耗 $E_{\mathrm{GW}\text{-}c}$，以及用于同步从雾到云的更新次数的比率 β。

$$E_{\mathrm{IoT\text{-}fog}} = E_{\mathrm{GW}\text{-}r} + E_{\mathrm{GW}\text{-}c} + \beta(E_{\mathrm{GW}\text{-}t} + E_{\mathrm{net}} + E_{\mathrm{DC}}) \qquad (3\text{-}5)$$

文献 [16] 在智能家居场景中提出了用于估计物联网场景可靠性的解析建模，并提出了一种算法来估计由 n 个子系统组成的物联网服务的可靠性。式（3-6）定义了物联网系统可靠性的计算。该公式考虑了虚拟机上运行的 k 个程序的可用性 P_{pr}、程序的 f 个输入文件的可用性 P_f 以及每个子系统的可靠性 ISR，即正在执行的虚拟机的可靠性。

$$R_S(t_b) = \prod_{i=1}^{N} \text{ISR}_i\, \text{ISR}_i \times \prod_{i=1}^{f} P_f(i) \times \prod_{i=1}^{k} P_{\text{pr}}(i) \qquad (3\text{-}6)$$

在文献 [15] 中，作者提出了一个评估 C2T 系统安全级别的模型。该模型的重点是信息流，其中定义了系统的初始状态，并且执行了一组操作。在执行这些操作后，系统会到达新的状态。

文献 [11，23] 和 [32] 提出在优化问题中使用解析模型。在文献 [23] 中，作者使用背包问题（MKP）在 C2F2T 场景中找到最佳服务分配。为此，他们考虑了许多应用程序的方面：负载平衡、时延和能耗。因此，服务分配被定义为一个 MKP 问题，其目标分为三个部分：最小化设备的能耗、最小化处理能力方面的过载、最小化基础设施中的服务的总体分配。在文献 [32] 中，作者解决了云运营商和物联网服务之间交互的优化问题。他们对问题进行分析，并最大化云服务效用，目的是获得最佳收益和计算卸载。在文献 [11] 中，作者提出了解析建模来表示物联网组合服务的 QoS，同时考虑了可用性、可靠性和响应时间等指标，提出了一种优化算法来寻找具有 QoS 约束的最优成本。

在文献 [27] 和 [31] 中，作者使用解析模型来比较提出的两层架构。在文献 [31] 中，解析模型用于决定卸载计算是否将在物联网设备或云中处理，同时考虑了物联网设备中所需的 QoS 和可用的能量水平。相比之下，文献 [27] 提出了解析模型来比较雾架构与传统云计算之间的性能。该作者同时考虑了设备的位置、操作模式、硬件细节和事件类型这几个方面。

在文献 [12] 和 [19] 中，作者提出了解析模型来表示与云计算相关的移动节点。在这两篇论文中，作者提出的模型都考虑了连接到云的设备的移动性。在文献 [19] 中，该模型详细介绍了一系列组件的架构，这些组件包括无线传感器网络（WSN）、云基础设施、应用程序和移动用户。在文献 [12] 中，作者认为移动设备应连接到蜂窝以将数据发送到云。

3.3.2 佩特里网模型

根据文献 [34] 可知，佩特里网是一种用于展示系统评估性能和可靠性的模型，已经得到了广泛认可。要解决佩特里网，可以从以下两个选项出发：使用马尔可夫链的解析解（在这种情况下，所有转换必须遵循指数分布），或使用离散事件模拟理论进行模拟。虽然马尔可夫链也表示系统的可用性，但佩特里网能利用马尔可夫分布和非马尔可夫分布更细粒地表示系统，并使用较少数量的状态表示系统行为[34]。我们发现了两篇使用佩特里网模型的论文：文献 [26] 和 [29]。

文献 [26] 提出了一种移动众包架构，将移动设备集成到在云中托管的服务中。为了证明所提出的架构优于标准的移动众包架构，该论文提出了两种佩特里网模型。图 3.4 展示了这两个模型。图 3.4a 为所提出的架构，图 3.4b 为一个常见的移动众包架构。

这些位置表示贡献节点的四种可能状态：贡献节点可用性（Av/NAv）和兴趣域上的位置（In/Out）。转换表示设备进入或退出这些状态的概率。随着额外模块（如贡献节点注册和流失管理）的增加，框架模型变得更加复杂。

文献 [29] 评估了管理 C2T 场景中数据可追溯性的问题，并提出了一种佩特里网模型（见图 3.5），用于将设备数据映射和匹配到用户，这有助于追踪透明数据跟踪路由，并可能检测到数据泄露。

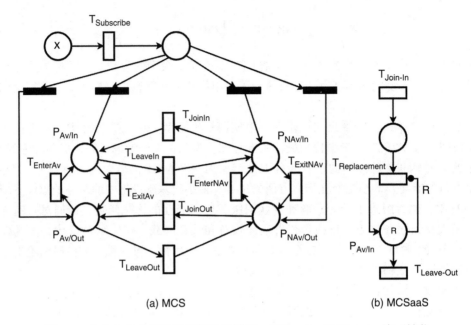

(a) MCS   (b) MCSaaS

图 3.4   文献 [26] 中提出的佩特里网模型。©Elsevier. 经 Elsevier 许可转载

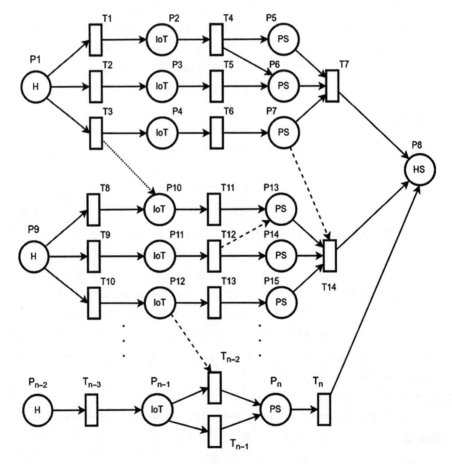

图 3.5   文献 [29] 中提出的佩特里网模型。©Elsevier. 经 Elsevier 许可转载

在这里，佩特里网表示了所提出的可穿戴物联网架构的行为。其中的位置表示生成或者收集数据的不同来源。转换表示可能发生的事件，例如来自可穿戴物联网设备的生命体征等新医疗数据的读数。

3.3.3　整数线性规划

可以使用整数线性规划（ILP）对一些优化问题进行建模。在这里，目标函数和所有约束都被表示为线性函数[35]。但是，如果问题涉及连续变量和离散变量，则可以使用混合整数线性规划（MILP）方法来解决它。在本系统文献综述中，有两篇论文 [28] 和 [14] 分别使用 ILP 和 MILP 进行问题的建模。

文献 [28] 提出了一种 ILP 模型，用于计算位于城域网（MAN）中的雾 – 云架构的经济成本。作者将 MAN 中每个节点的应用程序配置文件和特征表示为两个向量。该 ILP 模型使支持网络拓扑中的流量所需的运营成本最小化，同时满足应用程序约束。式（3-7）是需要被最小化的目标函数。其中 $Cost_t$ 表示总成本，$Cost_p$ 表示处理成本，$Cost_s$ 是存储成本，$Cost_u$ 是上下游总成本，$Cost_c$ 是 MAN 链路总容量。

$$Cost_t = Cost_p + Cost_s + Cost_u + Cost_d + Cost_c \tag{3-7}$$

文献 [14] 的作者使用 MILP 方法建模物联网架构的能耗，该架构由迷你云组成。该模型的目标是使能耗最小化，该能耗由由流量引起的能耗和由处理引起的能耗组成。

3.3.4　其他方法

根据文献 [36] 可知，马尔可夫链建模了一系列对应系统状态的随机变量，其中某一时刻一个状态仅取决于前一时刻的状态。马尔可夫链被广泛应用为现实世界问题的统计模型。在这一类别检索到了一篇论文[21]。在该文献中，作者提出了一种马尔可夫链模型，其目标是表示基于物联网的护栏碰撞检测系统的能耗。系统由 WSN 组成，其中网关收集传感器信息并将其发送到云。作者提出的马尔可夫链模型如图 3.6 所示，其中的每个状态分别表示一个系统状态，并关联相应的能耗水平。可以通过计算给定状态实现的概率来估计系统的能耗。

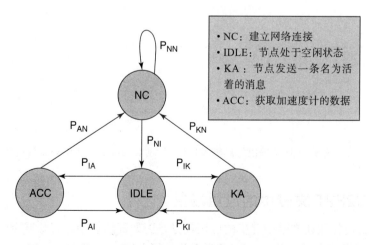

图 3.6　文献 [21] 中提出的马尔可夫模型，改编自文献 [21]

另一种表示集成 C2F2T 的建模方法是基于概率的方法。概率可以表示事件发生的可能性，而贝叶斯概率表示与发生给定事件相关的不确定性条件度量，主要考虑可用信息和先验概率 [37]。文献 [24] 的作者提出了一个贝叶斯模型，用于预测与云连接的物联网应用程序中可能发生的事件。为此，该模型基于历史事件数据计算未来事件发生的概率。此外，该作者假设应用程序中某个事件的发生可能意味着多个链事件的发生。由飞机设备问题引起的飞行延误的预测是其中一个应用场景。所以，贝叶斯模型可以计算这种事件发生的条件概率。

除了先前提出的方法之外，还可以通过组合不同的技术来实现目标。例如，文献 [17] 提出了一种故障模糊本体来分析 WSN 场景中的故障。在该文中，作者将本体论与模糊逻辑结合起来，认为本体论适用于描述系统的故障、错误和失败域，而模糊逻辑是一种很好的故障诊断方法。该方法以这种方式提供了故障的异质性的表示，允许从不同的角度理解故障，例如应用程序、设备和通信等角度。该论文提出的模式允许检测和分类 WSN 中发生的故障。图 3.7 说明了用于检测硬件系统中的故障的模糊本体，从右到左，模糊本体模型的第一层表示可能在 WSN 中发生的故障可能性的一系列选择，第二层表示故障类别，其后的层表示 WSN 中的故障传播。

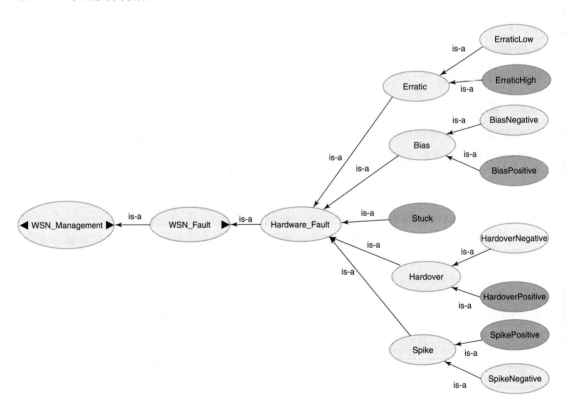

图 3.7 文献 [13] 中提出的模糊本体模型。©Elsevier. 经 Elsevier 许可转载

3.4 集成 C2F2T 文献中的应用场景

在本节，我们将叙述文献中建模的应用场景，例如资源管理、智慧城市、无线传感器网络（WSN）、健康和其他（通用）。表 3.3 对其进行了总结。

表 3.3　文献中提出的场景

场景	应用程序	文献
通用	通用物联网／雾／云应用程序	[12,18,30]
	边缘卸载计算	[32]
健康	健康监测	[20,29]
	医学研究	[15]
WSN	感知即服务	[13]
	容错	[19]
智慧城市	移动人群感知即服务	[26]
	智能交通	[26,31]
	智能生活	[10,16,20]
	飞机监控	[24]
资源管理	资源分配	[23, 28]
	能源效率	[14,17,21,25]
	服务质量（QoS）	[11,22]

　　许多研究提出了在健康用例场景中的应用程序的模型。在文献 [15] 中，作者将他们提出的模型应用于医学应用程序的案例研究，该模型分析了集成云基础设施的物联网系统中信息流的安全性。在文献 [20] 中，作者提出了一个框架，使多个应用能够共享物联网计算设备以进行健康监测。文献 [29] 中的应用场景是用于医疗保健系统的可穿戴物联网架构。

　　可以在文献 [13] 和 [19] 中找到解决 WSN 环境的应用场景。在文献 [13] 中，作者提出了一种故障模糊本体，可用于验证在大规模 WSN 中使用面向服务的应用程序的容错性，而文献 [19] 提出了一种 WSN 模型，用于感知作为集成物联网和云基础架构的服务。

　　文献中包含大量在智慧城市中使用的案例。文献 [26] 和 [12] 的作者探讨了一种众包应用。前者使用智能交通应用程序来评估为移动众包即服务提出的架构[26]。后者提出了一种空气质量传感器应用程序，使用移动传感器和设备作为所提出的模型的输入[12]。在文献 [31] 中，作者提出了一种与边缘计算交互的车辆到云的监控应用程序，他们的解析模型定义了数据的处理位置，例如是在边缘还是在云基础设施中，并使用视频流应用程序来验证他们的模型。文献 [16] 提出了火灾报警系统，作者使用物联网可靠性模型对其进行评估。在文献 [24] 中作者提出了一种飞机监测方案，其中通过模型分析 C2T 应用程序产生的数据，以估算航班延误情况。最后，在文献 [10] 中，作者在其使用网关访问云资源的调度模型中使用智慧生活空间。

　　在资源管理类别中的文献进行了能耗分析。文献 [17] 和 [14] 的作者研究了物联网设备在云 – 物联网环境中的能效。Renna 等人[17] 分析了能耗与云基础设施计费成本之间的关系。Benazzouz 和 I. Parissis[13] 提出了一个提高物联网设备能效的模型。在文献 [21] 中，作者使用一个模型分析 WSN 的能耗。文献 [25] 同样研究能耗，不同的是，在此情况下，作者分析了物联网和雾集成设施如何减少这种消耗。文献 [23] 和 [28] 解决了在 C2F2T 背景下的资源分配问题。最后，文献 [11] 和 [22] 分别讨论了物联网和云 – 物联网环境中的 QoS。Ming 和 Yan[11] 利用数学模型来计算一组物联网服务（物联网传感器网络）的 QoS。在文献 [22] 中，作者提出了一种邻域模型，可以对物联网和云服务的 QoS 进行预测。

　　有些文献没有描述其模型的特定应用场景或应用程序。例如，Li 等人[18] 提出了一个解决 C2F2T 场景的三层模型。Desikan、Srinivasan 和 Murthy[30] 提出了一个模型来改善物联网系统的响应时间，该系统使用网关与云进行通信，使用雾计算作为中间平台。类似地，文献 [27] 的贡献是一种通用的雾架构，文献 [32] 提出了一种架构，侧重于将计算卸载到边缘以改善移动用户的体验。

3.5　集成 C2F2T 文献中的度量指标

在本节，我们将探讨由评估的度量指标（表 3.4）确定的论文样本，以得到主要与 C2F2T 场景相关的问题的解决方法。我们没有描述本节中某些论文中提到的度量指标。Benazzouz 和 Parissis[13] 没有评估其提出的模型。而在文献 [20，22] 和 [24] 中，作者只评估了所提出的模型的效率。

表 3.4　文献中出现的度量指标

度量指标	变　化	文　献
能耗	设备功耗	[14,17,18,21,25,27,31]
	能源效率	[19]
	能量节省百分比	[12,23]
性能	时延	[18,19,27,28]
	有效到达率	[30]
	平均系统响应	[30]
	系统有效性	[26, 30]
	缓存性能	[10]
资源消耗	设备的使用	[23,32]
	平均缓冲占用率	[30]
成本	逐项费用	[28]
	运营成本	[17]
服务质量（QoS）	图像中的模式识别质量	[31]
	响应时间	[11]
	可靠性	[11,16,29]
安全	不透明度	[15]

3.5.1　能耗

大多数物联网设备在设计上受到电源（特别是电池）的限制，其中包括应用程序的性能。通常情况下，能耗在大多数（10 篇）文献中都有所体现。文献 [18] 的作者提出了一个代表 C2F2T 架构的模型，评估了每个应用层（物联网、雾和云）的能耗，确定了每个应用层的主要能耗来源，并证明了能耗增加与架构中设备数量的增加有关。

在文献 [17] 中，作者用另一种方式表示物联网基础设施中的设备能耗。该文献提出的模型表示了三种模式下的设备能耗：活动状态、空闲状态，以及应用程序从空闲状态切换到活动状态。在文献 [12] 中，作者还讨论了空闲和活动设备将数据发送到云环境的能耗，但其考虑了发送、接收、监听、传感和计算的能耗。在文献 [21] 中，作者考虑了设备的操作模式，但其中的能耗取决于通信节点之间的距离和需要传输的位数。此外，该作者还考虑了将要进行通信的媒介，例如开放空间等。

在文献 [12，14，27] 中，作者认为能耗与分级设备层之间的流量直接相关。在文献 [14] 中，作者认为能耗也受位于上三层网络元件中的进程诱发的虚拟机的影响。在文献 [12] 中，设备的移动被认为是一个额外变量。

Jalali 等人[25]从两个角度评估能耗：物联网设备与雾之间同步的能耗，以及物联网设备与云之间同步的能耗。此外，他们还考虑了应用程序的数据流如何影响能耗的问题。

文献 [31] 评估了雾设备和云设备的能耗。就计算能力而言，雾设备更类似于物联网设备。这篇文献的特殊之处在于提到了可再生能源，其中雾设备由光伏电池板供电。他们评估了光伏电池板和其他能源（如电池）产生的能耗。

在文献 [23] 中，Souza 等人尝试尽量减少 C2F2T 架构的过度能耗，以找到最佳的服务分配。

3.5.2 性能

许多文献评估的另一个指标是应用性能。在文献 [18] 和 [27] 中，系统性能是根据应用程序的时延进行评估的。时延可以分为处理时延和传输时延。处理时延是应用处理所有任务所花费的时间。传输时延是将一个数据包发送到目的地的通信时延。在文献 [19] 中，作者评估了数据包传输时延，通过到目的地的跳数、节点的休眠间隔和传输数据包的时间来计算。在文献 [28] 中，处理应用程序请求的时延在理论上被定义为设备的计算复杂性和应用程序的平均流量大小的组合。

在文献 [10] 中，Lyu 等人评估了调度机制的性能。为此，他们评估了调度和缓存求解器的可扩展性，并添加了多个连接到云服务器的传感器。此外，他们还分析了平均等待时间和吞吐量应用程序。

在文献 [26] 中，作者使用移动群智感知场景来评估其基于佩特里网模型提出的系统的性能和有效性。

在文献 [30] 中，作者使用各种方法检查 C2F2T 应用程序的性能。该作者将系统的响应时间定义为从生成数据到网关处理数据所经过的时间。作者以数学方式精确表示了效率处理，并考虑了处理应用程序数据的时间、占用缓冲区以及所有网关的响应时间。

3.5.3 资源消耗

由于物联网设备的容量有限，在这些设备上分配任务时需要特别注意。考虑到当前可用的资源，对该工作负载进行的分析可以优化任务分配。此外，由于雾计算和云计算为物联网设备提供了额外的容量，所以有必要检查这些工作负载应被处理的位置。

在文献 [23] 中，作者的目标是在可用资源上获得最佳服务分配，同时考虑 C2F2T 基础设施中可用设备的资源。该文献介绍了使用雾计算的优势，并评估了分配的资源数量和资源设备的使用情况。

在文献 [32] 中，作者评估了 C2T 场景中的能耗水平。他们评估了两个方面的能耗：云基础设施能耗和物联网设备能耗。

由于物联网设备的计算和存储容量有限，文献 [30] 通过检查网关的缓冲占用率来评估网关的有效性，其中到达网关的数据由排队系统表示。

3.5.4 成本

需要大量云计算资源的应用程序可能会大大增加服务提供商和最终消费者的成本。显然，有关能耗的研究和有关成本的研究之间存在重叠的区域。

Renna 等人[17]调查了当计算资源被保留来处理物联网应用程序上传的查询时的计费成本。因此，计费成本与预期的物联网设备生成的查询量成正比。

Sturzinger 等人[28]尝试最小化向云供应物联网流量的运营成本，同时满足所有应用程序约束。其总成本由所有设备的成本总和组成，包括处理、存储、上下游成本、本地和全局流量以及链路容量成本。

3.5.5 服务质量

在物联网环境中，许多因素会影响 QoS，例如与网络相关的时延、可用的计算资源以及消耗资源的物联网设备的数量。

文献 [11] 评估了物联网环境中的综合服务。为了评估 QoS，该作者认为有必要将综合服务划分为更简单的、更具有细粒度的服务，然后分别评估每个服务的 QoS。

文献 [31] 提出的用例分析了道路上的车辆产生的云视频流，其作者将 QoS 表示为视频图像中对象的检测精度。他们改变了视频的分辨率以减少 CPU、内存和带宽消耗。另外，考虑到场景中存在 $2n+1$ 辆汽车的情况，精度被定义为在 $2n+1$ 个结果中一个结果（图像中检测到的对象）出现超过 $n+1$ 次的概率。

在文献 [16] 中，物联网系统的可靠性取决于多种因素，包括服务的可用性、需要服务的输入文件的可用性以及构成整个物联网系统的每个子系统的可靠性。在文献 [29] 中，可靠性被定义为可追溯模型检测和防止对应用程序的攻击的能力。

3.5.6 安全

只有一篇文献评估了安全问题。在文献 [15] 中，作者评估了 C2T 环境中的数据流的不透明度的概念。不透明度是描述安全属性的统一方法。该作者使用解析模型来验证医学研究应用场景中的不透明度。

3.6 未来研究方向

雾计算和云计算解决了在物联网中遇到的一些问题，但是它们也增加了管理的复杂性。尽管雾计算和云计算提供了更高的可用性和弹性，但它们也可以被视为漏洞或潜在的失败点。因此，除了设备和端点故障之外，我们目前还需要关注雾节点和云基础设施故障。虽然云和雾的集成已经相当知名，并且共享通用技术，但由于大量设备的异构性和服务需求，其与物联网的集成和扩展仍然是一项非常重要的任务。

如前几节所述，我们调查的许多研究都提出了计算模型来理解如何集成物联网、雾和云基础设施以提高整体系统的性能和可用性。这些工作考虑了广泛的应用程序，以及场景、建模和分析以减少因更大的 C2F2T 集成而导致的应用程序能耗。未来的研究可能涉及使用网关来分配和平衡需要在云基础设施或雾设备中处理的请求。

未来研究的另一个领域涉及故障管理，特别是最小化设备或雾节点上可用应用程序的故障。一些应用程序具有高危急程度，比如健康监测等与健康领域相关的应用程序。在这些案例中，在最坏的情况下任何故障停机时间都可能导致病人死亡。在这里，主要目标是确定此集成系统中的瓶颈问题，并提出最小化应用程序故障停机时间、防止故障、指导投资决策的策略。

鉴于 C2T 统一体中资源池的复杂性，资源管理将是未来研究的一个成果丰富的领域，因为请求可以在本地、雾、一个或多个云中分配。用于报告资源分配的数据范围广泛，包括设备位置、用户信息、应用程序吞吐量和可扩展性等。随着物联网特征空间在每个用例中变得更加标准化，可以使用更具有细粒度的数据来建模用户和设备行为，以报告这些决策。然后可以为更复杂的 QoS 机制分配应用优先级，并且可以适当分配资源。

云－雾－物联网空间十分复杂，标准化的缺乏和极大的异构性会加剧其复杂性。从建模的角度来看，这会导致计算更复杂的模型。基于状态的模型，如马尔可夫链和佩特里网，随着模型的大小增长而呈指数增长，并且可能遭受所谓的状态空间爆炸问题[38]。因此，需要注意模型的可扩展性和运行时的性能。此外，云－雾－物联网空间中快速变化的环境和服务提供链所带来的复杂性和一定程度上的不确定性，可能导致在真实场景下验证模型时面临重大挑战。研究人员需要从方法论的角度考虑如何最好地提高模型的有效性和准确性。这可能需要额外的努力，例如对其他方法进行原型设计，以验证模型的性能准确性等。

3.7　结论

据思科公司称[○]，到 2020 年物联网的连接规模将达到 500 亿。这些设备将高速生成大量不同格式的数据，并需要额外的处理和存储能力。在此方面，云计算基于现收现付模式为物联网设备提供"无限"容量，即一个完成后才继续另一个。但是由于多种原因，对这种集成在安全性、性能、通信时延、QoS 等方面的管理很复杂。雾计算相当于在云和物联网之间增加了一层，因为雾设备在地理位置上更靠近物联网设备，可以解决与通信相关的问题。

广泛的应用程序依赖于 C2F2T 集成，如前文所调查的文献中的智慧城市、无线传感器网络、电子健康、交通管理和智能建筑等应用场景。这些应用程序有特定的产业需求和相关的限制，需要根据具体情况进行评估，例如数据安全性和完整性、可用性、可靠性、实时数据等。建模在评估组件、变量以及集成 C2TF2 系统的许多方面都发挥了重要作用。

在本章，我们对代表 C2F2T 集成的建模进行了系统文献综述。我们分析了其他相关方面，包括文献中评估的典型场景和度量指标。我们发现文献中最常用的建模方法是解析模型，共有 16 篇文献，其次是佩特里网（2 篇文献）和 ILP（2 篇文献）。就其本身而言，这表明了通过更广泛的方法论视角探索 C2T 主题的需求。同样，基于关注特定度量指标的文章数量，我们的分析表明能耗是最受关注的主题。如前一段所述，虽然所调查的文献涵盖了相对较少的技术和度量指标，但其应用场景有较大的可变性。通过分析可知，可以从 C2F2T 组件和系统、建模方法、度量指标以及应用场景的空隙设计研究的独特性，这为未来学术研究提供了大量机会。

在所分析的文献中存在一些没有被考虑到的方面，如缺乏关于 C2F2T 场景中应用程序可用性的大量研究。举例来说，健康监测系统或医疗保健应用程序即使在非常短的时间内不可用，也会导致无法承受的后果。此外，需要更多地检查每个 C2F2T 层（云、雾和物联网）对应用程序的整体可用性的影响。这些研究将导致新策略的产生，以改善 C2F2T 场景中应

○　https://www.cisco.com/c/dam/en_us/about/ac79/docs/innov/IoT_IBSG_0411FINAL.pdf

用程序的可用性，其本身需要进行深入地评估。

　　物联网生态系统是一个重要的经济和社会机会，它的发展带来了万物互联，使人、过程、事物、数据和网络之间相互联系，这是一个对充满了挑战的未来的展望。系统建模可以在理解和优化 C2F2T 系统以及加速物联网的发展和成熟方面发挥重要作用，从而为每个人带来益处。

致谢

　　这项工作由欧盟的地平线 2020 和 FP7 研究与创新计划通过 RECAP（http://www.recap-project.eu）根据第 732667 号授予协议提供部分资助。

　　作者希望获得 CAPES（巴西高等教育人才培养协调委员会）和 CNPq（巴西国家科学技术发展委员会）的支持。

参考文献

1　F. Gens, TOP 10 PREDICTIONS. IDC Predictions 2012: Competing on the 3rd Platform. https://www.virtustream.com/sites/default/files/IDCTOP10Predictions2012.pdf. March, 2018.

2　S. Aguzzi, D. Bradshaw, M. Canning, M. Cansfield, P. Carter, G. Cattaneo, S. Gusmeroli, G. Micheletti, D. Rotondi, R. Stevens. Definition of a Research and Innovation Policy Leveraging Cloud Computing and IoT Combination – Digital Agenda for Europe – European Commission. https://ec.europa.eu/digital-agenda/en/news/definition-research-and-innovation-policy-leveraging-clou1d09-0computing-and-iot-combination. March, 2018.

3　J. Bradley, J. Barbier, D. Handler. Embracing the Internet of Everything to Capture Your Share of $4.4 Trillion. Cisco IBSG Group. http://www.cisco.com/web/about/ac79/docs/innov/IoE_Economy.pdf. March, 2018.

4　F. Bonomi, R. Milito, P. Natarajan, et al. Fog computing: A platform for Internet of Things and analytics, *Big Data and Internet of Things: A Roadmap for Smart Environments*. Springer, Switzerland, 2014.

5　A. Botta, W. De Donato, V. Persico, and A. Pescapé. Integration of cloud computing and internet of things: A survey. *Future Generation Computer Systems*, 56: 684–700, March 2016.

6　L. Iorga, L. Feldman, R. Barton, M. Martin, N. Goren, C. Mahmoudi. The NIST definition of fog computing – draft, NIST Special Publication 800 (191), 2017.

7　P-O. Östberg, J. Byrne, P. Casari, P. Eardley, A. Fernandez Anta, J. Forsman, J. Kennedy, T. Le Duc, M. Noya Marino, R. Loomba, M.A. Lopez Pena, J. Lopez Veiga, T. Lynn, V. Mancuso, S. Svorobej, A. Torneus, S. Wesner, P. Willis, and J. Domaschka. Reliable capacity provisioning for distributed cloud/edge/fog computing applications. European Conference on Networks and Communications (EuCNC), Oulu, Finland, June 12–15, 2017.

8　FQB da Silva, M. Suassuna, A. César C. França, et al. Replication of empirical studies in software engineering research: a systematic mapping study. *Empirical Software Engineering*, 19(3): 501–557, June 2014.

9　F. Rowe. What literature review is not: diversity, boundaries and recommendations. *European Journal of Information Systems*, 23(3): 241–255, May 2014.

10 Y. Lyu, F. Yan, Y. Chen, et al, High-performance scheduling model for multisensor gateway of cloud sensor system-based smart-living. *18th International Conference on Information Fusion (Fusion)* 21: 42–56, January 2015.

11 Z. Ming and M. A. Yan. QoS-aware computational method for IoT composite service. *The Journal of China Universities of Posts and Telecommunications* 20 (2013): 35–39.

12 L. Skorin-Kapov, K. Pripuzic, M. Marjanovic, et al, Energy efficient and quality-driven continuous sensor management for mobile IoT applications, *Collaborative Computing: Networking, Applications and Worksharing (CollaborateCom), 2014 International Conference on,* Miami, Florida, October 22–25, 2014.

13 Y Benazzouz and I. Parissis, A fault fuzzy-ontology for large scale fault-tolerant wireless sensor networks, *Procedia Computer Science* 35 (September 2014): 203–212.

14 Zaineb T. Al-Azez, et al. Virtualization framework for energy efficient IoT networks. *4th IEEE International Conference on Cloud Networking (CloudNet)*, Niagra Falls, Canada, October 5–7, 2015.

15 W. Zeng, K. Maciej, and P. Watson. *Opacity in Internet of Things with Cloud Computing. University of Newcastle Upon Tyne*, Newcastle upon Tyne University Computing Science, Newcastle, England, 2015.

16 R. K. Behera, K. Ranjit Kumar, K.R. Hemant, K. Reddy, and D.S. Roy. Reliability modelling of service-oriented Internet of Things. *Infocom Technologies and Optimization (ICRITO)(Trends and Future Directions), 2015 4th International Conference on*, Noida, India, September 2–4, 2015.

17 F. Renna, J. Doyle, V. Giotsas, Y. Andreopoulos. Query processing for the Internet-of-Things: Coupling of device energy consumption and cloud infrastructure billing. *2016 IEEE First International Conference on Internet-of-Things Design and Implementation (IoTDI)*. Berlin, Germany, April 4–8, 2016.

18 W. Li, I. Santos, F.C. Delicato, P.F. Pires, L. Pirmez, W. Wei, H. Song, A. Zomaya, S. Khan. System modelling and performance evaluation of a three-tier cloud of things. *Future Generation Computer Systems* 70 (2017): 104–125.

19 T. Dinh, K. Younghan, and L. Hyukjoon. A location-based interactive model for Internet of Things and cloud (IoT-cloud). *Ubiquitous and Future Networks (ICUFN), 2016 Eighth International Conference on*, Vienna, Austria, July 5–8, 2016.

20 J.F. Colom, H. Mora, D. Gil, M.T. Signes-Pont. Collaborative building of behavioural models based on internet of things, *Computers & Electrical Engineering,* 58: 385–396, February 2017.

21 T. Gomes, D. Fernandes, M. Ekpanyapong, J. Cabral. An IoT-based system for collision detection on guardrails. 2016 IEEE International Conference on Industrial Technology (ICIT), Taiwan, China, May 14-17, 2016.

22 H. Wu, K. Yue, C. H. Hsu, Y. Zhao, B. Zhang, G. Zhang. Deviation-based neighborhood model for context-aware QoS prediction of cloud and IoT services. *Future Generation Computer Systems* 76: 550–560, November 2017.

23 V. B. Souza, X Masip-Bruin, E. Marin-Tordera, W. Ramirez, and S. Sanchez. Towards Distributed Service Allocation in Fog-to-Cloud (F2C) Scenarios,

Global Communications Conference (GLOBECOM), 2016 IEEE, Washington, DC, USA, December 4–8, 2016.

24 B. Karakostas. Event prediction in an IoT Environment using Naïve Bayesian models. *Procedia Computer Science,* 83: 11–17, 2016.

25 F. Jalali, A. Vishwanath, J. de Hoog, F. Suits. Interconnecting fog computing and microgrids for greening IoT. *IEEE Innovative Smart Grid Technologies-Asia (ISGT-Asia)*, Melbourne, Australia, 28 November–1 December, 2016.

26 G. Merlino, S. Arkoulis, S. Distefano, C. Papagianni, A. Puliafito, and S. Papavassiliou. Mobile crowdsensing as a service: a platform for applications on top of sensing clouds. *Future Generation Computer Systems,* 56: 623–639, March 2016.

27 S. Sarkar and M. Sudip. Theoretical modelling of fog computing: a green computing paradigm to support IoT applications. *IET Networks* 5.2: 23–29, March 2016.

28 E. Sturzinger, T. Massimo, and M. Biswanath. Application-aware resource provisioning in a heterogeneous Internet of Things. *IEEE 21th International Conference on Optical Network Design and Modeling(ONDM), Budapest, Hungary*, May 15–18, 2017.

29 R. K. Lomotey, J. Pry, and S. Sriramoju. Wearable IoT data stream traceability in a distributed health information system. *Pervasive and Mobile Computing,* 40: 692–707, September 2017.

30 K. E. Desikan, M. Srinivasan, and C. Murthy. A Novel Distributed Latency-Aware Data Processing in Fog Computing-Enabled IoT Networks. In *Proceedings of the ACM Workshop on Distributed Information Processing in Wireless Networks*, Chennai, India, July 10–14, 2017.

31 Y. Li, A.C. Orgerie, I. Rodero, M. Parashar, and J.-M. Menaud. Leveraging Renewable Energy in Edge Clouds for Data Stream Analysis in IoT. In *Proceedings of the 17th IEEE/ACM International Symposium on Cluster, Cloud and Grid Computing*, Madrid, Spain, May 14–17, 2017.

32 Y. Liu, C Xu, Y. Zhan, Z. Liu, J. Guan, and H. Zhang. Incentive mechanism for computation offloading using edge computing: a Stackelberg game approach. *Computer Networks* 129: 399–409, 2017.

33 Gregory V. Caliri. Introduction to Analytical Modeling, *Int. CMG Conference*, Orlando, USA, December 10–15, 2000.

34 F. Bause and P. S. Kritzinger. *Stochastic Petri Nets*, Springer Verlag, Germany, 2002.

35 E. Oki. *Linear Programming and Algorithms for Communication Networks: A Practical Guide to Network Design, Control, and Management*, CRC Press, USA, 2012.

36 W. Ching, X. Huang, Michael K. Ng, and T.-K. Siu. *Markov Chains: Models, Algorithms and Applications*, Springer, USA, 2006.

37 T. Ando. *Bayesian Model Selection and Statistical Modeling*, CRC Press, USA, 2010.

38 E.M. Clarke, W. Klieber, M. Novacek, P. Zuliani. Model checking and the state explosion problem. *Tools for Practical Software Verification*, Germany, 2011.

5G、雾计算、边缘计算和云计算中网络切片的管理和编排

Adel Nadjaran Toosi, Redowan Mahmud, Qinghua Chi, Rajkumar Buyya

4.1 引言

如今，世界各地都在进行数字化转型，这种转型引入了各种各样的应用和服务，如智慧城市、车 – 车（V2V）通信到虚拟现实（VR）或增强现实（AR）和远程医疗手术等。若要同时提供上述应用程序的基本连接和性能要求，设计和实现包含一组单一的网络功能的网络不仅复杂而且非常昂贵。5G 基础设施公私合作伙伴关系（5G-PPP）已经确定了增强型移动宽带（eMBB）、大规模机器类型通信（mMTC）和超可靠低延迟通信（uRLLC）等关键通信的各种应用场景，它们可以同时运行并共享 5G 物理多业务网络 [1]。这些应用程序的服务质量（QoS）要求和传输特性不尽相同，例如，eMBB 中的视频点播流应用程序需要高带宽和传输大量内容，而 mMTC 应用程序（如物联网（IoT））通常连接多个低吞吐量设备。这些案例之间的差异表明，传统网络"一刀切"的方法已经不能满足这些垂直服务的不同需求。

满足这些要求的经济高效的解决方案是将物理网络切分为多个独立的逻辑网络结构。与在云计算中成功应用的服务器虚拟化技术类似，网络切片旨在构建一种虚拟化结构，将共享的物理网络基础设施划分为多个端到端的逻辑网络，从而实现流量分组和用户流量隔离。网络切片是实现 5G 网络的关键使能因素，其中垂直服务提供商可以根据具体的服务要求灵活地部署其应用程序和服务。也就是说，网络切片提供了网络即服务（NaaS）模型，该模型允许服务提供商根据需求构建和设置自己的网络基础设施，并针对各种复杂的场景进行具体调整。

软件定义网络（SDN）和网络功能虚拟化（NFV）通过推进网络可编程性和虚拟化来作为网络切片的建造模块。SDN 是一种很有前途的计算机网络方法，它将传统网络设备中紧密耦合的控制和数据平面分开。因此，SDN 可以为单一的管理点提供逻辑集中的网络视图，实现网络控制功能的正常运行。NFV 是网络研究中另一个蓬勃发展的研究点，它的目的是将网络功能从专有硬件转移到在通用硬件上执行的基于软件的应用程序之中。NFV 旨在通过构建连接在一起以构建通信服务的虚拟网络功能（VNF）来降低成本并增加网络功能的可延展性。

考虑到以上问题，本章将探讨有关 5G、边缘计算、雾计算和云计算中网络切片的最新

文献，并确定为最终实现这一概念必须解决的频谱挑战和障碍。首先将简要介绍 5G、边缘计算、雾计算和云计算及其相互作用。接下来将对 5G 中的网络切片愿景进行概述，并确定 5G 网络切片的通用框架。然后将探讨与云计算环境中的网络切片相关的研究和项目，同时将关注 SDN 和 NFV 技术。此外，还将探索新兴的雾计算与边缘云计算中的网络切片进展，这使我们能够确定这些平台中未解决的网络切片关键挑战。还将讨论在雾计算、边缘计算以及软件定义的云计算中实现网络切片的差距和趋势。最后将对本章进行总结。

表 4.1 列出了本章中引用的首字母缩略词和释义。

表 4.1　缩略词及其释义

5G	第五代移动网络 / 无线系统
AR	增强现实
BBU	基带单元
CRAN	云无线接入网络
eMBB	增强型移动宽带
FRAN	雾无线接入网络
IoT	物联网
MEC	移动边缘计算
mMTC	大规模机器类型通信
NaaS	网络即服务
NAT	网络地址转换
NFaaS	网络功能即服务
NFV	网络功能虚拟化
QoS	服务质量
RRH	远程无线电头端
SDC	软件定义云
SDN	软件定义网络
SFC	服务功能链接
SLA	服务等级协议
uRLLC	高可靠低延迟通信
V2V	车 – 车通信
VM	虚拟机
VNF	虚拟网络功能
VPN	虚拟专用网络
VR	虚拟现实

4.2　背景

4.2.1　5G

电信标准的革新是一个持续的过程。为了实现这一点，第五代移动网络 / 无线系统（5G）已被提议作为除了当前 4G/IMT 高级标准之外的下一个电信标准[2]。5G 的无线网络架构遵循 802.11ac IEEE 无线网络标准并在毫米波段上运行。它可以封装 30GHz 至 300GHz 的极高频率（EHF），并提供更高的数据容量和更低的通信延迟[3]。

5G 的标准化仍处于初期，预计到 2020 年，行业发展将更为成熟。但是 5G 的主要目标包括：在实际网络中实现 Gbit/s 数据速率、最小化文件时延，并通过高容错网络设备的部署，提供大规模长期通信场景基础[1]。此外，它还将改善网络和已连接设备的能耗。与前几代架构相比，5G 将更灵活、更动态，也更易于管理[4]。

4.2.2　云计算

云计算在未来将是 5G 服务中不可分割的部分，它也将为所有接入设备中的应用程序提供出色的后端。在过去十年中，云技术已经发展成为一种成功的计算范式，用于在互联网上提供按需服务。云数据中心采用虚拟化技术对资源和服务进行高效管理。服务器虚拟化技术的进步有效提升了云数据中心中计算资源的成本效益。

近年来，由于 SDN 和 NFV 技术的进步，云数据中心的虚拟化概念已经扩展到包括计算、存储和网络在内的所有资源，形成了软件定义云（SDC）的概念[5]。SDC 旨在利用云计算、系统虚拟化、SDN 和 NFV 领域的进步来提高数据中心资源管理的效率。此外，云被视为云无线接入网络（CRAN）的基础模块，CRAN 是一个新兴的蜂窝接入网框架，旨在满足终端用户对 5G 的不断增长的需求。在 CRAN 中，传统基站分为射频传输和基带处理两部分。射频传输部分以远程无线电头端（RRH）单元的形式驻留在基站中。基带处理部分被放置到云端，以便为不同的基站创建集中化和虚拟化的基带单元（BBU）池。

4.2.3　移动边缘计算

在用户近邻的计算范式中，MEC（Mobile Edge Computing，移动边缘计算）技术是 5G 的关键推动因素之一。与 CRAN[6] 不同，在 MEC 中基站和接入点都配备了边缘服务器，它们可以处理边缘网络中与 5G 相关的问题。MEC 在 LTE 网络中部署了计算丰富的分布式 RAN 架构。目前的 MEC 研究旨在实现 5G 网络的实时环境感知[7]、动态计算卸载[8]、能效提升[9] 以及多媒体资源的缓存[10]。

4.2.4　边缘计算与雾计算

边缘计算与雾计算有效弥补了云端传输链路较远的问题，满足了地理上大规模分布式物联网设备的服务需求。在边缘计算中，物联网设备的嵌入式计算设备通过 Ad Hoc 网络连接本地资源，并可以进一步用于处理物联网数据。边缘计算范式非常适合执行轻量级计算任务。除非需要远程（核心）云的干预，否则边缘设备一般不会探测全球互联网。然而，并非所有物联网设备都是计算使能的。当本地边缘计算资源丰富，并且可以同时执行不同的大规模物联网应用程序时，在远程云上执行对延迟敏感的物联网应用程序会显著地降低 QoS[11]。此外，发送到远程云的大量物联网工作负载可能会产生互联网洪泛（flood）并导致网络拥塞。为了应对这些挑战，雾计算通过分布式雾节点提供基础设施和软件服务，以在网络中执行物联网应用程序[12]。

在雾计算中，传统的网络设备，如路由器、交换机、机顶盒和代理服务器，以及专用的纳米服务器和微型数据中心，都可以充当雾节点，并且通过独立或集群的方式创建广域的云服务[13]。移动边缘服务器或微云[14] 也可以被视为雾节点，并在雾使能的 MCC 和 MEC 中执行各自的工作。在某些情况下，边缘和雾计算的概念是等同的。但从更广泛的角度来看，边缘是雾计算的一个子集[15]。在边缘计算和雾计算中，5G 集成已经在计算实例迁移[16]

和 SDN 使能的物联网资源探索[17]的带宽管理等方面引起了人们的讨论。雾无线接入网络（FRAN）[18]是指网络使用雾资源为基站创建 BBU 池，这一概念也受到了学术界和工业界的关注。

这些计算范式的工作原理在很大程度上依赖于虚拟化技术。同时，我们还可以通过网络和资源虚拟化技术之间的相互作用来分析 5G 与不同计算范式的对标问题。网络切片是 5G 网络虚拟化的关键技术之一，计算范式还可以将 5G 网络切片的应用扩展到数据中心和雾节点。对于后者，网络切片可以应用于共享数据中心网络基础设施和雾网络之中，通过建立全栈虚拟化环境，为应用程序提供端到端逻辑网络。这种形式的网络切片也可以扩展到数据中心网络以外的多云甚至雾节点集群[19]。无论扩展到哪里，这都会给现有的网络（包括广域网（WAN）网段、云数据中心（DC）和雾资源）带来一系列新的挑战。

4.3 5G 中的网络切片

近年来，产业界和学术界已经开展了许多研究活动，以探索 5G 中的诸多细节。其中的网络架构及其相关的物理层、MAC 层的管理是当前 5G 研究的主要焦点。5G 在不同现实应用程序中的影响、可持续性和质量预期等也在研究领域占据主导地位。在目前的研究中，5G 网络切片引起了广泛关注。5G 的这一独特功能旨在通过共享网络基础设施，以最精细的粒度支持各种需求[20, 21]。

5G 中的网络切片是指将物理网络的资源共享到多个虚拟网络。更确切地说，网络切片是物理网络顶部的一组虚拟化网络[22]。网络切片可以被分配给特定的应用程序或服务、用例或业务模型，以满足其各自的需求。每个网络片可以使用自己的虚拟资源、网络拓扑、数据流量、管理策略和协议独立运行。网络切片通常需要以端到端的方式实现，以支持异构系统间的共存[23]。

网络切片为大量互连的端到端设备之间的定制连接铺平了道路，它使网络更加自动化，并充分利用了 SDN 和 NFV 的容量。此外，它可以使传统的网络架构根据环境进行扩展。由于网络切片共享一个包含多个虚拟化网络的通用的底层基础设施，因此它是在使用网络资源时降低资费和运营费用的最具成本效益的方法之一[24]。此外，它还可以确保每个切片的可靠性和限制（拥塞和安全问题）不会影响其他切片。网络切片有助于隔离和保护数据、控制和管理平面，从而加强网络内的安全性。网络切片还可以扩展到多种计算范式，例如边缘[25]、雾[13]和云，最终提高其互操作性，并且使服务更接近终端用户，有效减少服务级别协议（SLA）违规[26]。

然而，除了上述优势，当前 5G 环境中的网络切片也面临着多样化的挑战。由于每个虚拟网络具有不同级别的资源亲和性并随着时间的推移而改变，因此实现多个虚拟网络之间的资源供应十分困难。此外，移动性管理和无线资源虚拟化也会加剧 5G 中的网络切片问题。端到端切片的编排和管理也会造成网络切片的复杂性。目前，学术界对 5G 网络切片的研究主要集中在通过设计有效的网络切片架构来应对挑战。根据文献 [26，27]，我们在图 4.1 中展示了 5G 网络切片的通用框架。该框架由三个主要层组成：基础设施层、网络功能层和服务层。

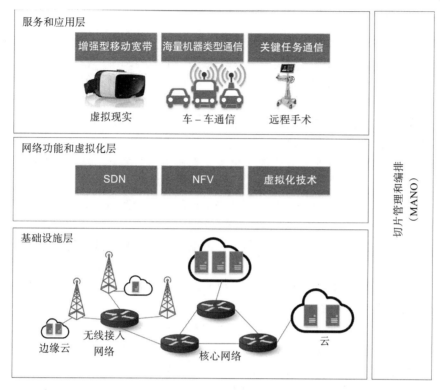

图 4.1　通用 5G 切片框架

4.3.1　基础设施层

基础设施层定义了切片中实际的物理网络架构。它可以通过无线接入网络和核心网络从边缘云扩展到远程云。它还可以通过封装不同的软件定义技术促进核心网络和无线电接入网络内的资源抽象。此外，基础设施层还嵌入了诸多策略来部署、控制、管理和编排底层基础设施。该层将为网络切片分配资源（计算、存储、带宽等），使上层可以根据环境获得它们的处理权限。

4.3.2　网络功能和虚拟化层

网络功能和虚拟化层通过执行所有必需的操作来管理虚拟资源和网络功能的生命周期。它还有助于将网络切片放置到虚拟资源和多个切片链接的最佳位置，以满足特定服务或应用程序的特定要求。SDN、NFV 和不同的虚拟化技术是该层的重要技术。该层明确地管理核心网络与无线接入网络中的各项功能，并可以有效地处理不同粒度的网络功能。

4.3.3　服务和应用层

服务和应用层可以由具有特定用例或商业模式的车辆、虚拟现实设备、移动设备等组成，代表来自网络基础设施和网络功能的一定效用期望。基于对服务或应用程序的要求或高级描述，虚拟化网络功能被映射到物理资源之中，这样就不会违反相应应用程序或服务的 SLA。

4.3.4 切片管理和编排

切片管理和编排层将显式地监测和管理前面所述的各个层的功能。该层有三个主要任务：

1）利用基础设施层的功能在物理网络上创建虚拟网络实体。

2）将网络功能映射到虚拟化的网络实体中，以构建具有网络功能和虚拟化层关联的服务链。

3）维护服务或应用程序与网络切片框架之间的通信，以管理虚拟网络实体的生命周期，并根据不断变化的环境动态调整或扩展虚拟化资源。

5G 网络切片的逻辑框架仍然在不断发展中。在保留当前的基本结构的基础上扩展该框架以处理网络切片的未来动态是进一步完成 5G 标准化的潜在方法。

从华为提出的 5G 网络高层视角[28]来看，5G 的云本地（Cloud-Native）网络架构有四个特点：

1）它在网络基础设施上提供基于云数据中心的架构和逻辑上独立的网络切片，以支持不同的应用场景。

2）它使用云无线接入网络架构（Cloud-RAN）⊖构建无线接入网络以提供大量连接并实现 5G 所需的无线接入网络功能的按需部署。

3）它提供了更简单的核心网络架构，并通过用户和控制平面分离、统一的数据库管理和基于组件的功能按需配置网络功能。

4）以自动化的方式实现网络切片服务，以降低运营费用。

下一节将探讨云计算的相关文献中有关网络切片管理的最新研究现状。在这一领域的调查可以帮助研究人员将 5G 和云的进步和创新相得益彰地应用起来。

4.4 软件定义云中的网络切片

在过去十年中，虚拟化技术一直是云数据中心资源管理和优化的基础。为了提高物理服务器和虚拟服务器的利用率和效率，人们提出了许多关于虚拟机（VM）的部署与迁移领域的研究建议[29]。本节将重点讲述符合报告目标的、最先进的网络感知 VM/VNF 管理，即 SDC 的网络切片管理。图 4.2 展示了我们提出的 SDC 中网络感知 VM/VNF 管理的分类。我们将根据研究的目标、解决问题的方法、使用的优化技术以及用于验证方法的评估技术对现有的研究工作进行分类。在本节的其余部分中，我们将从三个不同的角度介绍网络切片，并将其映射到前面所述的分类中，包括网络感知 VM 管理、网络感知 VM 迁移和 VNF 管理。

4.4.1 网络感知虚拟机管理

Cziva 等人[29]提出了一种编排框架，利用基于时间的网络信息来实时迁移 VM 并最小化网络成本。Wang 等人[30]提出了一种 VM 部署机制，以减少 VM 之间通信的跳数、节能并平衡网络负载。Remedy[31]依靠 SDN 来监测网络状态并估算 VM 迁移的成本。这些技术可以检测链路拥塞情况，并迁移 VM 以消除这些链路上的拥塞。

⊖ 云无线接入网络（CRAN）是无线接入网络（RAN）的集中式架构，其中无线电收发器与数字基带处理器分离。这意味着运营商可以将多个基带处理单元集中在一个位置，简化了每个单独的蜂窝点所需的设备数量。最终，此架构的网络功能将在云中虚拟化。

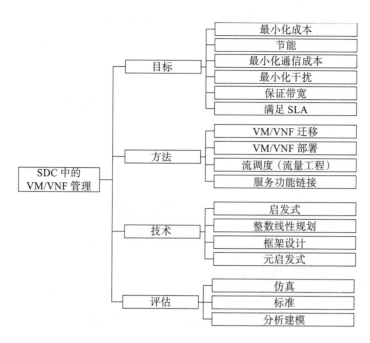

图 4.2   软件定义云中的网络感知 VM/VNF 管理的分类

Jiang 等人[32]致力于数据中心的联合 VM 部署以及网络路由问题，以实时最小化网络成本。他们提出了一种在线算法，通过动态调整流量负载来优化 VM 部署和数据流量路由。VMPlanner[33]同样优化了 VM 的布局和网络路由。其解决方案包括具有高组间流量的 VM 的分组、将 VM 组部署在机架上，以及整合流量以最大限度减少机架的总流量。Jin 等人[34]研究了主机与网络的联合优化问题，该问题被转化为结合了 VM 的部署和路由的整数线性问题。Cui 等人[35]探讨了联合策略感知和网络感知的 VM 迁移问题，并提出了一种 VM 管理策略，降低了数据中心网络的全网通信成本，同时也考虑了网络功能和中间设备的内容。表 4.2 总结了有关网络感知虚拟机管理的研究项目的情况。

表 4.2   网络感知虚拟机管理

项目	目标	方法 / 技术	评估
Cziva 等人[29]	最小化网络通信成本	VM 迁移——架构设计	标准
Wang 等人[30]	减少通信 VM 之间的跳数，减少网络功耗	VM 部署——启发式	仿真
Remedy[31]	消除网络中的拥塞	VM 迁移——框架设计	仿真
Jiang 等人[32]	最小化网络通信成本	VM 部署和迁移——启发式（马尔可夫近似）	仿真
VMPlanner[33]	减少网络功耗	VM 部署和流量路由——启发式	仿真
PLAN[35]	在满足网络策略要求的同时，最小化网络通信成本	VM 部署——启发式	标准 / 仿真

4.4.2   网络感知虚拟机迁移规划

大量的相关文献都在致力于提高 VM 迁移机制的效率[36]。Bari 等人[37]提出了一种寻找有效迁移规划的方法。他们尝试查找一系列迁移路径，将一组 VM 移动到其最终的目的地，同时最小化迁移所需的时间。在该方法中，在执行序列中的每个步骤之后，系统将检测数据源和目的地之间的链路上可用的剩余带宽。相似地，Ghorbani 等人[38]提出了一种算法，用于生成要迁移的 VM 的有序列表和一组转发流的更改。他们专注于更好地保证链路带宽，以确保在迁移过程中数据流不会超过链路容量。Li 等人[39]也解决了 VM 迁移规划问题，他们解决了负载感知的迁移问题，并提出了选择候选虚拟机、目标主机和迁移序列的机制。这些研究的重点都是一组 VM 的迁移顺序，同时也考虑了网络的成本。Xu 等人[40]提出了一种名为 iAware 的干扰感知 VM 实时迁移规划，它可以最大限度地减少 VM 之间的迁移和共址干扰。表 4.3 总结了有关虚拟机迁移规划的研究项目。

表 4.3 虚拟机迁移规划

项目	目标	方法/技术	评估
Bari 等人[37]	在最小化迁移时间的同时寻找迁移序列	VM 迁移——启发式	仿真
Ghorbani 等人[38]	在保证实施带宽的同时寻找迁移序列	VM 迁移——启发式	仿真
Li 等人[39]	寻找迁移序列和目标主机以平衡负载	VM 迁移——启发式	仿真
iAware[40]	最小化 VM 之间的迁移和共址干扰	VM 迁移——启发式	标准/仿真

4.4.3 虚拟网络功能管理

NFV 是一种新兴的范式，其中网络功能（如防火墙、网络地址转换（NAT）和虚拟专用网络（VPN））被虚拟化并划分为多个结构块，这种结构块被称为虚拟网络功能（VNF）。VNF 通常链接在一起，并构成服务功能链（SFC）以提供所需的网络功能。Han 等人[41]对 NFV 的主要挑战和技术要求进行了全面调查，进而提出了 NFV 的框架。他们的研究点集中在 VNF 的高效实例化、部署和迁移，以及网络性能上。

VNF-P 是由 Moens 和 Turck[42]提出的用于有效部署 VNF 的模型。他们在混合场景的背景下提出了 NFV 的突发场景。其中，网络功能服务的基本需求由物理资源处理，而额外的负载由虚拟服务实体处理。Cloud4NFV[43]是一个遵循欧洲电信标准协会（ETSI）NFV 标准的平台，它使用云平台构建网络中的功能即服务。其 VNF 协调器扩展了允许 VNF 部署的 RESTful 接口，诸如 OpenStack 等云平台支持在后台管理虚拟基础设施。vConductor[44]是 Shen 等人提出的另一种 NFV 管理系统，它可以用于端到端虚拟网络服务。vConductor 具有简单的图形用户界面（GUI），用于自动配置虚拟网络服务，并支持 VNF 和现有物理网络功能的管理。Yoshida 等人[45]提出将 vConductor 的一部分使用虚拟机（VM）构建 NFV 的基础设施，以应对利益相关者（如用户、云提供商和电信网络运营商）之间的目标冲突。

服务链是一系列以指定顺序托管 VNF 的 VM，并按照顺序为它们提供所需的网络功能。文献[46]提出的表格 VM 迁移（TVM）旨在减少云数据中心中网络功能服务链中的跳数（网络元素）。该文献使用 VM 迁移来减少数据流遍历的跳数，以满足 SLA 的要求。SLA 驱动的有序宽度可变窗口化（SOVWin）是 Pai 等人[47]提出的启发式方法，它使用初始静态的部署方法来解决相同的问题。类似地，在资源上自动部署 VNF 编排器的方法也被 Clayman 等人[48]提出。

欧盟资助的 T-NOVA 项目[49]旨在实现 NFaaS 的概念。它为 VNF 的自动配置、管理、监控和优化设计和实现了集成管理和编排平台。UNIFY[50]是另一个由欧盟资助的 FP7 项目，它旨在支持基于细粒度的 SFC 模型、SDN 和云虚拟化技术的自动化动态服务创建。为了了解有关 SFC 的更多详细信息，感兴趣的读者可参考 Medhat 等人[51] 的文献调查。表 4.4 总结了有关虚拟网络功能管理的最新项目进展。

表 4.4　虚拟网络功能管理项目

项目	目标	方法 / 技术
VNF-P	在最小化服务器数量的同时处理突发的网络服务需求	资源分配——整数线性规划（ILP）
Cloud4NFV	提供网络功能即服务	服务提供——框架设计
vConductor	虚拟网络服务的提供和管理	服务提供——框架设计
MORSA	虚拟服务的多目标部署	部署——多目标遗传算法
TVM	减少服务链中的跳数	VNF 迁移——启发式
SOVWin	提高用户请求接受率，最少化 SLA 违规	VNF 部署——启发式
Clayman 等人	提供虚拟节点的自动部署	VNF 部署——启发式
T-NOVA	为 VNF 创建市场环境	市场环境——框架设计
UNIFY	自动化、动态的服务创建和服务功能链接	服务提供——框架设计

4.5　边缘和雾中的网络切片管理

雾计算是云计算的新趋势，它可以尝试解决应用程序对服务质量的实时和低延迟处理要求。雾充当了边缘和核心云之间的中间层以为靠近数据源的应用程序提供服务，同时核心云数据中心为应用程序提供海量数据存储、重型计算或广域连接。

雾计算的关键愿景之一是向边缘网络设备（如移动基站、网关和路由器）添加计算功能或通用计算。另一方面，SDN 和 NFV 在促进网络服务的有效管理和编排的预期解决方案中发挥着关键作用。尽管这些技术之间具有天然的协同性和类同性，但在雾 / 边缘计算和 SDN/NFV 的集成方面还没有重要研究成果，这两者仍处于起步阶段。在我们看来，SDN/NFV 与雾 / 边缘计算的相互作用对于物联网、5G 和流分析中的新兴应用程序来说至关重要。但是，这种交互的范围和要求仍然是一个悬而未决的问题。下面我们将就此背景下的最新技术进行详细阐述。

Lingen 等人[52] 定义了一个模型驱动的、以服务为中心的架构，解决了集成 NFV、雾和 5G/MEC 的技术挑战。他们引入了基于欧洲电信标准协会（ETSI）提出的基于 NFV MANO 的开放式架构，并与 OpenFog Consortium（OFC）参考架构⊖保持一致，该架构可以提供从云到边缘的物联网服务的统一管理。他们提出了含有物联网特定模块和增强型 NFV MANO 架构的双层抽象模型，它集成了云、网络和雾。作为一项试点研究，他们提出了两个用例，分别用于雾节点物理安全和巴塞罗那市街道机柜传感器遥测。

Truong 等人[53] 是最早提出基于 SDN 架构以支持雾计算的学者中的一部分。他们已经确定了所需的组件并在系统中指定了它们行使的功能。他们还展示了所提出的系统如何在车载自组织网络（VANET）环境中提供服务。他们分别在数据流和车道变换辅助服务中各举了一个例子，以展示他们提出的架构的优势。在其提出的架构中，SDN 控制器的中央网络视图用于管理资源和服务并优化其迁移和复制。

Bruschi 等人[54] 提出了一种用于支持多域雾 / 云服务的网络切片方案。他们提出了基于

⊖　OpenFogConsortium, https://www.openfogconsortium.org/

SDN 的网络切片方案，使用非重叠的 OpenFlow 规则为地理上分布的互联网服务构建覆盖网络。实验结果表明，与全网状和 OpenStack 的情况相比，所提方案的覆盖网络中安装的单播转发规则数量有显著的下降。

通过来自开放网络操作系统（ONOS）⊖中 SDN 控制器的灵感，Choi 等人[55]提出了一个名为 FogOS 的雾操作系统架构用于物联网服务。他们首先定义了雾计算的四个主要挑战：

1）用于处理大量物联网设备的可扩展性

2）由各种形式的连接引起的复杂的网络互连，例如各种无线接入技术

3）拓扑和服务质量（QoS）要求的动态性和适应性

4）通信、传感器、存储和计算能力等方面的多样性和异构性

基于这些挑战，他们提出了自己的架构。该架构包括四个主要组成部分：

1）服务和设备抽象化

2）资源管理

3）应用程序管理

4）边缘资源：注册、ID / 寻址和控制接口

他们还展示了其系统为基于无人机的监视工作服务的初步概念验证。

在最近的相关工作中，Diro 等人[56]提出了 SDN– 雾混合架构，该架构优先考虑了网络中关键的数据流，同时兼顾了雾对物通信中的其他数据流之间的公平性，以满足异构物联网应用程序的 QoS 要求。该架构将同时满足 QoS 和性能测量，例如数据包延迟、丢包和最大化吞吐量。结果表明，他们提出的方法可以更有效地服务于关键和紧急流程，同时将网络切片分配给其他类别的数据流。

4.6   未来研究方向

本节将讨论软件定义云和边缘计算环境中的开放性问题以及未来的发展方向。

4.6.1   软件定义云

我们对 SDC 中网络切片管理和编排的调查表明，学术界与产业界已经认识到了联合配置主机和网络资源的问题。在早期研究中，大量内容仅关注主机端[57]或是网络端[58]的优化成本或能耗的解决方案，而不是两者的结合。但是系统的管理组件必须同时考虑网络和主机成本，仅优化一个方面很可能会导致另一方面情况的恶化。

为解决这一问题，许多研究提案开始侧重于联合主机和网络资源管理。然而，大多数研究提出的方法计算复杂度较高，或者并不是最优选择。因此，很有必要开发管理联合主机和网络资源供应和调度的算法。在联合主机和网络资源管理和编排中，必须满足以下条件：找到可以处理给定工作负载并满足 SLA 和用户 QoS 要求（例如时延）的主机和网络资源的最小子集。当 SDC 支持 VNF 和 SFC 时，联合主机和网络资源配置的问题变得更加复杂。

SFC 是一个热门话题，也受到了社会各界的广泛关注。但是，在满足应用程序的 QoS 要求的同时，很少有人关注 VNF 的部署问题。PLAN[35]旨在满足网络政策要求的同时最大限度地降低网络通信成本。但是它只考虑了传统的中间设备，并没有考虑 VNF 迁移的选项。因此，新型优化技术，即 SFC 的管理和编排需要得到更多的关注和发展。同时，也必须在

⊖   ONOS, https://onosproject.org/

最小化 SLA 违规和成本/能耗的同时，优化 VNF 的部署和迁移。

网络感知虚拟机管理领域已经得到了比较充分的研究。但是，其中的大多数工作都考虑了 VM 迁移和 VM 部署以优化网络成本。将流量工程和动态流量调度技术与 VM 的迁移与部署相结合，也为网络通信成本的最小化提供了一个很有前景的研究方向。例如，SDN、管理和编排等系统编制模块可用于在利用率最低的最短路径交换机上安装流条目，以将 VM 迁移流量重定向到合适的路径中。

SDC 的分析模型在文献中尚未进行过深入研究，因此有必要进行深入探索。其中的重点是建立基于优先级网络的模型，用于分析 SDC 网络和通过仿真验证实验结果。

VNF 的自动伸缩是另一个需要更加深入关注的领域。由于为应用程序提供网络功能的 VNF 会因为不同的因素（例如服务的负载或过载的底层主机）而受到性能的影响，因此，开发自动伸缩机制以监视托管 VNF 的 VM 的性能，并自适应地添加或删除 VM 以满足 SLA 对应用程序的要求对于网络切片的管理和编排来说是至关重要的。实际上，在服务组件附近的主机上有效部署 VNF[59]，继而产生数据流或用户生成请求可以最小化延迟并降低整体网络成本。但是，在网络中更强大的节点上的部署可能会提高处理时间[60]。现有的解决方案主要关注没有部署的伸缩或者没有伸缩的部署。此外，VNF 的自动伸缩技术通常集中于单个网络服务（如防火墙）的自动伸缩，而实际上 VNF 的自动伸缩必须按照 SFC 来执行。在这种情况下，必须考虑节点和链接容量限制，并且解决方案必须最大化从使用动态路径控制等技术的现有硬件中获得的好处。因此，探索最优的动态资源分配和部署是未来 VNF 自动伸缩研究的一个重要方向。

4.6.2　边缘计算与雾计算

目前为止，学术界在较为狭隘的范围内研究了边缘计算和雾计算与 5G 的集成。尽管在 5G 网络资源管理和边缘计算或雾计算中的资源发现领域已经有了许多研究成果，但该领域中的许多其他挑战性问题仍未被探索，5G 支持的零计算中的移动性感知服务管理，以及从一个雾节点向另一个雾节点转发大量数据，在实时克服通信开销方面是难以确保的。此外，由于雾节点之间的分散编排和异构性，5G 网络资源的建模、管理和供应并不像其他计算范式那样简单。

此外，与移动边缘服务器、微云和云数据中心相比，雾节点的数量非常多，并且其故障概率非常高。在这种情况下，雾计算中 SDN（5G 的基础块之一）的实现会受到显著阻碍。另一方面，雾计算使传统的网络设备能够处理传入的数据，并且由于 5G，这个数据量可能非常大。在这种情况下，在传统网络设备中添加更多资源将非常昂贵，使安全性降低，并且妨碍其固有功能，如路由、数据包转发等。这反过来将影响 5G 网络和 NFV 的基本承诺。

尽管如此，雾基础设施可能由不同的提供商所拥有，这些提供商可能会强烈抵制为支持 5G 的雾计算制定的广义定价政策。用于转发对延迟敏感的物联网数据的优先网络切片也可能使 5G 支持的雾计算进一步复杂化。虚拟网络资源的机会调度和预留很难在雾中实施，因为它处理大量的物联网设备，并且这些设备的数据感知频率可能随着时间的推移而变化。不同虚拟网络上的负载平衡与 QoS 可能会显著降低，除非能够对其实施有效的监控。由于雾计算是分布式计算范式，因此集中式地监控网络资源可能会使问题进一步恶化。在这种情况下，分布式监控可能是一种有效的解决方案，尽管它可能无法在一个主体中反映整个网络环境。解决这一问题需要广泛的研究。此外，在提升 5G 支持的雾计算的容错性时，拓扑感知应用程序部署、动态故障检测和反应管理技术可能会发挥重要作用，但同时它们也会受到雾节点的不均匀性的影响。

4.7 结论

本章探讨了不同平台上管理和编排网络切片的研究提案。我们讨论了新兴技术，如软件定义网络 SDN 和 NFV。我们探索了 5G 用于网络切片的愿景，并讨论了在该领域正在进行的一些项目和研究。我们调查了软件定义云中网络切片的最新方法以及此愿景在云计算环境中的应用。我们讨论了有关新兴雾 / 边缘计算中网络切片的最新文献。最后，我们明确了这种背景下存在的挑战，并为网络切片的概念提供了未来的可行方向。

致谢

本章的工作得到了华为创新研究计划（HIRP）的支持。我们还要感谢 Wei Zhou 对本章工作的支持和建议。

参考文献

1 J. G. Andrews, S. Buzzi, W. Choi, S. V. Hanly, A. Lozano, A. C. K. Soong, and J. C. Zhang. What Will 5G Be? *IEEE Journal on Selected Areas in Communications* 32(6): 1065–1082, 2014.

2 D. Ott, N. Himayat, and S. Talwar. 5G: Transforming the User Wireless Experience. *Towards 5G: Applications, Requirements and Candidate Technologies*, R. Vannithamby, and S. Talwar (eds.). Wiley Press, Hoboken, NJ, USA, Jan. 2017.

3 J. Zhang, X. Ge, Q. Li, M. Guizani, and Y. Zhang. 5G millimeter-wave antenna array: Design and challenges. *IEEE Wireless Communications* 24(2): 106–112, 2017.

4 S. Chen and J. Zhao. The Requirements, Challenges, and Technologies for 5G of terrestrial mobile telecommunication. *IEEE Communication Magazine* 52(5): 36–43, 2014.

5 R. Buyya, R. N. Calheiros, J. Son, A.V. Dastjerdi, and Y. Yoon. Software-defined cloud computing: Architectural elements and open challenges. In *Proceedings of the 3rd International Conference on Advances in Computing, Communications and Informatics (ICACCI'14)*, pp. 1–12, New Delhi, India, Sept. 24–27, 2014.

6 M. Afrin, M.A. Razzaque, I. Anjum, et al. Tradeoff between user quality-of-experience and service provider profit in 5G cloud radio access network. *Sustainability* 9(11): 2127, 2017.

7 S. Nunna, A. Kousaridas, M. Ibrahim, M.M. Hassan, and A. Alamri. Enabling real-time context-aware collaboration through 5G and mobile edge computing. In *Proceedings of the 12th International Conference on Information Technology-New Generations (ITNG'15)*, pp. 601-605, Las Vegas, USA, April 13–15, 2015.

8 I. Ketykó, L. Kecskés, C. Nemes, and L. Farkas. Multi-user computation offloading as multiple knapsack problem for 5G mobile edge computing. In *Proceedings of the 25th European Conference on Networks and Communications (EuCNC'16)*, pp. 225–229, Athens, Greece, June 27–30, 2016.

9 K. Zhang, Y. Mao, S. Leng, Q. Zhao, L. Li, X. Peng, L. Pan, S. Maharjan and Y. Zhang. Energy-efficient offloading for mobile edge computing in 5G heterogeneous networks. *IEEE Access* 4: 5896–5907, 2016.

10 C. Ge, N. Wang, S. Skillman, G. Foster and Y. Cao. QoE-driven DASH video caching and adaptation at 5G mobile edge. In *Proceedings of the 3rd ACM Conference on Information-Centric Networking*, pp. 237–242, Kyoto, Japan, Sept. 26–28, 2016.

11 M. Afrin, R. Mahmud, and M.A. Razzaque. Real time detection of speed breakers and warning system for on-road drivers. In *Proceedings of the IEEE International WIE Conference on Electrical and Computer Engineering (WIECON-ECE'15)*, pp. 495-498, Dhaka, Bangladesh, Dec. 19–20, 2015.

12 A. V. Dastjerdi and R. Buyya. Fog computing: Helping the Internet of Things realize its potential. *Computer. IEEE Computer*, 49(8): 112–116, 2016.

13 F. Bonomi, R. Milito, J. Zhu, and S. Addepalli. Fog computing and its role in the internet of things. In *Proceedings of the first edition of the MCC workshop on Mobile Cloud computing* (MCC'12), pp. 13–16, Helsinki, Finland, Aug. 17, 2012.

14 R. Mahmud, M. Afrin, M. A. Razzaque, M. M. Hassan, A. Alelaiwi and M. A. AlRubaian. Maximizing quality of experience through context-aware mobile application scheduling in Cloudlet infrastructure. *Software: Practice and Experience*, 46(11): 1525–1545, 2016.

15 R. Mahmud, K. Ramamohanarao, and R. Buyya. Fog computing: A taxonomy, survey and future directions. Internet of Everything: Algorithms, Methodologies, Technologies and Perspectives. Di Martino Beniamino, Yang Laurence, Kuan-Ching Li, and Esposito Antonio (eds.), ISBN 978-981-10-5861-5, Springer, Singapore, Oct. 2017.

16 D. Amendola, N. Cordeschi, and E. Baccarelli. Bandwidth management VMs live migration in wireless fog computing for 5G networks. In *Proceedings of the 5th IEEE International Conference on Cloud Networking* (Cloudnet'16), pp. 21–26, Pisa, Italy, Oct. 3–5, 2016.

17 M. Afrin, R. Mahmud. Software Defined Network-based Scalable Resource Discovery for Internet of Things. *EAI Endorsed Transaction on Scalable Information Systems* 4(14): e4, 2017.

18 M. Peng, S. Yan, K. Zhang, and C. Wang. Fog-computing-based radio access networks: issues and challenges. *IEEE Network*, 30(4): 46–53, 2016.

19 R. Mahmud, F. L. Koch, and R. Buyya. Cloud-fog interoperability in IoT-enabled healthcare solutions. In *Proceedings of the 19th International Conference on Distributed Computing and Networking* (ICDCN'18), pp. 1–10, Varanasi, India, Jan. 4–7, 2018.

20 T. D. P. Perera, D. N. K. Jayakody, S. De, and M. A. Ivanov. A Survey on Simultaneous Wireless Information and Power Transfer. *Journal of Physics: Conference Series*, 803(1): 012113, 2017.

21 P. Pirinen. A brief overview of 5G research activities. In *Proceedings of the 1st International Conference on 5G for Ubiquitous Connectivity* (5GU'14), pp. 17–22, Akaslompolo, Finland, November 26–28, 2014.

22 A. Nakao, P. Du, Y. Kiriha, et al. End-to-end network slicing for 5G mobile networks. *Journal of Information Processing* 2 (2017): 153–163.

23 K. Samdanis, S. Wright, A. Banchs, F. Granelli, A. A. Gebremariam, T. Taleb, and M. Bagaa. 5G Network Slicing: Part 1–Concepts, Principales,

and Architectures [Guest Editorial]. *IEEE Communications Magazine,* 55(5) (2017): 70–71.

24 S. Sharma, R. Miller, and A. Francini. A cloud-native approach to 5G network slicing. *IEEE Communications Magazine,* 55(8): 120–127, 2017.

25 W. Shi, J. Cao, Q. Zhang, Y. Li, and L. Xu. Edge computing: vision and challenges. *IEEE Internet of Things Journal,* 3(5): 637–646, 2016.

26 X. Foukas, G. Patounas, A. Elmokashfi, and M. K. Marina. Network Slicing in 5G: Survey and Challenges. *IEEE Communications Magazine,* 55(5): 94–100, 2017.

27 X. Li, M. Samaka, H. A. Chan, D. Bhamare, L. Gupta, C. Guo, and R. Jain. Network slicing for 5G: Challenges and opportunities., *IEEE Internet Computing,* 21(5): 20–27, 2017.

28 Huawei Technologies' white paper. 5G Network Architecture A High-Level Perspective, http://www.huawei.com/minisite/hwmbbf16/insights/5G-Nework-Architecture-Whitepaper-en.pdf (Last visit: Mar, 2018).

29 R. Cziva, S. Jouët, D. Stapleton, F.P. Tso and D.P. Pezaros. SDN-Based Virtual Machine Management for Cloud Data Centers. *IEEE Transactions on Network and Service Management,* 13(2): 212–225, 2016.

30 S.H. Wang, P.P. W. Huang, C.H.P. Wen, and L. C. Wang. EQVMP: Energy-efficient and QoS-aware virtual machine placement for software defined datacenter networks. In *Proceedings of the International Conference on Information Networking* (ICOIN'14), pp. 220–225, Phuket, Thailand, Feb. 10–12, 2014.

31 V. Mann, A. Gupta, P. Dutta, A. Vishnoi, P. Bhattacharya, R. Poddar, and A. Iyer. Remedy: Network-aware steady state VM management for data centers. In *Proceedings of the 11th international IFIP TC 6 conference on Networking* (IFIP'12), pp. 190–204, Prague, Czech Republic, May 21–25, 2012.

32 J. W. Jiang, T. Lan, S. Ha, M. Chen, and M. Chiang. Joint VM placement and routing for data center traffic engineering. In *Proceedings of the IEEE International Conference on Computer Communications* (INFOCOM'12), pp. 2876–2880, Orlando, USA, March 25–30, 2012.

33 W. Fang, X. Liang, S. Li, L. Chiaraviglio, N. Xiong. VMPlanner: Optimizing virtual machine placement and traffic flow routing to reduce network power costs in Cloud data centers. *Computer Networks* 57(1): 179–196, 2013.

34 H. Jin, T. Cheocherngngarn, D. Levy, A. Smith, D. Pan, J. Liu, and N. Pissinou. Joint host-network optimization for energy-efficient data center networking. In *Proceedings of the 27th IEEE International Symposium on Parallel and Distributed Processing* (IPDPS'13), pp. 623–634, Boston, USA, May 20–24, 2013.

35 L. Cui, F.P. Tso, D.P. Pezaros, W. Jia, and W. Zhao. PLAN: Joint policy- and network-aware VM management for cloud data centers. *IEEE Transactions on Parallel and Distributed Systems,* 28(4):1163–1175, 2017.

36 W. Voorsluys, J. Broberg, S. Venugopal, and R. Buyya. Cost of virtual machine live migration in clouds: a performance evaluation. In *Proceedings of the 1st International Conference on Cloud Computing* (CloudCom'09), pp. 254–265, Beijing, China, Dec. 1–4, 2009.

37 M.F. Bari, M.F. Zhani, Q. Zhang, R. Ahmed, and R. Boutaba. CQNCR: Optimal VM migration planning in cloud data centers. In *Proceedings of the IFIP Networking Conference,* pp. 1–9, Trondheim, Norway, June 2–4, 2014.

38 S. Ghorbani, and M. Caesar. Walk the line: consistent network updates with bandwidth guarantees. In *Proceedings of the 1st workshop on Hot topics in software defined networks* (HotSDN'12), pp. 67–72, Helsinki, Finland, Aug. 13, 2012.

39 X. Li, Q. He, J. Chen, and T. Yin. Informed live migration strategies of virtual machines for cluster load balancing. In *Proceedings of the 8th IFIP international conference on Network and parallel computing* (NPC'11), pp. 111–122, Changsha, China, Oct. 21–23, 2001.

40 F. Xu, F. Liu, L. Liu, H. Jin, B. Li, and B. Li. iAware: Making Live Migration of Virtual Machines Interference-Aware in the Cloud. *IEEE Transactions on Computers,* 63(12): 3012–3025, 2014.

41 B. Han, V. Gopalakrishnan, L. Ji, and S. Lee. Network function virtualization: Challenges and opportunities for innovations. *IEEE Communications Magazine,* 53(2): 90–97, 2015.

42 H. Moens and F. D. Turck. VNF-P: A model for efficient placement of virtualized network functions. In *Proceedings of the 10th International Conference on Network and Service Management* (CNSM'14), pp. 418–423, Rio de Janeiro, Brazil, Nov. 17–21, 2014.

43 J. Soares, M. Dias, J. Carapinha, B. Parreira, and S. Sargento. Cloud4NFV: A platform for virtual network functions. In *Proceedings of the 3rd IEEE International Conference on Cloud Networking* (CloudNet'14), pp. 288–293, Luxembourg, Oct. 8–10, 2014.

44 W. Shen, M. Yoshida, T. Kawabata, et al. vConductor: An NFV management solution for realizing end-to-end virtual network services. In *Proceedings of the 16th Asia-Pacific Network Operations and Management Symposium* (APNOMS'14), pp. 1–6, Taiwan, China, Sept. 17-19, 2014.

45 M. Yoshida, W. Shen, T. Kawabata, K. Minato, and W. Imajuku. MORSA: A multi-objective resource scheduling algorithm for NFV infrastructure. In *Proceedings of the 16th Asia-Pacific Network Operations and Management Symposium* (APNOMS'14), pp. 1–6, Taiwan, China, Sept. 17-19, 2014.

46 Y. F. Wu, Y. L. Su and C. H. P. Wen. TVM: Tabular VM migration for reducing hop violations of service chains in cloud datacenters. In *Proceedings of the IEEE International Conference on Communications* (ICC'17), pp. 1–6, Paris, France, May 21–25, 2017.

47 Y.-M. Pai, C.H.P. Wen and L.-P. Tung. SLA-driven ordered variable-width windowing for service-chain deployment in SDN datacenters. In *Proceedings of the International Conference on Information Networking* (ICOIN'17), pp. 167–172, Da Nang, Vietnam, Jan. 11–13, 2017

48 S. Clayman, E. Maini, A. Galis, A. Manzalini, and N. Mazzocca. The dynamic placement of virtual network functions. In *Proceedings of the IEEE Network Operations and Management Symposium* (NOMS'14), pp. 1–9, Krakow, Poland, May 5–9, 2014.

49 G. Xilouris, E. Trouva, F. Lobillo, J.M. Soares, J. Carapinha, M.J. McGrath, G. Gardikis, P. Paglierani, E. Pallis, L. Zuccaro, Y. Rebahi, and A. Koutis. T-NOVA: A marketplace for virtualized network functions. In *Proceedings of the European Conference on Networks and Communications* (EuCNC'14), pp. 1–5, Bologna, Italy, June 23–26, 2014.

50 B. Sonkoly, R. Szabo, D. Jocha, J. Czentye, M. Kind and F. J. Westphal. UNIFYing cloud and carrier network resources: an architectural view. In *Proceedings of the IEEE Global Communications Conference*

(GLOBECOM'15), pp. 1–7, San Diego, USA, Dec. 6–10, 2015.

51 A. M. Medhat, T. Taleb, A. Elmangoush, G. A. Carella, S. Covaci and T. Magedanz. Service function chaining in next generation networks: state of the art and research challenges. *IEEE Communications Magazine,* 55(2): 216–223, 2017.

52 F. van Lingen, M. Yannuzzi, A. Jain, R. Irons-Mclean, O. Lluch, D. Carrera, J. L. Perez, A. Gutierrez, D. Montero, J. Marti, R. Maso, and A. J. P. Rodriguez. The unavoidable convergence of NFV, 5G, and fog: A model-driven approach to bridge cloud and edge. *IEEE Communications Magazine,* 55 (8): 28–35, 2017.

53 N.B. Truong, G.M. Lee, and Y. Ghamri-Doudane. Software defined networking-based vehicular adhoc network with fog computing. In *Proceedings of the IFIP/IEEE International Symposium on Integrated Network Management* (IM'15), pp. 1202–1207, Ottawa, Canada, May 11–15, 2015.

54 R. Bruschi, F. Davoli, P. Lago, and J.F. Pajo. A scalable SDN slicing scheme for multi-domain fog/cloud services. In *Proceedings of the IEEE Conference on Network Softwarization* (NetSoft'17), pp. 1-6, Bologna, Italy, July 3–7, 2017.

55 N. Choi, D. Kim, S. J. Lee, and Y. Yi. A fog operating system for user-oriented IoT services: Challenges and research directions. *IEEE Communications Magazine,* 55(8): 44–51, 2017.

56 A.A. Diro, H.T. Reda, and N. Chilamkurti. Differential flow space allocation scheme in SDN based fog computing for IoT applications. *Journal of Ambient Intelligence and Humanized Computing,* DOI: 10.1007/s12652-017-0677-z.

57 A. Beloglazov, J. Abawajy, R. Buyya. Energy-aware resource allocation heuristics for efficient management of data centers for cloud computing. *Future Generation Computer Systems,* 28(5): 755–768, 2012.

58 B. Heller, S. Seetharaman, P. Mahadevan, Y. Yiakoumis, P. Sharma, S. Banerjee, and N. McKeown. ElasticTree: Saving energy in data center networks. In *Proceedings of the 7th USENIX conference on Networked systems design and implementation* (NSDI'10), pp. 249–264, San Jose, USA, April 28–30, 2010.

59 A. Fischer, J.F. Botero, M.T. Beck, H. de Meer, and X. Hesselbach. Virtual network embedding: A survey. *IEEE Communications Surveys & Tutorials,* 15(4):1888–1906, 2013.

60 S. Dräxler, H. Karl, and Z.A. Mann. Joint optimization of scaling and placement of virtual network services. In *Proceedings of the 17th IEEE/ACM International Symposium on Cluster, Cloud and Grid Computing* (CCGrid '17), pp. 365–370, Madrid, Spain, May 14–17, 2017.

雾计算和边缘计算的优化问题

Zoltán Ádám Mann

5.1 引言

雾/边缘计算概念是由几个传统意义上不同的学科日益融合和集成而产生的：一方面是云计算，另一方面是移动计算和物联网（IoT），而它们之间的黏合剂则是高级网络技术。雾/边缘计算的主要思想是结合这些技术的优势，以经济高效且安全的方式为终端用户应用程序提供必要的计算能力，并且保证低延迟。因此，雾/边缘计算为所有基础领域带来了显著的好处。

雾计算和边缘计算的概念在文献中有些模糊，并且在很大程度上有重叠[1]。在本章中，我们可互通地使用术语"雾计算"和"边缘计算"来指代将云计算与网络边缘和终端用户设备上的资源相结合的架构。

经过几年的演变，云计算已经逐渐从集中式架构（一个或几个大型数据中心）过渡到分散化架构（几个较小的数据中心），且这种演变仍然在继续，而雾/边缘计算自然是演变轨迹的下一步[2]。因为每个数据源/接收器可由附近的数据中心服务，所以地理上分布的数据中心降低了涉及分布式数据源和接收器（例如，用户或传感器/执行器）的应用程序的延迟。雾/边缘计算的其他优点包括提高容错能力以及获得有限容量的绿色能源[3]。

从移动计算和物联网的角度来看，雾/边缘计算的主要挑战是这些设备的计算能力和电池寿命有限[4]。但通过将资源密集型的计算任务卸载到功能强大的节点（例如数据中心中的服务器或网络边缘的计算资源）上，雾/边缘计算可应用的范围可以显著扩大[5]。

优化在雾计算中起着至关重要的作用。例如，延迟和能耗最小化与安全性和可靠性最大化同样重要。由于典型的雾部署（许多不同类型的设备，这些设备具有许多不同类型的交互）及其动态特性（移动设备来来往往、设备或网络连接永久或暂时失败等）的高度复杂性，通过设计得到最佳解决方案几乎是不可能的。所以，应使用适当的优化技术来确定最佳解决方案。

为此，必须仔细、准确地定义相关的优化问题。实际上，解决问题所使用的公式可能对该方法的实际适用性和计算复杂性产生显著影响（例如，省略重要约束可能导致解决方案不能在实践中应用）。

关于雾计算的研究仍处于起步阶段。一些特定的优化问题已经有了具体的定义，但是它们有特定方式，且彼此独立。因此，难以比较或组合不同的方法，因为通常它们用于解决相同问题的不同变体或方面，并且这种细微差别通常并不明显。（早些时候，我们也见证了云计算研究中的类似情况 [6,7]）。此外，现有问题公式化的质量和细节层次也非常不同。

因此，本章的目的是基于对约束和优化目标的一致的、定义明确的、形式化的表示法，为雾计算中的优化问题提出通用概念框架。通过对问题公式化的分类，它们之间的关系将变得清晰，需要进一步研究的地方也将变得突出。通过这个参考标准，我们希望为这一研究领域的成熟做出显著贡献。

5.2　背景及相关工作

雾计算的概念是由思科在 2012 年引入的，旨在将云计算功能扩展到网络边缘，从而实现更高级的应用 [8]。从那时起，越来越多的关于雾计算的研究论文应运而生。图 5.1 展示了关于雾计算的论文数量和引用次数的发展情况，可在 2017 年 12 月 7 日的 Scopus 数据库⊖中找到。使用的检索词是" TITLE-ABS-KEY("fog computing")"，意思是" fog computing"（雾计算）这个短语必须出现在论文的标题、摘要或关键词中。

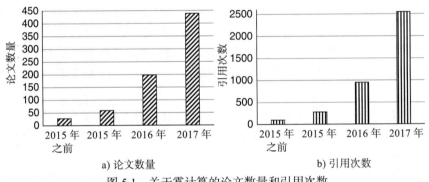

图 5.1　关于雾计算的论文数量和引用次数

其中一些论文描述了雾计算环境中的技术、架构和应用。然而，探讨雾计算优化的论文数量也在迅速增加。图 5.2 展示了 2017 年 12 月 7 日从 Scopus 数据库获得的论文数量和引用次数，使用检索词" TITLE-ABS-KEY ("fog computing") AND TITLE-ABS-KEY (optim*)"，意思是" fog computing"这个短语和以" optim"开头的单词（如 optimal、optimized 或 optimization，均意为优化）必须出现在论文的标题、摘要或关键词中。

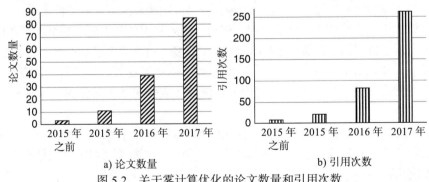

图 5.2　关于雾计算优化的论文数量和引用次数

⊖ https://www.scopus.com

在 5.9 节，当我们已经定义了雾计算中优化问题的基本特征时，我们将展示如何对关于雾计算优化的现有文献进行分类。

5.3　预备知识

在深入研究雾计算中的优化问题和优化方法之前，我们需要描述一些基本属性和概念。优化问题的定义通常如下 [9]：

- 一个变量列表 $\bar{x} = (x_1, \cdots, x_n)$。
- 每个变量的域（即有效值集），变量 x_i 的域由 D_i 表示。
- 一个约束列表 $(C_1, \cdots, C_m)$，约束 C_j 涉及一些变量 $x_{j_1}, \cdots, x_{j_k}$，并以集合 $R_j \subseteq D_{j_1} \times \cdots \times D_{j_k}$ 的形式定义这些变量的有效元组。
- 一个目标函数 $f: D_1 \times \cdots \times D_n \to \mathbb{R}$。

接下来问题为找到适当的变量值 $v_1, \cdots, v_n$，使以下所有条件成立：

1）对于每个 $i = 1, \cdots, n, v_i \in D_i$。

2）对于与变量 $x_{j_1}, \cdots, x_{j_k}$ 有关的任何约束 C_j，认为 $(v_{j_1}, \cdots, v_{j_k}) \in R_j$。

3）$f(v_1, \cdots, v_n)$ 在满足 1）和 2）的所有 $(v_1, \cdots, v_n)$ 元组中是最大的。

满足 1）和 2）的元组 $(v_1, \cdots, v_n)$ 被称为问题的解。因此，目标是找到具有最高 f 值的解。至少，这是最大化问题（如上所定义）的情况。对于最小化问题，目标是找到具有最低 f 值的解，这相当于找到最大化目标函数 $f' = -f$ 的解。在最小化问题的情况下，目标函数通常被称为成本函数，因为它表示需要最小化的一些成本（包括实际和虚拟的成本）。

重要的是区分工程中的实际问题（例如雾计算中的功耗最小化问题）以及如上所述的明确定义的优化问题。从实际问题中导出形式化优化问题是一个非常重要的过程，其中必须定义变量、域、约束和目标函数。特别是，通常有许多不同的方法来形式化实际问题，这将导致出现不同的形式优化问题。将问题形式化也是一个抽象的过程，其中一些非必要的细节将被忽略或者一些简化的假设被提出。相同实际问题的不同形式化可能表现出不同的特征，例如计算复杂性的不同。因此，在问题形式化过程中做出的决策具有很大的影响。问题形式化意味着在形式化问题的一般性和适用性与简单性、清晰度和计算处理难易度之间找到最合适的权衡。这需要专业的知识和评估形式化问题的不同方式的迭代方法。

应该提到的是，有些论文直接从非正式问题描述跳到设计一些算法，而没有首先正式定义问题。没有对问题本身进行精确推理会导致一些缺点，例如，关于其计算复杂性或其与可能采用现有算法的已知其他问题的相似性。

在上面对一般优化问题的定义中，假设存在单个实值目标函数。然而，在一些实际问题中存在多个目标，并且问题的困难通常在于在冲突目标之间进行平衡。令目标函数为 $f_1, \cdots, f_q$，其目的是最大化所有的函数。由于通常没有同时最大化所有目标函数的解，因此需要进行一些修改以获得明确定义的优化问题。最常见的方法如下 [10]：

- 将下限添加到除一个目标函数之外的所有目标函数中并最大化最后一个目标函数。这意味着添加形式为 $f_s(v_1, \cdots, v_n) \geq l_s$ 的约束，其中对于所有 $s = 1, \cdots, q-1$，l_s 是适当的常数，并且最大化 $f_q(v_1, \cdots, v_n)$。
- 将所有目标函数标量化为单个组合目标函数 $f_{\text{combined}}(v_1, \cdots, v_n) = F(f_1(v_1, \cdots, v_n), \cdots, f_q(v_1, \cdots, v_n))$。函数 F 的常见选择是乘积和加权和。

- 寻找帕累托（Pareto）最优解。如果对于所有 $s = 1, \cdots, q - 1$，$f_s(v_1, \cdots, v_n) \geq f_s(v'_1, \cdots, v'_n)$ 成立，且至少有一个 s 值，使得 $f_s(v_1, \cdots, v_n) > f_s(v'_1, \cdots, v'_n)$ 成立，即 $(v_1, \cdots, v_n)$ 至少与 $(v'_1, \cdots, v'_n)$ 对于每个目标来说一样好，并且对于至少一个目标而言它是严格更优的，则解 $(v_1, \cdots, v_n)$ 优于另一解 $(v'_1, \cdots, v'_n)$。如果一个解优于其他解，则称其为帕累托最优解。换句话说，帕累托最优解只有在其相对于其他目标恶化时，才能相对于某一个目标方面得到改进。一个问题的不同帕累托最优解代表了在目标之间的不同权衡，但是在上述意义上它们都是最优的。

5.4　雾计算优化案例

导致雾计算的发展的根本动机与一些需要改进的质量属性密切相关。如前所述，雾计算可被视为云计算向网络边缘的扩展，旨在为终端设备中的具有低延迟要求的应用程序提供更低的延迟。换句话说，最小化延迟的优化目标是雾计算背后的主要驱动力[11]。

另一方面，从终端设备的角度来看，雾计算有望显著提高计算能力，从而能够快速执行计算密集型任务，而不会对设备的能耗产生重大影响。因此，与执行时间和能耗相关的优化也是雾计算的基本方面。

正如我们将在 5.6 节中看到的那样，其他几个优化目标也与雾计算相关。此外，不同的目标之间存在着重要的相互作用，有时也存在冲突。因此，系统地研究雾计算中的优化的不同方面是很重要的。

5.5　雾计算的形式化建模框架

在讨论单个优化目标之前，需要定义对问题的不同变体进行建模的通用框架。

如图 5.3 所示，雾计算可以用三层模型表示[12]。其中层级越高，其计算容量越高，但同时其与终端设备的距离越远，因此其延迟也越高。最高层是云，具有几乎无限的、高性能的、成本和能源效率较高的资源。中间层由边缘资源集合组成：在网络边缘附近提供计算服务的机器，例如，在基站、路由器或电信提供商的小型地理分布数据中心。边缘资源都连接到云。最后，最低层包含移动电话或物联网设备等终端设备。每个终端设备连接到其中一个边缘资源。

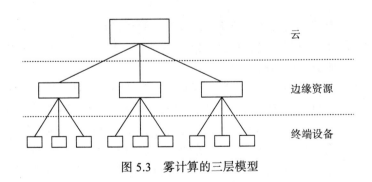

图 5.3　雾计算的三层模型

更正式地，令 c 表示云，E 表示边缘资源集合，D_e 表示连接到边缘资源 $e \in E$ 的终端设备的集合，$D = \bigcup_{e \in E} D_e$ 表示所有终端设备的集合。所有资源的集合是 $R = \{c\} \cup E \cup D$。每个资源 $r \in R$ 与计算容量 $a(r) = \mathbb{R}_+$ 和计算速率 $s(r) \in \mathbb{R}_+$ 相关联。而且，每个资源都有一些功耗，这取决于它的计算负载。具体地，对于由 r 执行的每个指令，资源 r 的功耗增加了 $w(r) \in \mathbb{R}_+$。

资源之间的链路集合是 $L = \{ce: e \in E\} \cup \{ed: e \in E, d \in D_e\}$。每个链路 $l \in L$ 与延迟 $t(l) \in \mathbb{R}_+$ 和带宽 $b(l) \in \mathbb{R}_+$ 相关联。此外，通过链路 l 传输一个或多个字节的数据会使功耗增加 $w(l) \in \mathbb{R}_+$。表 5.1 解释了上文使用的符号。

表 5.1　符号概述

符　号	解　释
c	云
E	边缘资源集合
D_e	连接到边缘资源 $e \in E$ 的终端设备的集合
R	所有资源的集合
$a(r)$	资源 $r \in R$ 的计算容量
$s(r)$	资源 $r \in R$ 的计算速率
$w(r)$	资源 $r \in R$ 的边缘能耗
L	资源之间的链路集合
$t(l)$	链路 $l \in L$ 的延迟
$b(l)$	链路 $l \in L$ 的带宽
$w(l)$	链路 $l \in L$ 的边缘能耗

5.6　指标

如前所述，在雾计算系统中有几个指标需要进行优化。根据具体的优化问题变体，这些指标可能是优化目标，但它们也可以被用作约束。例如，一种问题变体可能着眼于一个实时应用程序，其总体执行时间需要受上限的约束，而能耗应该最小化。而在另一个应用程序中，移动设备有限的电池容量可能是瓶颈，因此能耗应受上限的约束，而执行时间应最小化。

因此一些独立于特定应用程序（问题变体）的指标在雾计算中起重要作用。接下来我们将讨论这些指标。

5.6.1　性能

有一些指标与性能相关，例如执行时间、延迟和吞吐量。通常，性能与完成某项任务所需的时间量有关。在雾计算设置中，重要的是注意完成任务通常涉及多个资源，它们通常在图 5.3 所示的参考模型的不同级别上。因此，任务的完成时间可能取决于多个资源的计算时间加上资源之间的数据传输时间。这些步骤中的一部分可以并行进行（例如，多个设备可以并行执行计算），而其他步骤必须依次进行（例如，计算结果只能在计算完成后才能被传输）。总执行时间取决于计算和传输步骤的关键路径。例如，如果一项计算的一部分已在终端设备中完成并且已从终端设备卸载到边缘资源，则可能导致诸如图 5.4 中所示的情况，其中总执行时间由多个计算和数据传输步骤时间总和确定。

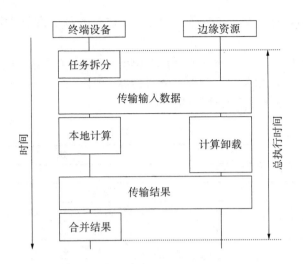

图 5.4　计算卸载方案总执行时间示例

5.6.2　资源使用

稀缺资源的经济使用是至关重要的，特别是在图 5.3 的参考模型的较低层中。这尤其适用于终端设备，因为其通常具有非常有限的 CPU 和内存容量。边缘资源通常提供更高的容量，但是这些容量也是有限的，因为边缘资源可能包括诸如不提供全面计算能力的路由器的机器。

在某种程度上，可以使用执行时间来交换 CPU 的使用，即过度占用 CPU 可能导致应用程序仍在运行但运行速度更慢的情况。对于某些应用程序而言，这可能是可以接受的，但这不包括对时间要求严格的应用程序。此外，内存对资源消耗构成了更严格的限制，因为过度占用内存可能会导致更严重的问题，如应用程序故障。

除了 CPU 和内存之外，终端设备和边缘资源之间以及边缘资源和云之间的网络带宽也是稀缺资源。因此，网络带宽的使用可能也必须最小化或受上限约束。

值得注意的是，与性能（跨越多个资源的全局度量）相比，需要在每个网络节点和链路上分别考虑资源消耗。

5.6.3　能耗

能源也可以被视为稀缺资源，但它与我们已经考虑过的其他资源类型有很大不同。所有资源和网络都消耗能源。即使是空闲资源和未使用的网络元素也消耗能源，但其能耗随着使用的增加而增加。通常，假设资源的功耗线性依赖于其 CPU 负载是一个很好的近似[13]。但是，重要的是强调功耗和能耗之间的差异，因为能耗还取决于功率消耗的时间量。因此，例如，就整体能耗而言，将计算任务从一个资源移动到明显速率更快的资源是有益的，即使速率较快的机器明显具有稍高的功耗。

能耗对雾的每一层来说都很重要，但体现在不同的方面。对于终端设备来说，电池电量通常是它的瓶颈，因此尽可能保留电量是主要关注点。边缘资源通常不是由电池供电的；因此，它们的能耗不那么重要。对于云计算来说，能耗也非常重要，但主要是由于其财务影响：电功率是云数据中心的主要成本驱动因素。最后，由于其对环境的影响，雾系统的整体能耗也很重要。

5.6.4 财务成本

如前所述，能耗对财务成本有影响。但其他因素也会影响成本。例如，云或边缘基础设施的使用可能产生成本。这些成本可以是固定的或基于使用的，或是这两者的某种组合。类似地，使用网络传输数据也可能会产生成本。

5.6.5 其他质量属性

到目前为止涵盖的所有指标都很容易被量化。但是，它们不足以保证用户获得高质量的体验。为此，还需要考虑质量属性，如可靠性[14]、安全性[12]和隐私[16]，但这些属性难以被量化。

传统上，人们不会通过优化问题捕获这样的质量属性，而是通过适当的架构或技术解决方案来解决它们。例如，可以通过在架构中创建冗余来实现可靠性、通过使用适当的加密技术来实现安全性，还可以通过应用个人数据的匿名化来实现隐私。然而，在雾系统优化过程中，有几种方法可以解决这些质量属性，如以下代表性示例所示：

- 为了提高可靠性，让多个资源并行执行相同的关键计算是有益的，这样即使某些资源停止工作或无法访问，结果仍然可用，并且可以将结果相互比较以过滤掉有缺陷的结果。并行使用的资源数量越多，可以通过这种方式实现的可靠性就更高。因此，并行使用的资源数量是一个应该最大化的重要优化目标[15]。
- 优先考虑可信资源可以同时减轻安全和隐私问题。使用现有技术，例如基于信誉得分[16]的技术，来量化信任，可以将可信资源的使用设置为优化目标，其中应当最大化所使用资源的信任级别。
- 属于不同用户/租户的计算任务的共址可能会增加租户对租户攻击的可能性。因此，最小化任务共址的租户数量是一个优化目标，这有助于将安全和隐私风险保持在可接受的较低水平。
- 属于同一用户的任务的共址减少了通过网络交换数据的需要，这反过来降低了窃听、中间人和其他基于网络的攻击的可能性。因此，最小化使用的资源数量也有助于降低与信息安全相关的风险。

需要注意的是，与质量属性相关的上述优化目标通常与成本、性能等其他的相关优化目标相冲突。例如，增加冗余可能有益于提高可靠性，但同时它可能导致更高的成本。同样，从安全性的角度来看，偏好具有高信誉的服务提供商是有利的，但也可能导致更高的成本。约束共址选项可以改善隐私问题，但也可能导致更差的性能或更高的能耗。这也就是在优化问题中包括质量属性是有益的的原因之一，因为这使我们能够清晰地推理冲突目标之间的最佳权衡。

5.7 雾结构中的优化机会

雾计算中的优化问题可以根据其涉及三层雾模型（参见图 5.3）中的哪一层或哪些层进行分类。

原则上，优化问题可能仅涉及一层。然而，这通常不被视为雾计算。例如，如果只涉及云层，那么我们面对的就是纯云优化问题。同样，如果仅涉及终端设备，那么问题将不在雾计算领域中，而是取决于设备的类型及其在移动计算、物联网、无线传感器网络等中的互连。

因此，真正的雾计算问题至少涉及两层。这种考虑使雾计算中的优化问题可被分为以下几类：

- 涉及云和边缘资源的问题。这是一个有意义的优化问题，例如，可以根据容量和延迟限制来优化云和边缘资源的总体能耗[17]。此优化问题与分布式云计算有些相似之处，而潜在的差异是边缘资源的数量可以比分布式云中的数据中心的数量高几个数量级。

- 涉及边缘资源和终端设备的问题。具有边缘资源的终端设备的协作（例如卸载计算）是典型的雾计算问题，并且由于终端设备资源有限，优化在这种情况下起着至关重要的作用。人们经常研究的特殊情况是同时考虑单个边缘资源与它所服务的终端设备[18]。然而，更多的一般情况，即同时考虑多个边缘资源以及它们服务的终端设备，也受到了关注[19]。后者会导致更复杂的优化问题，但具有平衡多个边缘资源的计算负载的优势。

- 原则上，三个层可以被同时优化。然而，这很少被研究，可能是因为这种优化十分困难。一方面，这种困难与涉及所有雾资源的决策变量的大规模优化问题的计算复杂性有关。另一方面，许多不同的技术问题可能被集成为一个同时关注云、边缘资源和终端设备的不同优化的单一优化问题，这本身就具有挑战性。此外，云、边缘资源和终端设备的更改通常由不同的利益相关者在不同的时间尺度上进行，这也是不同雾层的独立优化的基本原理。

在每个雾层中，优化可以针对数据、代码、任务或这些的组合的分布。在与数据相关的优化中，必须决定在雾架构中存储和处理哪些数据。在与代码相关的优化中，程序代码可以被部署在多个资源上，其目标是找到程序代码的最佳部署。最后，在与任务相关的优化中，目标是在多个资源之间找到最佳的任务分配。

最后，应该注意的是雾计算系统的分布式特性可能使得最佳优化方式为分布式。理想情况下，参与的自治资源的局部最优决策应该导致全局最优行为[20]。

5.8 服务生命周期中的优化机会

就像云计算一样，雾计算的特点是服务的提供和消耗。根据服务生命周期的不同阶段，可以将不同的优化机会分为以下几类：

- **设计时期优化**。在设计雾服务时，通常无法获得有关其所服务的终端设备的确切信息。因此，优化将主要限制在架构中的云层和边缘层中，其中的更多信息设计时期可能已经可用。关于终端设备，优化仅限于处理设备类型的问题（与设备实例相反，设备实例仅在运行时才会被知道）。

- **部署时期优化**。当已规划好服务在特定资源上的部署时，可以使用资源的可用信息来做出进一步的优化决策。例如，此时可以得知要使用的边缘资源的确切容量，从而可以（重新）优化云和边缘资源之间的任务分割。

- **运行时期优化**。虽然雾系统的某些方面可以被提前优化（即在设计时期或部署时期），但是许多重要方面仅在系统运行和使用时才能逐渐清晰。例如具有设备参数（例如计算容量）的特定终端设备以及终端设备想要卸载到边缘资源的计算任务。这些方面对于做出合理的优化决策来说至关重要。而且，这些方面在系统运行期间是不断变化的。因此，需要在运行时优化大部分系统操作。这需要连续监测重要的系统参数、分析系统是否仍然以可接受的有效性和效率运行，并在必要时进行重新优化[20]。

综上可以看出，运行时期优化在雾计算系统的优化中起着非常重要的作用。这会产生一些重要的影响。首先，在运行时期间可用于执行优化算法的时间受到严格限制，因此采用的优化算法必须是高速的。其次，运行时期优化通常不是从头开始设置系统，而是调整现有设置。这意味着需要考虑与系统更改相关的成本。

5.9 雾计算中优化问题的分类

到目前为止，本文涉及的优化问题的不同方面形成了在雾计算中对优化问题进行分类的基础。下面我们将按照提出的维度对一些具有代表性的出版物进行归类，以说明这一点。

作为第一个例子，表 5.2 展示了 Do 等人[21]的工作内容归类。该论文考虑了一个视频流服务，包括一个中央云数据中心和大量地理分布的边缘资源（在该论文中被称为雾计算节点或 FCN），它们将为终端设备提供视频流，目的是确定每个边缘资源的视频流的数据速率、同时考虑不同边缘资源处的不同数据速率、数据中心能耗和数据中心的工作负载容量所提供的不同效用。该论文提出了一种受 ADMM（交替方向乘子法）启发的分布式迭代改进算法。

表 5.2 Do 等人[21]的工作内容在不同维度上的归类

论文	Do 等人：地理分布式雾计算中联合资源分配和最小化碳足迹的一种近似算法[21]
主要内容 / 范围	视频流服务，其具有服务于分布式边缘资源的中心云，而这些资源又为终端设备提供服务
考虑的指标	"效用"（边缘资源的加权数据速率）
	云数据中心的计算能力
	云数据中心的能耗
考虑的层 / 资源	云
	边缘资源
所在的生命周期阶段	设计 / 部署期间
优化算法	分布式迭代改进算法

作为另一个例子，表 5.3 展示了 Sardellitti 等人[22]的工作内容在不同维度上的归类。该论文考虑了移动边缘计算（MEC）设置中的计算卸载问题，其中一些移动终端设备将一些计算任务卸载到附近的边缘资源。对于每个终端设备的每个计算任务，可以决定是否应该卸载它，以及在卸载的情况下，应该使用哪个无线信道进行通信。该论文依据能耗和延迟建立了优化问题。该论文首先阐述了单个终端设备的问题，该问题可以以封闭的形式显式解决。然而，对于具有潜在干扰通信的若干终端设备来说，问题变得更加困难（特别是非凸性），作者通过适当的启发式方法解决了这个问题。

最后，表 5.4 展示了 Mushunuri 等人[23]的工作。这项工作解决了在协作机器人中找到最佳工作分配的问题。该论文假设计算任务可以被任意拆分。机器人（终端设备）将其计算任务卸载到服务器（边缘资源），服务器将其在终端设备和自身之间分配。边缘资源在运行时期执行的优化考虑了设备的通信成本、电池状态和计算能力，并使用现成的非线性优化包。

表 5.3   Sardellitti 等人 [22] 的工作内容在不同维度上的归类

论文	Sardellitti 等人：用于多单元移动边缘计算的无线和计算资源的联合优化 [22]
主要内容 / 范围	计算任务从移动终端设备卸载到边缘资源
考虑的指标	终端设备的能耗
	传输和执行卸载任务的总时间
	设备卸载任务占用的边缘资源的计算能力
考虑的层 / 资源	边缘资源
	终端设备
所在的生命周期阶段	运行期间
优化算法	使用连续凸近似的启发式迭代算法

表 5.4   Mushunuri 等人 [23] 的工作内容在不同维度上的归类

论文	Mushunuri 等人：雾支持的物联网部署中的资源优化 [23]
主要内容 / 范围	协作移动机器人共享计算任务
考虑的指标	终端设备和边缘资源之间的通信成本
	终端设备的电池电量
	终端设备和边缘资源的 CPU 容量
考虑的层 / 资源	边缘资源
	终端设备
所在的生命周期阶段	运行期间
优化算法	使用 NLOpt 库中 COBYLA（线性近似约束优化）算法的非线性优化

从这三个覆盖雾计算中的不同优化问题的示例中可以看出，根据本文提出的不同维度，可以成功地对文献的不同层次进行归类，并找到其与优化相关的特征。

5.10   优化技术

5.9 节给出的三个例子表明雾计算优化问题中采用的优化技术非常不同，但是这些技术似乎具有以下共同的特征：

- 使用非线性的，有时甚至是非凸的优化技术
- 使用启发式算法（与精确算法相对）以有限的计算量解决难题，找到潜在的次优解
- 使用分布式算法，考虑分布式资源和雾计算中的分布式知识

在将来，随着该领域的成熟，人们可能会对所使用的方法进行整合。然而，由于所考虑的问题变体也是多方面的，我们认为该领域仍需要用到几种不同类型的算法技术，包括精确算法、启发式算法以及混合算法 [24]。

5.11   未来研究方向

现在，雾计算仍处于早期发展阶段，优化问题在其中发挥着越来越重要的作用。因此，在未来有几个领域需要重点研究：

- **共同优化**。优化雾计算系统的关键挑战之一是必须调整若干不同的技术系统和子系统以实现总体最佳或至少足够好的配置。这一方面包括组成雾系统的不同设备，另一方面包括网络、计算、易失性存储器和持久性存储器、传感器和执行器等不同技

术领域。将所有这些方面同时优化，或者找到一个将这个巨大的优化问题分解为可独立解决的子问题的好方法，仍然是未来研究的重要挑战。

- **平衡多个优化目标**。雾计算优化的另一个重要特征是通常必须同时考虑多个相互矛盾的优化目标。目前在雾计算中处理多目标优化的解决方法很简单，例如使用不同优化目标的加权和。这可能在某些情况下运行良好，但在极端情况下却可能生成难以置信的解决方案，从而无法在实际中采用这些方法。因此，寻找更加可靠的方法来合并多个优化目标仍然是未来研究的重要方向。
- **算法技术**。到目前为止，研究者通常基于以前使用不同技术的经验，任意选择优化算法。但随着该领域的成熟，学者们应该更好地理解适用于不同问题变体的不同算法技术。
- **评估优化算法**。即以一对一的方式评估现有方法。在将方法从研究转移到实践之前，以合理、彻底和可重复的方式评估所提出的算法的适用性是至关重要的。这需要使用公开可用的问题实例对基准问题的准确定义、学者们对评估方法和测试环境的共识、可靠且具有现实性的模拟器的开发以及在现实中（包括极端情况）对竞争方法的公正比较。此外，有必要找到一种可以严格地证明算法性能的理论方法。

5.12 结论

在本章中，我们介绍了雾计算的优化问题。特别地，我们已经解释了为什么优化问题在雾计算中起着至关重要的作用，以及明确定义优化问题、使用正式的问题模型的重要性的原因。我们根据不同维度对雾计算优化问题中最重要的方面进行了阐述，这些维度包括作为优化目标或约束条件的指标、雾架构中被考虑的层以及服务生命周期中的相关阶段。这些不同的维度还有助于形成统一的分类方法，用于划分现有或未来的优化问题变体。

我们还认为，未来研究有几个重要方向，包括改进多个优化目标的处理、多个技术方面的共同优化、更好地理解不同问题变体所适配的不同算法技术，以及设计规范的评估方法。

致谢

Z. Á. Mann 的工作得到了匈牙利科学研究基金（拨款号 OTKA 108947）和欧盟地平线 2020 研究与创新计划（拨款号 731678）的支持（已确认）。

参考文献

1 L. M. Vaquero, L. Rodero-Merino. Finding your way in the fog: Towards a comprehensive definition of fog computing. *ACM SIGCOMM Computer Communication Review,* 44(5): 27–32, October 2014.

2 B. Varghese and R. Buyya. Next generation cloud computing: New trends and research directions. *Future Generation Computer Systems,* 79(3): 849–861, February 2018.

3 E. Ahvar, S. Ahvar, Z. Á. Mann, et al. CACEV: A cost and carbon emission-efficient virtual machine placement method for green distributed clouds. In *IEEE International Conference on Services Computing,* pp. 275–282, IEEE, 2016.

4 A. V. Dastjerdi, R. Buyya. Fog computing: Helping the Internet of Things realize its potential, *Computer,* 49(8): 112–116, 2016.

5 K. Kumar, Y.-H. Lu. Cloud computing for mobile users: Can offloading computation save energy? *Computer,* 43(4): 51–56, April 2010.

6 Z. Á. Mann. Modeling the virtual machine allocation problem. In *Proceedings of the International Conference on Mathematical Methods, Mathematical Models and Simulation in Science and Engineering,* pp. 102–106, 2015.

7 Z. Á. Mann. Allocation of virtual machines in cloud data centers – A survey of problem models and optimization algorithms. *ACM Computing Surveys,* 48(1): article 11, September 2015.

8 F. Bonomi, R. Milito, J. Zhu, S. Addepalli. Fog computing and its role in the Internet of Things. In *Proceedings of the 1st ACM Mobile Cloud Computing Workshop,* pp. 13–15, 2012.

9 Z. Á. Mann, *Optimization in computer engineering – Theory and applications.* Scientific Research Publishing, 2011.

10 R. T. Marler, J. S. Arora. Survey of multi-objective optimization methods for engineering. *Structural and Multidisciplinary Optimization,* 26(6): 369–395, April 2004.

11 S. Soo, C. Chang, S. W. Loke, S. N. Srirama. Proactive mobile fog computing using work stealing: Data processing at the edge. *International Journal of Mobile Computing and Multimedia Communications,* 8(4): 1–19, 2017.

12 I. Stojmenovic and S. Wen. The fog computing paradigm: Scenarios and security issues. In *Proceedings of the 2014 Federated Conference on Computer Science and Information Systems (FedCSIS),* pp. 1–8, 2014.

13 S. Rivoire, P. Ranganathan, C. Kozyrakis. A comparison of high-level full-system power models. In *Proceedings of the 2008 Conference on Power Aware Computing and Systems (HotPower '08),* article 3, 2008.

14 H. Madsen, B. Burtschy, G. Albeanu, F. Popentiu-Vladicescu. Reliability in the utility computing era: Towards reliable fog computing. *20th International Conference on Systems, Signals and Image Processing,* pp. 43–46, 2013.

15 I. Kocsis, Z. Á. Mann, D. Zilahi. Optimised deployment of critical applications in infrastructure-as-a-service clouds. *International Journal of Cloud Computing,* 6(4): 342–362, 2017.

16 S. Yi, Z. Qin, Q. Li. Security and privacy issues of fog computing: A survey. *International Conference on Wireless Algorithms, Systems, and Applications,* pp. 685–695, 2015.

17 R. Deng, R. Lu, C. Lai, and T.H. Luan. Towards power consumption-delay tradeoff by workload allocation in cloud-fog computing. *IEEE International Conference on Communications,* pp. 3909–3914, 2015.

18 X. Chen, L. Jiao, W. Li, and X. Fu. Efficient multi-user computation offloading for mobile-edge cloud computing. *IEEE/ACM Transactions on Networking,* 24(5): 2795–2808, 2016.

19 J. Oueis, E. C. Strinati, S. Barbarossa. The fog balancing: Load distribution for small cell cloud computing. *81st IEEE Vehicular Technology Conference,* 2015.

20 J. O. Kephart, D. M. Chess. The vision of autonomic computing. *Computer,* 36(1): 41–50, 2003.

21 C. T. Do, N. H. Tran, C. Pham, M. G. R. Alam, J. H. Son, and C. S. Hong. A proximal algorithm for joint resource allocation and minimizing carbon footprint in geo-distributed fog computing. *International Conference on Information Networking*, pp. 324–329, IEEE, 2015.

22 S. Sardellitti, G. Scutari, S. Barbarossa. Joint optimization of radio and computational resources for multicell mobile-edge computing. *IEEE Transactions on Signal and Information Processing over Networks*, 1(2): 89–103, 2015.

23 V. Mushunuri, A. Kattepur, H. K. Rath, and A. Simha. Resource optimization in fog enabled IoT deployments. *2nd International Conference on Fog and Mobile Edge Computing*, pp. 6–13, 2017.

24 D. Bartók and Z. Á. Mann. A branch-and-bound approach to virtual machine placement. In *Proceedings of the 3rd HPI Cloud Symposium "Operating the Cloud,"* pp. 49–63, 2015.

| 第二部分 |

Fog and Edge Computing: Principles and Paradigms

中　间　件

雾计算和边缘计算的中间件：设计问题

Madhurima Pore, Vinaya Chakati, Ayan Banerjee, Sandeep K. S. Gupta

6.1 引言

边缘计算和雾计算的结合促进了涉及人类交互的各种应用程序，这些应用程序在地理上分布并具有严格的实时性要求。通过引入边缘设备，物联网或万物互联现在可以从用户环境获取信息，并且实时智能响应变化。此外，应用程序的规模已经从单个移动设备增加到在地理上分布并能动态改变位置的大量边缘设备。尽管可以使用云来处理由边缘设备生成的数据，但是与云设备通信所引起的延迟远未达到某些延迟敏感应用程序的实时性要求。不仅如此，由于在地理上分布的位置将生成如此大规模的数据，向数据发送代码在某些情况下比在云中处理代码更有效。雾计算以雾设备、微云和移动边缘计算（在网络边缘提供计算服务）的形式引入计算解决方案，从而满足应用程序的实时性要求。

除了与应用程序逻辑相关的组件外，还有大型设计组件来管理雾和边缘架构（FEA）的网络、计算和资源。由于边缘设备处动态变化的环境中，用于管理执行和处理数据的算法变得复杂。除了分布式应用程序的处理和数据通信之外，控制数据和算法决策在边缘设备上执行时会消耗过多的资源。在本章中，我们将讨论 FEA 中间件设计的不同方面。

6.2 对雾计算和边缘计算中间件的需求

由于高可用性、低延迟和低成本，雾计算和边缘计算正在逐渐被认可。诸如智慧城市、虚拟现实和娱乐以及车载系统的领域使用边缘处理进行实时操作[1,2]，而中间件的高效设计有助于实现雾和边缘基础设施的全部潜力。中间件处理不同的任务，如通信管理、网络管理、任务调度、移动性管理和安全管理，从而降低分布式移动应用程序设计的复杂性。

由于严格的应用程序需求，雾 / 边缘基础设施的中间件设计具有挑战性这些需求包括传感设备环境的可用性、FEA 不同层次的数据传输和处理成本、存在的边缘设备数量的限制以及设备的环境和移动性的动态变化、严格的延迟限制。基于动态改变的用户环境与捕获用户的交互模式可以从根本上支持应用程序的智能执行。

在本章中，我们将介绍用于雾和边缘基础设施的最先进的中间件，并将提出一种支持具有特定应用程序需求的分布式移动应用程序的中间件架构。我们提出的中间件主要侧重于应用程序感知的任务调度和数据采集。

6.3 设计目标

各种类型的移动应用程序都可以使用 FEA 中间件。对新兴应用程序的需求可归纳如下：

1）较新的分布式应用程序越来越需要大量的资源和低延迟来满足实时响应要求。尽管云的使用已经使得大规模分布式移动应用程序的实施变得容易，然而对于许多较新的应用程序，除非在边缘附近进行处理，否则严格的实时响应是无法达到的。

2）一些边缘应用程序（如监控石油厂和电网管理的应用）是在地理上分布的。在满足实时性要求的基础上处理海量的传感器生成的数据流需要大型处理设施，但同时也需要大型通信基础设施或带宽。而采用边缘基础设施则可以帮助减少大数据流涉及的通信开销。

3）大规模分布式管理应用程序（如地铁控制、智能电网管理）需要实时处理大量数据以保证控制下的系统可靠运行。增加边缘的实时监控和分析处理可以使系统本身适应动态故障和更改。

4）智能和连接的应用程序（如实时流量监控和车联网）可以利用本地边缘基础设施，基于本地感知数据进行快速和实时的更新以及响应。

尽管 FEA 可以支持不同类型的应用程序，但中间件可以提供这些应用程序的常用功能。下面将具体介绍 FEA 中间件的设计目标。

6.3.1 Ad-Hoc 设备发现

雾 / 边缘的数据源可以是物联网传感器、移动设备或固定传感器等设备。数据源产生的数据可在本地处理或发送到雾 / 边缘设备以进行进一步处理。在请求设备和执行获取和处理的应用任务的 Ad-Hoc 已发现设备之间需建立通信信道。一旦建立了通信信道，设备集就可以动态地加入和参与。考虑到获取和处理数据的参与的边缘设备的动态特性，设备发现允许建立通信层以实现设备之间的进一步通信。

6.3.2 运行时期执行环境

中间件提供了一个在边缘设备上远程执行应用程序任务的平台。其功能包括代码下载、边缘设备中的远程执行以及可供请求设备获取的结果的传递。

6.3.3 最小的任务中断

执行期间的任务中断会影响 FEA 任务执行的可靠性，这通常会导致任务的重新初始化或不良 / 不可用的结果。设备使用模式、移动性和网络断开均可能会导致设备环境发生意外更改。这可能使设备不适合继续执行传感或计算任务。可以使用预期技术来最小化任务中断，从而促进智能调度决策。

6.3.4 操作参数的开销

在 Ad-Hoc 边缘设备之间建立通信、选择候选边缘设备、在多个边缘设备间分配 FEA 任务以及管理一系列 FEA 任务的远程执行会在边缘设备上消耗额外的带宽和能源。由于这些资源很昂贵，因此最小化这些操作参数是中间件操作的一个重要方面。此外，一些设备可能会对可用于共享的资源施加使用限制。

6.3.5　环境感知自适应设计

诸如文献 [3-5] 中的精神状态和用户活动 [6] 等新颖的环境现在被用于移动应用中以感知有用的数据。为了在 FEA 中成功执行，设备环境中的动态变化及其环境要求中间件适应这些变化。自适应服务可以增强其运营并提高 FEA 的服务质量。

6.3.6　服务质量

架构的服务质量（QoS）高度依赖于应用程序。许多边缘 / 雾应用程序使用多维数据来实现特定目标。这些应用程序要求在实时性约束下获取和处理大量的传感器数据。实时响应是一项重要的 QoS 指标。其他特定于应用程序的 QoS 指标可以与所获取的数据、数据正确性以及不间断的数据获取有关。

6.4　最先进的中间件基础设施

在一些最近的工作中，学者讨论了雾计算和边缘计算中的应用程序。实时数据流应用程序包括交通监控 Waze[7,8]、智能交通灯系统 [9]、体育场实时重播 [10] 和视频分析 [12,13] 等。处理紧急请求的实时应用程序在灾难和搜寻失踪人员中提供救援 [10,11]。此外，风电场 [9] 和智能车联网系统 [14] 等地理分布式系统的应用在雾计算和边缘计算中变得越来越流行。这些应用程序均需要中间件来支持程序的简单设计和开发。

表 6.1 列出了最近研究中提到的安全性、移动性、环境感知和数据分析等中间件功能。流行的物联网平台，如 GoogleFit[15,16]，为智能手机提供了基于云的物联网中间件。M-Sense[17] 中讨论了在移动设备上提供传感服务的问题。在文献 [18-20] 中，作者提出将面向服务的中间件如 GSN 用于处理分布式环境中的数据。此外，Carrega 等人提出了使用用户界面的基于微服务的中间件 [20]。

表 6.1　在雾和边缘架构中的中间件的特征

	设备	安全性	移动性支持	环境感知	数据分析	设备优化选择
FemtoCloud[21]	移动设备	无	无	有	有	有
Nakamura 等人 [22]	移动设备和传感器	无	无	无	有	无
Aazam 等人 [27]	雾、MEC、云	有	无	无	有	有
Bonomi 等人 [9]	雾、云	无	有	无	有	无
Verbelen 等人 [28]	移动微云	无	无	无	无	无
Cloudaware[26]	微云	无	有	有	无	无
Hyrax [10]	云	无	有	无	无	无
Grewe 等人 [14]	MEC	有	有	无	有	无
Carrega 等人 [20]	MEC、雾	有	有	无	有	有
Piro 等人 [16]	云	有	有	有	有	有

在 FemtoCloud 系统中，边缘移动设备可以配置为向提出请求的设备提供服务 [21]。Nakamura 等人 [22] 提出了"自己处理"（PO3）的概念，其中每个设备上生成的数据流都由设备自身处理。由 Jaroodi 等人提出的 CoTWare 中间件通过使用云托管服务来管理雾资源中物联网数据的处理，从而实现物、雾设备和云的集成 [23]。MobiPADs[24] 和 MobiCon[25] 是环境感知的中间件解决方案，该方案针对边缘设备的环境的动态变化重新配置服务，最终实现移

动应用程序中的自适应设计。最近提出的 CloudAware[26] 是一个自适应中间件的例子，它用于不断变化的环境，例如微云的连接。

6.5 系统模型

FEA 包括的设备可大致被分为五种类型，如图 6.1 所示。与传感器和执行器连接的移动设备是离用户最近的设备。当处理设备远离边缘时，通信的延迟会增加。此外，面向云处理和数据存储的资源的可用性也在增加。以下各节将详细讨论 FEA 的组成部分。

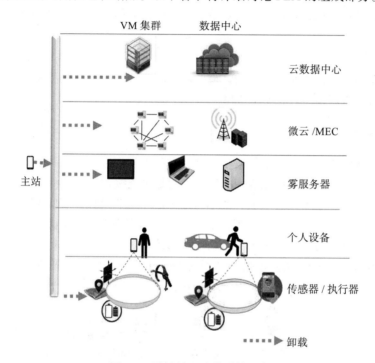

图 6.1　雾计算和边缘计算设备

6.5.1　嵌入式传感器或执行器

嵌入式传感器和执行器被安装在物理结构中或部署在人体上。传感器负责获得由系统处理的环境或生理信号，而执行器执行由系统发起的操作。内置的网络功能允许这些设备与附近的设备进行通信。它们也可能具有有限的计算能力。

6.5.2　个人设备

个人设备或智能手机本身就具有移动性，因为它们归人类用户所有。这些设备与嵌入式传感器和执行器相连。它们通常充当中间数据中枢或计算平台，和 / 或提供到服务器的通信链路。其资源的一部分也可以共享出来以执行雾和边缘分布式应用程序。

6.5.3　雾服务器

雾服务器比个人移动设备具有更强大的计算能力。

由于这些设备更靠近边缘，因此它们在通信成本方面提供了更廉价的卸载选项。这些节点存在于边缘设备和云之间。它们可用于处理数据，也可用作为中间存储。此外，可以通过诸如 Wi-Fi、蓝牙和 Wi-Fi Direct 之类的对等（P2P）或设备到设备（D2D）技术来实现与其他边缘设备的通信。

6.5.4　微云

微云（Cloudlet）由 Satyanarayan 等人[29]提出，它是一组位于边缘附近的、具有高带宽互联网连接的小规模专用服务器。它也被称为盒子中的数据中心。另一种提供边缘计算的方式为电信公司将计算资源带入移动塔的基站中。它被称为移动边缘计算（MEC）服务器。

6.5.5　云服务器

云服务器在层次结构中具有最强的计算、通信和存储功能。云服务器通常与即用即付模式相关联。它可以根据请求轻松扩展 VM 的数量。

6.6　建议架构

雾计算和边缘计算应用程序包括以下类别：需要大规模数据采集和分布式处理的批量处理、需要实时响应的快速响应应用程序、需要实时处理连续数据流的流应用程序[11,12]。

这些应用程序存在于不同的领域，例如医疗保健、紧急救援和响应系统、交通管理、车联网系统和环境监测。由于巨大的处理要求，此类应用程序需要一个大型分布式架构来处理多层数据。边缘和雾服务器用于处理和分析时，边缘附近的较低层执行有用信息的过滤、预处理和提取。FEA（图 6.2）主要包括 FEA 应用程序中常见的中间件服务，如下所述。

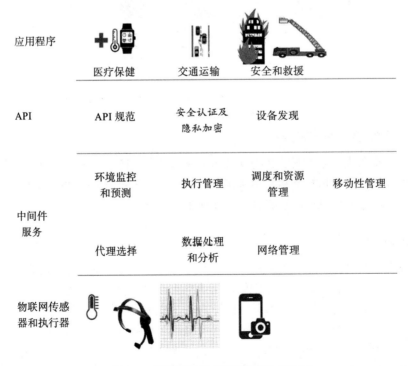

图 6.2　雾计算和边缘计算架构（FEA）

6.6.1 API 规范

雾和边缘应用程序常用的服务可以被设计为 API。然后可以将这种 API 集成到应用程序中, 通过简单易用的功能实现中间件中不同功能的设计。

6.6.2 安全性

边缘设备的安全性对于确保仅授权用户访问以及为用户数据的通信建立安全通信信道来说至关重要。

6.6.2.1 认证

数据所有权和保护对私人信息的访问对于边缘参与者来说非常重要。许多 "即用即付" 服务需要进行身份验证以防止任何非法的访问。文献 [30] 提出了基于公钥基础设施的系统用于用户和设备认证。此外, 文献 [31] 提出的在云端采用的 VM 实例和 VM 迁移的认证对 MEC 和雾服务器中的 VM 同样可用。在文献 [32] 中, Mukherjee 等人提出了认证即服务, 实现了参与的雾节点的身份验证。Ibrahim 使用一个长期存在的主密钥为漫游雾节点提出了一种轻量级的相互认证方案 [33]。该算法对于诸如传感器和执行器的有限资源设备而言是高效且轻量的, 并且不需要设备重新注册。

6.6.2.2 隐私性

在处理来自用户设备的数据方面, 数据的隐私性非常重要。FEA 的主要挑战是确保在边缘具有移动性的设备的隐私性。虽然传感器和边缘设备的资源有限, 但雾节点可以为边缘处理提供必要的加密功能 [34]。现有工作提出了匿名技术或伪匿名技术, 通过这些技术可以保护用户身份。Lu 等人 [35] 提出了一种使用孙子定理 (Chinese remainder theorem) 的轻量级隐私保护方案, 而 Wang[36] 则提出了拉普拉斯机制查询模型, 以处理位置感知服务的隐私保护。在文献 [37] 中, Dsouza 等人提出了基于策略的雾计算访问控制机制。

6.6.2.3 加密

许多现有研究提出了数据加密 [34] 的使用。最近的文献提出了加密处理器和加密函数 [38]。但是, 使用加密会增加计算、能源使用和所花费的时间。

6.6.3 设备发现

设备发现允许新设备在其可用时参与和离开网络。许多研究人员使用 MQTT 作为标准的发布 – 订阅消息 API[39], 这是一种轻量级消息传递协议, 专为受限设备和低带宽、高延迟或不可靠的网络而设计。雾和边缘分布式中间件也可以使用发布 – 订阅作为来自第三方的服务, 例如可能被集成到中间件中的 Nearby Message[40] 或 PubNub[41]。另外, 这些服务可以为消息交换提供安全性、可伸缩性和可靠性。

6.6.4 中间件

下面将讨论雾和边缘应用程序中常用的中间件组件。

6.6.4.1 环境监控和预测

FEA 可以使用中间件的环境感知设计来适应用户环境中的动态变化。这可能涉及持续监控相关环境和基于环境变化的自适应操作。此外，最近的研究表明，几种依赖人类的环境具有一定的模式。可以学习这些模式以智能地管理多个设备之间的操作。时间序列、随机过程或机器学习等技术可用于建模和预测人 – 移动环境的变化[42,43]。

6.6.4.2 参与设备的选择

FEA 使用来自环境的设备，这些设备可以感知数据和 / 或处理从 FEA 应用程序中获取的数据。代理设备的选择可以基于中间件中设计的不同策略。当前研究涉及基于公平的选择、博弈论[8]、环境优化[44]以及资源优化方法等策略用于代理选择。而参与的用户的选择则基于不同的标准，例如简单的用户环境（例如设备的位置）、用户任务完成历史信誉[45]等。以下是不同的代理选择技术。

能量感知的选择。剩余电量对每个移动用户来说都至关重要，它决定了设备所有者可以共享的资源量。在一定的激励预算下，代理选择需要在收集的信息质量和设备的剩余电量之间进行权衡[46]。

基于延迟容忍的选择。实时应用程序和流数据应用程序要求在给定的时间约束内完成处理[12]。Petri 等人[47]在激励计划中提出了基于性能的代理选择。

环境感知的选择。许多移动应用程序使用了环境感知功能。应用程序被设计为可以根据移动设备或用户所处的环境变化进行自我调整。最近提出的环境感知招募计划侧重于根据应用程序的环境要求改进移动选择[44]。在诸如除个体环境预测之外的群体感知的应用程序中，例如文献 [48] 提出的大规模活动预测现在变得有所帮助。移动用户位置的变化可以通过使用不同的技术来建模，例如随机路点模型和统计模型（如马尔可夫模型[49,50]）。在文献 [51] 中，Wang 等人提出了用户位置的时空模型。

6.6.4.3 数据分析

FEA 引入了在边缘附近处理的思想。对于涉及架构中不同层处理的应用程序而言，其可能涉及广泛的分析。此外，一些分析任务还可用于从由用户设备上获得的原始数据中提取基本信息。这不仅可以降低集中处理的要求，还可以降低通信成本。用户设备上的数据分析模块可用于向中央服务器发送基本数据[52]。云服务器 / 数据中心可用于聚合信息和执行高级数据分析任务。Bonomi 等人在文献 [9] 中讨论了多个在雾 / 边缘环境中处理数据分析任务的用例。

6.6.4.4 调度和资源管理

该引擎使用代理选择策略连续监控传入的任务及其分配。它还监控不同层中资源的可用性，例如新加入的用户设备的可用性以及租户资源（例如在雾设备和云中处理数据的 VM）的可用性。

6.6.4.5 网络管理

FEA 使用多层网络来分发雾和边缘应用程序。它可以在雾和云中的多租户资源中使用软件定义的网络或虚拟网络拓扑。用户设备通常使用点对点网络拓扑连接，该连接可以使用 TCP 套接字——Wi-Fi 连接、Wi-Fi 直连或蓝牙通信。该模块还负责监控连接并在连接丢失时触发连接恢复过程。

6.6.4.6　执行管理

此模块有助于在边缘和雾节点上执行应用程序特定的代码功能。关于雾计算的现有工作提出了使用虚拟环境[28]或 CISCO IOx[53]提供的私有 OS 堆栈。Bellavista 等人[54]提出在移动设备上支持迁移的虚拟化。在一些研究中，可以使用代码卸载技术，例如 android[55]或 .NET 中的 DEX 组合。其他工作提出了基于插件的设计，这些设计在运行时被下载并集成到应用程序中[56]。

6.6.4.7　移动性管理

MEC 支持不断移动的移动边缘设备。在这种情况下，数据和中间件服务跟随设备。这个想法通常被称为 "Follow me Cloud"（FMC）[57]，它使用定位器 / 标识分离（LISP）协议。

6.6.5　传感器 / 执行器

传感器负责从环境和用户周围获取实时数据这一重要任务。通过传感器获得的信息可采用多种形式加以利用。传感器数据可以从 FEA 应用程序本身获取。它还可用于评估和提取设备用户的环境信息。在更复杂的应用程序中，对获取的闭环信息进行分析后，分析结果进一步用于通过执行器执行实时操作。

6.7　案例研究示例

本节描述了可以通过 6.5 节中的中间件设计的一个罪犯跟踪应用程序。这是一个移动应用程序，它使用附近可用的代理移动电话通过视频监控对犯罪者进行实时跟踪：

- **设备发现**。其中一个设备通过在发布订阅信道上发送请求来启动罪犯跟踪应用程序。参与设备响应该请求并建立通信信道以进行进一步通信。
- **环境监控**。通过使用移动设备上的 GPS 数据，可获取设备的位置信息，而加速度计数据则可以提供移动用户的加速度计方差环境。加速度计方差有助于从静止的移动设备获得图像 / 视频，从而减少所获取的图像数据中由运动造成的失真。移动设备的方向使得对犯罪者潜在位置的预测成为可能。
- **数据分析**。实现罪犯识别无须让移动设备发送所有图像数据，移动设备仅需发送具有人脸的图像数据。在移动设备上运行的人脸检测算法消除了不包含人脸的图像。在雾服务器中，面部图像被输入到面部识别应用程序，该面部识别应用程序检测输入图像中是否包含罪犯。
- **移动性支持**。当罪犯从一个位置移动到另一个位置时，运行应用程序的设备集合会发生变化。此外，选用的执行程序的设备需要位置固定，即不使用移动中的设备。
- **网络管理**。此应用程序涉及与使用 Wi-Fi 连接的其他设备的点对点连接。此外，移动设备通过 Wi-Fi 连接到雾服务器。
- **执行管理**。将面部检测的移动代码卸载到移动设备，同时在雾服务器上部署执行面部识别应用程序的网页服务器应用程序。
- **调度**。在运行时，应用程序要求罪犯的 GPS 位置随着其移动而改变。调度模块负责将搜索位置与候选设备位置进行匹配。设备选择优化中的其他考虑因素包括设备移动性、设备朝向、电池可用性和移动设备上的通信带宽。
- **安全性**。在雾服务器中执行新设备的认证。在将数据传递到雾时执行数据加密。

6.8 未来研究方向

未来的研究可以探索中间件的不同方面，以提高移动分布式应用程序的性能。

6.8.1 人类参与和环境感知

FEC 也许会涉及中间件的若干方面的基于环境的决策，这些方面包括参与设备的选择、分布式应用的激活触发器以及基于历史环境数据的预期调度。越来越多的雾和边缘设备的环境感知控制和管理将用于智能地调度分布式应用程序。现有的工作主要集中于用户的位置跟踪[51]以及用于执行应用程序的若干其他有用的环境[58]。可以探索诸如用户活动模式、用户环境预测和设备使用模式的若干其他环境以改进分布式应用程序的执行。针对移动领域，有学者研究了预期的基于环境感知的计算[59]，但它在协作边缘环境中的应用还有待观察。

6.8.2 移动性

移动边缘节点需要在应用程序从一个位置移动到另一个位置时按照应用程序的请求提供服务。当前已存在网络虚拟化和 VM 迁移的标准方法。相关研究涉及管理 VM 迁移中的成本、考虑边缘设备的移动性变化、间歇性连接以及时间限制内的任务划分。在诸如车联网系统的移动环境中，重点是预取、数据缓存和服务迁移[14]。关于 MEC 的未来工作必须解决如何在高度动态的情况下保证服务的连续性。

6.8.3 安全可靠的执行

参与节点可以是私有设备，也可以是电信公司或提供云计算服务的公司拥有的资源。在涉及各种各样的设备的情况下，建立和维护足够轻量以便在个人移动设备上执行的安全通信信道将是未来的一大研究方向。诸如数据加密和基于密钥的认证的方法可能在资源有限的边缘设备上消耗过多的能源和计算。另一个可能的研究领域是将应用程序任务安全卸载到其他边缘设备以进行外包。

6.8.4 任务的管理和调度

传统上，VM 管理包括迁移和复制，可以轻松地将应用程序的软状态从一个节点传输到另一个节点。目前研究者正在雾资源中应用这种技术[60]。但是，FEA 网络和设备的异构性给迁移带来了障碍。用于执行应用程序的且动态改变的设备集合需要任务的无缝切换。需要探索方法、检查点和卸载机制，以实现无缝切换以及时间和资源的有效性。设备必须能够做出是在云中还是在边缘执行任务的实时决策。此外，它们还需要考虑管理和其他安全功能的开销，例如加密以实现最佳任务调度。

6.8.5 分布式执行的模块化

模块化软件组件应垂直存在于 FEA 的不同层中。研究者正在探索不同的平台，如网络虚拟化和软件定义网络（SDN）[61]，用于编排边缘资源中的分布式执行。对于跨云、雾和边缘设备的虚拟网络设计而言，像 OpenFlow 这样的标准协议是很好的选择。最近的工作提出使用具有迁移支持的容器技术进行边缘处理[11]。

6.8.6 结算和服务水平协议

现有研究表明，在用于 MEC 架构或 MCC[63] 的边缘设备 [62] 中，VM 的 SLA 属于静态资源。但是，在边缘设备的应用场景下，还没有与支付模型保障相关的研究。例如，雾节点和其他边缘参与者在执行分布式应用程序时会消耗能量和带宽，并提供对多种资源和私有数据的访问。如何为这种雾和边缘节点服务设计支付模型尚待探索。

6.8.7 可扩展性

一些现有的工作提出了面向服务的中间件方法，用于实现边缘设备的可扩展性[20]。对于可能在地理上分布的大量边缘设备的数据采集和数据处理而言，中间件设计可能是分布式的，这种中间件设计可以通过分散处理和决策进行分配[64]。层次聚类可以用于系统设计，以满足边缘应用程序的具体目标，例如实时响应。

6.9 结论

在本章中，我们讨论了分布式计算中由边缘和雾设备引入的变化。雾和边缘架构现在可以支持实时、延迟敏感和地理分布的移动传感应用程序。动态变化的雾和边缘参与设备集还需要更多的设计支持来执行这样的分布式应用程序。我们讨论了中间件架构和处理雾计算和边缘计算的不同方面的现有工作，例如环境感知、移动性支持、除网络之外的边缘参与者的选择以及计算管理。从广义上讲，这些架构方面可以适用于 FEA 的 MEC、雾和微云实现。我们还强调了一些新的研究领域，这些领域将在未来改进 FEA 的设计。

参考文献

1 V. Dastjerdi and R. Buyya. Fog computing: Helping the Internet of Things realize its potential, *Computer*, 49(8): 112–116, 2016.

2 E. Koukoumidis, M. Margaret, and P. Li-Shiuan. Leveraging smartphone cameras for collaborative road advisories. *Transactions on Mobile Computing*, 11(5): 707–723, 2012.

3 K. S. Oskooyee, A. Banerjee, and S.K.S Gupta. Neuro movie theatre: A real-time internet-of-people. In *16th International Workshop on Mobile Computing Systems and Applications*, Santa Fe, NM, February, 2015.

4 M. Pore, K. Sadeghi, V. Chakati, A. Banerjee, and S.K.S. Gupta. Enabling real-time collaborative brain-mobile interactive applications on volunteer mobile devices. In *Proceedings of the 2nd Intl. Workshop on Hot topics in Wireless*, Paris, France, September 2015.

5 K. Sadeghi, A. Banerjee, J. Sohankar, and S.K.S. Gupta. SafeDrive: An autonomous driver safety application in aware cities. In *PerCom Workshops*, Sydney, Australia, 14 March 2016.

6 X. Bao and R.R. Choudhury. Movi: mobile phone based video highlights via collaborative sensing. In *8th International Conference on Mobile Systems, Applications, and Services*, San Francisco, California, USA, June 15, 2010.

7 D. Hardawar. Driving app Waze builds its own Siri for hands-free voice control. VentureBeat, 2012.

8 Y. Liu, C. Xu, Y. Zhan, Z. Liu, J. Guan, and H. Zhang. Incentive mechanism for computation offloading using edge computing: A Stackelberg game approach. *Computer Networks*, 129(2): 339–409, 2017.

9 F. Bonomi, R. Milito, P. Natarajan, and J. Zhu. Fog computing: A platform for Internet of Things and analytics. In *Big Data and Internet of Things: A Roadmap for Smart Environments, Studies in Computational Intelligence*, 546: 169–186. Springer International Publishing, Cham, Switzerland, March 13, 2014.

10 J. Rodrigues, Eduardo R.B. Marques, L.M.B. Lopes, and F. Silva. Towards a Middleware for Mobile Edge-Cloud Applications. In *Proceeding of MECC*, Las Vegas, NV, USA, December 11, 2017.

11 P. Bellavista, S. Chessa, L. Foschini, L. Gioia, and M. Girolami. Human-enabled edge computing: exploiting the crowd as a dynamic extension of mobile edge computing. *IEEE Communications Magazine*, 56(1): 145–155, January 12, 2018.

12 S. Yi, Z. Hao, Q. Zhang, Q. Zhang, W. Shi, and Q. Li. LAVEA: Latency-Aware Video Analytics on Edge Computing Platform. In *37th International Conference on Distributed Computing Systems (ICDCS)*, Atlanta GA, July 17, 2017.

13 G. Ananthanarayanan, P. Bahl, P. Bodík, K. Chintalapudi, M. Philipose, L. Ravindranath, and S. Sinha. Real-Time Video Analytics: The Killer App for Edge Computing, *Computer*, 50(10): 58–67, October 3, 2017.

14 D. Grewe, M. Wagner, M. Arumaithurai, I. Psaras, and D. Kutscher. Information-centric mobile edge computing for connected vehicle environments: Challenges and research directions. In *Proceedings of the Workshop on Mobile Edge Communications*, Los Angeles, CA, USA, August 21, 2017.

15 Google, GoogleFit, https://www.google.com/fit/, January 15, 2018.

16 G. Piro, M. Amadeo, G. Boggia, C. Campolo, L. A. Grieco, A. Molinaro, and G. Ruggeri. Gazing into the crystal ball: when the Future Internet meets the Mobile Clouds, *Transactions on Cloud Computing*, 55(7): 173–179, 2017.

17 C. Chang, S. N. Srirama, and M. Liyanage. A Service-Oriented Mobile Cloud Middleware Framework for Provisioning Mobile Sensing as a Service. In *21st International Conference on Parallel and Distributed Systems (ICPADS)*, Melbourne, VIC, Australia, January 18, 2016.

18 K. Aberer. Global Sensor Network, LSIR, http://lsir.epfl.ch/research/current/gsn/, January 18, 2018.

19 W. Botta, W. D. Donato, V. Persico, and A. Pescapé. Integration of cloud computing and internet of things: a survey. *Future Generation Computer Systems*, 56: 684–700, 2016.

20 Carrega, M. Repetto, P. Gouvas, and A. Zafeiropoulos. A Middleware for Mobile Edge Computing. *IEEE Cloud Computing*, 4(4): 26–37, October 12, 2017.

21 K. Habak, M. Ammar, K.A. Harras, and E. Zegura. Femto Clouds: Leveraging Mobile Devices to Provide Cloud Service at the Edge. In *8th International Conference on Cloud Computing (CLOUD)*, New York, NY, USA, August 20, 2015.

22 Y. Nakamura, H. Suwa, Y. Arakawa, H. Yamaguchi, and K. Yasumoto. Middleware for Proximity Distributed Real-Time Processing of IoT Data Flows. In *36th International Conference on Distributed Computing Systems (ICDCS)*, Nara, Japan, August 11, 2016.

23 J. Al-Jaroodi, N. Mohamed, I. Jawhar, and S. Mahmoud. CoTWare: A Cloud of Things Middleware. In *37th International Conference on Distributed Computing Systems Workshops (ICDCSW)*, Atlanta, GA, USA, July 17, 2017.

24 S.-N. Chuang and A. T. Chan. MobiPADS: a reflective middleware for context-aware mobile computing. *IEEE Transactions on Software Engineering* 29(12), 2003: 1072–1085.

25 Y. Lee, Y. Ju, C. Min, J. Yu, and J. Song. MobiCon: Mobile context monitoring platform: Incorporating context-awareness to smartphone-centric personal sensor networks. In *9th annual IEEE Conference on Communications Society Conf. on Sensor, Mesh and Ad Hoc Communications and Networks (SECON)*, Seoul, Korea, August 23, 2012.

26 G. Orsini, D. Bade, and W. Lamersdorf. CloudAware: A Context-Adaptive Middleware for Mobile Edge and Cloud Computing Applications. In *1st International Workshops on Foundations and Applications of Self* Systems (FAS*W)*, Augsburg, Germany, December 19, 2016.

27 M. Aazam and E.-N. Huh. Fog computing: The cloud-IoT/IoE middleware paradigm. *Potentials*, 35(3): 40–44, May–June 2016.

28 T. Verbelen, S. Pieter, F.D. Turck, and D. Bart. Adaptive application configuration and distribution in mobile cloudlet middleware. *MOBILWARE*, LNICST 65: 178–191, 2012.

29 M. Satyanarayanan, P. Bahl, R. Caceres et al. The Case for VM-Based Cloudlets in Mobile Computing, in *Pervasive Computing* 8(4), October 6, 2009.

30 Y.W. Law, P. Marimuthu, K. Gina, and L. Anthony. WAKE: Key management scheme for wide-area measurement systems in smart grid. *IEEE Communications Magazine*, 51(1): 34–41, January 04, 2013.

31 R. Chandramouli, I. Michaela, and S. Chokhani. Cryptographic key management issues and challenges in cloud services. In *Secure Cloud Computing*, Springer, New York, NY, USA, December 7, 2013.

32 M. Mukherjee, R. Matam, L. Shu, L. Maglaras, M. A. Ferrag, N. Choudhury, and V. Kumar. Security and privacy in fog computing: Challenges. *In Access*, 5: 19293–19304, September 6, 2017.

33 M.H. Ibrahim. Octopus: An edge-fog mutual authentication scheme. *International Journal of Network Security*, 18(6): 1089–1101, November 2016.

34 A. Alrawais, A. Alhothaily, C. Hu, and X. Cheng. Fog computing for the Internet of Things: Security and privacy issues. *Internet Computing*, 21(2): 34–42, March 1, 2017.

35 R. Lu, K. Heung, A.H. Lashkari, and A. A. Ghorbani. A Lightweight Privacy-Preserving Data Aggregation Scheme for Fog Computing-Enhanced IoT. *Access* 5, March 02, 2017: 3302–3312.

36 T. Wang, J. Zeng, M.Z.A. Bhuiyan, H. Tian, Y. Cai, Y. Chen, and B. Zhong. Trajectory Privacy Preservation based on a Fog Structure in Cloud Location Services. *IEEE Access*, 5: 7692–7701, May 3, 2017.

37 Dsouza, G.-J. Ahn, and M. Taguinod. Policy-driven security management for fog computing: Preliminary framework and a case study. In *15th International Conference on Information Reuse and Integration (IRI)*, Redwood City, CA, USA, March 2, 2015.

38 R.A. Popa, C.M.S. Redfield, N. Zeldovich, and H. Balakrishnan. Cryptdb: Processing queries on an encrypted database. *Communications of ACM* 55(9), September, 2012: 103–111.

39 Stanford-Clark and A. Nipper. Message Queuing Telemetry Transport, http://mqtt.org/, January 21, 2018.

40 Google, Nearby Connections API, https://developers.google.com/nearby/ messages/android/pub-sub. Accessed January 17, 2018.

41 PubNub, Realtime Messaging, PubNub, https://www.pubnub.com/. Accessed January 18, 2018.

42 J.H. Rosa, J.L.V. Barbosa, and G.D. Ribeiro, ORACON: An adaptive model for context prediction. *Expert Systems with Applications*, 45: 56–70, March 1, 2016.

43 S. Sigg, S. Haseloff, and K. David. An alignment approach for context prediction tasks in ubicomp environments. *IEEE Pervasive Computing*, 9(4): 90–97, February 5, 2011.

44 Hassan, P.D. Haghighi, and P.P. Jayaraman. Context-Aware Recruitment Scheme for Opportunistic Mobile Crowdsensing. In *21st International Conference on Parallel and Distributed Systems*, Melbourne, VIC, Australia, January 18, 2016.

45 X. Liu, M. Lu, B.C. Ooi, Y. Shen, S. Wu, and M. Zhang. CDAS: a crowdsourcing data analytics system, *VLDB Endowment*, 5(10): 1040–1051, 2012.

46 L. Harold, B. Zhang, X. Su, J. Ma, W. Wang, and K.K. Leung. Energy-aware participant selection for smartphone-enabled mobile crowd sensing. *IEEE Systems Journal*, 11(3): 1435–1446, 2017.

47 O. Petri, F. Rana, J. Bignell, S. Nepal, and N. Auluck. Incentivising resource sharing in edge computing applications. In *International Conference on the Economics of Grids, Clouds, Systems, and Services*, October 7, 2017.

48 Y. Zhang, C. Min, M. Shiwen, L. Hu, and V.C.M. Leung. CAP: Community activity prediction based on big data analysis. *IEEE Network*, 28(4): 52–57, July 24, 2014.

49 S. Reddy, D. Estrin, and M. Srivastava. Recruitment framework for participatory sensing data collections. In *Proceedings of the 8th international conference on Pervasive Computing*. Lecture Notes in Computer Science, 6030, Springer, Berlin, Heidelberg, 2010.

50 A. Banerjee and S. K.S Gupta. Analysis of smart mobile applications for healthcare under dynamic context changes. *Transactions on Mobile Computing*, 14(5): 904–919, 2015.

51 L. Wang, Z. Daqing, W. Yasha, C. Chao, H. Xiao, and M. S. Abdallah. Sparse mobile crowdsensing: challenges and opportunities, in *IEEE Communications Magazine*, 54(7): 161–167, July 2016.

52 W. Sherchan, P. P. Jayaraman, S. Krishnaswamy, A. Zaslavsky, S. Loke, and A. Sinha. Using on-the-move mining for mobile crowdsensing. In *13th International Conference on Mobile Data Management (MDM)*, Bengaluru, Karnataka, India, November 12, 2012.

53 CISCO. IOx and Fog Applications. CISCO, https://www.cisco.com/c/en/us/ solutions/internet-of-things/iot-fog-applications.html, January 21 2018.

54 P. Bellavista, A. Zanni, and M. Solimando. A migration-enhanced edge computing support for mobile devices in hostile environments, in *13th International Wireless Communications and Mobile Computing Conference (IWCMC)*, Valencia, Spain July 20, 2017.

55 Z. Ying, H. Gang, L. Xuanzhe, Z. Wei, M. Hong, and Y. Shunxiang. Refactoring Android Java code for on-demand computation offloading. In *International conference on object-oriented programming systems languages and applications*. Tucson AZ, USA, October 19, 2012.

56 P. P. Jayaraman, C. Perera, D. Georgakopoulos, and A. Zaslavsky. Efficient opportunistic sensing using mobile collaborative platform mosden. In *Collaborative Computing: Networking, Applications and Worksharing (Collaboratecom)*, Austin, TX, USA, December 12, 2013.

57 A. Ksentini, T. Taleb, and F. Messaoudi. A LISP-Based Implementation of Follow Me Cloud. *Access* 2 (September 24): 1340–1347, 2014.

58 P. Perera, P. Jayaraman, A. Zaslavsky, D. Georgakopoulos, and P. Christen. Mosden: An Internet of Things middleware for resource constrained mobile devices. In *47th Hawaii International Conference in System Sciences (HICSS)*, Waikoloa, HI, USA, March 10, 2014.

59 V. Pejovic and M. Musolesi. Anticipatory mobile computing: A survey of the state of the art and research challenges. *ACM Computing Surveys (CSUR)*, 47(3) (April), 2015.

60 T. Taleb, S. Dutta, A. Ksentin, M. Iqbal, and H. Flinck. Mobile edge computing potential in making cities smarter. *IEEE Communications Magazine*, 5(3) (March 13): 38–43, 2017.

61 C. Baktir, A. Ozgovde, and C. Ersoy. How can edge computing benefit from software-defined networking: A survey, use cases, and future directions. *Communications Surveys & Tutorial*, 19(4) (June): 2359–2391, 2017.

62 T. Katsalis, G. Papaioannou, N. Nikaein, and L. Tassiulas. SLA-driven VM Scheduling in Mobile Edge Computing. In *9th International Conference on Cloud Computing (CLOUD)*, San Francisco, CA, USA, January 19, 2017.

63 M. Al-Ayyoub, Y. Jararweh, L. Tawalbeh, E. Benkhelifa, and A. Basalamah. Power optimization of large scale mobile cloud computing systems. In *3rd International Conference on Future Internet of Things and Cloud*, Rome, Italy, October 26, 2015.

64 Y. Jararweh, L. Tawalbeh, F. Ababneh, A. Khreishah, and F. Dosari. Scalable cloudlet-based mobile computing model. In *Procedia Computer Science*, 34: 434–441, 2014.

边缘云架构的轻量级容器中间件

David von Leon, Lorenzo Miori, Julian Sanin, Nabil El Ioini, Sven Helmer, Claus Pahl

7.1 引言

在典型的云应用程序中，大多数数据处理在后端完成，而客户端则相对单薄。将物联网设备和传感器以简单的方式集成到这样的环境中会导致一些问题。如果数十亿新设备将数据发送到云中，那么这将对网络流量产生重大影响。而且，某些应用程序需要进行实时操作（例如，汽车自动驾驶），这些业务无法承受网络的时延造成的数据延迟。最后，用户可能也不希望将敏感或私有数据发送到云中，从而失去对该数据的控制（这对于医疗保健应用程序来说尤为重要）。因此，云计算正在从大型集中式结构转向多云环境。云和基于传感器的物联网环境的集成催生了边缘云计算或雾计算 [1,2]，其中大部分数据处理发生在物联网设备本身。并且计算不是将数据从物联网移动到云，而是移动到云的边缘 [3]。

但是，当在这样的架构上运行某些类型的工作负载时，我们面临着不同的问题：部署的设备在计算能力，存储能力、可靠连接、电源供应和其他资源方面受到限制。首先，我们需要足够轻量级的解决方案，以便在资源受限的设备上运行。尽管如此，我们仍然致力于开发可视化解决方案，提供可扩展性、灵活性以及多租户性。对此，我们通过容器化来解决灵活性和多租户问题。容器构建了适合平台即服务（PaaS）云 [4,5] 的需求的中间件平台的基础，其中应用程序打包和编排是关键问题 [6-8]。我们通过集群小型设备来提升和共享计算能力以及其他资源来解决可扩展性问题。我们使用 Raspberry Pi（RPi）集群作为概念验证，并演示如何实现这一点 [9]。

边缘云环境中的一些其他要求包括成本效率、低功耗和鲁棒性。从某种意义上说，我们的解决方案不仅要在软件上实现轻量级，也要在硬件上实现轻量级。我们展示了如何在像 RPi 这样的单板设备集群上实现容器以满足这些额外要求 [10-12]。我们构建的轻量级硬件和软件架构能让我们在从数据中心到小型设备的各种节点上构建基于多云平台的应用程序。

边缘云系统也存在安全问题。数据、软件和硬件可能随时加入或离开系统，因此，我们需要识别所有内容并对其进行跟踪。而可跟踪性和可统计性也适用于编排的各个方面。通过研究区块链技术，我们探索了一种概念架构，该架构使用区块链机制来管理物联网雾及边缘架构（FEA）的安全问题。

本章的内容安排如下：我们首先将介绍架构要求，并回顾边缘云的技术和架构。然后，我们将讨论使用容器作为打包和分发机制的边缘云参考架构的核心原则。我们将专门为边缘云环境中的分布式集群提供不同的存储、编排和集群管理选项。为此，我们将参考Raspberry Pi 集群的实验结果，以验证所提出的架构解决方案的正确性。具体分为：自建的存储和集群编排、OpenStack 存储解决方案、Docker 容器编排、物联网 / 传感器集成。由于轻量级边缘集群可能在偏远地区运行，我们还将考虑安装和管理等实际问题。

7.2　背景及相关工作

在本节我们将确定边缘云计算的参考架构的一些原则和要求，并通过用例说明这些原则和要求。

7.2.1　边缘云架构

在集成了物联网对象的边缘计算架构中，根据计算和存储资源来对数据收集进行管理，包括对数据的预处理和进一步分发，这与传统的云计算架构不同。其通过分布式网络中的较小设备来实现这一点，并且这些小设备的尺寸导致了不同的资源限制，这需要进行某种形式的轻量化[13]。尽管如此，虚拟化仍是边缘云架构的一种适用机制[14,15]，正如最近关于软件定义网络（SDN）的研究所表明的那样。计算和存储资源可以由平台服务来管理，包括打包、部署和编排。图 7.1 显示我们需要在终端设备和传统数据中心之间提供计算、存储和网络资源，包括对虚拟资源之间的数据传输提供支持。

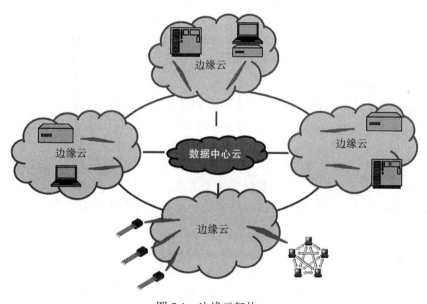

图 7.1　边缘云架构

其他的要求包括位置感知、低延迟和软件移动性支持，以便通过丰富的（虚拟化）服务来管理云端点。具体要求是持续配置和更新——这尤其适用于服务管理。我们需要的是一个开发层，它允许在这些边缘架构上提供及管理应用程序。我们建议在典型的 PaaS 层对边缘云管理的抽象级别进行判断。

我们提出了一种基于容器作为打包和分发机制的边缘云参考架构，这解决了许多问题。

例如作为典型分布式系统服务的应用程序构建和编排以及资源调度问题。此外，我们还需要一个（边缘）云原生架构的编排模型，其中应用程序被部署在提供的平台服务上。对于这种类型的架构，我们需要与轻量化技术相结合——单板设备作为轻量级硬件与容器作为轻量级软件平台的结合。容器技术可以用于应用程序管理。这种技术对边缘计算集群中的受限资源特别有益。

7.2.2 用例

考虑以下用例：现代滑雪胜地运营着广泛的物联网 – 云基础设施。传感器收集各种数据——天气（气温 / 湿度、阳光强度）、雪质（雪的湿度、温度）和人员（位置和数字）。通过这些数据源的组合，可以得到以下两个示例功能：

- **雪地管理**。雪地整理机是一种重型车辆，它依赖于传感器数据（包括车辆的倾斜传感器、GPS 定位和雪的属性）以在制造雪坡所需的时间上提供经济的解决方案，同时构建最佳的雪分布。这是一种实时应用程序，且基于云的计算不可行（因为无法获得合适的连接）。因此，需要对所有数据的收集、分析和响应进行本地数据处理。
- **人员管理**。通过手机应用程序，滑雪者可以获得有关雪质以及在升降机和斜坡上是否过度拥挤的建议。手机应用程序可以使用云作为中介来接收数据。但是，为了提高性能，应用程序架构将受益于基于传感器位置的数据预处理，以减少本地设备和云服务之间的数据流量。

性能是一个关键问题，它可以通过提供本地计算来解决。这还能避免将高数据量传输到集中的云中。数据的本地处理是有益的，特别是在雪地管理中（其中数据源和雪地整理机产生的操作发生在同一位置）但这需要可在恶劣环境条件下在偏远地区运行的强大技术来促进。Raspberry Pi 等单板计算机集群便是一种合适的、鲁棒的技术。

另一个关键问题是灵活性。该应用程序将受益于灵活的平台管理，这种管理在不同时间的不同位置部署不同的平台和应用程序服务，以适应短期和长期的变更[16]。例如，负责白天人员管理的传感器可以在夜间支持雪地管理。容器是合适的，但需要良好的编排支持。这里有两种编排模式来说明这一点。第一种模式是关于集群中的完全本地化处理（在各个斜坡周围按其轮廓组织）：需要通过分析部署以及决策和驱动特征来实现硬件板和雪地整理机之间的全面计算，均作为容器。第二种模式是关于人员管理的数据预处理：目标是减少传输到云的数据量。被打包为容器的分析服务需要部署在选定的边缘节点上，以便过滤和聚合数据。

7.2.3 相关工作

如文献 [17] 所述，提供轻量级虚拟化的容器技术是虚拟管理程序的可行选择。这种轻量化对于较小的设备是有利的，因为它们由于尺寸和功能的减少而受到限制。

Bellavista 和 Zanni[18] 调查了基于 Raspberry Pi 的基础设施来托管 Docker 容器。他们的工作也证实了单板设备的适用性。在格拉斯哥大学开展的工作 [19] 也使用了 Raspberry Pi 进行边缘云计算。该工作是由从 RPi 在实际环境的实际应用中吸取的经验教训推动的。除了上述研究提供的结果，在这里我们还基于与架构相关的关于安装、性能、成本、功耗和安全性的观察，对基于不同集群的架构进行了比较评估。

如果我们想要考虑适用于较小设备的集群架构的中间件平台，那么在受限或移动的环境中，中间层的功能范围就需要进行适当调整[20]：

- 鲁棒性是一个需要通过处理连接和节点故障的故障容错机制来促进的要求。灵活的编排和负载平衡便有这样的功能。
- 安全性是另一个要求，在这里主要指不安全环境中的身份管理。其他安全问题（例如数据来源或伴随编排指令的智能合约）也很重要。De Coninck 等人[21]也从中间件的角度研究了这个问题。Dupont 等人[22]着眼于容器迁移以增强灵活性，这是物联网设置中的一个重要问题。

7.3　轻量级边缘云集群

下面我们将介绍如何从软件和硬件角度来构建轻量级平台。

7.3.1　轻量级软件——容器化

容器化允许通过将容器构建为来自单个图像（通常从图像存储库检索得到）的应用程序包进行轻量级虚拟化。这解决了当前云方案在性能和可移植性方面的缺陷。鉴于云的总体重要性，将当前活动进行整合是非常重要的。许多容器解决方案是基于 Linux LXC 技术的，提供诸如命名空间和控制组的内核机制来隔离操作系统进程。Docker 是目前最受欢迎的容器平台，它基本上是 LXC 的扩展[23]。

编排与构建和管理基于容器的软件应用程序的可能的分布式程序集有关。容器编排不仅涉及容器的初始部署、启动和停止，还涉及作为单个实体的多容器管理，包括容器的可用性、扩展和网络，以及它们在服务器之间的移动性。基于边缘云的容器构造是分布式云环境的一种编排形式。但是，集群管理提供的容器管理解决方案需要与开发和架构支持相结合。基于容器集群的多 PaaS 可以作为管理云中分布式软件的解决方案来服务，但该技术仍面临挑战，包括使用简单 ID 进行图像标记以及缺少适合容器的正式描述或用户定义的元数据。描述机制也需要扩展到容器集群及其编排中[24]。必须更显式地指定分布式容器架构的拓扑，并编排其部署和执行[25]。到目前为止，这些编排挑战还没有公认的解决方案。

Docker 已经开始开发自己的编排解决方案（Swarm），而 Kubernetes 是另一个相关项目，但也是一个可以解决复杂应用程序堆栈的编排问题的更全面的解决方案，这涉及基于拓扑的服务编排标准 TOSCA[26] 的 Docker 编排。后者由支持 TOSCA 的 Cloudify PaaS 完成。

在图 7.2 中，我们将演示上一节中用例的编排规划。容器主机对是人员管理还是雪地管理作为所需的节点配置进行选择。例如，人员管理架构可以升级到更加本地的处理模式，包括本地分析和存储。编排引擎负责在适当的时间部署容器。容器集群需要网络支持。通常，在网络上可以使用共享主机地址使容器可见。在 Kubernetes 中，每组容器（被称为 pod）都会收到其唯一的 IP 地址，该地址可以从集群中的任何其他 pod 进行访问，无论它们是否位于同一台物理机器上。当然，这需要由具有特定路由功能的网络虚拟化支持。

容器集群管理还需要得到数据存储的支持。在 Kubernetes 集群中管理容器会遇到挑战，因为 Kubernetes 的 pod 需要与其数据共址：容器需要和与其相关的所有物理机器的内存链接。

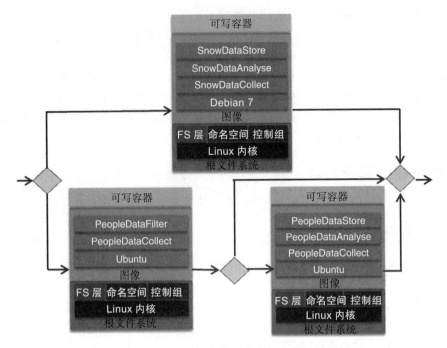

图 7.2   简化的滑雪场案例研究中的容器编排规划

7.3.2   轻量级硬件——Raspberry Pi 集群

我们专注于使用 Raspberry Pi 作为硬件设备基础设施，并说明边缘云环境中的 Raspberry Pi 集群的编排。这些小型单板计算机创造了机遇和挑战。创建和管理集群是典型的 PaaS 功能，包括设置与配置硬件和系统软件、监控和维护系统，以及托管基于容器的应用程序。

Raspberry Pi（RPi）的价格较低（约 30 美元，具体取决于版本）且功耗低，因此我们可以用其创建一个经济实惠且具有高能效的集群，这种集群特别适合无法配置高科技设施的环境。由于单个 RPi 的计算能力相对欠缺，通常我们无法运行计算密集型软件。另一方面，可以通过将多个 RPi 组合成一个集群来克服这种限制。这样可以更好地配置和自定义平台，以便利用集群架构来抵御故障。

7.4   架构管理——存储与编排

Raspberry Pi 集群是中间件平台的硬件基础。为了探索其不同的情况，我们讨论了不同的实现类型：

1）自建的存储和集群编排

2）OpenStack 存储实现

3）Docker 容器编排

此外，我们还讨论了物联网/传感器集成。对于三种核心架构模式中的每一种，我们都描述了具体的架构和实现工作，我们将在后面对其进行评估。我们的目的是解决所提出的架构在性能方面的普遍适用性，与此同时还要考虑实际问题，例如物理维护、功率和成本。因此，评估标准如下：安装和管理工作、成本、功耗和性能。

7.4.1　自建的集群存储与编排

7.4.1.1　自建的集群存储与编排架构

如 Abrahamsson（2013）所述，我们的 Raspberry Pi 集群可以配置多达 300 个节点（与 RPi 2 和 3 相比，使用 RPi 1 具有更低的规格，从而更加轻量化）。RPi 1 的核心是一块单板，带有集成电路、ARM 700 MHz 处理器（CPU）、Broadcom VideoCore 图形处理器（GPU）和 256 MB 或 512 MB 的 RAM。它还提供了用于存储的 SD 卡插槽和用于 USB、以太网、音频、视频和 HDMI 的 I/O 单元。它使用 micro-USB 连接器来连接电源。Raspbian 是被广泛使用的 Linux 发行版 Debian 的其中一个版本，针对作为操作系统的 ARMv6 架构进行了优化。我们使用 Debian 7 映像来支持核心中间件服务，例如存储和集群管理。在文献 [27] 中，我们研究了 RPi 集群管理解决方案的基本存储和集群管理。

我们集群的拓扑结构是一个星形网络。在此配置中，一个交换机充当核心，其他交换机将核心链接到 RPi。主节点及互联网的上行链路都连接到核心交换机。除了部署现有的集群管理工具（如 Swarm 或 Kubernetes）之外，我们还构建了自己的专用工具，涵盖了动态边缘云环境的一些重要功能作为架构选择，例如集群的低级配置、监控和维护。这种方法为监控节点与集群的连接和断开提供了灵活性，其中主节点负责处理注册（注销）过程。

7.4.1.2　用例和实验

一个关键目标是 RPi 在性能和功率方面是否适合运行标准应用程序。在先前进行的实验中，我们使用了大小为 64.9KB 的样本文件。我们将 RPi（模型 B）与不同的其他处理器配置（1.2 GHz Marvell Kirkwood、1 GHz MK802、1.6 GHz Intel Atom 330 和 2.6 GHz 双核 G620 Pentium）进行了比较。所有经过测试的系统都具有 1 GB 有线以太网连接（Raspberry Pi 无法完全利用，只包含 10/100 Mbit 以太网卡）。我们使用 ApachBench2 作为基准。该测试共包括 1000 个请求，其中 10 个同时运行。表 7.1 总结了性能测量（通过页数 / 运行时间（秒））和功耗（以瓦特为单位）。

表 7.1　Raspberry Pi 集群的速率以及功率消耗（改编自文献 [28]）

设备	页数 / 运行时间（秒）	功率
RPi	17	3W
Kirkwood	25	13W
MK802	39	4W
Atom330	174	35W
G620	805	45W

表 7.1 显示 RPi 适于大多数传感器的集成和数据处理需求。它适用于需要鲁棒性并且存在电源供应问题的环境。

7.4.2　OpenStack 存储

7.4.2.1　存储管理架构

在 Miori[29] 中，我们研究了使用 OpenStack Swift 作为分布式存储设备，并将 OpenStack Swift 移植到了 RPi 上。通过使用 OpenStack Swift 等技术的完全成熟的平台，我们可以大幅扩展我们的自建存储方法。其挑战在于采用开源解决方案，而该解决方案适用于更大型的设备。

Swift 对于分布式存储集群很有用。使用网络存储系统可以提高常用文件系统的集群性能。在我们的 Swift 实现中，我们使用了 QNAP System 的四托架网络附加存储（NAS），但现在可以证明对资源要求更高的 OpenStack Swift 也是一个可行的选择。Swift 集群提供了一种针对存储对象（如应用程序数据和系统数据）的解决方案。数据在不同节点之间进行复制与分发：我们考虑了不同的拓扑和配置。虽然我们证明了这在技术上是可行的，但 OpenStack Swift 的性能是一个重大缺陷，需要进一步优化才能成为一个切实可用的解决方案。

7.4.2.2 用例和实验

为了评估基于 Swift 的存储，我们在 YCSB 和 ssbench 上运行了几个基准测试。

- **单节点安装**：在这个模式中，网络出现了数据上传的重大瓶颈。这意味着单个服务器无法处理所有流量，从而导致缓存（memcached）或容器服务器故障。
- **集群文件存储**：在这个模式中，我们使用 ownCloud 云存储系统进行了真实的案例研究。Raspberry 集群上的中间件层已经得到配置并进行了基准测试。我们可以通过在顶部运行 ownCloud 来演示此模式的实际程序，从而促进跨集群的（虚拟化）存储服务。其性能不是最好，但可以接受。

在实现过程中，我们使用了一个名为 cloudfuse 的 FUSE（在用户空间中的文件系统）模块。它连接到 Swift 集群并和传统的基于目录的文件系统一样管理内容。ownCloud 实例通过 cloudfuse 访问 Swift 集群。应用程序 GUI 的加载速度足够快。文件列表的加载速度较慢，但仍可接受。这里的重大限制源于 cloudfuse。某些操作（如重命名文件夹）是不被允许的。它也不总是足够有效。这可以通过直接实现来解决，或者可以通过改进内置的 Swift 支持来解决。

除性能外，可扩展性仍然是一个关键问题。我们可以证明，添加更多的 Raspberry Pi 可以得到更好的性能，即 Swift 可扩展。由于硬件配置限制，我们无法确认这种性能提高的趋势是否为线性的。

下一个问题是成本。集群成本需要是可接受的（有关某些集群配置的定价，请参阅表 7.2）。我们使用的 PoE（以太网供电）附加板和 PoE 管理交换机并非特定于项目，它们可以通过更便宜的解决方案得到替换，这种解决方案涉及单独的电源单元和简单的非管理型交换机，且对系统的性能不会产生负面影响。在将我们的配置与其他架构进行比较时，我们发现现代网关服务器（例如戴尔 Gateway 5000 系列）的费用更高（所有硬件都包含在内）。

表 7.2　Raspberry Pi 集群的预估开销

元件	价格（欧元）	单元数量	总价（欧元）
Raspberry Pi	35	7	245
PoE 模块	45	7	315
Cat.5e SFTP Cable	3	7	21
Aruba 2530 8 PoE+	320	1	320
总价			901

7.4.3　Docker 编排

作为容器的轻量级虚拟化机制最突出的例子，Docker 和 Kubernetes 已成功地应用于 Raspberry Pi[23]。这证明了在集群 RPi 架构上运行容器集群的可行性。

由于我们的重点是边缘云架构，我们研究了边缘云中间件平台的核心组件。图 7.3 描述了边缘云架构中容器的完整编排流程。第一步是从单个映像出发构建容器，例如从诸如容器集线器的映像的开放存储库开始构建。然后构成用于处理特定问题的不同容器，形成编排计划。该计划定义了在其上制定编排的边缘云拓扑。这种编排机制实现了面向 PaaS 的边缘中间件平台的核心组件。容器化有助于克服我们之前讨论的两种解决方案的局限性。

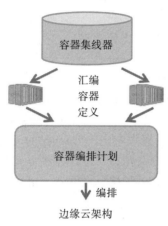

图 7.3　总体编排流程

7.4.3.1　Docker 编排架构

使用 RPi，我们可以用更加经济高效的方式为本地边缘数据处理提供中间层。它的优点是用可靠、低能耗、低成本的设备来执行数据密集型的计算。

实施 - 硬件和操作系统。与前期的架构模式一样，我们构建了由多个 Raspberry Pi 组成的集群。其中安装和电源管理是最基本的问题。从技术上讲，这些设备通过电缆连接到交换机，用于信号处理和为设备提供电源。每个单元都配备了一个 PoE 模块，该模块连接到 Raspberry Pi。通过复制 GPIO 接口，其他模块也可以轻松连接。我们通过经由以太网端口连接交换机来建立网络连接。该交换机可以配置为连接到现有的 DHCP（动态主机配置协议）服务器，该服务器可以分配 IP（互联网协议）地址等网络配置参数。此外，可以通过虚拟 LAN 来创建子网。我们选择了 Hypriot OS（Debian 发行版）作为操作系统。该发行版中包含了 Docker 软件。

swarm 集群架构和安全性。集群的不同节点具有不同的角色。某一节点能够成为进入集群的用户网关。这是通过在网关节点上创建 Docker Machine 来初始化的。然后我们在所有 Raspberry Pi 集群节点上配置了 OS 和 Docker 守护进程。Docker Machine 可以通过安全连接将命令从 Docker 客户端发送到远程计算机上的 Docker 守护进程来管理远程主机。在创建第一台 Docker Machine 时，为了创建可信网络，系统将在本地计算机上创建新的 TLS 协议证书，然后将其复制到远程计算机。为了解决安全问题，我们在集群设置过程中使用公钥验证替换了默认身份验证，因为该身份验证被认为是不安全的。这样我们就避免了基于密码的身份验证。我们通过要求远程计算机上的 SSH 守护进程仅接受公钥验证来增强安全性。

我们使用了 Docker Swarm 来进行集群管理：普通节点运行一个将这些节点标识为 swarm 节点的容器。swarm 管理器部署了一个提供管理界面的附加专用容器。可以将 swarm 管理器配置为通过冗余支持容错（在这种情况下作为副本运行）。有一些机制可以避免 swarm 中的不一致，这种不一致可能导致潜在的不当行为。如果存在多个 swarm 管理器，它们还可以通过将来自非主管的管理器的信息传递给负责者来分享它们所了解的 swarm 的信息。

服务发现。系统必须共享有关 swarm、映像以及如何访问它们的信息。在多主机网络中，我们可以使用例如密钥值存储来保存有关网络状态（例如发现、网络、端点和 IP 地址）的信息。

我们使用 Consul 作为我们实施的键值存储，它支持冗余的 swarm 管理器，并无须连续的互联网连接即可工作，这对于我们支持间歇性连接的需求来说非常重要。对于容错，它可以进行复制。由 Consul 选择集群中的主导节点并管理跨节点的信息分发。

swarm 处理。在 Docker 机器的正确设置的 swarm 配置中，节点将其信息传递给 Consul 服务器和 swarm 管理器。用户可以单独与 swarm 管理器以及每个 Docker Machine 进行交互。可以为此从 Docker Machine 请求特定于 Docker 的环境变量。Docker 客户端通过隧道进入管理器并在那里执行远程命令。用户可以用这种方式获得 swarm 信息并执行 swarm 任务（例如启动新容器）。然后，管理器根据选定的 swarm 策略的任何给定约束来部署它。

7.4.3.2　Docker 评估——安装、性能、功率

本评估部分将着眼于性能和功耗的关键问题。此外，我们还将解决安装工作量等实际问题。在关注性能和功耗之前，对项目的评估侧重于构建和处理它的复杂性及成本 [11]。

安装工作量和成本。为 Raspberry Pi 集群组装硬件不需要特殊工具或高级技能。这使得该架构适合在无法得到专业支持的偏远地区安装和管理。运行后，集群处理将非常简单。与集群进行交互与单个 Docker 的安装没有区别。它的一个缺点是依赖于 ARM 架构，其映像并不总是可用，导致需要按需创建映像。

性能。我们通过在给定的时间段内部署数量更多的容器（具有固定图像）来对 swarm 管理器进行压力测试。我们测量了

- 部署映像的时间
- 容器的启动时间

我们在 swarm 上部署了 250 个容器，每次五个请求。为了确定 Raspberry Pi 集群的效率，我们测量了执行分析的时间和功耗，并将其分别与台式计算机和单个 Raspberry Pi 上的虚拟机集群进行了对比。

这些测试是在台式机上运行的，该台式机是一台 64 位英特尔酷睿 2 四核 Q9550 @ 2.83GHz Windows 10 机器，配备 8GB RAM 和 256GB SSD。

如果我们将 RPi 设置与表 7.3 中的正常 VM 配置进行比较，则会发现 Raspberry Pi 集群的性能会偏低。这是单板架构限制的结果。一个特别的问题是微型 SD 卡插槽的 I/O，它在读取和写入上都很慢，这两个操作的最大速率分别为 22MB/s 和 20MB/s。这可以通过仅 10Mbit/s 或 100Mbit/s 的网络连接来进行部分解释。

表 7.3　时间比较——列出容器的总体时间、平均时间和最大时间

	部署（s）	空闲（ms）	载入（ms）
Raspberry Pi 集群	228	2137	9256
单个 Raspberry Pi 节点	510	5025	14 115
虚拟机集群	49	472	1553
单个虚拟机节点	125	1238	3568

功率。对功耗的观察结果列于表 7.4 和表 7.5 中。如表 7.4 所示，在负载为 26W（每单位 2.8W）的情况下，Raspberry Pi 集群的适中的功耗使我们上面提到的适度性能得到了体现。表 7.5 详述了两种情况（空闲和负载）下的功耗。

从安装和操作角度（包括功耗）来看，它仍具有可接受的性能和适用性，因此我们可以假设它也适用于具有鲁棒性限制的环境。

表 7.4　空闲及有负载时的功耗比较

	空闲（W）	载入（W）
Raspberry Pi 集群	22.5	25 ~ 26
单个 Raspberry Pi 节点	2.4	2.8
虚拟机集群	85 ~ 90	128 ~ 132
单个虚拟机节点	85 ~ 90	110 ~ 114

表 7.5　Raspberry Pi 的空闲及有负载时的功耗比较

	空闲（W）	载入（W）
单个节点	2.4	2.7
所有节点	16	17 ~ 18
交换机	5	8
整个系统	22.5	25 ~ 26

7.5　物联网集成

除了考虑三种不同架构选项的适用性之外，我们还需要分析所提出的解决方案对于物联网应用程序与传感器集成的适用性。为了证明这一点，我们将参考一个医疗应用程序。对于这种医疗保健应用程序，我们将健康状态传感设备集成到 Raspberry Pi 基础设施中。

目前已有用于连接传感器领域和互联网使能技术的协议（例如 MQTT），这使得安装和管理工作变得容易。然而，我们的实验证明了对专用电源管理的需求。一些传感器需要消耗相当多的能源并且导致过热问题。因此，我们需要致力于防止过热和减少能耗的解决方案。

7.6　边缘云架构的安全管理

物联网 / 边缘计算网络是分布式环境，我们可以在其中假设传感器所有者、网络和设备提供商彼此信任。为了保证一个具有可靠和安全的编排活动的安全边缘云计算架构[30]，我们需要考虑以下几个方面：

- 设备（传感器、设备、软件）可能会加入、离开和重新加入网络，因此我们需要能够

识别它们。

- 有必要通过提供来源并确保数据未被篡改来追踪数据的生成和通信。
- 动态和本地架构管理决策，例如维护或在紧急情况下更改或更新软件需要得到相关参与者的同意。

在本节中，我们将探讨区块链技术是否适合提供解决边缘架构的上述问题的安全平台。区块链支持一种分布式软件架构，其中可以在不受信任的参与者网络上建立分散和交易数据的共享状态协议——就像在边缘云中一样。这种方法避免了依赖中心可信集成点，这些集成点将很快成为单点故障。基于区块链构建的边缘平台可以利用常见的区块链属性，例如数据不变性、完整性、公平访问、透明度和交易的不可否认性。

我们的主要目标是在具有低计算能力和有限的连接性的轻量级边缘集群中对信任进行本地管理。区块链技术可应用于身份管理、数据来源和交易处理。对于编排管理，我们可以采用高级区块链概念，例如智能合约。

7.6.1 安全要求和区块链原则

区块链技术是缺乏中心权威或可信第三方的不受信任环境的解决方案：许多与安全相关的问题都可以使用区块链的分散、自主和可信任的功能来解决。此外，区块链是防篡改的、分布式的，并共享数据库，在数据库中所有参与者都可以附加和读取交易，但没有任何参与者可以完全控制它。每个添加的交易都经过数字签名并加上时间戳。这意味着可以追溯所有操作并确定其出处[31]。

区块链实现的安全模型使用共识驱动机制确保数据完整性，以便验证网络中的所有交易，这使得所有记录都易于审计。这一点尤其重要，因为它允许跟踪网络中所有不安全交易的来源（例如易受攻击的物联网设备）[32]。区块链还可以在身份管理和访问控制方面增强边缘组件的安全性，并防止数据篡改。

区块链技术的原则可归纳如下：

- 交易是由网络中的节点创建的具有签名的信息，然后被广播到网络的其余部分。对交易进行数字签名的目的是保持完整性并实行不可否认性。
- 块是附加到链的交易的集合。通过检查其中包含的所有交易的有效性来验证新创建的块。
- 区块链是组成网络的所有已创建并已验证的块的列表。链在网络中的所有节点之间共享。每个新创建和验证的块都链接到链中的前一个块，并通过对其内容应用散列算法生成散列值。这允许链保持不可否认性。
- 公钥充当地址。网络中的参与者使用私钥来签署其交易。
- 使用特定的一致方法和相应的协调协议将块附加到现有区块链。共识是由集体自身利益驱动的。
- 可以确定三种类型的区块链平台：无须许可，任何人都可以拥有数据库的副本并加入网络进行读和写；获得许可，访问网络由预先选定的一组参与者控制；私有，参与者由中心组织添加和验证。

区块链中引入的一个（最近的）关键概念是智能合约，它是一块驻留在区块链上的可执行代码，如果满足特定的协议（条件），那么它将被执行。在调用交易包含在新块中之前，智能合约不会被处理。块强制执行交易的顺序，从而解决可能影响其执行结果的不确定性。

区块链合约允许边缘 / 物联网设备直接与尊重合约要求的任何相关方签订协议，从而增加它们的自主权。

7.6.2　基于区块链的安全架构

但是，特别是由于海量数据复制、性能和可扩展性，区块链不能被视为边缘 / 物联网设备中所有安全问题的灵丹妙药。这在我们正在工作的受限环境中是一个挑战。在前文中区块链技术已经应用于交易处理，但在这里新颖的是轻量级物联网架构的应用，如图 7.4 所示。

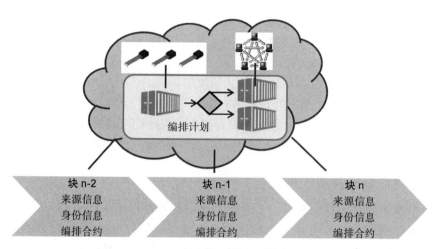

图 7.4　基于区块链的物联网编排和安全管理

- 在本地化边缘设备集群中应用共识方法和协议，以管理参与的边缘 / 物联网设备之间的信任。
- 智能合约定义架构中的编排决策。

在这样的环境中，物联网 / 边缘端点通常被称为休眠节点，这意味着它们不是一直在线以延长电池寿命。这限制了它们仅具有间歇性的互联网连接，尤其是当它们被部署在远程位置时。我们建议使用区块链来管理分布式自治集群中的安全性（信任、身份）[10,12]。作为起点，我们对代理使用经过许可的区块链，因为它们在块挖掘时间方面实现了更高的性能，并减少了交易验证时间和成本。我们建议使用具有权限的区块链的部分中央化 / 分散式设置，以及对交易级别的细粒度操作的权限（例如创建资产的权限）。在实现中，我们可以考虑具有许可的挖矿器（写入）的许可区块链以及无须许可的普通节点（读取）。此外，并非所有物联网 / 边缘端点都需要表现为完整的区块链节点。相反，它们将充当轻量级节点，访问区块链以检索指令或身份相关信息（例如，谁有权访问传感器数据）。例如，每个物联网端点在连接到网络时，都会收到付款证明（付款证明是证明特定方拥有访问某个资源的必要凭证的收据），该收据说明要信任哪些设备并与之互动。然后，当端点收到请求时，需要由其中一个可信设备签名。检验器是提供有关外部世界的信息的第三方。当交易的验证取决于外部状态时，请求检验器检查外部状态并将结果提供给验证者（挖矿器），后者随后验证条件。检验器可以作为区块链之外的服务器进行实现，并且具有根据需要使用其自己的密钥对签署交易的许可。

对于诸如成本效率、性能和灵活性等问题，关键点在于对应该在链上放置的数据和计算以及应该保持脱链的内容的选择。

我们的架构建立在基于容器的编排的基础上，这使软件成为另一个受到身份和授权问题影响的人工制品，因为边缘计算基本上是基于将软件带到边缘（在本地处理数据）而不是将数据带到云中心的想法。涉及部署的软件的设备和容器编排可以在区块链的智能合约交易中实现。

区块链使用专门的协议来协调共识过程。协议配置会影响安全性和可伸缩性。已有不同的策略用于确认交易被安全地附加到区块链，例如防止在诸如比特币的区块链中花费双倍。一个选项是在将交易包含在区块链中之后等待生成一定数量（X）的块。我们还将研究关于通过区块链进行可信编排管理的最佳适用性的检查点等机制。这里的选项是向区块链添加一个检查点，以便所有参与者都可以接受检查点之前的交易，认为它们是有效且不可逆的。检查点依赖于社区信任的实体来定义（请参阅有关受信任代理的架构选项的讨论），而传统的X块确认可由使用区块链的应用程序的开发人员决定。

可以配置共识协议以提高交易处理速率方面的可扩展性（样本大小为 1 到 8MB）。较大的容量可以在块中包含更多交易。另一种配置改变是调整挖掘难度以缩短生成块所需的时间，从而减少延迟并增加吞吐量（但是更短的块间时间将导致分叉的频率增加）。

7.6.3　基于区块链的集成编排

我们将数据来源、数据完整性、身份管理和编排作为框架中的重要问题。基于图 7.4 中的大纲架构，我们将详细介绍如何将区块链集成到我们的框架中。我们的起点是 W3C PROV 标准（https://www.w3.org/TR/prov-overview/）。根据 PROV 标准，数据来源是关于实体、活动和参与生产的人员的信息，在我们的案例中是数据。这种来源数据有助于评估数据生产中的质量、可靠性或可信度（见图 7.5）。PROV 的目标是使用 XML 等常用格式实现来源信息的表示和交换。

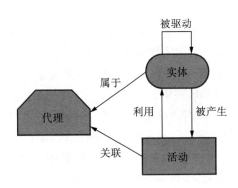

图 7.5　来源模型（改编自 W3C. "PROV Model Primer," April 30, 2013. © 2013 World Wide Web Consortium, (MIT, ERCIM, Keio, Beihang). https://www.w3.org/TR/2013/NOTE-prov-primer-20130430/）

来源记录描述了实体的来源，其中实体在我们的例子中是数据对象。实体的来源可以指向其他实体，例如将传感器数据编译成原始记录。活动创建和更改实体通常利用以前存在的实体来实现这一目标。它们是动态部分，在这里是进行处理的组件。两个基本活动是实体的生成和使用，它们由模型中的关系表示。活动是代表也作为实体所有者的代理进行的，即负责处理。代理对发生的活动负有一定程度的责任。在我们的案例中，行动者是负责部署软件和管理基础设施的编排器。

我们可以通过考虑代理的来源来扩展这个想法。在我们的案例中，编排器也是一个容器，尽管它具有管理而不是应用程序的角色。为了在 PROV 中对代理进行来源判定，必须将代理明确声明为代理和实体。

在图 7.6 的原理图示例中，编排器是编排的代理，即部署收集器和分析器容器。这有效地形成了编排器和节点之间的合约，从而控制节点来执行收集和分析器活动：
- 收集器使用传感器数据并生成联合数据。
- 分析器使用联合数据并生成结果。

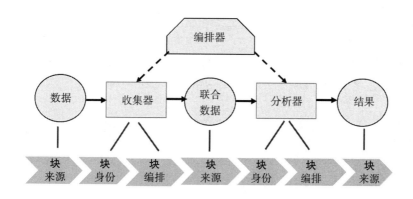

图 7.6　基于区块链的编排计划追溯

这一系列活动形成了一个编排计划。该计划基于区块链的智能合约概念制定，并要求合约活动：
- 获取权限（凭证）以检索数据（使用）。
- 创建输出实体（生成）作为合约中规定的义务。

智能合约是通过一个程序定义的，该程序定义了要完成的工作的实现。它包括要履行的义务、利益（就 SLA 而言）以及未履行义务的处罚。一般而言，支付给承包商的费用以及赔偿合约签发人的可能处罚应予以忽略。基于合约的每个步骤都被记录在区块链中：
- 通过来源条目生成数据：什么数据、由谁生成、何时生成。
- 创建凭证对象，根据处理组件的标识定义授权活动。
- 编排器和活动节点之间的正式合约。正式的义务包括在物联网边缘环境中面向数据的活动，如存储、过滤和分析，以及面向容器的活动，如部署或重新部署（更新）容器。

图 7.7 显示了系统的完整架构，包括所有组件之间的交互。所有交易都被记录在区块链中以保证数据来源。另外，需要存储所有组件（例如容器、检验器）的标识以确保身份。通过调用适当的智能合约来执行交易。例如，当传感器容器收集数据时，它通过传递已收集数据的签名散列来调用收集器容器定义的 send_collected_data 智能合约。此时，已收集的容器检查传感器容器的标识（例如签名）和数据的完整性（例如数据的散列），然后下载数据以便处理它。

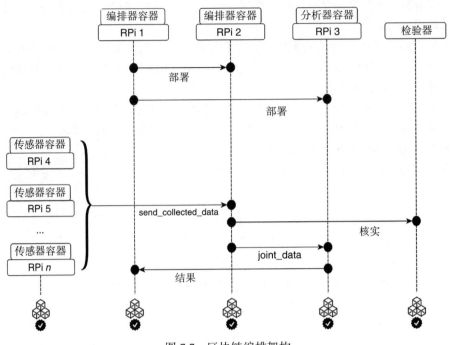

图 7.7   区块链编排架构

7.7   未来研究方向

我们确认了上述技术的一些限制，并讨论了需要进一步加强研究的问题，例如安全方面，其中我们探索了用于来源和身份管理的区块链技术。

在云环境中，一些现有的 PaaS 平台已经开始解决编排和 DevOps 中的限制。一些结果应该阐明：

- 容器：容器现在被广泛用于 PaaS 云。
- DevOps：开发和运营集成仍处于早期阶段，特别是如果考虑到需要在集成的 DevOps 样式管道中管理分布式拓扑的复杂编排。

作为第一个问题，以 DevOps 风格设计基于容器的集群环境的应用程序已通过微服务式软件架构解决[33-36]。微服务是小型的、独立的、可独立部署的架构单元，它以容器的形式在部署级别找到其对应物。

对于集群管理，除了（静态）架构问题之外还需要做更多的工作。问题在于它们的分布在多大程度上达到了由小型设备和嵌入式系统组成的边缘以及对应的平台技术可能是什么[31,38]。一个示例问题是运行小型 Linux 发行版的设备（例如基于 Debian 的 DSL（需要大约 50MB 的存储空间））是否可以支持容器主机和集群管理。为了可靠地支持数据和网络管理，仍然需要明显的改进。编排在目前集群解决方案中的实现方式还不够完善，需要进一步改进，其中包括性能管理。所需的是在这些不可靠的环境中管理性能、工作负载和故障的控制器[39,40]，与此同时，仍需要例如针对云、边缘和雾适应解决的容错[41]或性能管理[42]。

需要更多关注的另一个问题是安全性。我们已经讨论了区块链技术用于来源管理和其他安全问题作为可能的解决方案，但是这里需要更多的实施和实证评估工作。

我们的最终目标是边缘云 PaaS。我们已经实施、试验并评估了这种边缘云 PaaS 的一些核心成分，表明容器是实现这一目标的最合适的技术平台。目前，云管理平台仍然处于比其构建的容器平台更早期的阶段。最近的一些第三代 PaaS 支持构建自己的 PaaS 理念，同时又保持轻量级。我们认为，下一个开发步骤可能是边缘云 PaaS 形式的第四代 PaaS，它会弥合物联网和云技术之间的差距。

7.8 结论

分布边缘云计算环境为用户提供远离集中式计算基础设施的特定服务 [43]，将计算从重量级数据中心云转移到更轻量级的资源。因此，我们需要在这些轻量级设备上使用更轻量级的虚拟化机制，并且已经确定需要将在此环境中编排服务部署作为关键挑战。我们研究了对平台（PaaS）中间件解决方案的需求，该解决方案专门支持应用程序服务打包和编排作为关键的 PaaS 问题。

我们介绍并评估了不同的集群管理架构选项，包括最近出现的容器技术、开源云解决方案（OpenStack）和自建的解决方案，用于分析这些选项在单板轻量级设备集群上构建的边缘云的适用性。我们的观察和评估支持当前容器技术的趋势，这是最合适的选择。容器技术比其他选项更适合通过轻量级和互操作性作为关键属性将云 PaaS 技术迁移并应用于分布式异构云。

参考文献

1 A. Chandra, J. Weissman, and B. Heintz. Decentralized Edge Clouds. *IEEE Internet Computing*, 2013.

2 F. Bonomi, R. Milito, J. Zhu, and S. Addepalli. Fog computing and its role in the internet of things. *Workshop Mobile Cloud Computing*, 2012.

3 N. Kratzke. A lightweight virtualization cluster reference architecture derived from Open Source PaaS platforms. *Open Journal of Mobile Computing and Cloud Computing*, 1: 2, 2014.

4 O. Gass, H. Meth, and A. Maedche. PaaS characteristics for productive software development: An evaluation framework. *IEEE Internet Computing*, 18(1): 56–64, 2014.

5 C. Pahl and H. Xiong. Migration to PaaS clouds – Migration process and architectural concerns. *International Symposium on the Maintenance and Evolution of Service-Oriented and Cloud-Based Systems*, 2013.

6 C. Pahl, A. Brogi, J. Soldani, and P. Jamshidi. Cloud container technologies: a state-of-the-art review. *IEEE Transactions on Cloud Computing*, 2017.

7 C. Pahl and B. Lee. Containers and clusters for edge cloud architectures – a technology review. *Intl Conf on Future Internet of Things and Cloud*, 2015.

8 C. Pahl. Containerization and the PaaS Cloud. *IEEE Cloud Computing*, 2015.

9 C. Pahl, S. Helmer, L. Miori, J. Sanin, and B. Lee. A container-based edge cloud PaaS architecture based on Raspberry Pi clusters. *IEEE Intl Conference on Future Internet of Things and Cloud Workshops*, 2016.

10 C. Pahl, N. El Ioini, and S. Helmer. A decision framework for blockchain platforms for IoT and edge computing. *International Conference on Internet of Things, Big Data and Security*, 2018.

11 D. von Leon, L. Miori, J. Sanin, N. El Ioini, S. Helmer, and C. Pahl. A performance exploration of architectural options for a middleware for decentralised lightweight edge cloud architectures. *International Conference on Internet of Things, Big Data and Security*, 2018.

12 C. Pahl, N. El Ioini, and S. Helmer. An Architecture Pattern for Trusted Orchestration in IoT Edge Clouds. *Third IEEE International Conference on Fog and Mobile Edge Computing FMEC*, 2018.

13 J. Zhu, D.S. Chan, M.S. Prabhu, P. Natarajan, H. Hu, and F. Bonomi. Improving web sites performance using edge servers in fog computing architecture. *Intl Symp on Service Oriented System Engineering*, 2013.

14 A. Manzalini, R. Minerva, F. Callegati, W. Cerroni, and A. Campi. Clouds of virtual machines in edge networks. *IEEE Communications*, 2013.

15 C. Pahl, P. Jamshidi, and O. Zimmermann. Architectural principles for cloud software. *ACM Transactions on Internet Technology*, 2018.

16 C. Pahl, P. Jamshidi, and D. Weyns. Cloud architecture continuity: Change models and change rules for sustainable cloud software architectures. *Journal of Software: Evolution and Process*, 29(2): 2017.

17 S. Soltesz, H. Potzl, M.E. Fiuczynski, A. Bavier, and L. Peterson. Container-based operating system virtualization: a scalable, high-performance alternative to hypervisors, *ACM SIGOPS Operating Syst Review*, 41(3): 275–287, 2007.

18 P. Bellavista and A. Zanni. Feasibility of fog computing deployment based on docker containerization over Raspberry Pi. *International Conference on Distributed Computing and Networking*, 2017.

19 P. Tso, D. White, S. Jouet, J. Singer, and D. Pezaros. The Glasgow Raspberry Pi cloud: A scale model for cloud computing infrastructures. *Intl. Workshop on Resource Management of Cloud Computing*, 2013.

20 S. Qanbari, F. Li, and S. Dustdar. Toward portable cloud manufacturing services, *IEEE Internet Computing*, 18(6): 77–80, 2014.

21 E. De Coninck, S. Bohez, S. Leroux, T. Verbelen, B. Vankeirsbilck, B. Dhoedt, and P. Simoens. Middleware platform for distributed applications incorporating robots, sensors and the cloud. *Intl Conf on Cloud Networking*, 2016.

22 C. Dupont, R. Giaffreda, and L. Capra. Edge computing in IoT context: Horizontal and vertical Linux container migration. *Global Internet of Things Summit*, 2017.

23 J. Turnbull. *The Docker Book*, 2014.

24 V. Andrikopoulos, S. Gomez Saez, F. Leymann, and J. Wettinger. Optimal distribution of applications in the cloud. *Adv Inf Syst Eng*: 75–90, 2014.

25 P. Jamshidi, M. Ghafari, A. Ahmad, and J. Wettinger. A framework for classifying and comparing architecture-centric software evolution research. *European Conference on Software Maintenance and Reengineering*, 2013.

26 T. Binz, U. Breitenbücher, F. Haupt, O. Kopp, F. Leymann, A. Nowak, and S. Wagner. OpenTOSCA – a runtime for TOSCA-based cloud applications, *Service-Oriented Computing*: 692–695, 2013.

27 P. Abrahamsson, S. Helmer, N. Phaphoom, L. Nicolodi, N. Preda, L. Miori, M. Angriman, Juha Rikkilä, Xiaofeng Wang, Karim Hamily, Sara Bugoloni. Affordable and energy-efficient cloud computing clusters: The Bolzano Raspberry Pi Cloud Cluster Experiment. *IEEE 5th Intl Conference on Cloud Computing Technology and Science*, 2013.

28 R. van der Hoeven. "Raspberry pi performance," http://freedomboxblog.nl/raspberry-pi-performance/, 2013.

29 L. Miori. Deployment and evaluation of a middleware layer on the Raspberry Pi cluster. BSc thesis, University of Bozen-Bolzano, 2014.

30 C.A. Ardagna, R. Asal, E. Damiani, T. Dimitrakos, N. El Ioini, and C. Pahl. Certification-based cloud adaptation. *IEEE Transactions on Services Computing*, 2018.

31 A. Dorri, S. Salil Kanhere, and R. Jurdak. Towards an Optimized BlockChain for IoT, Intl Conf on IoT Design and Implementation, 2017.

32 N. Kshetri. Can Blockchain Strengthen the Internet of Things? *IT Professional*, 19(4): 68–72, 2017.

33 P. Jamshidi, C. Pahl, N.C. Mendonça, J. Lewis, and S. Tilkov. Microservices – The Journey So Far and Challenges Ahead. *IEEE Software*, May/June 2018.

34 R. Heinrich, A. van Hoorn, H. Knoche, F. Li, L.E. Lwakatare, C. Pahl, S. Schulte, and J. Wettinger. Performance engineering for microservices: research challenges and directions. In *Proceedings of the 8th ACM/SPEC on International Conference on Performance Engineering Companion*, 2017.

35 C.M. Aderaldo, N.C. Mendonça, C. Pahl, and P. Jamshidi. Benchmark requirements for microservices architecture research. In *Proceedings of the 1st International Workshop on Establishing the Community-Wide Infrastructure for Architecture-Based Software Engineering*, 2017.

36 D. Taibi, V. Lenarduzzi, and C. Pahl. Processes, motivations, and issues for migrating to microservices architectures: an empirical investigation. *IEEE Cloud Computing*, 4(5): 22–32, 2017.

37 A. Gember, A Krishnamurthy, S. St. John, et al. Stratos: A network-aware orchestration layer for middleboxes in the cloud. Duke University, Tech Report, 2013.

38 T.H. Noor, Q.Z. Sheng, A.H.H. Ngu, R. Grandl, X. Gao, A. Anand, T. Benson, A. Akella, and V. Sekar. Analysis of Web-Scale Cloud Services. *IEEE Internet Computing*, 18(4): 55–61, 2014.

39 P. Jamshidi, A. Sharifloo, C. Pahl, H. Arabnejad, A. Metzger, and G. Estrada. Fuzzy self-learning controllers for elasticity management in dynamic cloud architectures, *Intl ACM Conference on Quality of Software Architectures*, 2016.

40 P. Jamshidi, A.M. Sharifloo, C. Pahl, A. Metzger, and G. Estrada. Self-learning cloud controllers: Fuzzy q-learning for knowledge evolution. *International Conference on Cloud and Autonomic Computing ICCAC*, pages 208–211, 2015.

41 H. Arabnejad, C. Pahl, G. Estrada, A. Samir, and F. Fowley. A Fuzzy Load Balancer for Adaptive Fault Tolerance Management in Cloud Platforms, *European Conference on Service-Oriented and Cloud Computing (CCGRID)*: 109–124, 2017.

42 H. Arabnejad, C. Pahl, P. Jamshidi, and G. Estrada. A comparison of reinforcement learning techniques for fuzzy cloud auto-scaling, *17th IEEE/ACM International Symposium on Cluster, Cloud and Grid Computing (CCGRID)*: 64–73, IEEE, 2017.

43 S. Helmer, C. Pahl, J. Sanin, L. Miori, S. Brocanelli, F. Cardano, D. Gadler, D. Morandini, A. Piccoli, S. Salam, A.M. Sharear, A. Ventura, P. Abrahamsson, and T.D. Oyetoyan. Bringing the cloud to rural and remote areas via cloudlets. ACM Annual Symposium on Computing for Development, 2016.

雾计算中的数据管理

Tina Samizadeh Nikoui, Amir Masoud Rahmani, Hooman Tabarsaied

8.1 引言

雾计算在物联网庞大的实时数据管理系统中起到着重要的作用。物联网是一个较为流行的主题，但作为新兴事物，它在对海量数据进行处理以及提供及时响应等方面还面临着一定的挑战。物联网生态系统中快速增长的数据生成速率是一个需要着重考虑的问题。在 2012 年，每日产生的数据量已经达到了 2500 拍字节[1]。文献 [2] 更指出，一款拥有三千万用户的健康应用程序每秒钟就能产生 25 000 条记录。Pramanik 等人[3]认为，在这种快速增长之下，与健康相关的数据在不久的将来将达到泽字节的规模。对于智慧城市而言，数据的生成量更加巨大，Qin 等人[1]指出，智慧城市每秒钟生成的记录可以高达一百万条。美国智能电网每年能够生成 1 艾字节的数据，而美国国会图书馆每个月生成的数据就达到了约 2.4 拍字节[4]。

数据在云端的处理时间和传输延迟所产生的时延会对性能产生影响，而这种时延在电子医疗等物联网应用程序中是无法接受的，因为对于疑似或紧急情况的反馈迟缓可能会危机患者的生命。

传感器和终端设备周期性生成的原始数据包含了无用的、含噪声的或重复的记录，但对海量的数据进行传输会增加出现错误、数据包丢失以及数据拥塞现象的概率。此外，对重复或含噪声数据进行处理和存储还会浪费资源且不会获得任何收益。因此会大规模生成数据的交互式应用程序必须要降低端到端的延迟并实现实时的数据处理与分析。所以，需要进行一定的本地数据处理。然而，由于各物联网设备都存在着资源限制并且缺少聚合数据，这些设备无法对生成的数据进行处理和存储。

在雾计算范式中将数据的存储、处理与网络在终端设备近处完成将是一种较为合适的方法。对雾计算进行描述的定义有很多种。Qin 将其称为"一种高度虚拟化的，且能够在终端设备与传统云计算机数据中心之间提供计算、存储和网络服务的，但不只位于网络边缘的平台"[1]。在这种情况下，它只可能进行现场处理和存储。但雾计算还拥有其他优势，例如，它能够通过加密与解密提供更好的隐私性，并且具有更好的数据完整性[5]、可依赖性以及负载平衡性等。

本章内容的结构示意请见图 8.1。本章将着重对雾计算中的数据管理进行介绍，并将提出一种概念性的架构。在 8.2 节我们将对雾数据管理进行回顾并对管理问题进行强调。此外，此部分内容还将对有关雾数据管理的其他大量研究进行介绍。雾数据管理的主要概念和预期的架构请见 8.3 节。未来的研究与方向请见 8.4 节。在 8.5 节，我们将对本章所讨论的主要内容进行总结。

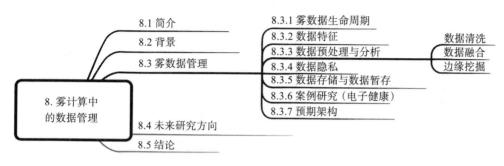

图 8.1　雾计算数据管理结构图

8.2　背景

　　雾在设备和云之间起到了非常重要的中介作用，它负责进行临时的数据存储以及初步的处理和分析。通过这种方式，物联网中的设备生成数据后，雾将进行一定的初步处理并可对数据进行短暂的存储。这些数据由云端应用程序进行消化，由云或雾产生相应反馈被发回至设备。三层雾的数据视角示意图请见图 8.2。

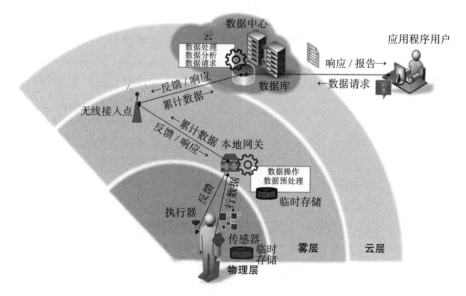

图 8.2　雾计算中的基本数据管理

　　本章将主要对雾计算架构方面的调查与文献等进行介绍。经典的雾计算架构拥有三个基础层：设备层（或物理层）、雾层（或边缘网络层）以及云层[6]。雾计算的参考架构模型请见文献 [7]。在文献 [8] 中，为在雾计算范式下进行数据获取和管理，作者采用了三层架构。它由物联网传感器节点、网关以及物联网中间件构成。数据管理、处理、虚拟化以及服务的提供都是在雾层中完成的。在文献 [9] 中，作者提出了一种基于雾的模式，用于对数据进行分析。作者提出了一个基于雾的架构，具有一个垂直层和三个水平层，用于群智感知应用程序。在文献 [10] 中作者提出了一个编程框架用于定义数据流的处理模型。在文献 [11] 中作者提出了一种用于数据分析的多层雾计算框架。

在文献 [12] 中作者提出了一种用于雾计算的以数据为中心的平台。雾服务器、雾边缘节点以及雾滴（foglet）都是雾元素。雾服务器主要负责雾和云之间的交互。其他实体侧重于数据的处理、存储以及通信。雾滴是一种软件代理，它充当中间件并在雾服务器和其他雾边缘节点之间进行交互。它还可以用于进行监控、控制以及维护等。

雾数据管理指的是对数据以及其相关概念，如数据聚合途径、数据过滤技术、数据暂存以及数据隐私性提供等的处理。在三层雾架构的基础上，如图 8.2 所示，传感的与采集的数据都作为系统的一部分发送至上一层并进行恰当的处理。如前所述，端到端的时延和网络流量是使用雾计算的两大主要促进因素。本地数据管理能够产生多方面的益处，如更高的效率、更好的隐私性等。雾计算中数据管理的主要优势如下：

- **提高效率**。在雾层中对数据进行本地处理并去除被损坏的、重复的以及不需要的数据能够降低网络负载并提高网络效率。由于传输至云端的数据必须在云端进行处理、存储与分析，所以降低数据的量将能够降低云端对于数据处理和存储的需求。
- **提升隐私水平**。确保数据的隐私性是物联网和云计算所面临的挑战之一。在物联网系统中，传感器能够生成并传输敏感的和保密的数据，但在不进行操控和加密的情况下进行传输就存在数据泄露的风险。此外，资源有限的设备无法应对复杂的数学计算操作。隐私保护机制如终端设备中的加密算法的实现的可能性并不大。因此，可以在雾层中应用隐私、数据操控以及加密算法。不过对于雾设备的保护依旧是另一个需要进一步讨论的问题。
- **提高数据质量**。数据的质量提高可以通过消除低质量数据的方式实现，如去除重复的、损坏的以及带噪声的数据和在雾层中对接收到的数据进行整合等。
- **降低端到端时延**。由于网络本身的性质，延迟的存在是明显且必然的，因此在物联网背景下讨论从云端收集反馈所需要的网络延迟以及处理时间时，必须要考虑到响应时间的问题。在雾层中在设备近处对数据进行预处理将能够使端到端延迟最小化。
- **提高可依赖性**。系统可依赖性指的是系统依照预期提供服务的能力。可依赖性定义请见 ISO/IEC/IEEE 24765[13]，可依赖性的三个方面分别是可靠性、可用性与可维护性。雾设备和本地网络能够对云网络可能出现的失效进行补充，并能够进行本地数据处理，因此能够提高系统的可用性与可靠性。
- **降低成本**。本地数据处理和在云层中进行数据压缩能够降低网络使用、云处理和存储等方面的成本。但雾设备的成本也需要予以考虑，并需要予以权衡。

8.3 雾数据管理

本章将对作为雾数据管理核心概念——数据生命周期和雾数据特征进行讨论，并将对雾计算中的重要问题，如数据清洗、数据融合、数据分析、隐私考量以及雾数据存储等进行阐释。此外，本章还将对在电子健康应用程序中使用雾计算的案例研究进行介绍。最后将对提出的架构进行描述。

8.3.1 雾数据生命周期

雾数据的生命周期可以分为多个阶段，从在产生数据的设备层进行的数据获取开始，然后在上一层进行数据的处理和存储并向设备层发送反馈，最后以设备层对命令的执行结束。如图 8.3 所示，我们主要讨论五个阶段：数据获取、轻量处理、处理与分析、发送反馈以及命令执行。下面我们将对这几个主要阶段进行详细介绍。

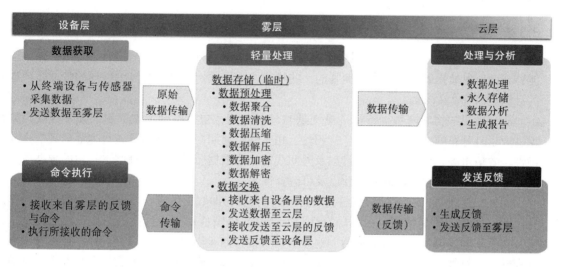

图 8.3　雾计算中的数据生命周期

8.3.1.1　数据获取

需要从不同类型的终端设备上获取数据。随后数据必须发送至上一层。为实现这一过程，可以配备汇聚节点（sink node）或本地网关节点对数据进行汇集，或直接通过传感器将数据发送至雾中。

8.3.1.2　轻量处理

这一阶段对所采集的数据进行轻量数据操控和本地数据处理。轻量处理包括数据聚合、数据过滤、去除非必要与重复数据、数据清洗、压缩/解压或其他的轻量数据分析和模式提取等。由于数据需要在雾设备中进行一定时间的存储，最近一段时间的数据是可以进行本地访问的，因此能够在数据的预处理方面产生更高的灵活性。聚合的数据将通过网络传输至云端。此外，作为响应数据的反馈也将传输至设备。同时，在从云层接收反馈并将其发送至设备层的过程中，在接收数据时可能还需要对数据进行解压、解码、格式转换等。这些类型的变化都必须由雾层予以支持。

8.3.1.3　处理与分析

接收到的数据可以永久性地在云层中进行储存，并基于预设的要求进行处理。此外，应用程序用户还能够对数据进行访问，从而获得报告或数据分析。可以对存储的数据进行不同类型的分析，从而获得有价值的信息和知识，而这些类型的处理与分析几乎都是在大数据规模上进行的。因此这样的处理和分析就需要大数据平台与技术进行支撑，如需要分布式文件系统（HDFS）进行存储、需要映射 – 归约（map-reduce）进行分析 [3] 等。有关大数据概念和分析的更多信息请见文献 [14]。

8.3.1.4 发送反馈

在数据处理和分析的基础上，恰当的命令或决策等反馈将会产生并被发送至雾层。

8.3.1.5 命令执行

执行器必须在所接收到的数据的基础上进行相应的动作。在这种情况下，相应的反馈与响应将被应用至当前环境。

8.3.2 数据特征

对数据特征进行评估对于数据质量和集成标准的定义与细化而言是很有必要的，并且还能够帮助应对数据管理过程中所面临的一些挑战。数据质量指的是有多少数据的特征是合适的且满足消费者要求的。

部分主要的物联网数据特征请见文献 [15] 的介绍，包括不确定性、错误性、含噪声数据、大量且分布的、平缓变化性、持续性、相关性、周期性以及马尔可夫行为等。其中将准确性、置信水平、完整性、数据量以及时间线等作为数据质量的各个维度。其他的数据质量维度还有访问便捷性、访问安全性以及可解释性等。

此外，文献 [1] 将物联网数据特征分为了三大类：即数据生成、数据质量和数据互操作性。物联网数据质量特征包括不确定性、冗余性、模糊性和不一致性等。从传统的角度来看，在从不同的设备上捕获数据后，这些数据将被存储留待后续阶段进行使用。数据被汇总并存储后，将被批量处理。在数据生成速率和数据量都提高之后，新的数据分析要求也就随之出现了。其中一类要求就是流水式处理，即连续且持续地对数据进行流水式处理。主要的物联网数据特征和相关问题的管理可以在雾数据管理过程中完成，从而满足这些要求。下面我们对这些特征进行讨论。

- **异构性**。分布式异构的终端设备会产生不同格式的数据。所产生的数据可能会具有多种多样的结构或格式 [16,17]。
- **不准确性**。感应到的数据的不准确性或不确定性指的是感应精确度、准确度或数据的错读等 [1,15,17,18]。
- **弱语义性**。如上文所述，所采集到的原始数据可能会具有多种不同的数据格式、数据结构以及数据来源等需要进行处理和管理。使用语义网的概念并向原始数据中插入一些信息和额外的数据能够使数据可以被机器读取与理解。实际上，绝大多数从环境中采集的数据都具有弱语义性 [1,16,17]。
- **速度**。数据生成速率与采样频率在不同类型的终端设备上都有所不同 [1]。
- **冗余**。由一个或多个终端设备发送的重复数据产生了所采集数据中的冗余 [1]。
- **可扩展性**。不同情况下存在的大量的终端设备和极高的数据采样率会导致生成海量的数据 [1]。
- **不一致性**。感知到的数据中存在的精确度较低或错读的现象可能会导致所汇集的数据的不一致性 [1]。

8.3.3 数据预处理与分析

本节将对在雾数据处理中起到重要作用的三个主要的数据预处理与分析概念进行讨论。这些概念分别是：数据清洗、数据融合以及边缘挖掘。

8.3.3.1 数据清洗

由于上文所述的特征，感知数据并不具有充分的可靠性，这对于进一步的处理和决策是非常不友好的。Jeffery 等人认为"脏数据"指的是错误的读数和不可靠的读数[19]。清洗机制可以在雾层的数据采集上进行应用，从而降低"脏"的和不可靠的数据的影响，并提高数据的质量。数据清洗方法可以分为两个类别：陈述性数据清洗和基于模型的数据清洗[18]。下面我们将对这两个方面进行简要介绍。

- **陈述性数据清洗**。高度陈述性的查询，如连续查询语言（CQL）可以用于对传感器值约束进行定义。通过这种方法，用户可以很方便地通过提供的界面进行查询并对系统进行控制。可拓展传感器流处理（ESP）[18] 即属于此类的示例。它是一种基于陈述的流水线型框架，可以对感应数据进行清洗，从而在普遍性的应用程序中进行使用。
- **基于模型的数据清洗**。将原始值与根据所选模型获得的最有可能的推断值进行对比，可以检测到异常现象。这种基于模型的方法还有子分类，如回归模型等。其中包括多项式回归和切比雪夫回归[18,20]，以及概率模型如卡尔曼滤波器[18] 以及离群检测模型[21] 等。

8.3.3.2 数据融合

数据融合指的是清除冗余与不明确数据后进行的数据集成，这一过程可以在雾层中作为一项数据管理任务进行，从而提高准确性和效率。文献 [22] 将数据融合定义为"对来自多个来源的数据和信息进行的自动检测、联结、关联、估计与组合进行管理的多层次、多方面的过程"。数据融合模型可以分为三个类别，即基于数据的模型、基于活动的模型和基于作用的模型[23]。

Khaleghi 等人[24] 基于数据相关的层面将数据融合框架分为四类：不完善数据融合框架、关联数据融合框架、不一致数据融合框架以及不相干数据融合框架。第一类侧重于数据的不完善性，同时也是主要的数据难题，出现这种现象的原因可能是数据不准确、不完整、模糊或不确定等[25]。第二类侧重于数据的相依性。最后两类侧重于数据的冲突和差异。著名的数据融合技术与模型有很多，如智慧循环（IC）[23] 以及联合董事会实验室（JDL）[23,24] 等。

8.3.3.3 边缘挖掘

雾计算能够有效进行本地分析和流水式处理，从而降低数据的量。边缘挖掘指的是利用挖掘的方法在网络的边缘（雾层）对设备产生的原始数据进行挖掘。通过这种方法，传输的数据的规模将得以降低并且能够节省大量的能源。Gaura 等人[26] 认为边缘挖掘可以被定义为"在数据被感应到的点上或其附近对感应数据进行处理，从而将其从原始信号转化为与环境相关的信息。"通用西班牙调查协议（G-SIP）就是一种边缘挖掘算法，它拥有三个执行实体，即线性西班牙调查协议（L-SIP）、ClassAct 以及最低限度必需物（BN）。L-SIP 是一种用于本地数据压缩的轻量算法，其目的在于通过状态估计的方式降低数据量并改善存储以及响应性。在这种模型中，终端设备和雾设备使用预设的共享模型进行状态计算和预测。如果有预期外的数据，则数据将被发送至雾设备。

根据文献 [26]，L-SIP、ClassAct 以及 BN 分别能够将传输的数据包大小降低 95%、99.6% 和 99.98%。协同边缘挖掘是文献 [27] 提出的另一种形式的用于降低传输数据规模的边缘挖掘方法。

8.3.4 数据隐私

针对未授权的访问进行的隐私保护也是雾计算的功能之一，从而使系统远离恶意的和未授权的终端设备的侵害。不过，鉴于某些种类的应用程序（如智能交通等）中设备所具有的移动性，认证阶段还必须要考虑到网络的移动性和动态性。

位置是一种敏感型数据点，它代表的是用户的位置，因此应当进行保护，因为位置隐私也是雾数据隐私中的一个重要数据保护问题。文献 [28] 在安全定位协议中对此进行了讨论。该作者将正确性、位置安全性和位置隐私性定义为其提出的协议必须满足的三大方面。

文献 [5] 对数据聚合的隐私性问题进行了讨论，作者提出了一种能够应用于雾增强物联网的隐私保护数据聚合架构。在此方法中，作者采用了孙子定理、单向散列以及同型 Paillier 等工具进行来自混合物联网设备的容错数据聚合、身份验证以及雾层的虚假数据注入检测。

8.3.5 数据存储与数据暂存

数据存储与数据暂存也是雾数据管理中必须要面对的问题。在预定义的策略的基础上，数据可以在预处理后进行丢弃或暂时存储在雾设备中用于进一步的处理和聚合。需要指出的是，除了存储和内存方面的限制以外，为降低端到端时延并提供实时响应的时间，存储需要具有低延迟、高速缓存以及缓存管理等技术。

同时，存储的数据量的与存储时间的判断还在很大程度上取决于应用程序类型和基础设施的性能。另一个问题是在节点特征、地理区域以及应用程序类型的基础上在雾存储中对汇集的数据进行高效存放，因为数据暂存策略会影响服务时延。Naas 等人提出可以使用 iFogStore，在综合考虑雾设备特征和异构性以及位置的情况下降低时延 [29]。不同数据消费者对数据的共享、数据消费者的动态位置以及雾设备的性能限制都在 iFogStore 中进行了考量。此外，为降低整体时延，它还考虑到了存储与检索时间。

为实现实时决策，文献 [30] 在基础的三层式架构的基础上提出了一种可以在边缘（雾）计算中使用的存储管理架构。在边缘（雾）层内，该架构拥有六个部分可提供存储功能，并在存储受限的系统中提供一种数据管理机制：监控、数据准备、适应性算法、规格列表、存储以及中介组件等。另外两层分别是云层和汇集层（设备层）。前者负责对历史数据进行存储，而后者则能够生成原始数据。

8.3.6 电子健康案例研究

为阐明雾数据管理的效果，我们将把电子健康（e-Health）中的雾数据管理作为一种物联网应用程序进行探讨。电子健康应用程序的目的在于对老年人和患者的照看进行协助。过去十年中已经有许多研究对电子健康进行了讨论，如文献 [30-32] 等。文献 [33] 对医疗保健系统的益处进行了阐释。其主要益处在于使用方便、成本低廉、具有更可观的可用性和服务等方面。医疗保健应用程序如 ECG 设备每天能够产生数个 GB 的数据。对这些数据进行传输和处理意味着将占用大量的网络带宽、存储容量和处理周期 [33]。医疗保健技术可以用于在捕获的数据的基础上进行监控、控制或对紧急情况进行预测等。

在紧急情况下，雾计算的处理速度比云层进行的处理的速度要更快。和人工看护相比，电子健康应用程序能够以极低的成本实现对患者的 24 时 ×7 天的不间断监控。已有很多文献对电子医疗保健系统进行了讨论，如文献 [35] 与 [36]。这类应用程序能够通过对血糖、血压、心跳、脑电图、心电图、动作以及位置数据等参数和数据进行监测的方式实现对健康状况的远程监控。这些传感器将采集到的信息以较短的时间间隔（如每分钟一次）传输至本地网关（雾设备）。这些数据在本地存储设备中进行暂存。此外，系统还会根据紧急情况对这些数据进行预处理，如血压超过 140/90 mmHg 或血糖超过 400 mg/dl 的情况等。因此，如果出现紧急情况，系统将会立即通过雾设备采取必要的措施。例如，如图 8.4 所示的时序图，如果测得的血糖超过 400 mg/dl，则必须通过胰岛素手环进行胰岛素注射，而如果血压超过 140/90 mmHg，则将立即向急救中心发出通知。

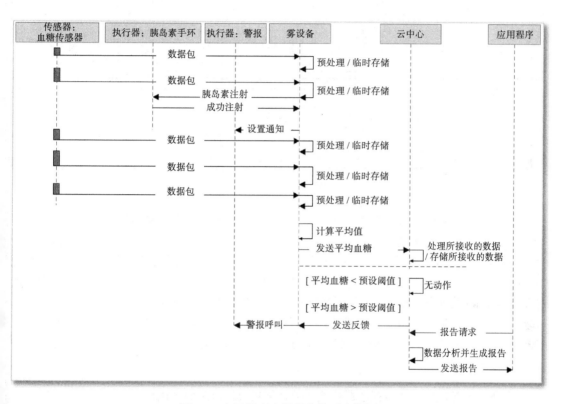

图 8.4　电子健康应用程序的时序简图

部分数据压缩或加密可以在雾层进行，然后再将数据发送至云层，从而提高效率和隐私性。在初步的数据聚合完成后，将在雾设备中进行数据的操控与处理。然后数据将在预设的时间间隔或事件下被发送至云层。数据可以在云层中进行存储和处理，应用程序的用户可以访问这些数据并接收健康报告。

8.3.7　提出的架构

本节将在三层式模型的基础上提出一种概念性的架构，对数据管理问题进行处理。如图 8.5 所示，我们所提出的架构由设备层、雾层和云层构成。位于设备层内的传感器和执行器能够与物理环境进行交互——传感器采集数据，执行器运行从雾中接收到的指令。

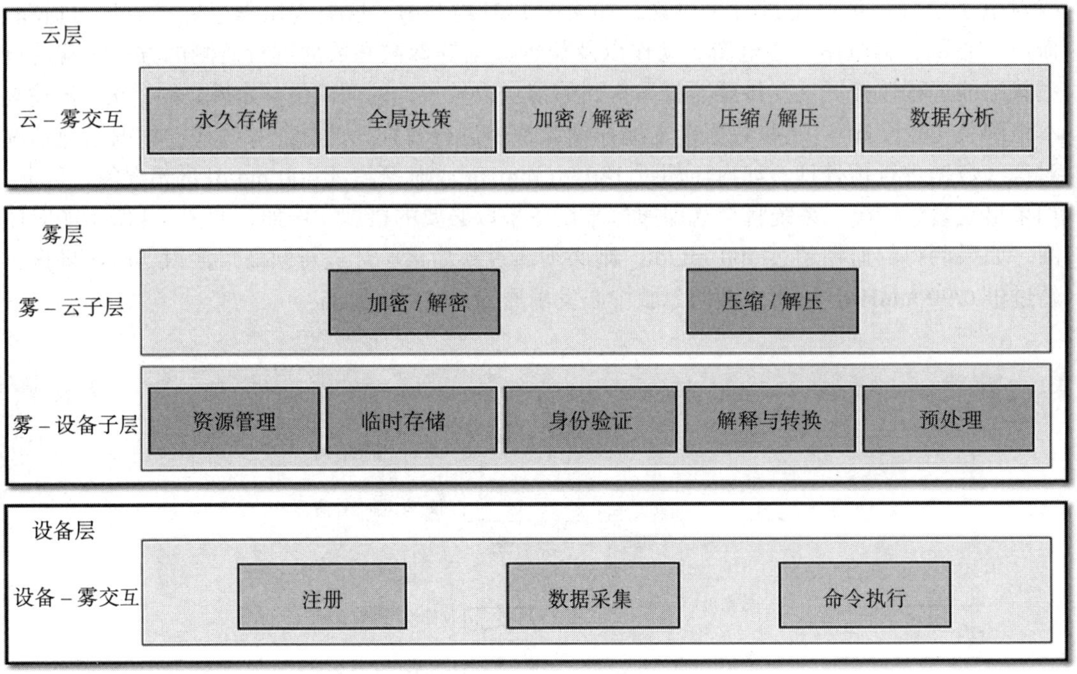

图 8.5 提出的架构

设备层将采集到的数据发送至雾层并接收来自雾层的命令。雾层可以分为两个子层。下层为雾 – 设备子层，主要负责控制实体设备运行、协议解释、对接收到的信号进行降噪、身份验证以及数据存储。此外，在雾应用程序运行的基础上进行的轻量分析和本地决策也是在这一层进行的。另一个子层是雾 – 云子层，它与云层进行交互。这一子层负责数据包的压缩 / 解压以及加密 / 解密。云层对数据进行永久性的存储，它对接收到的数据进行存储并做出全局决策。同时，对于从应用程序传入的查询，它还能够对存储的数据进行分析从而发送响应。下面将描述其中的每一个组成部分。

8.3.7.1 设备层

设备层的各组成部分包括注册模块、数据采集模块以及命令执行模块。

- 登记。实体设备可以加入网络也可以通过此模块动态脱离网络。注册对于信息的发送和接收是必需的。设备需要向雾层发送一条注册申请作为初始信息。通过注册程序，设备将获得一个唯一 ID 和密钥并附加至信息用于身份验证。
- 数据采集 / 命令执行。已注册的传感器能够采集信息并将其传输至雾层。执行器则负责运行该模块从雾层接收到的命令。

8.3.7.2 雾层

雾层中的模块包括资源管理模块、临时存储模块、身份验证模块、协议解释和转换模块、预处理模块、加密 / 解密模块以及压缩 / 解压模块等。

- 资源管理。雾层接收由设备层发出的加入请求，资源管理模块请求设备清单并在设备缺失或未激活的情况下将设备规格添加至清单中。同时，在雾应用程序策略的基础上，已注册但未在预设时间段内发送信息的设备将被关闭。

- **临时存储**。临时存储模块是对外来数据或中间计算结果（如用于在数据库中进行进一步处理）进行存储的模块。此外，它还能够存储已注册的设备的规格以及其 ID 和密钥等用于身份验证。
- **身份验证**。身份验证模块将在临时存储中检索已注册的设备清单以寻找相关的密钥和 ID 用于对外来信息进行验证。
- **解释与转换**。设备和雾之间的通信可以通过数据的收发进行，而设备和雾层之间的通信形式可能并非是均匀统一的，因此数据可能会通过不同的技术，如 Wi-Fi、蓝牙、ZigBee、RFID 等方式进行发送。因此，解释和转换的作用是提供不同的协议和转换方法。
- **预处理**。在临时存储中对接收到的数据进行处理，以及对数据进行准备与聚合等都发生在预处理模块中。此外，还需要对接收到的数据进行某些类型的数据处理操作，如数据清洗、数据融合、边缘挖掘以及通过数据过滤或降噪等方式对所接收信号的质量进行改善、通过检查接收或采集到的数据并将其与预设阈值和条件进行对比的方式实现紧急情况下的决策等。轻量分析、特征提取、模式识别以及决策等都需要更加具体的算法对数据进行处理。但所选择的在雾中使用的方法，必须是简单且能够满足现有限制的。
- **加密 / 解密**。为提高数据隐私性并保护信息中的敏感数据，此模块提供了加密和解密算法。
- **压缩 / 解压**。此模块可以通过压缩技术对数据包的大小进行压缩从而降低网络占用。

8.3.7.3　云层

云层中的模块负责的是永久存储、全局决策、加密 / 解密、压缩 / 解压以及数据分析的任务。

- **永久存储**。该模块接收来自不同雾区的数据并将其进行永久存储。根据雾应用程序类型的不同，永久存储的大小从千兆字节到拍字节不等。因此，此层采用了大数据技术对数据进行存储。
- **全局决策**。该模块对接收到的数据进行一定的处理，以发送相应的反馈至下一层，并在永久存储中存储需要的和有用的数据。在接收或发送雾层的压缩或加密信息时，将需要分别用到解压或解密单元。前文已经提到的动态数据和数据流处理对于某些应用程序而言是在物联网和雾计算中所面临的其他问题。
- **加密 / 解密、压缩 / 解压**。前文已经提到，出于隐私和效率方面的考量，同时为了支持加密与压缩，这些模块必须同时位于云层和雾层中。加密和压缩方法对这两者必须同时可用。
- **数据分析**。如果数据能够产生知识，那么数据的汇集就非常有价值，因此对来自不同设备的各种数据进行数据分析、模式识别以及知识发现是数据生命周期中非常重要的一个阶段。该模块在应用程序用户发出提供报告和对所汇集的数据进行全局分析的请求后进行数据分析。根据数据存储中存储的数据量的不同，所使用的数据分析方法和技术也有所不同。对于大规模数据存储来说，将使用的是大数据分析技术。

基于图 8.5 所示的架构，各模块之间的交互请见图 8.6。

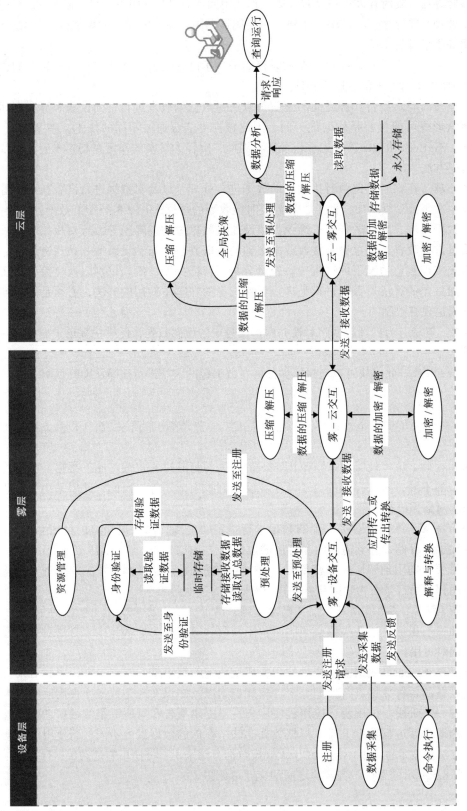

图 8.6 提出的架构中主要过程的交互

8.4　未来研究方向

虽然雾计算具有以上优势，但我们仍需要在未来的研究中克服新的挑战，从而为雾用户提供更加优质且更加高效的服务。本节将对与数据管理有关的关键挑战进行阐述。

8.4.1　安全性

如前文所述，雾计算能够通过加密和对敏感数据进行本地处理的方式提高隐私性。但用于保存加密密钥的方法和合适的加密算法的选择必须要进行慎重的考量。由于雾设备的安全性无法得到妥善的保障，对分布式的雾设备进行控制和保护以使其免受各种攻击和数据泄露的威胁将是严峻的安全挑战。此外还有其他方面的问题，如与雾计算的结构和动态特性（即不同设备可以加入或脱离一个区域）有关的问题、如何对雾设备进行保护使其免受不准确和恶意数据的影响，以及如何应用恰当的身份验证方法等。

8.4.2　雾计算与存储层次的定义

与终端设备相比，雾设备有更多的计算和存储资源，但这对于复杂的处理或永久性的存储而言是不够的。因此，还需要采用轻量算法在较短时间历史的基础上对数据进行预处理。同时，还需要进一步研究如何基于现有的约束对雾设备中的处理与存储层次进行判定。

8.5　结论

为降低物联网应用程序的实时系统的响应时间并对物联网系统中的海量数据进行处理，雾计算范式是一个非常好的解决方案。在本章中，我们对雾计算中的数据管理进行了讨论，而数据管理对提升实时物联网应用程序的服务质量起着重要且有效的作用。我们对雾数据管理的概念、其主要益处、预处理（如清洗机制、挖掘方法与融合）、隐私问题以及数据存储等多个方面进行了探讨。为方便对雾数据管理进行理解，我们以采用了雾数据管理技术的增强电子健康应用程序作为研究案例，并对其进行了阐释。最后，基于三层模型，我们提出了一种概念性的架构用于进行雾数据管理。

参考文献

1　Y. Qin. When things matter: A survey on data-centric Internet of Things. *Journal of Network and Computer Applications*, 64: 137–153, April 2016.

2　A. Dastjerdi, and R. Buyya. Fog computing: Helping the Internet of Things realize its potential. *Computer*, 49(8): 112–116, August 2016.

3　M. I. Pramanik, R. Lau, H. Demirkan, and M. A. KalamAzad. Smart health: Big data enabled health paradigm within smart cities. *Expert Systems with Applications* 87: 370–383, November 2017.

4　M. Chiang and T. Zhang. Fog and IoT: An overview of research opportunities. *IEEE Internet of Things Journal*, 3(6): 854–864, December 2016.

5　R. Lu, K. Heung, A. H. Lashkari, and A. A. Ghorbani. A lightweight privacy-preserving data aggregation scheme for fog computing-enhanced IoT. *IEEE Access* 5: 3302–3312, March 2017.

6　M. Taneja, and A. Davy. Resource aware placement of data analytics platform in fog computing. *Cloud Futures: From Distributed to Complete Computing, Madrid, Spain*, October 18–20, 2016.

7 A. V. Dastjerdi, H. Gupta, R. N. Calheiros, S. K. Ghosh, R. Buyya. Fog computing: Principles, architectures, and applications. *Internet of Things: Principles and Paradigms,* R. Buyya, and A. V. Dastjerdi (Eds), ISBN: 978-0-12-805395-9, Todd Green, Cambridge, USA, 2016.

8 P. Charalampidis, E. Tragos, and A. Fragkiadakis. A fog-enabled IoT platform for efficient management and data collection. *2017 IEEE 22nd International Workshop on Computer Aided Modeling and Design of Communication Links and Networks (CAMAD),* Lund, Sweden, June 19–21, 2017.

9 A. Hamid, A. Diyanat, and A. Pourkhalili. MIST: Fog-based data analytics scheme with cost-efficient resource provisioning for IoT Crowdsensing Applications. *Journal of Network and Computer Applications* 82: 152–165, March 2017.

10 E. G. Renart, J. Diaz-Montes, and M. Parashar. Data-driven stream processing at the edge. *2017 IEEE 1st International Conference on Fog and Edge Computing (ICFEC),* Madrid, Spain, May 14–15, 2017.

11 J. He, J. Wei, K. Chen, Z. Tang, Y. Zhou, and Y. Zhang. Multi-tier fog computing with large-scale IoT data analytics for smart cities. *IEEE Internet of Things Journal.* Under publication, 2017.

12 J. Li, J. Jin, D. Yuan, M. Palaniswami, and K. Moessner. EHOPES: Data-centered fog platform for smart living. 2015 International Telecommunication Networks and Applications Conference (ITNAC), Sydney, Australia, November 18–20, 2015.

13 International Organization for Standardization. Systems and software engineering – Vocabulary. ISO/IEC/IEEE 24765:2010(E), December 2010.

14 R. Buyya, R. Calheiros, and A.V. Dastjerdi. *Big Data: Principles and Paradigms,* Todd Green, USA, 2016.

15 A. Karkouch, H. Mousannif, H. Al Moatassime, and T. Noel. Data quality in Internet of Things: A state-of-the-art survey. *Journal of Network and Computer Applications,* 73: 57–81, September 2016.

16 S. K. Sharma and X. Wang. Live data analytics with collaborative edge and cloud processing in wireless IoT networks. *IEEE Access,* 5: 4621–4635, March 2017.

17 M. Ma, P. Wang, and C. Chu. Data management for Internet of Things: Challenges, approaches and opportunities. *2013 IEEE and Internet of Things (iThings/CPSCom), IEEE International Conference on and IEEE Cyber, Physical and Social Computing Green Computing and Communications (GreenCom).* Beijing, China, August 20–23, 2013.

18 S. Sathe, T.G. Papaioannou, H. Jeung, and K. Aberer. A survey of model-based sensor data acquisition and management. *Managing and Mining Sensor Data,* C. C. Aggarwal (Eds.), Springer, Boston, MA, 2013.

19 S. R. Jeffery, G. Alonso, M. J. Franklin, W. Hong, and J. Widom. Declarative support for sensor data cleaning. *Pervasive Computing.* K.P. Fishkin, B. Schiele, P. Nixon, et al. (Eds.), 3968: 83–100. Springer, Berlin, Heidelberg, 2006.

20 N. Hung, H. Jeung, and K. Aberer. An evaluation of model-based approaches to sensor data compression. *IEEE Transactions on Knowledge and Data Engineering,* 25(11) (November): 2434–2447, 2012.

21 O. Ghorbel, A. Ayadi, K. Loukil, M.S. Bensaleh, and M. Abid. Classification data using outlier detection method in Wireless sensor networks. *2017 13th*

International Wireless Communications and Mobile Computing Conference (IWCMC), Valencia, Spain, June 26–30, 2017.

22 F. E. White. *Data Fusion Lexicon.* Joint Directors of Laboratories, Technical Panel for C3, Data Fusion Sub-Panel, Naval Ocean Systems Center, San Diego, 1991.

23 M. M. Almasri and K. M. Elleithy. Data fusion models in WSNs: Comparison and analysis. *2014 Zone 1 Conference of the American Society for Engineering Education.* Bridgeport, USA, April 3–5, 2014.

24 B. Khaleghi, A. Khamis, F. O. Karray, and S.N. Razavi. Multisensor data fusion: A review of the state-of-the-art. *Information Fusion,* 14(1): 28–44, January 2013.

25 M.C. Florea, A.L. Jousselme, and E. Bosse. Fusion of Imperfect Information in the Unified Framework of Random Sets Theory. *Application to Target Identification.* Defence R&D Canada. Valcartier, Tech. Rep. ADA475342, 2007.

26 E.I. Gaura, J. Brusey, M. Allen, et al. Edge mining the Internet of Things. *IEEE Sensors Journal,* 13(10): 3816–3825, October 2013.

27 K. Bhargava, and S. Ivanov. Collaborative edge mining for predicting heat stress in dairy cattle. *2016 Wireless Days (WD).* Toulouse, France, March 23–25, 2016.

28 R. Yang, Q. Xu, M. H. Au, Z. Yu, H. Wang, and L. Zhou. Position based cryptography with location privacy: a step for fog computing. *Future Generation Computer Systems,* 78(2): 799–806, January 2018.

29 M. I. Naas, P. R. Parvedy, J. Boukhobza, J. Boukhobza, and L. Lemarchand. iFogStor: an IoT data placement strategy forF infrastructure. *2017 IEEE 1st International Conference on Fog and Edge Computing (ICFEC).* Madrid, Spain, May 14–15, 2017.

30 A.A. Rezaee, M. Yaghmaee, A. Rahmani, A.H. Mohajerzadeh. HOCA: Healthcare Aware Optimized Congestion Avoidance and control protocol for wireless sensor networks. *Journal of Network and Computer Applications,* 37: 216–228, January 2014.

31 A. A. Rezaee, M.Yaghmaee, A. Rahmani, and A. Mohajerzadeh. Optimized Congestion Management Protocol for Healthcare Wireless Sensor Networks. *Wireless Personal Communications,* 75(1): 11–34, March 2014.

32 S. M. Riazul Islam, D. Kwak, M.D.H. Kabir, M. Hossain, K.-S. Kwak. The Internet of Things for Health Care: A Comprehensive Survey. *IEEE Access* 3: 678–708, June 2015.

33 I. Lujic, V. De Maio, I. Brandic. Efficient edge storage management based on near real-time forecasts. *2017 IEEE 1st International Conference on Fog and Edge Computing (ICFEC).* Madrid, Spain, May 14–15, 2017.

34 B. Farahani, F. Firouzi, V. Chang, M. Badaroglu, N. Constant, and K. Mankodiya. Towards fog-driven IoT eHealth: Promises and challenges of IoT in medicine and healthcare. *Future Generation Computer Systems,* 78(2): 659–676, January 2018.

35 F. Alexander Kraemer, A. Eivind Braten, N. Tamkittikhun, and D. Palma. Fog computing in healthcare: A review and discussion. *IEEE Access,* 5: 9206–9222, May 2017.

36 B. Negash, T.N. Gia, A. Anzanpour, I. Azimi, M. Jiang, T. Westerlund, A.M. Rahmani, P. Liljeberg, and H. Tenhunen. Leveraging Fog Computing for Healthcare IoT. *Fog Computing in the Internet of Things.* A. Rahmani, P. Liljeberg, J.S. Preden, et al. (Eds.). Springer, Cham, 2018.

支持雾应用程序部署的预测性分析

Antonio Brogi, Stefano Forti, Ahmad Ibrahim

9.1 引言

　　互连设备正在改变我们生活、工作的方式。在不久的将来，物联网将嵌入我们日常使用的各种物品当中，给我们带来越来越多的智能体验。自动驾驶汽车、自主领域系统、能源生产工厂、农田、超市、医疗保健、嵌入式 AI 等将在我们不经意间越来越多地应用设备和物，而这些都是互联网和我们不可或缺的部分。思科公司展望：到 2020 年，全球将会有 500 亿接入实体（包含人、机器以及连网终端）[1]。并估计这些接入实体将产生大概 600 ZB 的数据量，但只有 10% 是有用的信息 [2]。此外，云连接时延无法满足一些实时任务如连网的救生设备、增强现实、游戏等对于低时延的要求 [3]。因此，许多学者（例如文献 [4,5]）重点提出应为物联网应用程序提供更接近于传感器和执行器的计算能力、存储空间和网络容量。

　　雾计算 [6] 致力于将计算推送至数据源头，通过利用在地理上分布的众多异构设备（如网关、微数据中心、嵌入式服务器、个人设备）来跨越从云端到物的连续体。一方面，这将实现对于传感器感知到的事件的低时延响应（及分析）。另一方面，这也将缓解终端和云端之间去 / 回程链路对于（高）网络带宽的需求 [7]。总而言之，雾计算有望扩展物联网 + 云计算场景，实现服务质量需求（Quality of Service，QoS）以及环境感知应用程序部署 [5]。

　　现代应用程序通常由许多独立部署的组件（每个组件都有自己的软硬件部分以及物联网需求）组成，这些组件之间相互影响。这种交互可能会带来比较严格的服务质量需求（典型的如时延、带宽），使部署的应用程序按预期工作 [3]。有些应用程序组件（即功能）自然地适合于云端（如服务后端），其他组件则自然地适用于边缘设备（如工业控制循环），还有些应用程序的功能区分却并没有这么简单（例如，短期到中期分析）。支持雾部署决策还需要比较多种产品，其中提供商可以将应用程序部署到与云、物联网、联合雾设备以及用户管理设备集成的基础设施。此外，确定将多组件应用程序部署到给定的雾基础设施，同时满足其功能和非功能约束是一个 NP 难题 [8]。

　　正如文献 [9] 中强调的那样，新颖的雾架构需要基于应用程序部署和行为的准确模型来建模复杂的应用程序和基础设施，以预测其运行时性能，同时依赖于历史数据 [10]。设计算法以及数学方法来帮助决定如何将每一个应用程序功能（即组件）映射到具有异构能力和可变可用节点的基底上 [11]。

所有这些，包含节点移动性管理、考虑到支持组件 – 组件交互的通信链路的 QoS 可能的变化（带宽波动、时延以及抖动随时间的变化）以及已部署组件远程交互的可能性，都通过适当的接口与物联网交互[10]。此外，选择候选部署时应当考虑其他的正交约束，例如对 QoS 的保证、运营成本以及管理或安全策略。

显然，人工地确定雾应用程序（重新）部署很耗时间、容易出错，且开销巨大。而且在没有确切地部署它们之前判定哪一个部署方案更好是一件很困难的事。现代 IT 企业渴望获得能够对业务场景进行虚拟比较，并利用假设分析[12]、预测方法，抽象不必要细节来设计定价方案和 SLA 的工具。

在本章，我们将提出一个 FogTorchⅡ 的扩展版本[13,14]，它是一个支持在雾中部署应用程序的基于物联网 + 雾 + 云场景的模型的原型。FogTorchⅡ 能随着某个应用程序的处理和 QoS 要求来传递某个雾基础设施的处理能力、QoS 属性（即时延和带宽）以及运营成本（即虚拟实例以及感知数据的成本）。简而言之，FogTorchⅡ 具有以下功能：

1）确定在雾基础设施上的应用程序部署，该基础设施能满足所有应用程序（处理、物联网、服务质量）需求。

2）针对通信链路的时延以及带宽等变量对当前部署做出服务质量保证度的预测。

3）返回每一部署的雾资源消耗以及月成本的估计值。

总而言之，当前版本的 FogTorchⅡ 有如下特征：服务质量感知，以节省带宽、降低时延以及执行业务策略；环境感知，以适当地调用本地以及远程资源；成本感知，以确定符合条件的部署中最具成本效益条件的部署方案。

FogTorchⅡ 利用描述带宽或时延随着时间变化的特征（取决于网络状况）的基于历史数据的概率分布进行通信链路的 QoS 建模。为了处理输入概率分布以及估计不同部署下的 QoS 保证度，FogTorchⅡ 利用了 Monte Carlo 方法[17]。FogTorchⅡ 还利用了一种新的成本模型，该模型将云的现有定价方案扩展到雾计算场景，同时在应用程序部署中引入了将这些方案与源自物联网设备开发的财务成本（感知即服务[15]订阅或数据传输成本）集成的可能性。在本节中我们将展示和讨论像 FogTorchⅡ 这样的预测性工具如何帮助 IT 专家决定如何以 QoS 感知和环境感知的方式在雾基础设施上分布应用程序组件，同时考虑雾应用程序部署的成本。

本章的剩余部分组织如下：我们首先将在 9.2 节介绍一个智能建筑应用程序的生动例子，然后将在 9.3 节描述 FogTorchⅡ 预测模型和算法。接着，我们将在 9.4 节给出并讨论案例基于 FogTorchⅡ 算法得出的一些结果。随后我们将在 9.5 节将 iFogSim 仿真给出的结果与算法给出的结果进行比较。最后，我们将在 9.6 节强调未来的研究方向，并在 9.7 节进行总结性的评论。

9.2 案例：智能建筑

考虑一个简单的雾应用程序（如图 9.1 所示）。这个雾应用程序用于管理智能建筑中的火警、供暖和空调系统、室内照明，以及安全摄像头。该应用程序包含三个微服务：

1）物联网控制器。负责和与之相连的信息物理系统进行交互。

2）数据存储。负责存储所有感知到的信息以供将来使用，以及采用机器学习技术来更新物联网控制器的感知 – 执行规则，以此来根据人们的行为以及以往的经验来优化供暖和照明管理。

3）仪表盘。负责聚合并可视化收集到的数据和视频，并允许用户与系统进行交互。

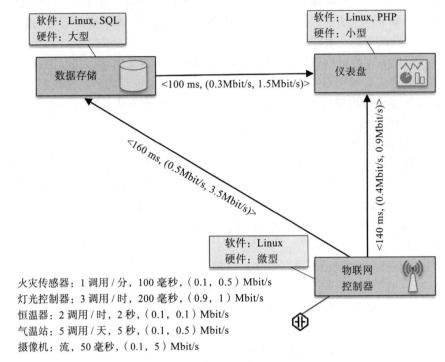

图 9.1　本案例的雾应用程序[⊖]

每一个微服务都代表一个可以独立部署的应用程序组件^[16]，并且为了正常运行，它们都有硬件和软件需求（如图 9.1 中的灰色方框所示）。硬件需求在表 9.1 中列出，按虚拟机（VM）类型[⊜]表示。这些需求必须由将承载所部署组件的虚拟机来满足。

表 9.1　不同类型虚拟机的硬件配置

虚拟机类型	vCPU 数	RAM（GB）	HDD（GB）
微型机	1	1	10
小型机	1	2	20
中型机	2	4	40
大型机	4	8	80
巨型机	8	16	160

各个应用程序组件必须相互合作才能使应用程序的服务达到应有的水平。因此，支持组件 – 组件交互的通信链路必须提供合适的端到端时延和带宽（例如物联网控制器到数据存储的时延必须在 160 ms 以内，并且至少要有 0.5 Mbit/s 的下载带宽和 3.5 Mbit/s 的上传带宽）。组件 – 物的交互有类似的约束，并且需要指定物联网控制器在运行时查询事物的采样率（例如物联网控制器需要每分钟访问一次火灾传感器，要求每次访问的时延小于 100 ms 且至少有 0.1 Mbit/s 的下载带宽和 0.5 Mbit/s 的上传带宽）。

⊖　图中连接线上的标记是服务质量需求，包括时延和下载 / 上传带宽。连接线上的箭头指向上传方向。

⊜　改编自 Openstack Mitaka flavors: https://docs.openstack.org/。

图 9.2 展示了系统集成商为其一个客户部署的智能建筑应用程序的基础设施,其中包含两个云数据中心、三个雾节点以及九个终端。部署的应用程序要利用所有与雾 1 相连的终端以及位于雾 3 中的气温站 3。另外,雾 2 归属于用户,这使得向该节点部署组件是免费的。

所有的云节点和雾节点都与定价方案相关,要么是租赁某个虚拟机类型的实体(例如,云 2 中的一个微型虚拟机需要花费 7 欧元 / 月),要么是通过选择所需的核心数量和所需的 RAM 及 HDD 的数量来构建按需实体,以支持给定的组件。

雾节点提供软件功能和消耗性的硬件资源(如 RAM 和 HDD)以及非消耗性硬件资源(如 CPU)。相似地,云节点也提供软件功能,并且我们通常认为云节点能提供的硬件资源是无限的,所以在需要时用户总能买到基于云的额外的实体。

最后,表 9.2 列出了图 9.2 中的基础设施所支持的连接雾节点和云节点的通信链路端到端时延的 QoS。考虑到它们所提供的 QoS 的变化,这些 QoS 被表述为基于实际数据⊖的概率分布。雾 2 使用基于 3G 的无线通信技术。基于目前的技术提案(例如文献 [6] 和 [10]),我们假设云节点和雾节点能够直接与直连终端进行通信,而且能通过特定的中间层(相关的通信链路)来和间接连接的终端通信。

表 9.2　与通信链路有关的 QoS 配置

连接线类型	配置	时延	下载	上传
▬▬　▬▬	卫星 14M	40 ms	98%:10.5 Mbit/s	98%:4.5 Mbit/s
			2%:0 Mbit/s	2%:0 Mbit/s
┄┄┄┄┄	3G	54 ms	99.6%:10.5 Mbit/s	99.6%:2.89 Mbit/s
			0.4%:0 Mbit/s	0.4%:0 Mbit/s
	4G	53 ms	99.3%:22.67 Mbit/s	99.4%:16.97 Mbit/s
			0.7%:0 Mbit/s	0.6%:0 Mbit/s
▬▬▬▬▬	VDSL	60 ms	60 Mbit/s	6 Mbit/s
▬▬▬▬▬	Fiber	5 ms	1000 Mbit/s	1000 Mbit/s
▬ · ▬ · ▬	WLAN	15 ms	90%:32 Mbit/s	90%:32 Mbit/s
			10%:16 Mbit/s	10%:16 Mbit/s

为了计划以每月 1500 欧元的价格出售部署的解决方案,系统集成商将每月的部署成本限制在 850 欧元以内。此外,客户要求该应用程序在运行时至少有 98% 的时间能够达到指定的 QoS 指标。系统集成商们在首次部署应用程序之前就会遇到一些有趣的问题,比如:

问题 1(a)　有没有那种既能满足经济约束(每月最多花费 850 欧元)也能满足 QoS 约束(可靠时间至少达到 98%),且能达到雾 1 和雾 3 中所有有需求的符合条件的应用程序部署?

问题 1(b)　哪种符合条件的部署能使雾层的资源耗费最小化,以使得将来可以部署其他服务,并可以将虚拟实体向其他客户出售?

再假设若每个月额外投入 20 欧元,系统集成商就可以为雾 2 提供 4G 连接。那么就有

问题 2　在将雾 2 的接入技术由 3G 提升至 4G 的情况下,是否有一种部署不仅能满足以前的所有要求还能降低经济成本或降低雾资源消耗?

在 9.4 节我们将展示如何利用 FogTorch Ⅱ 来回答以上所有问题。

⊖　Satellite: https://www.eolo.it。3G/4G: https://www.agcom.it。VDSL: http://www.vodafone.it。

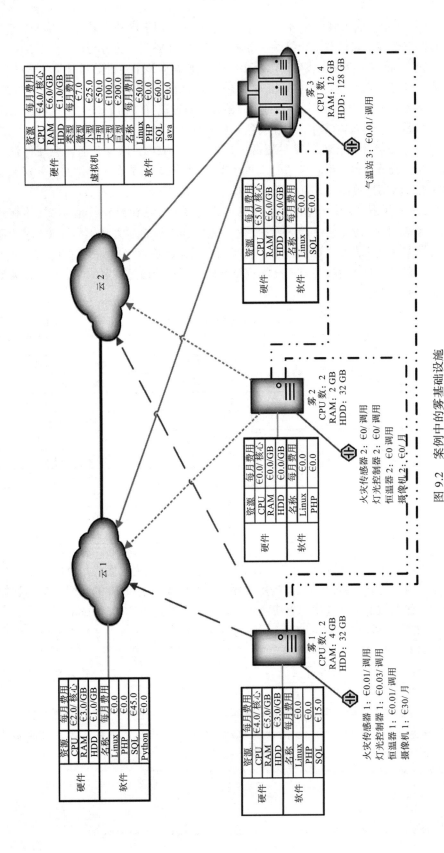

图 9.2　案例中的雾基础设施

注：图中连接线上的箭头指向上传方向。

9.3 使用 FogTorch Π 进行预测性分析

9.3.1 应用程序和基础设施建模

FogTorch Π[13,14] 是一个开源的 Java 原型⊖（基于文献 [8] 提出的模型），它能确定基于 QoS 感知、环境感知和成本感知的多组件雾基础设施部署。

FogTorch Π 的输入包括以下内容：

1）**基础设施** I：该输入包含了一个对基础设施 I 的描述，这个描述指明了可用于应用程序部署的物联网设备、雾节点、云数据中心（每个组件都有自己的硬件和软件功能），指明了可用的端到端（云到雾、雾到雾、雾到物）通信链路⊜的 QoS(即时延、带宽) 的概率分布，还指明了购买感知到的数据和云 / 雾虚拟实体的花费。

2）**多组件应用程序** A：它指明了应用程序中每一个组件的硬件（如 CPU、RAM、内存）、软件（如操作系统、数据库、框架）和物联网需求（如利用哪种类型的物），还指明了一旦应用程序部署后足以支持组件 – 组件交互、组件 – 物交互的链路的 QoS。

3）**物绑定** ϑ：它将每一个应用程序组件的物联网需求映射到 I 中实际可用的物上。

4）**部署策略** δ：部署策略列出了 A 的组件可以部署其上⊕的节点白名单（基于一些与安全或商业相关的约束）。

图 9.3 给出了 FogTorch Π 的鸟瞰图，其中输入在左，输出在右。下一节我们将介绍利用基于 FogTorch Π 的回溯搜索方法来确定出符合条件的部署、用于估算雾资源消耗和该部署方案的成本的模型，以及用于评估具有带宽和时延变化特性的通信链路的 QoS 保证度的蒙特卡罗（Monte Carlo）方法[17]。

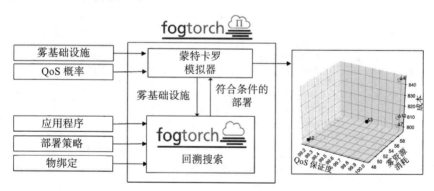

图 9.3 FogTorch Π 的鸟瞰图

9.3.2 搜索符合条件的部署

基于我们在 9.3.1 节描述过的输入，FogTorch Π 能确定出所有应用程序 A 的组件到基础设施 I 中的云节点或雾节点的符合条件的部署。

一个符合条件的部署 Δ 将 A 中的每一个组件 γ 映射到 I 中的云节点或雾节点 n，因此我

⊖ 可通过以下网站免费获得：https://github.com/di-unipi-socc/FogTorchPI/tree/multithreaded/。

⊜ 雾场景中的实际实现可以利用监控工具中的数据（例如文献 [51]、[52]）来获取有关基础设施 I 状态的更新信息。

⊕ 当未为 A 的分量 γ 指定 δ 时，可以将 γ 部署到 I 中的任何兼容节点。

们有

1）n 符合指定的部署策略 δ（记作 $n \in \delta(\gamma)$）并且满足 γ 的硬件和软件需求。

2）物绑定 ϑ 中指定的物从节点 n 出发都是可达的（不论是直达还是经由遥远的端到端连接）。

3）n 的硬件资源足以部署所有映射到 n 的 A 中的组件。

4）组件 – 组件交互、组件 – 物交互的 QoS 需求（带宽和时延）都能被满足。

为了确定在给定应用程序 A 在给定基础设施 I 下的满足条件（同时满足 δ，ϑ）的部署，FogTorch II 利用了回溯搜索法，如图 9.4 的算法所示。第二行的预处理步骤为每一个属于 A 的软件组件 γ 建立了 "辞典" $K[\gamma]$，该辞典指明了满足条件 1）和 2）的云节点或雾节点，这种映射能使应用程序部署满足条件，同时也满足物对组件 γ 的时延要求。如果存在任何一个组件的空 $K[\gamma]$，那么算法会立即返回一组空部署（第 3 行到第 5 行）。总体来说，预处理步骤的时间复杂度为 $O(N)$，其中 N 为可用的云节点或雾节点的数量，因为它最多必须检查每个应用程序组件的所有雾节点和云节点的能力。

在第 7 行中调用的 BacktrackSearch(D, Δ, A, I, K, ϑ) 程序的输入是预处理的输出，该程序用于寻找符合条件的部署。它访问一个（有限的）搜索空间树，树的每层最多有 N 个节点。树的深度等于 A 中含有的组件数 Γ。如图 9.5 所示，搜索空间树的每一个节点代表了一个（部分）部署 Δ，被部署的组件数对应于节点的深度。根对应于一个空部署，第 i 层的节点是第 i 个组件的部分部署，第 Γ 层的叶子包含了完整的符合条件的部署。从一个节点到另一个节点的边缘代表了将一个组件部署到云节点或雾节点的操作。因此，整个搜索的时间复杂度为 $O(N^\Gamma)$。

```
1: procedure FINDDEPLOYMENTS(A, I, δ, ϑ)
2:     K ← PREPROCESS(A, I, δ, ϑ)
3:     if K = failure then
4:         return ∅                          ▷ ∃γ ∈ A s.t. K[γ] = ∅
5:     end if
6:     D ← ∅
7:     BACKTRACKSEARCH(D, ∅, A, I, K, ϑ)
8:     return D
9: end procedure
```

图 9.4　穷举搜寻算法的伪代码

在每一次递归调用中，BacktrackSearch(D, Δ, A, I, K, ϑ) 都首先检查 A 中所有的组件是否都已经被当前尝试的部署方案所部署，如果都已被部署，它就添加已找到的部署来设置 D（如图 9.6 的第 2 行到第 3 行），然后返回至中断点（如图 9.6 的第 4 行）。否则，它将选择一个待部署的组件（selectUndeployedComponent (Δ, A)），然后将其部署到 $K[\gamma]$ 中的一个被选定的节点（selectDeploymentNode($K[\gamma]$, A)）中。isEligible (Δ, γ, n, A, I, ϑ) 函数（第 8 行）用于检查部署是否满足条件 3）和 4），当满足时，函数 deploy (Δ, γ, n, A, I, ϑ) 就根据新的部署关联减少基础设施中可用的带宽和硬件资源。undeploy (Δ, γ, n, A, I, ϑ)（第 11 行）执行 deploy (Δ, γ, n, A, I, ϑ) 的逆操作，用于在回溯部署关联时释放资源和带宽。

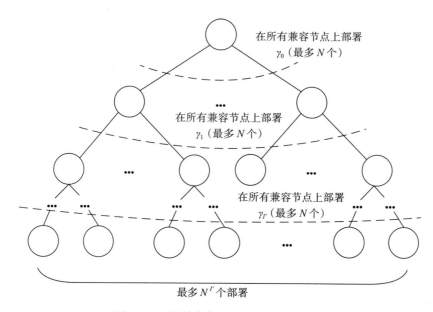

图 9.5　寻找符合条件的部署的搜索空间

```
 1: procedure BACKTRACKSEARCH(D, Δ, A, I, K, ϑ)
 2:     if ISCOMPLETE(Δ) then
 3:         ADD(Δ, D)
 4:         return
 5:     end if
 6:     γ ← SELECTUNDEPLOYEDCOMPONENT(Δ, A);
 7:     for all n ∈ SELECTDEPLOYMENTNODE(K[γ], A) do
 8:         if ISELIGIBLE(Δ, γ, n, A, I, ϑ) then
 9:             DEPLOY(Δ, γ, n, A, I, ϑ)
10:             BACKTRACKSEARCH(D, Δ, A, I, K, ϑ)
11:             UNDEPLOY(Δ, γ, n, I, A, ϑ)
12:         end if
13:     end for
14: end procedure
```

图 9.6　回溯搜索的伪代码

9.3.3　估算资源消耗和成本

函数 FindDeployments(A, I, δ, ϑ) 用于计算每个给定部署的每月成本⊖和雾资源消耗的估计值。

雾资源消耗是 FogTorchΠ 的输出，它考虑到所有部署的应用程序组件 $\gamma \in A$，用于表示 RAM 资源和雾节点簇⊖ F 内存的总平均消耗百分比。总之，雾资源消耗是一个平均值，该平均值的计算公式为

$$\frac{1}{2}\left(\frac{\sum_{\gamma \in A}\mathrm{RAM}(\gamma)}{\sum_{f \in F}\mathrm{RAM}(f)} + \frac{\sum_{\gamma \in A}\mathrm{HDD}(\gamma)}{\sum_{f \in F}\mathrm{HDD}(f)} \right) \tag{9-1}$$

⊖　成本计算是在搜索步骤中即时执行的，基于成本使搜索算法趋向最佳候选部署。

⊜　FogTorchΠ 的实际实现允许选择 I 中所有可用雾节点的子集，以在其上计算雾资源消耗。

其中 RAM(γ)、HDD(γ) 代表组件 γ 所需的资源量，RAM(f)、HDD(f) 代表节点 f 中该类型资源的可用总量。

为了计算基础设施 I 中应用程序部署 A 的每月开销的估计值，我们提出了一种新颖的成本模型，该模型可以扩展到雾计算之前在云成本建模[18]方面的努力，包括物联网成本[19]和软件成本。

在任何一个雾节点或云节点 n，我们的成本模型是这样考虑的：一个硬件供给 H 可以是一个按固定月费提供的默认虚拟机（如表 9.1），也可以是按需虚拟机（内置数量可变的内核、RAM、HDD）。R 作为构建按需虚拟机时考虑到的资源集（即 R = {CPU, RAM, HDD}），节点 n 的硬件供给 H 每月成本的估计值为

$$p(H,n) = \begin{cases} c(H,n) & \text{若 } H \text{ 是一个默认虚拟机} \\ \sum_{\rho \in R}(H.\rho \times c(\rho,n)) & \text{若 } H \text{ 是一个按需虚拟机} \end{cases} \quad (9\text{-}2)$$

其中 $c(H, n)$ 是云或雾节点 n 中的默认虚拟机的供给 H 的月成本，$H.\rho$ 代表用 H 表示的虚拟机所使用的资源 $\rho \in R$ 的量⊖。$c(\rho, n)$ 是节点 n 对资源 ρ 的单位月成本。

类似地，对于任何给定的云节点或雾节点 n，软件供给 S 既可以是一个预设的软件包也可以是节点 n 处可用的一个按需的软件功能子集。节点 n 处的软件供给 S 成本的估计值为

$$p(S,n) = \begin{cases} c(S,n) & \text{若 } S \text{ 是预设软件包} \\ \sum_{s \in S} c(s,n) & \text{若 } S \text{ 是按需软件功能子集} \end{cases} \quad (9\text{-}3)$$

其中 $c(S, n)$ 是节点 n 处的软件包 S 的成本，$c(s, n)$ 是节点 n 处单个软件 s 的月成本。

最后，在感知即服务[15]场景中，一个利用一个真实物 t 的物供给 T 可以由每月订阅费或者按次付费机制来表征。那么，在物 t 上的物供给 T 的成本为

$$p(T,t) = \begin{cases} c(T,t) & \text{若 } T \text{ 是订阅型的} \\ T.k \times c(t) & \text{若 } T \text{ 是按次付费的} \end{cases} \quad (9\text{-}4)$$

其中 $c(T, t)$ 是 t 上 T 的订阅型月成本，$T.k$ 是 t 上所期望的每月调用次数，$c(t)$ 是每次调用的费用（包含物使用和数据传输的成本）。

假设 Δ 是应用程序 A 在基础设施 I 上的一个满足条件的部署，正如 9.3 节介绍的那样。此外，令 $\gamma \in A$ 是被考虑的应用 A 中的一个组件，并分别令 $\gamma.\bar{H}$、$\gamma.\bar{\Sigma}$、$\gamma.\bar{\Theta}$ 为其硬件、软件和物需求。总之，对于一个给定部署 Δ 的月成本估计可以先由以下公式通过合并前文所述的方案来近似：

$$\text{cost}(\Delta, \vartheta, A) = \sum_{\gamma \in A} \left(p(\gamma.\bar{H}, \Delta(\gamma)) + p(\gamma.\bar{\Sigma}, \Delta(\gamma)) + \sum_{r \in \gamma.\bar{\Theta}} p(r, \vartheta r) \right) \quad (9\text{-}5)$$

虽然上面的公式给出了对某一给定部署月成本的估计方法，但它却没有给出最优的部署（满足应用程序对虚拟机、软件和物联网级别的要求）。特别地，它可能会导致总是选择按需或按次付费的策略（当默认或整包方式不匹配于应用程序要求时或者当一个云提供商没有提供某一特定虚拟机类型时（比如，从中型机开始提供产品）），这会导致高估部署成本的问题。

⊖ 限制为在任何选定的云或雾节点上可购买的最大数量。

例如，考虑图 9.2 的基础设施和要部署到云 2 的组件的硬件需求，指定 R = {CPU: 1, RAM: 1GB, HDD: 20GB}。由于需求 R 与云 2 的产品之间不存在完全的匹配，因此第一个成本模型将选择按需实体，并估算其成本为 30 欧元[⊖]。但是，云 2 还提供了一个成本仅为 25 欧元的满足以上要求的小型实例。

由于较大型的虚拟机总能满足较小的硬件要求，捆绑的软件供给可能以较低的价格来满足多个软件需求，而基于订阅的物供给总是或多或少更方便（这具体取决于给定物的调用次数）。因此我们必须要找到一种策略，它能为应用程序组件的每个硬件、软件和物需求找到最佳供给。考虑到这一点，在下文中，我们将改进我们的成本模型。

需求 – 供给匹配策略 $p_m(r, n)$ 将某一组件的硬件或软件需求 ($r \in \{\gamma.\bar{H}, \ \gamma.\bar{\Sigma}\}$) 和在云节点或雾节点 n 上提供支持的供给月开销的估计值相匹配，同时也将物需求 $r \in \gamma.\Theta$ 匹配于物 t 上用于支持 r 的供给的月开销估计值。

总体上，改进后的成本估算模型可用于估算 Δ 的月成本，其中包括基于成本感知将应用程序需求和基础设施供给（对硬件、软件和物联网）相匹配，将其记作 p_m。因此

$$\text{cost}(\Delta, \vartheta, A) = \sum_{\gamma \in A} \left(p_m(\gamma.\bar{H}, \Delta(\gamma)) + p_m(\gamma.\bar{\Sigma}, \Delta(\gamma)) + \sum_{r \in \gamma.\Theta} p_m(r, \vartheta r) \right) \qquad (9\text{-}6)$$

当前的 FogTorchⅡ 实现利用了最佳最低成本策略来选择软件、硬件和物供给。事实上，它在能在节点 n 中支持 $\gamma.\bar{H}$ 以及能根据 $\gamma.\bar{H}$ 进行按需供给的第一个默认虚拟机（从微型到巨型）中选择了最廉价的。同样，$\gamma.\bar{\Sigma}$ 中的软件需求和节点 n 中可提供的最廉价的版本兼容，每个被调用的物供给将与每月订阅进行比较，以选择最廉价的。[⊖]

正式地，FogTorchⅡ 使用的成本模型可以表示为

$$p_m(\bar{H}, n) = \min\{p(H, n)\} \forall H \in \{\text{default VM, on-demand VM}\} \ \wedge \ H \models \bar{H} \qquad (9\text{-}7)$$

$$p_m(\bar{\Sigma}, n) = \min\{p(S, n)\} \forall S \in \{\text{on-demand, bundle}\} \ \wedge \ S \models \bar{\Sigma} \qquad (9\text{-}8)$$

$$p_m(r, t) = \min\{p(T, t)\} \forall T \in \{\text{subscription, pay-per-invocation}\} \ \wedge \ T \models r \qquad (9\text{-}9)$$

其中 $O \models R$ 读作供给 O 满足需求 R。

值得注意的是，所提出的成本模型将购买虚拟机的成本与购买软件的成本分开。此选择使建模通用性足以包括 IaaS 和 PaaS 云产品。此外，即使我们将虚拟机作为应用程序组件的唯一部署单元，也可以轻松扩展该模型以包括其他类型的虚拟实体（例如容器）。

9.3.4　QoS 保证度的估计

除了雾资源消耗和成本之外，FogTorchⅡ 还输出了输出部署的 QoS 保证的估计值。FogTorchⅡ 利用 9.3.2 节中描述的算法和并行蒙特卡罗模拟来估计输出部署的 QoS 保证度，通过聚合改变 I 中端到端通信链路所特有的 QoS 时获得的符合条件的部署（根据给定的概率分布）来完成。图 9.7 列出了 FogTorchⅡ 整体功能的伪代码。

⊖　€ 30=1CPU × € 4/ 核心 +1 GB RAM × € 6/GB+20 GB HDD × € 1/GB。

⊜　其他策略也是可能的，例如，选择可容纳一个组件的最大产品，或始终将某个组件的要求提高一定百分比（例如，在选择匹配项之前将其提高 10%）。

```
 1: procedure MONTECARLO(A, I, ϑ, δ, n)
 2:     D ← ∅                    ▷ dictionary of ⟨Δ, counter⟩
 3:     parallel for n times
 4:         I_s ← SAMPLELINKSQOS(I)
 5:         E ← FINDDEPLOYMENTS(A, I_s, ϑ, δ)
 6:         D ← UNIONUPDATE(D, E)
 7:     end parallel for
 8:     for Δ ∈ keys(D) do
 9:         D[Δ] ← D[Δ]/n
10:     end for
11:     return D
12: end procedure
```

图 9.7　ForTorch II 中蒙特卡罗模拟的伪代码

```
 1: p ∈ [0, 1] ∧ q, q′ ∈ Q
 2: procedure SAMPLINGFUNCTION(p, q, q′)
 3:     r ← RANDOMDOUBLEINRANGE(0,1)
 4:     if r ⩽ p then
 5:         return q
 6:     else
 7:         return q′
 8:     end if
 9: end procedure
```

图 9.8　伯努利采样函数示例

　　首先，创建一个空（线程安全）字典 D 以包含键值对 ⟨ Δ, counter ⟩，其中键（Δ）表示符合条件的部署，值（counter）用于记录蒙特卡罗模拟中生成 Δ 的次数（第 2 行）。然后，蒙特卡罗运行的总数 n 除以可用工作线程数⊖ w，每个执行 $n_w = \lceil n/w \rceil$ 的进程都以并行 for 循环的方式进行，然后修改自己（本地）的 I 副本（第 4 行到第 6 行）。在每次模拟运行开始时，每个工作线程按照 I 中通信链路的 QoS 的概率分布对基础设施的状态 I_s 进行采样（第 4 行）。

　　函数 FindDeployments(A, I_s, ϑ, δ)（第 5 行）就是 9.3.2 节的穷举（回溯）搜索，以确定 A 在 I_s 的符合条件的部署 Δ 的集合 E，即那些在基础设施所处状态下满足所有处理和 QoS 需求的 A 的部署。此步骤的目标是查找符合条件的部署，同时动态模拟底层网络条件的更改。图 9.8 展示了一个可用于采集链路 QoS 的采样函数示例，但 FogTorch II 支持任意概率分布。

　　在每次运行结束时，符合条件的 A 在 I_s 的部署的集合 E 与 D 合并，如图 9.7 所示。函数 UnionUpdate(D, E)（第 6 行）通过添加在上次运行期间发现的部署 ⟨Δ, 1⟩(Δ ∈ E ∩ keys(D))，和递增已经找到的那些已在先前的运行中发现的部署（Δ ∈ E ∩ keys(D)）的 counter 来更新 D。

　　在并行 for 循环结束之后，每个部署 Δ 的输出 QoS 保证值被计算为产生 Δ 的运行的百分比。实际上，在模拟期间生成的部署越多，就越可能在实际基础设施中的不同 QoS 下满足所有期望的 QoS 约束。因此，在模拟结束（$n \geqslant 100\ 000$）时，通过将与 Δ 相关联的 counter 除以 n（第 8 ~ 10 行），即通过在考虑每个 I 的历史行为下通信链路的变化的同时估计每个部署有多大可能满足 A 的 QoS 约束，计算每个部署 Δ ∈ keys(D) 的 QoS 保证值。

⊖　可将可用工作线程的数量设置为运行 FogTorch II 的计算机上可用的物理或逻辑处理器的数量。

最后，返回字典 D（第 11 行）。

在下一节中，我们将描述在 9.2 节智能建筑案例中运行 FogTorchⅡ 的结果，以获得系统集成商的问题的答案。

9.4　案例（续）

在本节中，我们利用 FogTorchⅡ 来解决系统集成商在 9.2 节智能建筑示例中提出的问题。根据 9.3 节，FogTorchⅡ 输出一组符合条件的部署以及其对 QoS 保证，雾资源消耗和每月成本的估计。

对于问题 1（a）和（b）：

问题 1（a） 有没有那种能满足经济约束（每月最多花费 850 欧元）也能满足 QoS 约束（可靠时间至少达到 98%）且能达到雾 1 和雾 3 中所有有需求的符合条件的应用程序部署？

问题 1（b） 哪种符合条件的部署能使雾层的资源耗费最小化，以使得将来可以部署其他服务，并可以将虚拟实体向其他客户出售？

FogTorchⅡ 输出了 11 个满足条件的部署（如表 9.3 中 $\Delta 1$ 到 $\Delta 11$ 所示）。

表 9.3　对于问题 1 和问题 2 FogTorch Ⅱ 给出的符合条件的部署[⊖]

部署 ID	物联网控制器	数据存储	仪表盘
$\Delta 1$	雾 2	雾 3	云 2
$\Delta 2$	雾 2	雾 3	云 1
$\Delta 3$	雾 3	雾 3	云 1
$\Delta 4$	雾 2	雾 3	雾 1
$\Delta 5$	雾 1	雾 3	云 1
$\Delta 6$	雾 3	雾 3	云 2
$\Delta 7$	雾 3	雾 3	雾 2
$\Delta 8$	雾 3	雾 3	雾 1
$\Delta 9$	雾 1	雾 3	云 2
$\Delta 10$	雾 1	雾 3	雾 2
$\Delta 11$	雾 1	雾 3	雾 2
$\Delta 12$	雾 2	云 2	雾 1
$\Delta 13$	雾 2	云 2	云 1
$\Delta 14$	雾 2	云 2	云 2
$\Delta 15$	雾 2	云 1	云 2
$\Delta 16$	雾 2	云 1	云 1
$\Delta 17$	雾 2	云 1	雾 1

值得回顾的是，我们设想通过其他云节点和雾节点来远程访问连接到雾节点的物。实际上，某些输出的部署将组件映射到了一些节点，这些节点不直连到所有其必需事物。例如，在 $\Delta 1$ 中，物联网控制器被部署到雾 2，但所需的物（火灾传感器 1、灯光控制器 1、恒温器 1、摄像机 1、气温站 3）却附着在雾 1 和雾 3。但物联网控制器仍然可以经由适当的时延、

⊖　以生成图 9.9 和图 9.10 中的 3D 图的结果和 Python 代码可由以下网站获得：https://github.com/di-unipi-socc/FogTorchPI/tree/multithreaded/results/SMARTBUILDING18。

耗费适当的带宽后抵达其所需的物。

图 9.9 仅显示了满足系统集成商要求的 QoS 和预算约束的五个输出部署。Δ3、Δ4、Δ7 和 Δ10 都具有 100% 的 QoS 保证值。在成本方面 Δ7 是最便宜的，其消耗的雾资源与 Δ4 和 Δ10 的一样多，尽管相对于 Δ3 的更多。另一方面，Δ2 仍然显示了高于 98% 的 QoS 保证值 并且与 Δ3 消耗一样多的雾资源，因此它可以是在每月最低 800 欧元成本上的妥协方案。以 上输出的部署很好地回答了问题 1（b）。

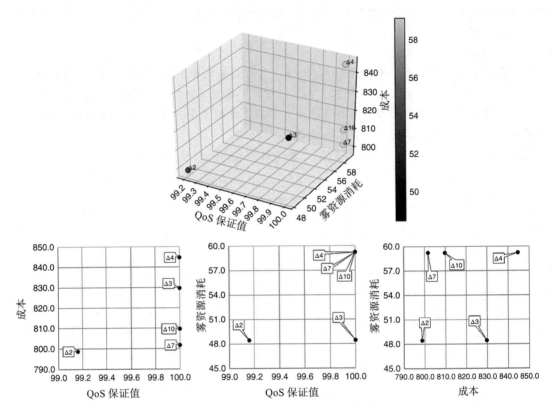

图 9.9　问题 1(a) 和问题 1(b) 的结果

注：图中的色图显示雾资源消耗。顶部 3D 轴上显示的数据也在该图底部的三个图中投影为 2D 显示。

最后，我们来讨论问题 2：

问题 2：在将雾 2 的接入技术由 3G 提升至 4G 的情况下，是否有一种部署不仅能满足 以前的所有要求还能降低经济成本或降低雾资源消耗？

我们将雾 2 的互联网接入从 3G 改为 4G。这使每月费用增加 20 欧元。运行 FogTorchⅡ，除了之前的输出外，它还显示了 6 个符合条件的新部署（Δ12 ~ Δ17）。其中， 只有 Δ16 才能满足系统集成商所需的 QoS 和预算限制（参见图 9.10）。有趣的是，Δ16 比问 题 1（b）（Δ2）的最佳候选的成本低 70 欧元，同时明显减少了雾资源消耗。因此，总体上， 从 3G 到 4G 的变化将导致估计的每月节省成本为 50 欧元（Δ16 对于 Δ2 来说）。

当前的 FogTorchⅡ 原型为系统集成商提供了特定部署的最终选择，允许其在 QoS 保证 值、资源消耗和成本之间自由地选择"最佳"的权衡方案。实际上，对特定于应用程序的需 求（以及基础设施行为的数据）的分析可以导致决定从物联网到云的应用程序的不同分段，导致在度量标准（某种部署在运行期间的可能行为）之间确定最佳权衡的尝试，并且可以在实际实施之前评估基础设施（或应用程序）的变化（假设分析[12]）。

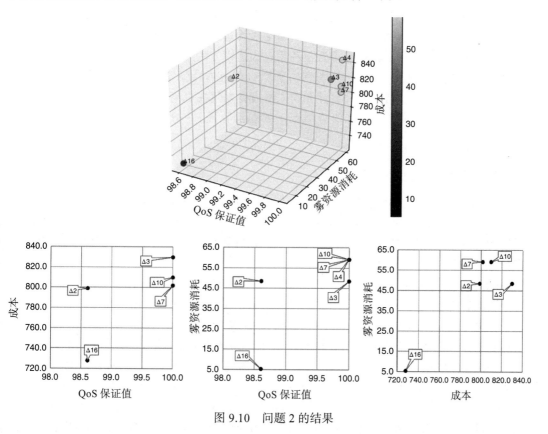

图 9.10　问题 2 的结果

注：图中的色图显示雾资源的消耗。顶部 3D 轴上显示的数据也在该图底部的三个图中投影为 2D 显示。

9.5　相关工作

9.5.1　云应用程序部署支持

我们已经在云场景中彻底研究了决定如何部署多组件应用程序的问题。例如，SeaClouds[20]、Aeolus[21] 或 Cloud-4SOA[22] 等项目提出了模型驱动的优化规划解决方案，以跨多个（IaaS 或 PaaS）云部署软件应用程序。文献 [23] 提出使用 OASIS TOSCA[24] 来模拟云 + 物联网场景中的物联网应用程序。

对于云范式，雾引入了新的问题。这些问题主要来源于雾设备普遍的地理分布和异质性，以及对连接感知、动态性和物联网交互的支持的需求，以前的工作都没有考虑这些（例如文献 [25-27]）。特别地，在云计算中，人们考虑了一些非功能性要求（例如文献 [28,29]）或执行的不确定性（如在雾节点中）以及相互依赖、彼此交互的组件之间的安全风险（例如文献 [30]）。直到最近，文献 [31] 才首次尝试考虑将服务和网络 QoS 联系起来，提出了一种 QoS 感知和连接感知的云服务组合方法，以满足云中的端到端 QoS 要求。

现在已经有了很多用于描述云计算环境中资源及应用程序的特定域语言（DSL），例如，

TOSCA YAML [24] 或基于 JSON 的 CloudML [32]。我们的目标是不与任何涉及软件/硬件产品规范的标准相绑定，以使所提出的方法保持通用性，并且可以潜在地利用这种 DSL 的合适扩展（关于 QoS 和物联网）。此外，在云或多云场景中自动提供和配置软件组件的方案正被 DevOps 用于自动地进行应用程序部署或指导部署设计选择策略（例如，Puppet[33] 和 Chef[34]）。

在物联网部署的背景下，业界最近正利用正式建模方法来实现物联网的连通性和覆盖优化 [35,36]，以改进无线传感器网络的资源利用率 [37]，以及估计服务组合的可靠性和成本 [38]。

我们的研究旨在通过描述软件组件和物联网设备之间在更高抽象层次上的交互，来对以上工作进行补充，以通过雾来实现应用程序的知情分段——这是以前的工作没有解决的问题。

9.5.2   雾应用程序部署支持

据我们所知，到目前为止，很少有方法专门模拟雾基础设施和应用程序，以及确定和比较在不同指标下应用程序在雾基础设施上的合格部署。与传统云场景相比，文献 [39] 针对应用于物联网中的新的雾范式进行了服务延迟和能耗的评估。然而，文献 [39] 的模型仅涉及雾基础设施上已经部署了的软件的行为。

iFogSim[40] 是模拟适用于雾环境的资源管理和调度策略的最有前途的原型之一，iFogSim 考虑了资源管理和调度策略对延迟、能耗和运营成本的影响。iFogSim 模型聚焦于可以映射到仅云或边缘区域的流处理应用程序和分层树状基础设施，以便比较结果。在 9.5.4 节中，我们将展示如何互补地使用 iFogSim 和 FogTorchⅡ 来解决部署难题。

在 iFogSim 的基础上，文献 [41] 比较了不同的任务调度策略，并考虑了用户移动性、最佳雾资源利用率和响应时间。文献 [42] 提出了一种分布式的方法，可以在不同的工作负载条件下实现经济高效的应用程序部署，目标是优化整个基础设施的运营成本。文献 [43] 引入了一种基于层次结构的技术，用于在云节点和雾节点之间动态管理和迁移应用程序。该作者利用本地和全局节点管理器之间的消息传递来保证 QoS 和成本约束得到满足。类似地，文献 [44] 利用雾群 [45] 的概念将任务调度到雾基础设施，同时最小化响应时间。文献 [46] 提供了第一种基于概率记录的资源估计的方法，以减轻资源利用不足，以及增强所提供的物联网服务的 QoS。

所有上述方法仅限于单片或 DAG 应用程序拓扑，并未考虑组件–组件和组件–物交互的 QoS，也未考虑雾基础设施或部署行为的历史数据。此外，使用预测方法明确地定位和支持将物联网应用程序部署到雾中的决策过程的尝试，并未考虑将应用程序组件与最佳虚拟实体（虚拟机或容器）进行匹配，取决于其工作中表达的偏好（例如成本或能源目标）。

9.5.3   成本模型

虽然云的定价模型已经确立（例如，文献 [18] 及其中的参考文献），但这些模型并未考虑利用物联网设备所产生的成本。云定价模型通常分为两种类型，即按使用次数付费和基于订阅的方案。在文献 [18] 中，基于给定的用户工作负载要求，云代理在多个云提供商中选择最佳虚拟机实体。通过考虑硬件要求（例如 CPU 核心数、虚拟机类型、持续时间、实体类型（保留或可预占）等）来计算部署总成本。

另一方面，物联网提供商通常处理来自物联网设备的传感数据，并将处理后的信息作为增值服务出售给用户。文献 [19] 展示了这些提供商如何同时充当经纪人，从不同的所有者那里获取数据并对其进行捆绑销售。文献 [19] 的作者还考虑了这样一个事实:不同的物联网提供商可以将其服务联合起来并为其终端用户创造新的产品。然后,这些终端用户有权通过比较按次计费和基于订阅的付费模式来估计使用物联网服务的总成本,这取决于他们的数据需求。

最近,文献 [47] 提出了物联网 + 云场景的成本模型。考虑诸如传感器的类型和数量、数据请求的数量和虚拟机的正常运行时间等参数,其成本模型可以估计在一段时间内运行某一具体应用程序的成本。然而,在雾场景中,需要在更精细的水平上计算物联网成本,还要考虑数据传输成本(即基于事件的成本)。

其他研究则解决了来自基础设施的类似挑战,有的关注可扩展的微数据中心的 QoS 感知部署算法 [48],有的关注数据和存储节点的最佳布局,以确保低延迟和最大吞吐量、优化成本 [49],还有的关注利用遗传算法将智能接入点置于网络边缘 [50]。

据我们所知,我们在雾场景中建模成本的尝试是第一个将云定价方案扩展到雾层并将其与物联网部署典型成本集成在一起的方法。

9.5.4 比较 iFogSim 和 FogTorchΠ

iFogSim[40] 是一个雾计算场景的模拟工具。在本节中,我们将讨论如何将 iFogSim 和 FogTorch 一起用于解决相同的输入场景(即基础设施和应用程序)。我们通过评估 FogTorchΠ 的结果是否与 iFogSim 获得的结果一致来进行对比。在本节中,我们将回顾文献 [40] 中用于 iFogSim 的 VR 游戏案例研究,对其执行 FogTorchΠ,然后比较两个原型获得的结果。

VR 游戏是一种对延迟敏感的智能手机应用程序,它允许多个玩家通过 EEG 传感器相互交互。它是一个由三个组件(即客户端、协调器和集中器)组成的多组件应用程序(如图 9.11)。为了允许玩家实时交互,该应用程序要求组件之间具有高水平的 QoS(即最小时延)。托管应用程序的基础设施包括一个单个云节点、一个 ISP 代理、多个网关以及多部连接到 EEG 传感器的智能手机(如图 9.12)。网关的数量是可变的,可以设置为 1、2、4、8 或 16,而连接到每个网关的智能手机的数量保持不变(即 4)。

对于给定的输入应用程序和基础设施,iFogSim 生成并模拟满足一个所有指定硬件和软件要求的单个部署(仅位于云或边缘区域 [40])。模拟捕获应用程序中组件之间的元组交换,就像在实际部署中一样。这使管理员能够在采用仅云或边缘区域部署策略时比较时间敏感控制环路〈EEG– 客户端 – 集中器 – 客户端 – 屏幕〉的平均时延。

另一方面,FogTorchΠ 为相同的输入生成各种符合条件的部署⊖以供选择。实际上,FogTorchΠ 根据基础设施中使用的网关数量的变化输出了 25 个符合条件的部署的集合。

如表 9.4 所示,FogTorchΠ 输出主要包括 VR 游戏应用示例的边缘区域部署。这与文献 [40] 中 iFogSim 获得的结果非常吻合,其中仅在云端部署比边缘区域部署更糟糕(特别是当涉及的设备(智能手机和网关)数量增加时)。此外,根据 FogTorchΠ 开发的只利用云的输出部署结果是 $\Delta 2$ 和 $\Delta 5$,它们具有非常低的 QoS 保证值(小于 1%)。

根据文献 [40],在当前版本中,iFogSim 尚未提供性能预测功能(如 FogTorchΠ 实现的功能),但是这些功能可以通过利用该工具提供的监控层来实现,并且该工具还包括保存有关基础设施行为的历史数据的知识库。

⊖ https://github.com/di-unipi-socc/FogTorchPI/tree/multithreaded/results/VRGAME18

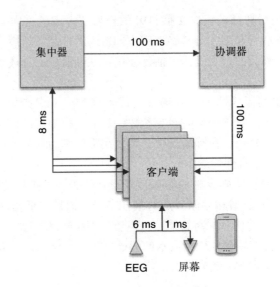

图 9.11　VR 游戏应用程序

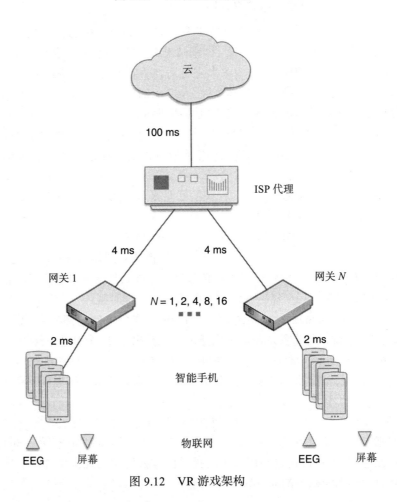

图 9.12　VR 游戏架构

注：我们假设基础设施中的端到端通信链路的延迟等于它们经过的路径的延迟之和。

总而言之，iFogSim 和 FogTorchⅡ 可被视为一些补充工具，旨在帮助用户选择如何部署其雾应用程序，其方法是预先确定给定部署的属性，以便在任意时间范围内模拟最有前途的部署候选项。将 FogTorchⅡ 的预测特征与 iFogSim 的模拟特征相结合确实在未来研究方向的范围之内。

表 9.4　VR 游戏的 FogTorchⅡ 结果

部署 ID	客户端	集中器	协调器	网关数量				
				1	2	4	8	16
Δ1		网关 1	ISP 代理	×	×			
Δ2		ISP 代理	云	×				
Δ3		网关 1	网关 1	×	×			
Δ4		ISP 代理	网关 1	×	×	×	×	×
Δ5		网关 1	云	×				
Δ6		ISP 代理	ISP 代理	×	×	×	×	×
Δ7		ISP 代理	网关 2		×	×	×	×
Δ8		网关 2	网关 2		×			
Δ9		网关 2	网关 1		×			
Δ10		网关 2	ISP 代理		×			
Δ11		网关 1	网关 2		×			
Δ12	智能手机	ISP 代理	网关 4			×	×	×
Δ13		ISP 代理	网关 3			×	×	×
Δ14		ISP 代理	网关 5				×	×
Δ15		ISP 代理	网关 7				×	×
Δ16		ISP 代理	网关 6				×	×
Δ17		ISP 代理	网关 8				×	×
Δ18		ISP 代理	网关 16				×	×
Δ19		ISP 代理	网关 15				×	×
Δ20		ISP 代理	网关 14					×
Δ21		ISP 代理	网关 13					×
Δ22		ISP 代理	网关 12					×
Δ23		ISP 代理	网关 11					×
Δ24		ISP 代理	网关 9					×
Δ25		ISP 代理	网关 10					×
执行时间（秒）⊖				4	10	26	89	410

9.6　未来研究方向

我们看到了 FogTorchⅡ 未来工作的几个方向。第一个方向是其可以包含其他维度和预测指标，来评估符合条件的部署、优化搜索算法，以及丰富输入和输出表达能力。特别是，对以下方向进行研究会很有趣：

● 将能耗估算作为符合条件的部署的特征度量标准，评估其在雾场景中对 SLA 和商务

⊖　在双核英特尔 i5-6500@3.2 GHz，8 GB RAM 上运行，$w=2$。

模式的影响及其财务成本。

- 考虑安全通信、对节点和组件的访问控制以及对不同提供商的信任方面的安全限制。
- 确定雾节点和物联网设备的移动性，特别关注符合条件的部署如何适时地利用（本地）可用功能或保证客户流失的弹性。

另一个方向是通过引导具有改进的启发式搜索和近似度量估计的搜索来降低 FogTorchⅡ 算法的指数复杂度，以便使其在大规模基础设施上进行更好的扩展。

进一步的方向可以是应用多目标优化技术，以便根据估计指标和性能指标来对符合条件的部署进行排名，从而自动选择最能满足最终用户目标和应用程序要求的（一组）部署。

现在业界正在对 FogTorchⅡ 的设计方法的重用进行研究，以生成在 iFogSim 中模拟的部署。这将允许比较 FogTorchⅡ 生成的预测指标与使用 iFogSim 获得的模拟结果，并将为我们的原型提供更好的验证。

最后，雾计算缺乏设计方法的中到大型部署（即基础设施和应用程序）的测试。进一步设计 FogTorchⅡ，并评估其在目前的实验测试平台上的有效性将会很有趣。

9.7 结论

在本章中，在讨论了与雾应用程序部署相关的一些基本问题之后，我们提出了 FogTorchⅡ 原型，这是第一次尝试为雾应用程序部署者提供预测工具，以便确定和比较符合条件的基于环境感知、QoS 感知及成本感知的复合应用程序在雾基础设施中的部署。为此，FogTorchⅡ 考虑了与实时雾应用相关的处理（例如 CPU、RAM、存储、软件）、QoS（例如时延、带宽）以及财务约束。

据我们所知，FogTorchⅡ 是第一个能够根据端到端通信链路所具有的带宽和时延的概率分布来估计复合雾应用程序部署的 QoS 保证值的原型。FogTorchⅡ 还可以估计雾层中的资源消耗，该估计结果可用于根据用户需要来最小化某些雾节点相对于其他雾节点的利用率。最后，它嵌入了一种新颖的成本模型来估算物联网 + 雾 + 云基础设施的多组件应用程序部署成本。该模型考虑了各种成本参数（硬件、软件和物联网），并将云计算成本模型扩展到雾计算范式，同时考虑了与物联网设备和服务使用相关的成本。

通过讨论 FogTorchⅡ 在雾智能建筑中的应用、在设计时进行假设分析（包括通信链路特有的 QoS 变化），以及寻找在 QoS 保证值、资源消耗和成本之间的最佳权衡，我们说明了 FogTorchⅡ 的潜力。

毋庸置疑，用于雾计算应用程序部署的预测工具的未来刚刚开始，并且仍然需要对如何适当地平衡不同类型的需求的了解，以使利益相关者清楚自己在整个应用程序部署中应该做出的选择。

参考文献

1 CISCO. Fog computing and the Internet of Things: Extend the cloud to where the things are. https://www.cisco.com/c/dam/en_us/solutions/trends/iot/docs/computing-overview.pdf, 30/03/2018.

2 CISCO. Cisco Global Cloud Index: Forecast and Methodology. 2015–2020, 2015.

3 A. V. Dastjerdi and R. Buyya. Fog Computing: Helping the Internet of

Things Realize Its Potential. *Computer,* 49(8): 112–116, August 2016.

4 I. Stojmenovic, S. Wen, X. Huang, and H. Luan. An overview of fog computing and its security issues. *Concurrency and Computation: Practice and Experience,* 28(10): 2991–3005, July 2016.

5 R. Mahmud, R. Kotagiri, and R. Buyya. Fog computing: A taxonomy, survey and future directions. *Internet of Everything: Algorithms, Methodologies, Technologies and Perspectives,* Beniamino Di Martino, Kuan-Ching Li, Laurence T. Yang, Antonio Esposito (eds.), Springer, Singapore, 2018.

6 F. Bonomi, R. Milito, P. Natarajan, and J. Zhu. Fog computing: A platform for internet of things and analytics. *Big Data and Internet of Things: A Roadmap for Smart Environments,* N. Bessis, C. Dobre (eds.), Springer, Cham, 2014.

7 W. Shi and S. Dustdar. The promise of edge computing. *Computer,* 49(5): 78–81, May 2016.

8 A. Brogi and S. Forti. QoS-aware Deployment of IoT Applications Through the Fog. *IEEE Internet of Things Journal,* 4(5): 1185–1192, October 2017.

9 P. O. Östberg, J. Byrne, P. Casari, P. Eardley, A. F. Anta, J. Forsman, J. Kennedy, T.L. Duc, M.N. Mariño, R. Loomba, M.Á.L. Peña, J.L. Veiga, T. Lynn, V. Mancuso, S. Svorobej, A. Torneus, S. Wesner, P. Willis and J. Domaschka. Reliable capacity provisioning for distributed cloud/edge/fog computing applications. In *Proceedings of the 26th European Conference on Networks and Communications,* Oulu, Finland, June 12–15, 2017.

10 OpenFog Consortium. OpenFog Reference Architecture (2016), *http://openfogconsortium.org/ra,* 30/03/2018.

11 M. Chiang and T. Zhang. Fog and IoT: An overview of research opportunities. *IEEE Internet of Things Journal,* 3(6): 854–864, December 2016.

12 S. Rizzi, What-if analysis. *Encyclopedia of Database Systems,* Springer, US, 2009.

13 A. Brogi, S. Forti, and A. Ibrahim. How to best deploy your fog applications, probably. In *Proceedings of the 1st IEEE International Conference on Fog and Edge Computing,* Madrid, Spain, May 14, 2017.

14 A. Brogi, S. Forti, and A. Ibrahim. Deploying fog applications: How much does it cost, by the way? In *Proceedings of the 8th International Conference on Cloud Computing and Services Science,* Funchal (Madeira), Portugal, March 19–21, 2018.

15 C. Perera. *Sensing as a Service for Internet of Things: A Roadmap.* Leanpub, Canada, 2017.

16 S. Newman. *Building Microservices: Designing Fine-Grained Systems.* O'Reilly Media, USA, 2015.

17 W. L. Dunn and J. K. Shultis. *Exploring Monte Carlo Methods.* Elsevier, Netherlands, 2011.

18 J. L. Dìaz, J. Entrialgo, M. Garcìa, J. Garcìa, and D. F. Garcìa. Optimal allocation of virtual machines in multi-cloud environments with reserved and on-demand pricing, *Future Generation Computer Systems,* 71: 129–144, June 2017.

19 D. Niyato, D. T. Hoang, N. C. Luong, P. Wang, D. I. Kim and Z. Han. Smart data pricing models for the internet of things: a bundling strategy approach, *IEEE Network* 30(2): 18–25, March–April 2016.

20 A. Brogi, A. Ibrahim, J. Soldani, J. Carrasco, J. Cubo, E. Pimentel and F. D'Andria. SeaClouds: a European project on seamless management of

multi-cloud applications. *Software Engineering Notes of the ACM Special Interest Group on Software Engineering,* 39(1): 1–4, January 2014.

21 R. Di Cosmo, A. Eiche, J. Mauro, G. Zavattaro, S. Zacchiroli, and J. Zwolakowski. Automatic Deployment of Software Components in the cloud with the Aeolus Blender. In *Proceedings of the 13th International Conference on Service-Oriented Computing,* Goa, India, November 16–19, 2015.

22 A. Corradi, L. Foschini, A. Pernafini, F. Bosi, V. Laudizio, and M. Seralessandri. Cloud PaaS brokering in action: The Cloud4SOA management infrastructure. In *Proceedings of the 82nd IEEE Vehicular Technology Conference,* Boston, MA, September 6–9, 2015.

23 F. Li, M. Voegler, M. Claesens, and S. Dustdar. Towards automated IoT application deployment by a cloud-based approach. In *Proceedings of the 6th IEEE International Conference on Service-Oriented Computing and Applications,* Kauai, Hawaii, December 16–18, 2013.

24 A. Brogi, J. Soldani and P. Wang. TOSCA in a Nutshell: Promises and Perspectives. In *Proceedings of the 3rd European Conference on Service-Oriented and Cloud Computing,* Manchester, UK, September 2–4, 2014.

25 P. Varshney and Y. Simmhan. Demystifying fog computing: characterizing architectures, applications and abstractions. In *Proceedings of the 1st IEEE International Conference on Fog and Edge Computing,* Madrid, Spain, May 14, 2017.

26 Z. Wen, R. Yang, P. Garraghan, T. Lin, J. Xu, and M. Rovatsos. Fog orchestration for Internet of Things services. *iEEE Internet Computing,* 21(2): 16–24, March–April 2017.

27 J.-P. Arcangeli, R. Boujbel, and S. Leriche. Automatic deployment of distributed software systems: Definitions and state of the art. *Journal of Systems and Software,* 103: 198–218, May 2015.

28 R. Nathuji, A. Kansal, and A. Ghaffarkhah. Q-Clouds: Managing Performance Interference Effects for QoS-Aware Clouds. In *Proceedings of the 5th EuroSys Conference,* Paris, France, April 13–16, 2010.

29 T. Cucinotta and G.F. Anastasi. A heuristic for optimum allocation of real-time service workflows. In *Proceedings of the 4th IEEE International Conference on Service-Oriented Computing and Applications,* Irvine, CA, USA, December 12–14, 2011.

30 Z. Wen, J. Cala, P. Watson, and A. Romanovsky. Cost effective, reliable and secure workflow deployment over federated clouds. *IEEE Transactions on Services Computing,* 10(6): 929–941, November–December 2017.

31 S. Wang, A. Zhou, F. Yang, and R. N. Chang. Towards network-aware service composition in the cloud. *IEEE Transactions on Cloud Computing,* August 2016.

32 A. Bergmayr, A. Rossini, N. Ferry, G. Horn, L. Orue-Echevarria, A. Solberg, and M. Wimmer. *The Evolution of CloudML and its Manifestations.* In *Proceedings of the 3rd International Workshop on Model-Driven Engineering on and for the Cloud,* Ottawa, Canada, September 29, 2015.

33 Puppetlabs, Puppet, https://puppet.com. Accessed March 30, 2018.

34 Opscode, Chef, https://www.chef.io. Accessed March 30, 2018.

35 J. Yu, Y. Chen, L. Ma, B. Huang, and X. Cheng. On connected Target k-Coverage in heterogeneous wireless sensor networks. *Sensors,* 16(1): 104, January 2016.

36 A.B. Altamimi and R.A. Ramadan. Towards Internet of Things modeling:

a gateway approach. *Complex Adaptive Systems Modeling*, 4(25): 1–11, November 2016.

37 H. Deng, J. Yu, D. Yu, G. Li, and B. Huang. Heuristic algorithms for one-slot link scheduling in wireless sensor networks under SINR. *International Journal of Distributed Sensor Networks*, 11(3): 1–9, March 2015.

38 L. Li, Z. Jin, G. Li, L. Zheng, and Q. Wei. Modeling and analyzing the reliability and cost of service composition in the IoT: A probabilistic approach. In *Proceedings of 19th International Conference on Web Services*, Honolulu, Hawaii, June 24–29, 2012.

39 S. Sarkar and S. Misra. Theoretical modelling of fog computing: a green computing paradigm to support IoT applications. *IET Networks*, 5(2): 23–29, March 2016.

40 H. Gupta, A.V. Dastjerdi, S.K. Ghosh, and R. Buyya. iFogSim: A Toolkit for Modeling and Simulation of Resource Management Techniques in Internet of Things, Edge and Fog Computing Environments. *Software Practice Experience*, 47(9): 1275–1296, June 2017.

41 L.F. Bittencourt, J. Diaz-Montes, R. Buyya, O.F. Rana, and M. Parashar, Mobility-aware application scheduling in fog computing. *IEEE Cloud Computing*, 4(2): 26–35, April 2017.

42 W. Tarneberg, A.P. Vittorio, A. Mehta, J. Tordsson, and M. Kihl, Distributed approach to the holistic resource management of a mobile cloud network. In *Proceedings of the 1st IEEE International Conference on Fog and Edge Computing*, Madrid, Spain, May 14, 2017.

43 S. Shekhar, A. Chhokra, A. Bhattacharjee, G. Aupy and A. Gokhale, INDICES: Exploiting edge resources for performance-aware cloud-hosted services. In *Proceedings of the 1st IEEE International Conference on Fog and Edge Computing*, Madrid, Spain, May 14, 2017.

44 O. Skarlat, M. Nardelli, S. Schulte and S. Dustdar. Towards QoS-aware fog service placement. In *Proceedings of the 1st IEEE International Conference on Fog and Edge Computing*, Madrid, Spain, May 14, 2017.

45 O. Skarlat, S. Schulte, M. Borkowski, and P. Leitner. Resource Provisioning for IoT services in the fog. In *Proceedings of the 9th IEEE International Conference on Service-Oriented Computing and Applications*, Macau, China, November 4–6, 2015.

46 M. Aazam, M. St-Hilaire, C. H. Lung, and I. Lambadaris. MeFoRE: QoE-based resource estimation at Fog to enhance QoS in IoT. In *Proceedings of the 23rd International Conference on Telecommunications*, Thessaloniki, Greece, May 16–18, 2016.

47 A. Markus, A. Kertesz and G. Kecskemeti. Cost-Aware IoT Extension of DISSECT-CF, *Future Internet*, 9(3): 47, August 2017.

48 M. Selimi, L. Cerdà-Alabern, M. Sànchez-Artigas, F. Freitag and L. Veiga. Practical Service Placement Approach for Microservices Architecture. In *Proceedings of the 17th IEEE/ACM International Symposium on Cluster, Cloud and Grid Computing*, Madrid, Spain, May 14–17, 2017.

49 I. Naas, P. Raipin, J. Boukhobza, and L. Lemarchand. iFogStor: an IoT data placement strategy for fog infrastructure. In *Proceedings of the 1st IEEE International Conference on Fog and Edge Computing*, Madrid, Spain, May 14, 2017.

50 A. Majd, G. Sahebi, M. Daneshtalab, J. Plosila, and H. Tenhunen. Hierarchal placement of smart mobile access points in wireless sensor networks using

fog computing. In *Proceedings of the 25th Euromicro International Confer-ence on Parallel, Distributed and Network-based Processing*, St. Petersburg, Russia, March 6–8, 2017.

51 K. Fatema, V.C. Emeakaroha, P.D. Healy, J.P. Morrison and T. Lynn. A survey of cloud monitoring tools: Taxonomy, capabilities and objectives. *Journal of Parallel and Distributed Computing*, 74(10): 2918–2933, October 2014.

52 Y. Breitbart, C.-Y. Chan, M. Garofalakis, R. Rastogi, and A. Silberschatz. Efficiently monitoring bandwidth and latency in IP networks. In *Proceedings of the 20th Annual Joint Conference of the IEEE Computer and Communica-tions Societies*, Alaska, USA, April 22–26, 2001.

使用机器学习保护物联网系统的安全和隐私

Melody Moh, Robinson Raju

10.1 引言

如今，物联网设备无处不在并且几乎渗透到我们生活的每一个领域，它们引领着一个智能事物的时代：

- 智能家居具有连接到互联网的电器设备、灯具和恒温器 [1]。
- 智能医疗设备不仅可以远程监控，还可以及时管理药品 [2]。
- 智能桥梁具有传感器来监控负载 [3]。
- 智能电网可以检测中断并管理电力分配 [4]。
- 工业中的智能机械在重型机械中嵌入传感器，以更好地保障工人的安全并改善自动化 [5]。

为了更好地了解物联网的规模，以下是一些数据以供检阅：

- 2008 年，连接互联网的设备数量超过了全世界约 67 亿的人口数量。
- 2015 年，制造商售出了大约 14 亿部智能手机。
- 到 2020 年，预计将有约 61 亿个智能手机用户和约 500 亿件物品连接到互联网 [6]。
- 到 2027 年，预计工业领域将有约 270 亿个机器对机器连接。

现在，如果焦点转移到生成数据量的大小上，我们将看到泽字节时代的曙光 [7]。一个泽字节相当于 36 000 年的高清电视视频。

- 2013 年，连接到互联网的设备生成了 3.1 泽字节的数据。
- 2014 年，该数字跃升至 8.6 泽字节。

10.1.1 物联网中的安全和隐私问题示例

前面的章节讨论了物联网无处不在的特性、生成数据的量以及所使用的技术，本章将重点介绍传输的数据类型以及其对安全和隐私的影响。无处不在的特性是一把双刃剑。相比人类对其的理解，它的覆盖范围更高、更广泛，但它的脆弱性也是因为如此。因此，具有无数独立制造的设备并使用不同协议进行通信且生成泽字节数据的系统的安全和隐私是广泛而深入的。思科的关于全球云指数的白皮书 [6] 讨论了云中的数据类型。文件共享服务中共有

7.6% 的文档包含机密数据。个人身份信息（例如社会安全号码⊖、税号、电话号码、地址等）占所有文档的 4.3%。接下来，2.3% 的文档包含支付数据（例如信用卡号、借记卡号、银行账号等）。最后，1.6% 的文档包含受保护的健康信息（例如患者诊断、医疗、医疗记录 ID 等）。

随着物联网使用量的增长，由物联网系统上传到云端的数据量远远超过由用户上传的数据量。由于物联网数据位于云端且物联网设备可连接到互联网，因此这些设备容易受到不同类型的攻击。事实上，我们每天都会阅读到有关违规行为的内容：

- 水处理厂遭到破坏，自来水供应的化学成分也发生了变化 [9]。
- 乌克兰的核电站遭到破坏 [10]。
- Rapid7 安全公司的安全研究人员发现了一些影响婴儿视频监视器的安全漏洞 [11]。
- 来自可穿戴设备的数据被用于计划抢劫 [12]。
- 有报道关于黑客如何把心脏起搏器作为攻击目标 [13]。

根据 2016 年的网络犯罪报告 [14]，到 2021 年，网络犯罪带来的损害将使全球每年损失 6 万亿美元，高于 2015 年的 3 万亿美元。

10.1.2 物联网中不同层的安全问题

2015 年 IBM 对物联网安全性的观点的报告 [15] 展示了物联网生态系统中多个点的威胁以及适用于每一层的保护措施（见图 10.1）。

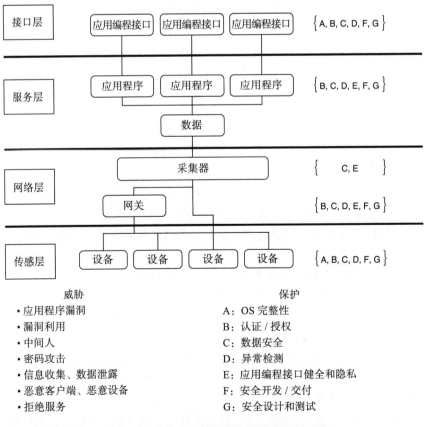

图 10.1 具有威胁和保护注释的物联网系统

⊖ 相当于身份证号。——编辑注

10.1.2.1　传感层

在上文描述的大多数场景中，黑客在获得婴儿监视器或心脏起搏器等传感器的访问时能够造成最大的伤害。因此，保护和监控传感器至关重要，这样可以在最短的时间内防止入侵或在有入侵时提醒用户。传感层可能存在的威胁如下：

- 未经授权的数据访问
- 拒绝服务攻击
- 设备上的恶意软件发送错误信息
- 设备上的恶意软件将数据发送到错误的一方
- 信息收集或数据泄露导致计划的攻击

10.1.2.2　网络层

网络的可用性、可管理性和可扩展性对于物联网的运营至关重要。如果监控应用程序无法及时获取数据，则物联网设备将变得无用。因此，黑客更频繁地瞄准网络以削弱智能系统的有效性。通过一次发送大量数据来攻击网络使网络拥塞进而发起拒绝服务攻击是非常常见的。

10.1.2.3　服务层

服务层充当底部硬件层和顶部接口层之间的桥梁。对服务层的攻击会影响设备管理和信息管理等关键功能，导致最终用户无法获得服务。隐私保护、访问控制、用户身份验证、通信安全性、数据完整性和数据机密性是服务层安全性的重要方面。

10.1.2.4　接口层

在许多方面，接口层是物联网生态系统中最容易受到攻击的部分。因为该层位于顶层，是下面所有其他层的网关。如果接口的身份验证和授权机制存在妥协，则其连锁反应可能会渗透到边缘。终端用户是可能的攻击机制，因为攻击者可能通过网络钓鱼或其他类似攻击获取敏感信息。Web 和应用编程接口可能会受到频繁的攻击，如 SQL 注入、跨站点脚本、已知的默认凭据、不安全的密码恢复机制等。

OWASP（开放式 Web 应用程序安全项目）对物联网中的攻击范围进行了非常简洁的总结[16]，这是一个方便的参考（见表 10.1）。

表 10.1　OWASP 物联网攻击范围

攻击范围	弱　点
生态系统访问控制	组件之间的隐式信任
	注册安全性
	丢失访问过程
设备内存	明文用户名和密码
	第三方凭据
	加密密钥
设备 Web 接口	SQL 注入
	跨站点脚本
	跨站点请求伪造
	用户名枚举

（续）

攻击范围	弱　点
设备 Web 接口	弱密码
	账户锁定
	已知默认凭证
设备固件	硬编码凭证
	敏感信息泄露
	敏感 URL 泄露
	加密密钥
	固件版本显示和 / 或上次更新日期
设备网络服务	信息泄露
	用户 CLI
	管理 CLI
	注入
	拒绝服务
	未加密服务
	加密实施不当
	易受攻击的 UDP 服务
	DoS
管理接口	SQL 注入
	跨站点脚本
	跨站点请求伪造
	用户名枚举
	弱密码
	账户锁定
	已知默认凭据
	日志选项
	双因素身份验证
	无法擦除设备

10.1.3　物联网设备中的隐私问题

由 Hewlett Packard 完成的 2015 年物联网研究报告 [17] 称，80% 的设备引发了隐私问题。许多设备收集一些其他形式的个人数据，如姓名、地址、出生日期、支付信息、健康数据、家中的光信息、在家中的活动等（见图 10.2）。这些设备中的大多数都是以未加密的方式在家庭网络中传输数据，并且由于数据从家传输到云端，大多数人觉得这只是一种错误配置而不是将数据暴露给外部世界。该报告发现，平均每台设备有 25 个漏洞，一共 250 个漏洞。

Lauren Zanolli [18] 在 *FastCompany* 上发表的一篇文章谈到物联网是一个"隐私地狱"。华尔街日报的另一篇文章 [19] 谈到了物联网正在开辟新的隐私诉讼风险。意大利零售商 Benetton 因其售卖的衣服中有 RFID 追踪受到抵制 [20]。在 2015 年 1 月 FTC 关于物联网的报告 [21] 中有一种迫切的感觉，要求公司采用最佳做法来解决消费者的隐私和安全风险问题。目前在物联网的安全方面已有了大量研究，其中大多数都是网络和路由的安全挑战的延续。

相比之下，对隐私问题的研究显然较少。

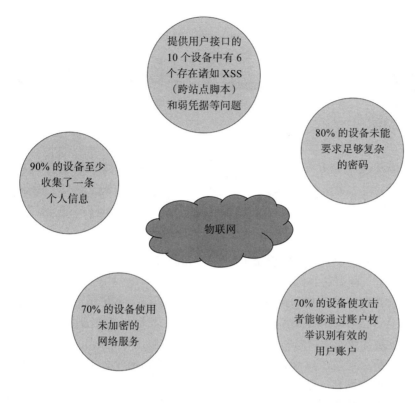

图 10.2　物联网中的隐私漏洞

10.1.3.1　信息隐私

隐私是一个全面的术语，在历史上它意味着媒体、地点、沟通、身体隐私。如今，该术语越来越多地用于表示信息隐私。1968 年威斯汀将隐私定义为"个人确定的自己何时、如何以及在多大程度上传达有关自己的信息的要求"[22]。

Ziegeldort 等人在他们关于物联网隐私的论文[23] 中，将上述定义具体化如下。物联网中的隐私是解决这些问题的三重保证：

1）对围绕数据主体的智能事物和服务所带来的隐私风险的意识。

2）对周围智能事物收集和处理个人信息的个人控制。

3）对这些实体的随后使用和通过这些实体将个人信息传播给主体控制范围之外的任何实体的意识和控制。

Ziegeldort 等人[23] 还定义了一个参考模型，以快速理解和分析关于通过网络在任何地方互连任何事物的隐私问题。该参考模型包含四种主要类型的实体：智能事物、主体、基础设施、服务。它包括五种类型的信息流：交互、采集、处理、传播、展示。

10.1.3.2　物联网隐私问题的分类

Ziegeldort 等人[23] 还将隐私威胁（见图 10.3）分为以下几类：身份识别、本地化和跟踪、分析、隐私侵犯交互和展示、生命周期转换、库存攻击、联系。

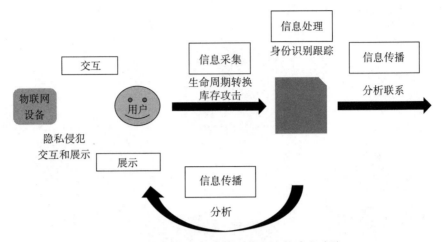

图 10.3   物联网中的实体和信息流的隐私威胁

- **身份识别**。身份识别是将标识符（例如姓名和地址）与个人相关联的威胁。它还可以启用和加剧其他威胁，例如，分析和跟踪人员。
- **本地化和跟踪**。本地化和跟踪是通过时间和空间确定和记录人员位置的威胁。由于本地化是许多物联网系统中必不可少的功能，因此大多数应用程序都会获取数据。然而，这会导致私人信息的公开，例如疾病、休假计划、工作时间表等。
- **分析**。分析是通过使用来自物联网设备的数据进行对个人的分组所带来的威胁。电子商务中的个性化，例如推荐系统、新闻通讯和广告使用概要分析方法来优化和提供目标内容。分析导致侵犯隐私的示例是价格歧视、未经请求的广告、社交工程或错误的自动决定，例如，通过 Facebook 自动检测性侵犯。此外，一些数据市场会收集和销售个人资料信息。
- **隐私侵犯交互和展示**。侵犯隐私的交互是以如下方式传播私人信息的威胁，即将私人信息泄露给不受欢迎的受众。例如，有人戴着智能手表并乘坐公共交通工具可能会无意中让陌生人看到他们的短信，因为接收短信时会在手表屏幕上弹出。
- **生命周期转换**。当智能事物在升级时，其配置和数据被备份和恢复。在此过程中，有时错误的数据可能会进入错误的设备中，从而导致隐私被侵犯，例如，一台设备上的照片和视频在另一台设备中可用。
- **库存攻击**。由于智能事物可在互联网上查询，黑客可以查询设备以编制特定位置的物品清单，例如家庭是否包含智能电表、智能恒温器、智能照明等。
- **联系**。联系也是一种威胁，它通过组合来自不同来源的数据和在不同的环境中收集数据，从而总结关于主体的了解。这种揭露可能是错误的，且可能没有获得用户的许可。

总之，隐私是物联网设备中的一个关键问题，需要在物联网生态系统的每一层的制造到部署过程中得到迅速的处理。

10.1.4   物联网安全漏洞深度挖掘：物联网设备上的分布式拒绝服务攻击

10.1.4.1   DDoS 简介

拒绝服务（DoS）攻击是一种网络攻击，其中攻击者通过中断连接到互联网的机器的服务使网络资源不可用。该攻击通常通过用虚假请求充斥目标机器以使系统过载来实现。分布式拒绝服务（DDoS）攻击是使用多个网络资源作为攻击源的攻击。DDoS 不仅主要用于增加单个攻击者的能力，还用于隐藏攻击者的身份并阻止缓解工作。大多数僵尸网络在所有者不知情的情况下使用受损的计算机资源。在 CIA（机密性（confidentiality）、完整性（integrity）、可用性（availability））三重信息安全中，DDoS 攻击属于可用性类别。图 10.4 描绘了攻击者如何发起一次攻击并将其转化为对受害者的大量攻击[24]。

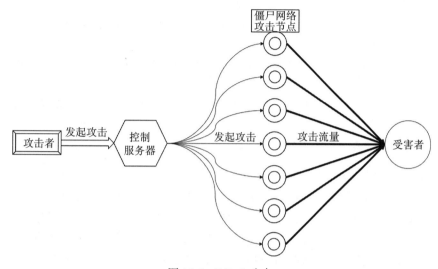

图 10.4　DDoS 攻击

　　虽然 DDoS 的动机可以是多重的——勒索、黑客行为主义、网络恐怖主义、以暴制暴、商业竞争等——但在许多情况下，其影响非常严重。它可能会导致声誉损害、巨大的收益损失以及数万小时的生产力损失。近年来，DDoS 攻击的规模持续上升，2016 年其攻击速度超过了每秒 1 TB。

10.1.4.2　重要的 DoS 事件时间表

以下内容改编自文献 [25]。

- 1988 年：罗伯特·塔潘·莫里斯（Robert Tappan Morris）发布了一种自我复制的蠕虫病毒，它在整个互联网上无法控制地传播并导致大规模无意识的 DoS。
- 1997 年："AS 7007 事件"是第一个值得注意的 BGP 劫持，它导致了针对互联网重要部分的大规模 DoS。
- 1999 年：trin00、TFN 和 Stacheldraht 僵尸网络创建。僵尸网络 DDoS 攻击的第一个例子是针对明尼苏达大学的 trin00 攻击。
- 2000 年：迈克尔·卡尔斯（当时 15 岁）对雅虎、国际足联官网、亚马逊、戴尔、E*TRADE、eBay 和 CNN 成功发起了 DoS 攻击。
- 2004 年：4chan 上的黑客开发了低轨道离子炮（LOIC），这是一种 DDoS 工具，Anonymous 和其他团队其后将广泛使用它来发动 DDoS 攻击。
- 2007 年：针对爱沙尼亚各组织的一系列 DDoS 攻击。这些攻击被认为是首次政府支持的 DDoS 攻击，因为俄罗斯政府被怀疑是其幕后黑手。

- 2008 年：黑客集团匿名发起了第一次重大的 DDoS 攻击，成功攻击了科学教会。
- 2009 年：发起了针对 Facebook、谷歌博客、LiveJournal 和推特的协同 DDoS 攻击，针对一名批评俄罗斯的格鲁吉亚博主。
- 2010 年：黑客集团匿名发起了"阿桑奇复仇行动"，目标是冻结了对维基解密（Wikileaks）的捐款的银行。
- 2013 年：针对反垃圾邮件组织 Spamhaus.org 的大规模 DDoS 攻击打破了流量峰值达到 300 Gbit/s 的记录。
- 2014 年：黑客组织 Lizard Squad 成功发起了针对索尼 Playstation 网络和微软 Xbox Live 的 DDoS 攻击。
- 2015 年：一个网络安全硬件制造商报告了针对未命名客户的超过 500 Gbit/s 的 DDoS 攻击。
- 2017 年：10 月 21 日，Dyn[26] 遭受了大规模的 DDoS 攻击，它是许多公司的 DNS 服务的主要提供商。该攻击影响了许多知名网站，如推特、Pinterest、Reddit、GitHub、亚马逊、威瑞森、康卡斯特等。

10.1.4.3 近期 DDoS 攻击成功的原因

2017 年 Dyn[26] 遭受的 DDoS 攻击是由大量不安全的物联网设备（如家用路由器和监控摄像头）造成的。攻击者使用了数千个已被恶意代码感染的此类设备来形成僵尸网络。这些设备本身并不强大，但联合起来就产生了巨大的流量来压倒目标服务器。当有人将设备放在互联网上而不改变其默认密码时，该设备就会被添加到用于 DDoS 攻击的易受攻击机器的大军中。welivesecurity.com 的一份报告 [27] 提到，ESET 测试了超过 12 000 台家用路由器，发现其中 15% 是不安全的。在文章《关于 10 月 21 日 IoT DDoS 攻击的 10 件事情》[28] 中，Stephen Cobb 将默认密码列为了主要原因。2014 年 mashable.com 的一份报告 [29] 提到在互联网上发现了 73 000 个网络摄像头，因为人们没有更改默认密码。

总而言之，尽管有数十年的研究和工具可以进行缓解，但最近 DDoS 攻击的成功原因可归结为以下几点：

- 物联网设备的激增
- 互联网上使用默认密码的设备数量的增加，这可能是由于智能设备的非技术用户的增加。

10.1.4.4 物联网设备上的特定攻击的预防指导

如前所述，在上述的许多情况下，物联网设备的数量正在以惊人的速度增长，且迫切需要使设备更安全。攻击越来越多地对经济造成严重影响，并已成为全球战争的新通货。考虑到这一点，美国参议院于 2017 年 8 月提出立法 [30]，以改善物联网设备的网络安全。

具体而言，如果立法颁布，则 2017 年物联网网络安全改进法案 [31] 为：

- 要求联邦政府购买的联网设备的供应商确保其设备可以修改、依靠行业标准协议、不使用硬编码密码，并且不包含任何已知的安全漏洞。
- 指导管理和预算办公室（OMB）为具有有限数据处理和软件功能的设备开发替代网络级安全要求。
- 指导国土安全部国家保护和计划局发布关于向美国政府提供连接设备的承包商所需的网络安全协调漏洞披露政策的指导方针。

- 根据"计算机欺诈和滥用法案"和"数字千年版权法案",根据采用的协调漏洞披露指南进行研究,豁免从事善意研究的网络安全研究人员。
- 要求每个执行机构清点该机构使用的所有连接互联网的设备。

10.1.4.5 预防对物联网设备的攻击的步骤

保护物联网设备的总体战略应该是双重的:减少可被滥用的设备数量,并说服像黑客行为主义者这样的潜在攻击者认清形势的严重性。此外,还需要制定一项惩罚犯罪行为的全球战略。很多工作已经开展,以减少可能被滥用的设备数量。上面提到的网络安全改进法案、国土安全部发出的警告、WaterISAC 的 10 项基本网络安全措施[32],都是政府对此采取的措施。以下是 US-CERT[33] 在 2017 年的攻击后推荐的四大行动:

1)确保将所有默认密码都更改为强密码。(可以在互联网上轻松找到大多数设备的默认用户名和密码,这使得使用默认密码的设备极易受到攻击。)

2)一旦补丁可用,就立即使用安全补丁更新物联网设备。

3)除非绝对必要,否则禁用路由器上的通用即插即用(UPnP)功能。

4)从以提供安全设备而闻名的公司购买物联网设备。

10.2 背景

10.2.1 机器学习简述

机器学习是由计算机游戏和人工智能领域的美国先驱亚瑟·塞缪尔(Arthur Samuel)创造的术语[34],它是让计算机在没有明确编程的情况下学习和行动的科学。机器学习背后的想法是拥有一种算法,可以分析数据、识别模式,并创建一个模型,机器可以用该模型来分析以前从未见过的数据。随着系统向其提供更多数据,算法不断学习并且能够反复产生可靠的决策。在过去十年左右的时间里,随着计算能力的提高和 Hadoop 等系统在短时间内进行海量数据处理的能力的提升,机器学习已遍及人们使用的许多东西。从语音识别、图像识别、指纹扫描到自动驾驶汽车,机器学习几乎无处不在,可以说它是最近的最具影响力的发明。

人们在各种场景中使用了许多机器学习算法。从广义上讲,它们可以根据系统可用的学习性质或所需的输出进行分类。

根据学习的性质,可将机器学习算法分为以下几类[35]:

- **监督学习**。在此,需要为计算机提供一个训练集,其中包含具有相关联的标签的数据。该算法随后创建将未来的未知输入映射到已知输出的模型。
- **无监督学习**。在这种类型的学习中,训练集不包含输出标签。该算法发现数据中的隐藏模式,然后使用它将未来的未知输入映射到该模式中。
- **强化学习**。程序在动态环境中运行并从中连续地获得输入,并为程序的输出提供反馈,即该输出是对还是错。

根据所需的输出,可将机器学习算法分为以下几类:

- **分类**。算法的输出是有限数量的离散类别/类。该算法应根据训练数据生成模型,该模型可以将这些类中的一个分配给新的输入。垃圾邮件过滤和信用卡公司判断一个人是否有信用就是分类算法的例子。
- **回归**。算法的输出不是离散的,而是一个或多个连续变量。例如根据电视和广播广告的预算预测产出销售额、根据一组变量预测房价等。

- **聚类**。算法目标是将输入数据分组到包含类似数据点的集群中。例如基于购买模式对用户进行分组、使用运动传感器检测运动类型等。
- **降维**。算法目标是减少维度的数量，以关注对问题影响较大的维度（特征）。该算法还有助于降低计算的复杂性、空间和时间。

10.2.2　常用机器学习算法

在本节中，我们将简要介绍最常用的机器学习（ML）算法[36]，这有助于更好地理解用于物联网的机器学习算法。

10.2.2.1　分类

- **逻辑回归**。通过逻辑函数将预测映射到 0 到 1 之间。
- **分类树**。数据被不断分成单独的分支以到达输出标签。
- **支持向量机（SVM）**。在 SVM 中，程序将数据元素视为 n 维空间中的点。该算法寻找一个超平面（决策边界），使各个类的最近点之间的距离最大化。
- **朴素贝叶斯**。该算法中的模型是使用训练数据的出现概率创建的概率表。该算法通过查找输入变量的概率并使用条件概率来预测新的输出。
- **K- 最近邻（KNN）**。在 KNN 中，算法通过在训练集中搜索新的输入的 K 个最相似的邻近数据来预测其分类。

10.2.2.2　回归

- **线性回归**。在线性回归中，算法通过将数据拟合为直线（或 n 维的超平面）来创建模型。
- **回归树 / 决策树**。在回归树中，数据被不断分成单独的分支以到达输出。
- **K- 最近邻**。在 KNN 中，算法通过在训练集中搜索新的输入的 K 个最相似的邻近数据并总结输出来估计回归值。

10.2.2.3　聚类

- **K-means**。在 K-means 中，算法基于点之间的几何距离创建聚类。首先，算法将数据点随机分配给 k 个簇，并计算每个簇的质心，接着计算最接近每个质心的点，然后重新计算簇的质心。该算法重复该过程，直到不再有可能的改进。对于 K-means 来说，簇往往是球状的。
- **DBSCAN**。在 DBSCAN（基于密度的具有噪声的应用的空间聚类）中，聚类是基于密度创建的。该算法为每个数据点生成具有一定半径的 n 维球体，并计算球体内的点数。如果该数字小于预设的最小值，则算法忽略该点。否则，它将计算球体的质心并继续相同的过程。
- **层次聚类**。该算法以将 n 个数据点设为 n 个簇开始。它将两个距离最近的簇结合成一个新簇。算法重复该过程，直到只剩下一个簇。可以将其结果视为一个树状图，其高度表示簇之间的距离。想象一条穿过树状图进行垂直切割的水平线，在不与另一个簇相交的情况下穿越的最大距离为簇之间的最小距离。垂直线切割的数量即为簇的数量。

10.2.2.4 降维

- **PCA**。主成分是数据集中变量的归一化线性组合。PCA（主成分分析）的目标是将数据点正交投影到具有最大投影方差的 L 维线性子空间。对于 PCA，变量值需要为数字。因此，分类变量将被转换为数字。
- **CCA**。典型相关分析（CCA）处理两个或多个变量，其目标是找到一对相应的高度互相关的线性子空间，以便在其中一个子空间内，每个成员与来自另一个子空间的单个成员之间存在相关性。

10.2.2.5 组合模型——集成机器学习

在许多情况下，由于数据的类型不同等原因，单一类型的算法可能无法给出最佳结果。在这些情况下，相比单个模型，组合不同的算法可以提供更准确的预测。

- **CART**。在分类和回归树（CART）中，数据被不断分成单独的分支以到达输出标签或值。尽管用于回归的树和用于分类的树具有一些相似性，但它们在某些方面是不同的，例如用于确定分类位置的算法。
- **随机森林**。随机森林训练多个树而不是单个树。算法输出一个类别，该类别是训练类别的模式或训练值的平均值。
- **套袋（bagging）**。自举汇聚（bootstrap aggregation，也被称为套袋）是一种通用过程，可用于减少具有高方差的算法的方差。CART/决策树就是一种具有高方差且对训练数据敏感的算法。

10.2.2.6 人工神经网络

人工神经网络（ANN）是模拟人类神经网络和大脑的计算系统。ANN 包含被称为神经元的单位。神经元通过突触彼此连接并相互传递信号。每个神经元接收来自与其连接的其他神经元的输入，并计算要在上游传输的输出。每个输入信号具有相应的权重，并且神经元将函数用于计算其获得的输入的加权和。前馈神经网络（FFNN），也被称为多层感知器（MLP），是实际应用中最常见的神经网络类型。除此之外还有其他类型的神经网络，如 CNN（卷积神经网络）、RNN（递归神经网络）、DBN（深信念网络）、TDNN（时延神经网络）、DSN（深层堆叠网络）等。

10.2.3 机器学习算法在物联网中的应用

10.2.3.1 概述

机器学习系统的主要组成部分是数据。随着物联网的普及，每天都会产生海量的数据，这是机器学习的金矿。物联网智能数据分析广泛采用有监督和无监督的机器学习技术。10.1.1 节讨论的所有智能事物（具有连接到互联网的家用电器、灯具和恒温器的智能家居[1]、既可远程监控也可管理药品的智能医疗设备[2]、具有传感器以监控负载的智能桥梁[3]、能够检测中断和管理电力分配的智能电网[4] 以及工业中在机器中嵌入传感器以保障工人安全的智能机械[5]）将使用或有可能以某种形式使用机器学习。

10.2.3.2 具体应用

有许多具体的应用表明机器学习为公司节省了数百万美元：

- **谷歌深度思维人工智能（Google Deepmind AI）**。谷歌将机器学习应用于其数据中心传感器的 120 多个变量，以优化冷却，并将整体能耗降低了 15%[37]。
- **Roomba 980**。该 Roomba 连接到互联网，配有可以捕捉房间的图像的摄像头和用于比较这些图像、逐步建立机器人周围环境的地图以确定其位置的软件[38]。它能够"记住"家居布局，可以适应不同的表面或新物品，还能用最有效的运动模式清洁房间，并自行停靠以进行充电。
- **NEST 恒温器**。NEST "学习" 其用户的有规律的温度偏好，并通过减少能源使用来适应其用户的工作时间表[39]。其输入是用户的温度偏好、时间和日期、用户是否在家中等，其输出是一组离散的温度值，这使其成为一个分类问题。
- **特斯拉汽车**。特斯拉在其汽车中启用了自动驾驶服务，有助于实现免提驾驶，包括车道变换等复杂任务。自 2014 年以来制造的特斯拉汽车底部均有 12 个传感器，在其后视镜旁边有一个前置摄像头，还有一个位于车头下方的雷达系统[40]。这些传感系统不仅不断收集数据来帮助自动驾驶仪在路上的工作，也积累了可以使特斯拉在未来更好运营的数据。由于所有特斯拉汽车都具有始终在线的无线连接，因此可以收集驾驶时的和使用自动驾驶仪时的数据，将数据发送到云端，并使用软件对数据进行分析。

10.2.4 基于物联网领域的机器学习算法

在本节中，我们将总结可用于不同领域的不同用例的机器学习算法。以下数据是对上述例子以及 Mahdavinejad 等人的《基于物联网数据分析的机器学习：调研报告》[41] 和 Misra 等人的《释放物联网的价值——一种平台方法》[42] 中的例子的信息的总结。

10.2.4.1 医疗保健

要优化的度量标准：医院和家中的医疗保健系统具有监测患者或周围环境的传感器。可以使用机器学习的指标包括远程监控与药物治疗、疾病管理以及健康预测等。

机器学习算法：
- **分类算法**可用于根据患者的健康状况将患者分为不同的组。
- **异常检测**可用于识别某人是否有需要查看的问题。
- **聚类算法**（如 K-means）可用于对具有相似健康状况的人进行分组以创建个人资料。
- **前馈神经网络**可用于根据患者在疾病期间不断变化的情况进行快速决策。

10.2.4.2 公用事业——能源/水/燃气

要优化的度量标准：来自智能电表、水表或燃气表的读数可用于使用量预测、需求供应预测、负载平衡和其他场景。

机器学习算法：
- **线性回归**可用于预测特定日期或时间的使用情况。
- **分类算法**可用于将客户分为高、中或低使用率的客户。
- **聚类算法**可用于将具有相似个人信息的消费者分为一组并分析其使用模式。
- 如果某些区域的使用量激增，则**人工神经网络**可用于动态平衡负载。

10.2.4.3　制造业

要优化的度量标准：许多行业的设备上都有用于连续监控的传感器、跟踪生产量的机制和保障持续监控的安全系统。因此，要优化的指标是在问题发生时非常快速地诊断问题、预测故障以便可以采取规避措施、在设施中检测安全漏洞或货物失窃情况。

机器学习算法：

- **CART / 决策树**可用于诊断机器的问题。
- **线性回归**可用于预测失败。
- **异常检测**可用于检测安全漏洞或任何不寻常的情况。

10.2.4.4　保险

要优化的度量标准：保险公司有兴趣知道什么样的汽车或人员更容易与事故联系起来。人们的使用模式可以通过汽车中的传感器获得。保险公司可以使用该信息来收取适当的保险费。可以应用机器学习来获得家庭或汽车使用模式、预测财产损失、远程评估损害等。

机器学习算法：

- **聚类**算法（如 K-means 或 DBSCAN）可用于创建具有相似驾驶模式的用户的个人信息。
- **分类**算法（如朴素贝叶斯）可用于将客户分类为有风险或无风险，并预测其是否应获得保险。
- **决策树**可用于对用户进行分类或得出要收取的费用或要给予的折扣。
- **异常检测**可用于确定财产的失窃或破坏。

10.2.4.5　交通

要优化的度量标准：交通是一个非常重要的监控指标，尤其是在大城市。交通数据可以通过汽车中的传感器、来自移动电话的数据、人们身上的跟踪设备等获得。机器学习算法可用于预测交通、识别交通瓶颈、检测事故甚至预测事故。

机器学习算法：

- **DBSCAN** 可用于识别交通拥堵率高的道路和交叉路口。
- **朴素贝叶斯**可用于识别道路是否需要维护或是否容易发生事故。
- **决策树**可用于将用户转移到交通较少的道路上。
- **异常检测**可用于来确定道路上是否发生事故。

10.2.4.6　智慧城市——市民和公共场所

要优化的度量标准：在智慧城市中，优化市民设施至关重要。基于来自智能手机、ATM、自动售货机、交通摄像头、公共汽车 / 火车终端或其他跟踪设备的数据，以及机器学习算法可以预测人的出行模式、某些地方的人口密度、预测异常行为、预测能耗、预测公共基础设施（如住房、交通、购物等）的需求。

机器学习算法：

- **DBSCAN** 可用于识别城市中在一天中的不同时间具有高密度人群的地方。
- **线性回归或朴素贝叶斯**可用于预测能源消耗或改善公共基础设施的需求。
- **CART** 可用于实时乘客出行预测以及识别出行模式。
- **异常检测**可用于确定异常行为，如恐怖主义或金融欺诈。

● PCA 可用于降维以简化分析，因为城市中的多个设备将生成规模巨大的数据。

10.2.4.7 智能家居

要优化的度量标准：智能家居是物联网设备数量在过去十年中增加了数倍的领域。智能家居通过配备监控能源的智能电表、可自动远程控制温度的 Nest 和 Ecobee 等设备、可进行自动远程控制的飞利浦 Hue 等智能灯泡，以及智能开关、健身手环、智能锁，安全摄像头等。可以通过机器学习算法利用多个传感器以及所生成数据的数量和质量来提供有价值的信息，例如占用感知、入侵检测、燃气泄漏、能耗预测、电视观看偏好和预测等。

机器学习算法：
● **K-means** 可用于分析能源的负载和消耗频率。
● **线性回归**或**朴素贝叶斯**可用于预测能耗或占用预测。
● **异常检测**可用于确定入侵检测、设备篡改、入室盗窃、设备故障等。

10.2.4.8 农业

要优化的度量标准：随着人口的增长，人们对食物的需求也在增加，大型农场随之开始在田地中使用传感器、无人机拍照以及其他物联网设备以实现优化资源使用、更快地检测作物病害以及预测产量。农业技术（AgTech）是一个不断发展的活跃的研究领域。

机器学习算法：
● **朴素贝叶斯**可用于确定作物是否健康。
● **异常检测**可用于确定是否存在漏水、水供应不均匀的情况。
● **神经网络**可用于分析无人机拍摄的照片，以识别杂草生长或田间斑块的增长速度是否慢于其他斑块。

在很多方面，机器学习和物联网都有共生关系。物联网为机器学习提供了大量数据，而机器学习通过使简单设备更加智能化，彻底改变了物联网。

在一篇关于机器学习革新物联网的文章中，艾哈迈德[43] 提到了机器学习改变物联网的三种方式：

1）提供物联网数据的用途
2）使物联网更安全
3）扩大物联网的范围

在下一节中，我们将讨论机器学习如何使物联网更加安全。

10.3 保护物联网设备的机器学习技术综述

10.3.1 物联网安全机器学习解决方案的系统分类

在上一节中，我们对许多将机器学习算法用于物联网的用例进行了讨论。一些关键任务，如发现现有数据中的模式、检测异常值、预测值和特征提取，对物联网安全至关重要。用于这些任务的一些机器学习算法列于表 10.2 中。

本研究中，大多数论文的主要目标是检测安全漏洞。因此，从安全角度来看，表 10.2 中的第二点变得非常关键。从检测异常值的角度来看，上述用例可以进一步分为以下几种：

● 恶意软件检测
● 入侵检测

- 数据异常检测

表 10.2 物联网安全的机器学习解决方案的分类

用 例	机器学习算法
模式发现	K-means [44]
	DBSCAN [45]
发现异常数据点	支持向量机 [46]
	随机森林 [47]
	PCA [48]
	朴素贝叶斯 [48,49]
	KNN [48]
值和类别的预测	线性回归 [41]
	支持向量回归 [41]
	CART [41]
	FFNN [41]
特征提取	PCA [41]
	CCA [41]

由于异常检测基本上是一个分类问题，因此最常用的机器学习技术是分类中常用的技术，包括决策树、贝叶斯网络、朴素贝叶斯、随机森林和支持向量机（SVM）。在许多新的实例中，已经使用了人工神经网络（ANN）。人工神经网络通常不用于恶意软件检测，因为它需要更长的时间进行训练。这些用例的机器学习算法列于表 10.3 中。

表 10.3 用于离群检测的 ML 解的分类

用 例	机器学习算法
恶意软件检测	SVM [46]
	随机森林 [47]
入侵检测	PCA [48]
	朴素贝叶斯 [48,49]
	KNN [48]
异常检测	朴素贝叶斯 [48]
	ANN [50,51]

下一节将通过对关于每种机器学习算法的论文的研究进行总结，讨论机器学习算法在表 10.3 中的用例中的应用。

10.3.2 机器学习算法在物联网安全中的应用

10.3.2.1 使用 SVM 进行恶意软件检测

在使用线性 SVM 进行 Android 恶意软件检测的论文中，Ham 等人[46] 讨论了检测恶意软件的各种方法，例如基于签名的、基于行为的和基于污点分析的检测，并表明了线性 SVM 在用于有效检测恶意软件的机器学习算法中表现出了高性能。在基于行为的检测系统中，为了检测异常模式，设备上的事件信息（例如存储器使用、数据内容和能耗）被监控。机器学习技术用于分析数据，因此，特征的选择非常重要。

10.3.2.2 使用随机森林进行恶意软件检测

在使用随机森林进行 Android 恶意软件检测的论文中，Alamet 等人[47]将机器学习集成学习算法随机森林应用于 Android 特征数据集中，数据集包含 48 919 个数据点，每个数据点有 42 个特征。其目标是测量随机森林在将 Android 应用程序行为分为恶意或良性行为中的准确性。他们还分析了随着随机森林算法的参数（如树的数量、每棵树的深度和随机特征的数量）的改变而改变的检测精度。基于五重交叉验证的结果表明，随机森林的表现非常好，其一般精度超过了 99%，对于 40 棵或更多树的森林，其最佳包外（OOB）误差率为 0.0002，160 棵树的均方根误差为 0.0171。

10.3.2.3 使用 PCA、朴素贝叶斯和 KNN 进行入侵检测

在基于异常的入侵检测的论文中，Pajouh 等人[48]提出了一种新颖的基于双层降维和双层分类模块的入侵检测的模型，旨在检测用户到根（U2R）和远程到本地（R2L）攻击等恶意活动。他们提出的模型使用 PCA 和线性判别分析（LDA）将高维数据集缩小至具有较少特征的较低维数据集。然后，他们应用了一个双层分类模块，利用朴素贝叶斯和 KNN 的确定性因素版本的来识别可疑行为。

10.3.2.4 使用分类进行异常检测

在设计针对女性安全的物联网设备的论文中，Jatti 等人[49]描述了确定佩戴者是否处于危险中的设备的设计。该设备传输与人的生理信息和身体位置有关的数据。传递的生理信号是皮肤电反应（GSR）和体温，并通过从三轴加速度计获取原始加速度计数据来确定身体位置。其依据是当一个人面临危险情况时，肾上腺素的分泌会影响身体的不同系统，导致血压升高、心率增加和汗液分泌。这提高了通过 GSR 判断的皮肤电导。这些数据通过机器学习分类器进行分析，该分类器确定一个人是否处于危险情况，例如强奸威胁。

10.3.3 使用人工神经网络预测和保护物联网系统

在进入互联网和进入云之前，数据可能来自两种物联网设备——边缘设备或网关设备。一般而言，当我们提到收集信息的数十亿物联网设备时，我们讨论的是边缘设备，这些设备本身就是被植入程序以执行特定简单任务的哑设备，比如测量温度。与边缘设备相比，网关设备具有更多资源和计算能力。因此，可以将精力集中在网关设备上以产生更大的作用，而不是关注每个边缘设备的安全配置。实际上，在《基于神经网络方法预测物联网元素的状态》[50]中，Kotenko 等人讨论了使用人工神经网络来预测物联网元素的状态，这可以减少物联网管理的劳动力成本。其中隐含地承认了边缘的安全配置是劳动力成本密集型的。该论文的方法结合了多层感知器网络和概率神经网络。实验表明，通过使用多层感知器网络来探索过去的类似值，概率神经网络可被用于确定设备的状态。

Canedo 等人[51]建议在物联网网关中使用机器学习来帮助保护系统。该提议是在网关和应用层使用机器学习技术，特别是 ANN，以及在网关中监视子系统组件并且在应用层中监视整个系统的状态。在使用训练数据设置系统并使其升温后，研究人员操纵传感器，在 10 分钟内添加无效数据。当针对系统运行无效数据时，神经网络能够检测有效数据和无效数据之间的差异。然后，他们在传输之间添加了延迟作为模拟中间人攻击的第三个输入，他们成功预测了数据测试集中的大约 360 个样本的有效性，并总结了 ANN 的使用可以使得物联网系统更安全。

10.3.4　新型物联网设备攻击

虽然在过去黑客入侵设备以窃取数据、窥探以确定远端信息等是常见的攻击类型，但最近的攻击改变了物联网的格局，并将物联网设备变为导致互联网瘫痪的潜在主要原因。在《某人正在学习如何攻下互联网》[52] 一文中，布鲁斯·施奈尔说，基于对最近攻击的分析，攻击者可能不是传统意义上假设的类型，如积极分子、研究人员或罪犯。攻击可能是由国家或地区支持的，世界可能正在开启一个网络战争的时代。以下是 Perry 发现的一些最近的物联网恶意软件攻击案例 [53]。

10.3.4.1　Mirai

12.3.4 节将介绍这种 DDoS 攻击。它在美国和欧洲的互联网上占据了几个小时。Mirai 扫描互联网以查找具有开放远程登录端口的主机，并在密码较弱时获取访问权限。进入主机后，它会安装恶意软件并监控 CNC（命令和控制）中心。在攻击过程中，CNC 指示所有自动程序产生大量流量并淹没目标。Perry[53] 建议，为保护设备，应采取以下措施：

- 始终更改默认密码。
- 移除具有远程登录后门的设备。
- 对将设备直接暴露给互联网进行限制。
- 运行所有设备的端口扫描。

10.3.4.2　Brickerbot

该自动程序使受攻击的设备无法使用，即将其变成砖块。一旦该恶意软件获得对设备的访问权限，它就会运行一系列命令来擦除设备存储中的数据。这会使设备无法使用。

10.3.4.3　FLocker

FLocker（Frantic Locker）是一个自动程序，可以锁定目标设备并阻止有效用户访问它。用户可能会被要求支付赎金否则可能无法访问设备，并且可能必须硬删除所有数据。诺顿安全 [54] 已经注意到它针对 Android 智能电视的使用。

10.3.4.4　小结

总之，物联网攻击正在增加，并且经常出现新的攻击变体。来自 F5 实验室 [55] 的一份报告显示，2017 年上半年物联网攻击数量暴增了 280%，其中很大一部分来自 Mirai。此外，该报告称 83% 的攻击来自西班牙的一家名为 SoloGigabit 的托管服务提供商，该服务提供商具有"防弹"的声誉。

10.3.5　关于使用有效机器学习技术实现物联网安全的提案

10.3.5.1　研究的见解

根据对用于物联网安全的机器学习技术所做的研究，显然需要针对不同场景使用不同的技术。由于问题陈述的复杂性，没有一个通用的解决方案。此外，数据异常可能发生在物联网生态系统的不同层面。多个设备可能被攻击，导致错误的访问模式或数据发送，或者网关可能被黑客入侵，从而导致数据路由。这意味着训练系统可能会获得不完整的数据或不同类型的数据。在这些情况下，经典机器学习算法可能无法运行——SVM 需要标准化的数值数据，因为当缺少值时，决策树的输入将无法遍历树中的分支。在这些情况下，最好的选择是集成机器学习。

研究得出的另一个见解是，越来越多的用例必须在数据流传输时分析物联网数据，并且必须快速做出决策。这意味着无法等待将数据发送到云端并进行处理。因此，雾计算和边缘计算等新范式与物联网安全更为相关。表 10.4 展示了 Mahdavinejad 等人提到的智慧城市用例中的数据特征[41]，很明显，有许多用例需要在设备附近处理数据以便更快地转变。

可以将这些见解总结如下：

1）物联网设备和数据是多种多样的，需要不同的机器学习算法来分析系统的不同方面。

2）物联网数据需要在设备附近进行分析，而不是在云中进行分析。

表 10.4　应该处理数据的地方

用　例	数据类型	最佳处理位置
智能交通	流 / 海量数据	边缘
智能健康	流 / 海量数据	边缘 / 云
智能环境	流 / 海量数据	云
智能天气预测	流数据	边缘
智能市民	流数据	云
智能农业	流数据	边缘 / 云
智能家居	海量 / 历史数据	云
智能空气控制	海量 / 历史数据	云
智能公共场所监控	历史数据	云
智能人员活动控制	流 / 历史数据	边缘 / 云

10.3.5.2　建议

建议 1：使用集成机器学习方法在云中进行物联网数据分析。集成机器学习方法使用多个机器学习算法来获得比单独从单个算法获得的更好的预测性能。对于不同类型的数据和丢失的数据，它也会表现得更好。图 10.5 描述了集成机器学习背后的一般思想。

建议 2：使用雾计算进行更靠近边缘的数据分析。这意味着可以更快地做出决定。而且，它与雾计算节点服务的设备或设备组更相关。

正是出于这个意图，接下来的两节将完全专注于雾计算和雾计算用例中使用的机器学习算法。

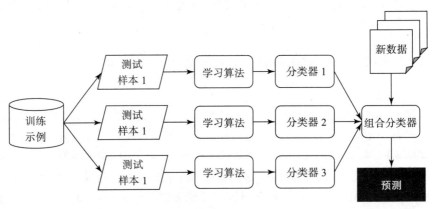

图 10.5　集成机器学习

10.4　雾计算中的机器学习

10.4.1　介绍

如前所述，物联网设备产生的数据量每年都呈指数增长。将来自物联网设备的数据都传输给云进行处理和分析的仅云架构中会出现若干问题：

- **网络流量拥塞**。到 2020 年，将有超过 500 亿个连接到互联网的事物，如果数据的处理发生在云中，就会导致出现网络拥塞，数据可能无法以足够快的速度到达服务器并返回。
- **数据瓶颈**。如果仅在云中进行数据存储和分析，那么一旦由于数据量或其他原因导致服务器分析较慢，将可能存在瓶颈。
- **安全问题**。由于数据必须通过从传感器到网关到服务到云的多个层，因此存在许多缺陷点。此外，云中的安全解决方案可以解决大多数设备的常见问题，但可能无法处理边缘上的特定传感器或节点的问题。
- **数据陈旧性**。在许多情况下，当无法足够快地进行数据分析时，数据会失去其价值。如果存在安全或隐私问题，安全摄像头、电话、汽车、ATM 等可能会生成需要被立即分析的数据。

雾计算通过有选择性地将计算、存储和决策移动到更靠近生成数据的网络边缘来解决这个问题。用于雾计算的 OpenFog 参考架构将雾计算定义为 "一种水平的系统级架构，它将计算、存储、控制和网络功能分布在更接近用户的云到物的连续体中"[56]。雾计算平台的基本特征包括低时延、位置感知以及有线或无线访问。该平台有很多优点：

- **实时分析**。随着物联网使用的增长，需要实时分析的场景的数量非常多（例如，安全摄像机捕获潜伏在家门前的潜在入侵者或欺诈者获得对某人账户的访问权限）。当数据被上传到云并进行分析时，可能为时已晚。这些场景需要雾计算提供的近乎即时的智能功能。
- **提高安全性**。由于雾更接近边缘，因此它具有配置针对设备及其功能定制的安全性的能力。此外，关于是否在入侵期间阻止访问的安全决策几乎可以立即进行。
- **边缘处的数据细化**。雾消耗原始数据并做出决策或提供见解。它仅在层次结构中向上发送相关的合并信息。这大大减少了传输到中央数据中心的数据量。
- **节约成本**。由于部署的分布式特性，雾可能具有更高的设置成本，但整个系统的运营成本和长期利益将超过这一点。

10.4.2　用于雾计算和安全的机器学习

雾计算的主要优点之一是能够进行接近实时的分析，并且在许多情况下，这意味着将在雾节点处利用机器学习。

我们可以从 10.4.3 节将讨论的案例研究中找到许多可以使用机器学习的例子。一个例子是在工业中，机器学习可以帮助进行机器的故障隔离和故障检测，从而改善一个发生故障的系统的 MTTR（平均修复时间）以实现更高的可用性。另一个例子可以是智慧城市的火车站，机器学习可以通过监控占用率、移动和整体系统使用情况来优化运营。更多的例子详见下一节。

在雾节点中，分析既可以是反应性的也可以是预测性的。靠近边缘的雾节点很可能具有反应分析，而远离边缘的节点将具有更多的预测分析，因为这些节点需要更多的计算能力。其前提是云中的计算能力最高，而且它在有关 n 层架构的 10.4.4 节中提到的层次结构中处于下层。机器学习算法可以在该层中的具有与任务相对应的计算处理能力的雾节点上运行（见表 10.5）。机器学习模型是在云附近或云本身的节点上创建的。可以将模型下载到中间层节点以帮助其执行。

表 10.5 机器学习在雾计算中的应用

用例	机器学习算法
工业中的雾计算——石油和燃气运营的远程监控 [57]	异常检测模型
	预测模型
	优化方法
零售业中的雾计算——零售客户行为分析 [57]	统计方法
	时间序列聚类
自动驾驶汽车中的雾计算 [57]	图像处理
	异常检测
	强化学习

10.4.3 机器学习在雾计算中的应用

10.4.3.1 机器学习应用于工业中的雾计算

传统的基于云或非云的集中式分析基础设施依赖于使用来自过去故障的数据来训练机器学习算法。该算法将创建可用于预测故障的模型。但在许多情况下，故障预测为时已晚而无法防止故障，仅用于将损坏的影响降至最低。相比之下，如果使用雾计算在本地完成近乎即时的分析，那么系统将能够采取措施来防止问题的发生。这是因为分析系统更接近边缘，且更了解环境。

10.4.3.2 机器学习应用于零售业中的雾计算

一般而言，零售商店根据对客户购买情况和季节性偏好的分析进行产品布置。因此，我们看到产品的布置在万圣节、感恩节、圣诞节等期间都会发生变化。如果把雾计算用于对某个区域中的商店或一组商店进行分析，那么系统将能够分析本地用户的购买模式并帮助商店更好地定位商品并改善客户的购买体验。

10.4.3.3 机器学习应用于自动驾驶汽车中的雾计算

随着谷歌、特斯拉、优步、通用汽车和其他主流公司对自动驾驶汽车的测试，将这些车辆用于主流用例的现实即将到来。自动驾驶汽车是雾计算的极好的例子，因为其中许多计算和决策都在边缘发生。然而，每辆车都将传输大量数据以在云中进行处理。N 层模型将使系统更加高效。其使用的机器学习算法是用于图像处理的 ANN、朴素贝叶斯或用于异常检测、强化学习等的类似算法。

10.4.4 雾计算安全中的机器学习

Tang 等人 [58] 提出了雾计算架构的层次结构，以支持未来智慧城市中大量基础设施组件和服务的集成。其提出的架构是一个四层模型，第一层是云，最后一层是传感器。两者之间的层是雾层。图 10.6 展示了不同层和每层的主要安全处理。

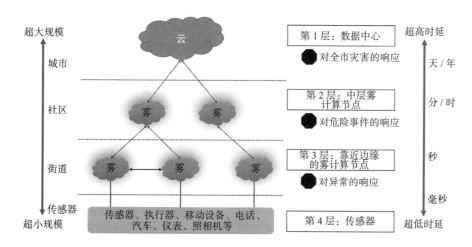

图 10.6　多层中的雾计算安全性

第 3 层包含从传感器获取原始数据的雾节点。该层的节点执行两个功能，一个是使用机器学习算法识别来自传感器的传入数据流的潜在威胁模式，另一个是执行特征提取以减少要向上游发送的数据量。文献 [58] 没有具体说明如何进行异常检测。KNN、朴素贝叶斯、随机森林或 DBSCAN 等算法可用于进行异常检测。

第 2 层包含从其下方的节点获取数据的雾节点，这些数据表示来自数百个跨位置传感器的信息。在该文献中，HMM（隐马尔可夫模型）和 MAP（最大后验）算法被用于分类并在有危险事件时发出警报。表 10.6 总结了每个雾层的机器学习算法。

表 10.6　不同雾层的机器学习算法

层	灾难响应	机器学习算法
第 4 层——传感器	无	无
第 3 层——街道的雾节点	对异常的响应	KNN、朴素贝叶斯、随机森林、DBSCAN
第 2 层——社区的雾节点	对危险事件的响应	HMM、MAP[58] 回归、ANN、决策树
第 1 层——云	对全市灾害的响应、长期预测	ANN、深度学习、决策树、强化学习、贝叶斯网络

10.4.5　用于雾计算的其他机器学习算法

10.3.1 节将物联网安全的机器学习解决方案分为模式发现、异常检测、值 / 标签预测和特征提取。我们讨论了必要的机器学习算法，如 K-means、DBSCAN、朴素贝叶斯、随机森林、CART、PCA 等。我们还对异常检测用例进行了深入研究，其中特别关注了恶意软件和入侵检测。这些用例和示例都适用于雾计算，例如使用 SVM 进行恶意软件检测 [46]、使用随机森林进行恶意软件检测 [47]、入侵检测 [48] 可以在雾节点而不是在云上完成。事实上，Kotenko[50] 使用 ANN 进行的异常检测特别提到在网关层进行机器学习，就像在中层雾节点中进行一样。

总之，雾计算可以通过更加环境化，以及能够更快地检测问题并更快地对事件做出反应，使物联网生态系统更加安全。

10.5 未来研究方向

如上所述，由于数据规模巨大、种类繁多，机器学习的应用对物联网安全来说非常关键。人工智能和机器学习是快速成长的领域，物联网数据分析需要与这些领域的最新趋势相结合。我们许多机器学习技术和物联网中的几个例子的分析表明，在节点附近近乎实时地分析数据是很重要的。因此，有必要研究需要较少的内存并且可以快速处理大量的时间序列数据的机器学习算法。

我们可以将未来的研究方向分为以下几类：
- 使用人工智能和机器学习的最新趋势来实现物联网安全
- 专注于使用较少内存并可快速处理大量数据的技术的用于雾计算安全的机器学习算法
- 用于多行业中物联网传感器发展新领域的机器学习算法
- 用于分析医疗保健数据的机器学习算法——可以特别关注 WIBSN（无线和植入式人体传感器网络）

10.6 结论

本章包含了一系列主题，包括物联网的介绍、物联网架构、物联网安全和隐私问题、雾计算、用于物联网安全的机器学习和机器学习在通过雾计算实现物联网安全中的应用等。在每一节中，我们都定义了概念并用参考文献和例子扩展了主题。

首先，我们介绍了物联网、常见物联网设备、物联网架构的概念（重点关注四层架构）、物联网应用（特别是在医疗保健领域）。通过各种示例，我们展示了物联网设备如何无处不在，且几乎渗透到我们生活的每个领域，使我们迎来了智能事物的时代。然后我们讨论了物联网设备和生态系统的关键的安全和隐私问题。我们通过水处理厂、核电站、婴儿监视器视频、可穿戴设备等示例展示了安全问题的严重性。我们以 DDoS（分布式拒绝服务）为例，说明了物联网设备如何被用来削弱互联网并切断为不同地区的人们提供的必要的服务。然后，我们快速研究了机器学习和常用的机器学习算法，接着深入研究了物联网中使用机器学习的例子。

我们展示了一些例子，如智能家居、智能医疗设备、智能电网、Roomba 真空吸尘器、特斯拉汽车等。然后我们进一步讨论了每个领域中的用例，如制造业、医疗保健、公用事业等，并举例说明了机器学习在其中的应用。然后我们重点关注了用于物联网安全的机器学习技术。通过对几篇论文和网站的讨论，我们对用于保护物联网系统的基本机器学习任务进行了分类，然后总结了一些专门研究用于物联网安全的机器学习的论文，重点关注了恶意软件检测、入侵检测和异常检测。最后，我们得出了结论，即使计算更接近边缘并使用集成学习技术可以可靠地防御针对物联网设备的攻击。我们还得出了雾计算是物联网领域中的一个关键的新兴领域，以及雾节点中使用的机器学习算法对于物联网的成功和可扩展性至关重要的结论。

参考文献

1 IBM Electronics. The IBM vision of a smart home enabled by cloud technology, December 2010. https://www.slideshare.net/IBMElectronics/15-6212631. Accessed September 2017.

2 M. Cousin, T. Castillo-Hi, G.H. Snyder. Devices and diseases: How the IoT is transforming MedTech. *Deloitte Insights* (2015, September). https://dupress.deloitte.com/dup-us-en/focus/internet-of-things/iot-in-medical-devices-industry.html. Accessed September 2017.

3 S. Wende and C. Smyth. The new Minnesota smart bridge. http://www.mnme.com/pdf/smartbridge.pdf. Accessed September 2017.

4 D. Cardwell. Grid sensors could ease disruption of power. *The New York Times* (2015, February). https://www.nytimes.com/2015/02/04/business/energy-environment/smart-sensors-for-power-grid-could-ease-disruptions.html. Accessed September 2017.

5 K.J. Wakefield. How the Internet of Things is transforming manufacturing. *Forbes* (2014, July). https://www.forbes.com/sites/ptc/2014/07/01/how-the-internet-of-things-is-transforming-manufacturing. Accessed September 2017.

6 Cisco. Cisco global cloud index: forecast and methodology, 2015–2020, 2016. https://www.cisco.com/c/dam/m/en_us/service-provider/ciscoknowledgenetwork/files/622_11_15-16-Cisco_GCI_CKN_2015-2020_AMER_EMEAR_NOV2016.pdf. Accessed September 2017.

7 T. Barnett Jr. The dawn of the zettabyte era [infographic], 2011. http://blogs.cisco.com/news/the-dawn-of-the-zettabyte-era-infographic. Accessed September 2017.

8 D. Worth. Internet of things to generate 400 zettabytes of data by 2018, November 2014. http://www.v3.co.uk/v3-uk/news/2379626/internet-of-things-to-generate-400-zettabytes-ofdata-by-2018. Accessed September 2017.

9 J. Leyden. Water treatment plant hacked, chemical mix changed for tap supplies. *The Register* (2016, March). http://www.theregister.co.uk/2016/03/24/water_utility_hacked. Accessed September 2017.

10 K. Zetter. Everything we know about Ukraine's power plant hack. *Wired* (2016, January). https://www.wired.com/2016/01/everything-we-know-about-ukraines-power-plant-hack. Accessed September 2017.

11 P. Paganini. Hacking baby monitors is dramatically easy, September 2015. http://securityaffairs.co/wordpress/39811/hacking/hacking-baby-monitors.html. Accessed September 2017.

12 A. Tillin. The surprising way your fitness data is really being used. *Outside* (2016, August). https://www.outsideonline.com/2101566/surprising-ways-your-fitness-data-really-being-used. Accessed September 2017.

13 L. Cox. Security experts: hackers could target pacemakers. *ABC News* (2010, April). http://abcnews.go.com/Health/HeartFailureNews/security-experts-hackers-pacemakers/story?id=10255194. Accessed September 2017.

14 S. Morgan. Hackerpocalypse: a cybercrime revelation, 2016. https://cybersecurityventures.com/hackerpocalypse-cybercrime-report-2016/. Accessed September 2017.

15 IBM Analytics. The IBM Point of View: Internet of Things security. (2015, April). https://www-01.ibm.com/common/ssi/cgi-bin/ssialias?htmlfid=RAW14382USEN. Accessed October 2017.

16 OWASP. IoT attack surface areas. (2015, November). https://www.owasp.org/index.php/IoT_Attack_Surface_Areas. Accessed November 2017.

17 Hewlett Packard. Internet of things research study, 2015. http://www8.hp.com/h20195/V2/GetPDF.aspx/4AA5-4759ENW.pdf. Accessed March 10, 2016.

18 L. Zanolli, Welcome to privacy hell, also known as the Internet of Things. *Fast Company* (2015, March 23). http://www.fastcompany.com/3044046/tech-forecast/welcome-to-privacy-hell-otherwise-known-as-the-internet-of-things. Accessed March 24, 2016.

19 J. Schectman. Internet of Things opens new privacy litigation risks. *The Wall Street Journal* (2015, January 28). http://blogs.wsj.com/riskandcompliance/2015/01/28/internet-of-things-opens-new-privacy-litigation-risks. Accessed March 24, 2016.

20 B. Violino. Benetton to Tag 15 Million Items. *RFiD Journal* (2003, March). http://www.rfidjournal.com/articles/view?344. Accessed March 23, 2016.

21 FTC. FTC Report on Internet of Things urges companies to adopt best practices to address consumer privacy and security risks (2015, January 27). https://www.ftc.gov/news-events/press-releases/2015/01/ftc-report-internet-things-urges-companies-adopt-best-practices. Accessed March 24, 2016.

22 A. F. Westin. Privacy and freedom. *Washington and Lee Law Review,* 25(1): 166, 1968.

23 J. H. Ziegeldorf, O. G. Morchon, K. Wehrle. Privacy in the internet of things: Threats and challenges. *Security Community Network,* 7(12): 2728–2742, 2014.

24 Keycdn. DDoS Attack. (2016, July). https://www.keycdn.com/support/ddos-attack/. Accessed October 2017.

25 Ddosbootcamp. Timeline of notable DDOS events. https://www.ddosbootcamp.com/course/ddos-trends. Accessed October 2017.

26 J. Hamilton. Dyn DDOS Timeline. (2016, October). https://cloudtweaks com/2016/10/timeline-massive-ddos-dyn-attacks. Accessed October 2017.

27 P. Stancik. *At least 15% of home routers are unsecured.* (2016, October). https://www.welivesecurity.com/2016/10/19/least-15-home-routers-unsecure/. Accessed October 2017.

28 S. Cobb. 10 things to know about the October 21 IoT DDoS attacks. (2016, October). https://www.welivesecurity.com/2016/10/24/10-things-know-october-21-iot-ddos-attacks/. Accessed October 2017.

29 L. Ulanoff. 73,000 webcams left vulnerable because people don't change default passwords. (2014, November). http://mashable.com/2014/11/10/naked-security-webcams. Accessed October 2017.

30 M. Warner. Senators Introduce Bipartisan Legislation to Improve Cybersecurity of "Internet-of-Things" (IoT) Devices. (2017, August). https://www warner.senate.gov/public/index.cfm/2017/8/enators-introduce-bipartisan-legislation-to-improve-cybersecurity-of-internet-of-things-iot-devices. Accessed November 2017.

31 M. Warner. Internet of Things Cybersecurity Improvement Act of 2017 (2017, August). https://www.scribd.com/document/355269230/Internet-of-Things-Cybersecurity-Improvement-Act-of-2017. Accessed November 2017.

32 WaterISAC. 10 Basic Cybersecurity Measures. (2015, June). https://ics-cert.us-cert.gov/sites/default/files/documents/10_Basic_Cybersecurity_Measures-WaterISAC_June2015_S508C.pdf. Accessed November 2017.

33 US-CERT. Heightened DDoS threat posed by Mirai and other botnets. (2016, October). https://www.us-cert.gov/ncas/alerts/TA16-288A. Accessed November 2017.

34 A.L. Samuel. Some studies in machine learning using the game of checkers. *IBM Journal of Research and Development*, 44 (1–2): 206–226, 2000.

35 SAS. Machine Learning: What it is and why it matters. https://www.sas.com/en_us/insights/analytics/machine-learning.html. Accessed November 2017.

36 P.N. Tan, M. Steinbach, and V. Kumar (2013). *Introduction to Data Mining*.

37 J. Vincent. Google uses DeepMind AI to cut data center energy bills. (2016, July). Retrieved November, 2017, from https://www.theverge.com/2016/7/21/12246258/google-deepmind-ai-data-center-cooling. Accessed November 2017.

38 W. Knight. The Roomba now sees and maps a home. *MIT Technology Review* (2015, September 16). https://www.technologyreview.com/s/541326/the-roomba-now-sees-and-maps-a-home/. Accessed October 2017.

39 Nest Labs. Nest Labs introduces world's first learning thermostat. (2011, October). https://nest.com/press/nest-labs-introduces-worlds-first-learning-thermostat/. Accessed October 2017.

40 K. Fehrenbacher. How Tesla is ushering in the age of the learning car (2015, October). http://fortune.com/2015/10/16/how-tesla-autopilot-learns/. Accessed October 2017.

41 M. S. Mahdavinejad, M. Rezvan, M. Barekatain, P. Adibi, P. Barnaghi, and A.P. Sheth. Machine learning for Internet of Things data analysis: A survey. *Digital Communications and Networks*, 4(3) (August): 161–175, 2018.

42 P. Misra, A. Pal, P. Balamuralidhar, S. Saxena, and R. Sripriya. Unlocking the value of the Internet of Things (IoT) – A platform approach. *White Paper*, 2014.

43 M. Ahmed. Three ways machine learning is revolutionizing IoT. (2017, October). https://www.networkworld.com/article/3230969/internet-of-things/3-ways-machine-learning-is-revolutionizing-iot.html. Accessed November 2017.

44 A.M. Souza and J.R. Amazonas. An outlier detect algorithm using big data processing and Internet of Things architecture. *Procedia Computer Science* 52 (2015): 1010–1015.

45 M.A. Khan, A. Khan, M.N. Khan, and S. Anwar. A novel learning method to classify data streams in the Internet of Things. In *Software Engineering Conference (NSEC)*, November 2014, National: 61–66.

46 H.S. Ham, H.H. Kim, M.S. Kim, and M.J. Choi. Linear SVM-based android malware detection for reliable IoT services. *Journal of Applied Mathematics* (2014).

47 M.S. Alam, and S.T. Vuong. Random forest classification for detecting android malware. In *Green Computing and Communications (GreenCom), 2013 IEEE and Internet of Things (iThings/CPSCom), IEEE International Conference on and IEEE Cyber, Physical and Social Computing.* (2013, August): 663–669.

48 H. H. Pajouh, R. Javidan, R. Khayami, D. Ali, and K.K.R. Choo. A two-layer dimension reduction and two-tier classification model for anomaly-based intrusion detection in IoT backbone networks. *IEEE Transactions on Emerging Topics in Computing*, 2016.

49 A. Jatti, M. Kannan, R.M. Alisha, P. Vijayalakshmi, and S. Sinha. Design and development of an IOT-based wearable device for the safety and security of women and girl children. In *Recent Trends in Electronics, Information & Communication Technology (RTEICT), IEEE International Conference* on (pp. 1108–1112), 2016, May. IEEE.

50 I. Kotenko, I. Saenko, F. Skorik, S. Bushuev. Neural network approach to forecast the state of the Internet of Things elements. *2015 XVIII International Conference on Soft Computing and Measurements (SCM)*, 2015. doi:10.1109/scm.2015.7190434.

51 J. Canedo, and A. Skjellum. Using machine learning to secure IoT systems. *2016 14th Annual Conference on Privacy, Security and Trust (PST)*, 2016. doi:10.1109/pst.2016.7906930.

52 B. Schneier. Someone is learning how to take down the Internet. (2016, September). https://www.lawfareblog.com/someone-learning-how-take-down-internet. Accessed November 2017.

53 J.S. Perry. Anatomy of an IoT malware attack. (2017, October). https://www.ibm.com/developerworks/library/iot-anatomy-iot-malware-attack/. Accessed November 2017.

54 N. Kovacs. FLocker ransomware now targeting the big screen on Android smart TVs. (2016, June). https://community.norton.com/en/blogs/security-covered-norton/flocker-ransomware-now-targeting-big-screen-android-smart-tvs. Accessed November 2017.

55 S., Boddy, K. Shattuck, The hunt for IoT: The Rise of Thingbots. (2017, August). https://f5.com/labs/articles/threat-intelligence/ddos/the-hunt-for-iot-the-rise-of-thingbots. Accessed November 2017.

56 OpenFog Consortium Architecture Working Group. OpenFog Reference Architecture for Fog Computing. *OPFRA001*, 20817 (2017, February). 162.

57 H. Vadada. Fog computing: Outcomes at the edge with machine learning. (2017, May). https://towardsdatascience.com/fog-computing-outcomes-at-the-edge-using-machine-learning-7c1380ee5a5e. Accessed November 2017.

58 B. Tang, Z. Chen, G. Hefferman, T. Wei, H. He, and Q. Yang. A hierarchical distributed fog computing architecture for big data analysis in smart cities. In *Proceedings of the ASE BigData & SocialInformatics* 2015 (p. 28). ACM.

应用和问题

第 11 章

Fog and Edge Computing: Principles and Paradigms

大数据分析的雾计算实现

Farhad Mehdipour, Bahman Javadi, Aniket Mahanti, Guillermo Ramirez-Prado

11.1 引言

物联网的部署产生了大量需要实时处理和分析的数据。当前的物联网系统无法实现数据的低时延和高速处理,并且需要将数据处理卸载到云(例如智能电网、石油设施、供应链物流和洪水预警等应用)。云允许从任何地方访问信息和计算资源,并支持应用程序、计算和数据的虚拟集中化。虽然云计算可以优化资源利用率,但它并不能为托管大数据应用程序提供有效的解决方案[1]。有以下几个问题阻碍了采用物联网驱动的服务:

- 在虚拟化计算平台的节点上移动大量数据可能会在时间、吞吐量、能耗和成本方面产生显著的开销。
- 云可能在物理上位于远程数据中心,因此无法以合理的时延和吞吐量为物联网提供服务。
- 实时处理大量物联网数据将随着数据中心工作负载的增加而增加,使供应商面临新的安全性、容量和分析挑战。
- 当前的云解决方案缺乏适应分析引擎以有效处理大数据的能力。
- 现有的物联网开发平台是垂直分散的。因此,物联网创新者必须在异构的硬件和软件服务之间进行探索,而软件服务的集成度通常不高。

为了应对这些挑战,可以在网络边缘(或雾),即数据生成位置附近执行数据分析,以减少数据量和通信开销[2-6]。确定要保存和使用的内容的功能与捕获数据的功能同样重要。在物联网和数据所处的物理世界边缘,分析不是将所有数据都发送到云这样的中央计算设施,而是引入了地面和云之间的中间层。主要问题是需要收集哪些数据、哪些数据需要清洗和汇总,以及哪些数据需要用于分析和决策。我们提出了一种名为雾引擎(FE)的解决方案,通过以下方式解决上述挑战:

- 对生成位置附近的数据进行内部部署和实时预处理和分析
- 以分布式和动态方式促进物联网设备之间的协作和近邻交互

使用我们提出的解决方案,物联网设备将被部署在靠近地面的雾中,雾相互之间以及雾与云之间可以有效地进行相互作用。用户可以使用配备雾引擎的物联网设备轻松加入智能系统。根据用户组的规模,若干雾引擎可以与同样的设施相互作用和共享数据(例如通过

Wi-Fi），并以编排的方式将数据卸载到与其关联的云中（通过互联网）。

　　本章的其余部分的内容安排如下。11.2 节将介绍大数据分析的背景知识。11.3 节将描述我们提出的雾引擎如何在集中式数据分析平台中部署，以及它如何增强现有的系统功能。11.4 节将解释系统原型和所提出解决方案的评估结果。11.5 节将描述所提想法如何适用于不同应用的两个案例研究。11.6 节将讨论相关工作。11.7 节将提供未来的研究方向。11.8 节将进行总结。

11.2　大数据分析

　　公司、组织机构和研究机构从多种来源捕获数兆字节的数据，包括社交媒体、客户的电子邮件和调查回复、电话记录、互联网点击流数据、Web 服务器日志和传感器等。大数据是指大量在组织机构内部和周围的非结构化、半结构化或结构化数据的数据流[7]。大数据概念已存在多年，如今大多数组织机构都意识到可以将分析应用于自己的数据，以获得可操作的信息。业务分析用于回答有关业务运营和性能的基本问题，而大数据分析是高级分析的一种形式，它涉及复杂的应用，包括预测模型、统计算法和由高性能分析系统提供支持的假设分析等原理。大数据分析检查大量数据以发现隐藏的模式、相关性和其他信息。大数据处理可以采用批处理模式或流水线模式执行。这意味着可以对某些应用程序的数据进行分析，并在存储和流程范式的基础上生成结果[8]。许多对时间要求严格的应用程序不断生成数据，并期望实时处理结果，如股票市场数据处理。

11.2.1　优点

　　大数据分析具有以下优点：

- **改善业务**。大数据分析可帮助组织机构利用其数据并使用它来发现新的机会，从而带来更明智的业务决策、新的收入机会、更有效的营销、更好的客户服务、更高的运营效率和更高的利润。
- **降低成本**。大数据分析在以更有效的方式开展业务并存储大量数据时，可以提供显著的成本优势。
- **更快更好的决策**。企业能够立即分析信息、做出决策并保持敏捷。
- **新产品和服务**。通过分析能够衡量客户需求和满意度，以为客户提供他们想要的产品。

11.2.2　大数据分析典型基础设施

　　大数据分析基础设施的典型组件和层结构如下[9]。

11.2.2.1　大数据平台

　　大数据平台包括对数据进行集成、管理和应用复杂计算处理的功能。通常，大数据平台以 Hadoop ⊖作为底层基础。Hadoop 的设计和构建旨在优化对大量数据的复杂处理，同时大大优于传统数据库的价格和性能。Hadoop 是一个统一的存储和处理环境，可以高度扩展到具有大型复杂数据容量。我们可以将其视为大数据的执行引擎。

⊖　http://hadoop.apache.org/

11.2.2.2 数据管理

在进行任何分析之前，数据需要特殊的高质量和完善的管理和治理。随着数据不断流入和流出组织机构，建立可重复的流程以构建和维护数据质量标准非常重要。可能需要花费大量时间来清洗数据和移除异常数据，并将数据转换为期望的格式。一旦信息可靠，组织机构就应该建立一个主数据管理程序，使整个企业处于同一页面的管理范围中。

11.2.2.3 存储

在磁盘上存储大量不同数量的数据更具成本效益，而 Hadoop 是存档和快速检索大量数据的低成本替代方案。这种开源软件框架可以存储大量数据并在商用集群硬件上运行应用程序。由于数据量和数据种类的不断增加，它已经成为开展业务的关键技术，其分布式计算模型可以快速处理大数据。另一个好处是 Hadoop 的开源框架是免费的，并使用商用硬件来存储大量数据。非结构化和半结构化数据类型通常不适合传统数据库，因为传统数据库基于关系数据库，它主要针对结构化数据集。此外，数据库可能无法处理需要经常更新或需要不断处理的大数据集所带来的处理需求，例如股票价格的实时数据、网站访问者的在线活动或者移动应用程序的性能。

11.2.2.4 分析核心和功能

数据挖掘是一项关键技术，它可以帮助检查大量数据以发现数据中的模式，挖掘的信息可用于进一步分析，以帮助解决复杂的业务问题。Hadoop 使用名为 MapReduce 的处理引擎，使其不仅可以跨磁盘分发数据，还可以将复杂的计算指令应用于该数据。为了与平台的高性能功能保持一致，MapReduce 指令在大数据平台上跨多个节点并行处理，然后快速组装以提供新的数据结构或答案集。正如大数据因业务应用而异，用于操作和处理数据的代码也会有所不同。例如，为了识别客户对他们购买的特定产品的满意度，文本挖掘功能可以搜索用户的反馈数据并提取预期信息。

11.2.2.5 适配器

确保组织机构中的现有工具可以通过大数据分析工具与内部可用的技能集进行交互和数据交换至关重要。例如，Hive ⊖是一种可以将原始数据重组为关系表的工具，可以通过基于 SQL 的工具（如关系数据库）访问这些关系表。

11.2.2.6 展示

使用现有工具或自定义工具进行数据可视化使普通业务人员能够以直观、图形化的方式查看信息，并为决策过程提炼出深刻见解。

11.2.3 技术

数据的规模和多样性可能导致一致性和管理问题，使用不同平台和大数据架构中存储的数据可能导致数据孤岛。实际上，有几种类型的技术可以通过协同工作来实现大数据分析。将现有工具（如 Hadoop）与其他大数据工具集成到一个满足组织机构需求的紧密结构中，是平台工程师和分析团队面临的主要挑战，他们必须确定正确的技术组合，然后将它们组合在一起 [10]。

⊖ https://hive.apache.org/

11.2.4 云中的大数据分析

早期的大数据系统大多部署在本地，而 Hadoop 的最初设计目标是用于物理机集群。利用当前可用的公共云，可以在云中设置 Hadoop 集群。越来越多的技术支持在云中处理数据。例如，主要的 Hadoop 供应商（如 Cloudera ⊖和 Hortonworks ⊜）支持其在亚马逊 Web 服务（AWS）⊜和微软 Azure ®云上分布大数据框架。大数据的未来状态将是内部部署解决方案和云的混合 [11]。

11.2.5 内存分析

Hadoop 的批量调度开销和基于磁盘的数据存储使其不适合用于分析生产环境中变动的实时数据。Hadoop 依赖于生成大量输入 / 输出文件的文件系统，这限制了 MapReduce 的性能。通过避免 Hadoop 的批量调度，它可以在几毫秒内启动作业，而不是之前的几十秒。内存数据存储通过消除磁盘或网络上的数据移动，大大减少了访问时间。SAS 和 Apache Ignite 提供具有内存分析功能的 Hadoop 发行版。

11.2.6 大数据分析流程

大数据分析描述了对数据执行复杂分析任务的过程，这些任务通常包括分组、聚合或迭代过程。图 11.1 展示了大数据处理的典型流程 [7]。第一步是收集和集成来自多个源的数据。下一步是数据清洗，尽管它可能会显著减少数据大小，从而减少数据分析所需的时间和精力，但需要消耗大量处理时间。由于原始数据通常是非结构化的，其既不具有预定义的数据模型也不以预定义的方式组织。因此，流程的下一步是将数据转换为半结构化或结构化数据。数据清洗涉及检测和消除数据中的错误和不一致，以提高数据质量 [12]。当需要集成多个数据源时（例如在数据库中），对数据清洗的需求显著增加。这是因为数据源通常包含以不同形式表示的冗余数据。

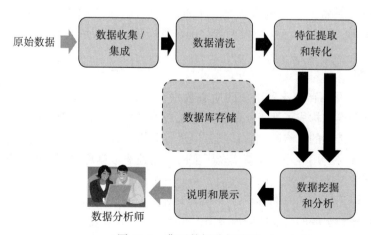

图 11.1 典型数据分析流程

⊖ https://www.cloudera.com/

⊜ https://hortonworks.com/

⊜ https://aws.amazon.com/

⊜ https://azure.microsoft.com/

任何数据处理任务中最重要的步骤之一是验证数据值是否正确，其最低要求是数据值是否符合一组规则。若数据输入不正确、信息丢失或具有其他无效数据，就会导致数据质量问题。例如，预期性别变量应仅具有两个值（男或女），预期表示心率的变量应在一定合理范围内。传统的 ETL（提取、加载和转换）过程从多个源中提取数据，然后清洗数据、格式化数据并将其加载到数据库中进行分析[13]。基于规则的模型确定数据分析工具如何处理数据。

大数据处理的一个主要阶段是执行数据发现，这是处理数据的复杂性所在。大数据的独特特征是发现值的方式。不同于传统的业务智能中通过对已知值的简单求和产生结果，大数据通过可视化、基于交互式知识的查询，或者可以发现知识的机器学习算法来执行数据分析[14]。由于数据的异构性，数据分析问题可能没有单一的解决方案，因此算法可能是短期可用的。

数据量的增加会给分析工具带来以下问题：

1）数据量持续高速增长，但为了分析，数据应该持续更新。

2）查询的响应时间随着数据量的增加而增加，而分析任务需要在合理的时间内在大型数据集上生成查询结果[15]。

11.3 雾中的数据分析

雾计算是一种高度虚拟化的平台，它可在终端设备和传统云计算数据中心之间提供计算、存储和网络服务，其提供的服务通常但不完全位于网络边缘。雾由与云中相同的组件组成，即计算、存储和网络资源。然而，雾具有一些独特的特性，使其更适合需要低时延、移动性支持、实时交互、在线分析以及与云相互作用的应用程序[11,16]。虽然数据量正在快速增长，但通过降低处理和存储成本、增加网络带宽等，组织机构可以对收集的数据归档。边缘设备或软件服务可以执行初步分析，并将数据（或元数据）的摘要发送到云，而不是将所有数据发送到云。例如，谷歌使用云计算为其照片应用程序分类照片，对于拍摄并上传到谷歌相册的照片，该应用程序会根据照片的背景自动学习和分类。一个名为 Movidius ⊖的专用芯片具有在移动设备上进行机器学习的功能，它允许实时处理信息，而不是在云中进行处理[17]。决定在地面附近、云中以及两者之间分别应该做什么是至关重要的。

11.3.1 雾分析

收集从物联网设备和传感器生成的所有数据，并将其传输到云中进行进一步处理或存储，对互联网基础设施构成了严重挑战，这通常成本昂贵、在技术上几乎不可实现，而且其中的大多数是不太必要的。将数据转移到云以进行分析非常适用于需要低带宽的大量历史数据，但不适用于实时应用程序。随着实现了实时、高速率数据应用程序的物联网的出现，将分析过程转移到数据源并实现实时处理似乎是一种更好的方法。雾计算有助于在数据到达云之前处理数据，以缩短通信时间和成本，并减少对大量数据存储的需求。一般来说，它是物联网下的应用程序和服务的合适的解决方案[18,19]。

随着雾提供低时延和环境感知，以及云提供全局集中化，一些应用（如大数据分析）从雾本地化和云全局化中获益[11]。雾的主要功能是从传感器和设备收集数据、处理数据、过滤数据，并将其余部分发送到其他部分，以进行本地存储、可视化并传输到云。本地覆盖由

⊖ https://www.movidius.com/

云提供，被用作具有数月和数年持续时间的数据存储库，这是业务智能分析的基础。

雾计算仍处于早期阶段，并呈现出了新的挑战，例如雾的架构、框架和标准、分析模型、存储和网络资源供应及调度、编程摘要及模型以及安全和隐私问题等[20]。雾分析需要设备和数据接口的标准化、与云的集成、流分析以处理连续的输入数据，以及灵活的网络架构（其中实时数据处理功能向边缘移动）。对时间不太敏感的数据仍然可以通过云进行长期存储和历史分析。其他功能如物联网应用程序的性能改进以及数据可视化，可以通过机器学习实现，这些都是未来的重要功能。

Tang 等人[9]提出了一种基于雾的概念的架构，用于智慧城市中的大数据分析，这种架构是分层的、可扩展、分布式的，并且支持大量物和服务的集成。该架构由四层组成，其中具有多个传感器的第 4 层位于网络边缘，第 3 层使用许多高性能和低功率节点处理原始数据，第 2 层使用中间计算节点识别潜在危险，第 1 层代表提供全局监控和集中控制的云。在文献 [10] 中，作者引入了一个基于雾计算的框架 FogGIS，用于从地理空间数据中挖掘分析。FogGIS 已被用于初步分析，包括压缩和叠加分析，并且通过压缩技术减少了向云的传输。随着组织机构将更多连接的医疗设备引入其健康 IT 生态系统[21]，雾计算在医疗保健领域也越来越受欢迎。思科推出了 Fog Data Services（雾数据服务）⊖，用于构建可扩展物联网数据解决方案。

11.3.2 雾引擎

雾引擎（fog-engine, FE）[22]是一种端到端解决方案，它提供内部部署数据分析以及物联网设备之间和与云之间相互通信的功能。图 11.2 展示了典型的雾引擎部署。雾引擎由最终用户透明使用和管理，并提供内部部署和实时数据分析功能。

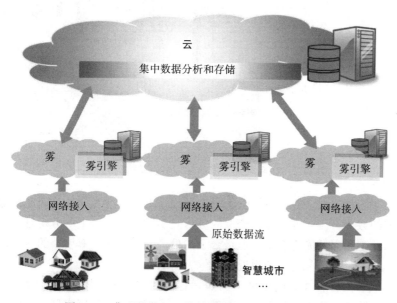

图 11.2 典型的基于云的计算系统中的雾引擎部署

雾引擎是一个集成到物联网设备中的可定制开发的敏捷异构平台。雾引擎允许在云和位

⊖ https://www.cisco.com/c/en/us/products/cloud-systems-management/fog-data-services/index.html

于网络边缘的与物联网连接的分布式设备中进行数据处理。

　　雾引擎与附近的其他雾引擎合作，从而在云下构建一个本地点对点网络。它为卸载数据和作为网关与云进行交互提供了便利。网关使未直接连接到互联网的设备能够访问云服务。虽然术语"网关"在网络中具有特定功能，但它也用于描述一组或一簇用于处理数据的设备。雾引擎由模块化应用编程接口（API）组成，用于提供上述功能。在软件方面，所有雾引擎都使用相同的 API，这些 API 在云中也是可用的，以确保物联网开发人员的垂直连续性。

11.3.3　使用雾引擎进行数据分析

　　图 11.3 显示了在数据量显著增长之前使用雾引擎在数据源附近执行的内部数据分析。在雾引擎中进行流内数据的本地分析，同时雾引擎的数据将被收集并传输到云以进行离线全局数据分析。例如，在智能电网中，雾引擎可以帮助用户确定如何有效利用能源。反之，能源供应公司则在云中分析城市中数千电力消费者的数据，以确定向消费者供应能源的策略。雾引擎中使用的分析模型根据云分析决定和传达的策略进行更新。

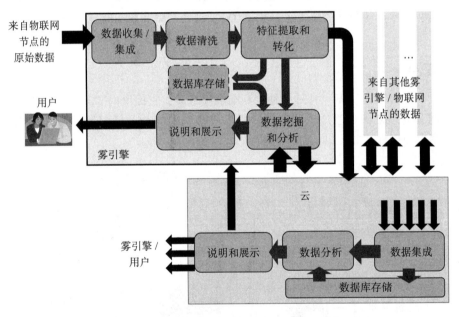

图 11.3　在卸载到云之前使用雾引擎进行数据分析

　　由于数据在卸载到云之前会在雾引擎中进行预处理、过滤和清洗，因此传输的数据量低于物联网生成的数据量。此外，雾引擎上的分析是实时的，而云上的分析是离线的。与云相比，雾引擎的计算和存储能力有限，但是云上的处理时延更高。雾引擎的容错能力较强，因为可以在发生故障时将任务转移到附近的其他雾引擎。

　　雾引擎可以采用各种类型的硬件，例如具有精细粒度的多核处理器 FPGA 或 GPU，而不是云中的类似节点的集群。每个雾引擎都使用可由用户配置的固定硬件资源，而分配的资源是无形的，并且在云中不受用户的控制。雾引擎的一个优点是能够集成移动物联网节点，如智能交通系统（intelligent transportation system, ITS）中的汽车[23]。在这种情况下，多个邻近的雾引擎依靠动态构建的雾进行通信并交换数据。云提供了一种已经得到验证的现收现付模式，而雾引擎则是用户的财产。在物联网应用中，由于接入的电力有限，雾引擎可能依靠电池供电，并且需要注意节能，而云由恒定的电源供电。表 11.1 将雾引擎与云计算进行了比较。

表 11.1 使用雾引擎和云进行数据分析

特性	雾引擎	云
处理层次	本地数据分析	全局数据分析
处理方式	流中处理	批量处理
计算能力	GFLOPS	TFLOPS
网络时延	毫秒	秒
数据存储	千兆字节	无限
数据生命周期	时 / 天	无限
容错	高	高
处理资源和粒度	异构（例如 CPU、FPGA、GPU）和细粒度	同质（数据中心）和粗粒度
多功能性	只有需要时存在	无形的服务器
供应	受附近雾引擎数量的限制	无限、有时延
节点移动性	可能移动（例如在汽车里）	无
成本模型	支付一次	现收现付
功率模型	电池供电 / 电力	电力

11.4 原型和评估

我们已经开发并搭建了雾引擎架构的硬件和软件部分，以下小节将对其进行描述。考虑到系统管道中雾引擎的不同部署，我们还进行了大量实验。

11.4.1 架构

由于雾引擎与主要采用低端设备的物联网集成，因此需要确定它是灵活且透明的，且在物联网设备上添加雾引擎对现有系统没有负面影响。雾引擎由以下三个单元组成：

1）数据预处理（即清洗、过滤等）、分析和存储单元。

2）由网络接口组成的网络和通信单元，用于对等网络和云到物联网的通信。

3）编排单元，以保持雾引擎之间以及雾引擎与云之间的同步。

图 11.4a 为雾引擎的总体架构。图 11.4b 为详细的雾引擎架构。它使用几个通用接口来获取数据，如通用串行总线（USB）、中距 Wi-Fi、小范围通信蓝牙、通用异步接收器和发送器（UART）、串行外设接口（SPI）总线和通用输入 / 输出（GPIO）引脚。可以从传感器设备、其他物联网设备、Web 或本地存储器获得数据。原始或半结构化数据需要通过预处理单元，如清洗、过滤和集成，以及提取、加载和转换（ETL）。库保存用于数据操作的规则，例如，智能电表产生的房屋能耗数据只能是每小时几千瓦的正值。预处理的数据可以通过对等网络接口单元与对等引擎一起传输或交换。在一个雾引擎集群中，具有较高处理能力的引擎可以充当簇头，其他雾引擎负责卸载数据。编排单元处理跨雾引擎集群的集群构造和数据分发。云接口模块是一个便于雾引擎和云之间通信的网关。雾引擎调度程序和任务管理器协调上述所有单元。

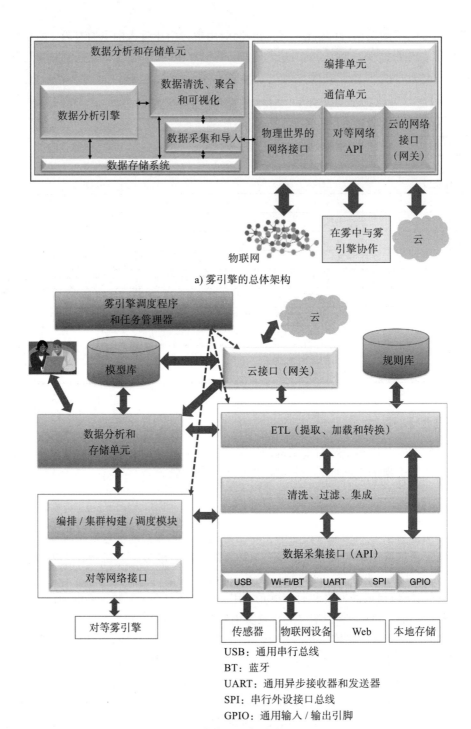

a) 雾引擎的总体架构

USB：通用串行总线

BT：蓝牙

UART：通用异步接收器和发送器

SPI：串行外设接口总线

GPIO：通用输入 / 输出引脚

b) 通信单元的详细架构

图   11.4

11.4.2 配置

下面将介绍雾引擎通过不同的配置在不同的环境中的使用。

11.4.2.1 雾引擎作为代理

图 11.5a 展示了雾引擎经过配置作为代理，从传感器接收数据、过滤并清洗输入，然后将数据传输到云的过程。连接传感器的接口基于内部集成电路（I2C）协议，传感器捕获的数据由雾引擎的 I2C 接口读取。在传统方案中，数据将被直接传输到云，而没有进一步处理。

11.4.2.2 雾引擎作为数据分析引擎

通过利用雾引擎的数据分析单元（如图 11.5b），数据经过分析并存储在本地存储中，直到超过存储限制或者检测到错误数据。在该单元中，首先为第一个数据块（例如 100 个样本）拟合模型，然后将这个模型用于识别和删除异常值。同时使用新的数据块定期更新模型（例如每 100 个样本）。传统方案需要与云之间保持恒定信道，要求较高的成本和稳定的网络连接，而在雾引擎作为数据分析引擎这种情况下，雾引擎和云之间不需要数据流，并且雾引擎可以定期卸载数据。此外，数据在雾引擎中进行本地分析，这降低了在云上分析时需要处理由多种来源生成的数据的复杂性。

11.4.2.3 雾引擎作为服务器

在第三种配置中，多个雾引擎形成一个簇，其中一个雾引擎作为簇头。簇头从所有传感器中接收并分析数据，再将数据传输到云。在这种情况下，雾引擎的三个通信单元都已啮合（如图 11.5c）。这种配置的优点是，作为簇头的雾引擎管理与云之间的唯一信道，不需要在雾引擎和云之间建立多个独立信道。在这种情况下，使用雾引擎的优势除了数据量较小之外，还有可以聚合从多个传感器设备收集的数据，并将其通过作为簇头的雾引擎以一条信息的形式传输到云中。

这一配置还可以节省设备的存储空间和能耗。在集群结构中，可以最小化消息的数量并使用允许的最大消息量，这减少了消息传输的数量，从而降低了云成本。

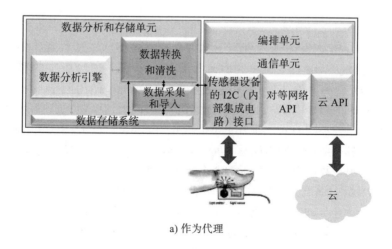

a) 作为代理

图 11.5 雾引擎的各种配置

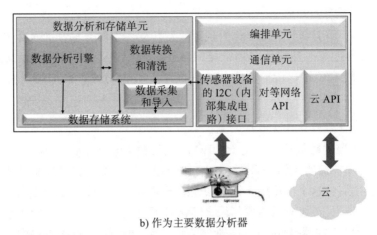

b) 作为主要数据分析器

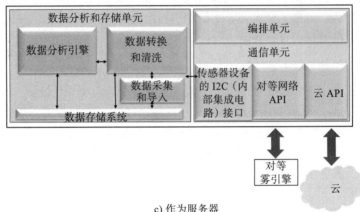

c) 作为服务器

图 11.5 （续）

11.4.2.4　雾引擎与云的通信

我们已经进行了数次实验来检查雾引擎的功能和性能。在这些实验中，如图 11.6 所示，我们已经在 Raspberry Pi 3 板上和台式计算机上实现了两个版本的雾引擎，即雾引擎 RPi 和雾引擎 PC。所有雾引擎模块都使用 Python 实现。使用两个不同的 MQTT 代理（Mosquitto ⊖ 和 VerneMQ ⊖）以发送 / 接收数据包。相应地，代理位于物联网板或台式计算机上。我们使用了三种不同的云，即 Hive Cloud ⊜、Eclipse Cloud ⑭ 和 CloudMQTT ⑮。传输时间是发送数据包和接收确认所需的总时间。数据包大小从几个字节到超过 4 MB 不等。对于每个不同大小的包，我们重复实验了 100 次，并测量了平均时间。

图 11.7 显示从雾引擎到云的传输时间随着数据包大小的增加呈指数增长。我们观察到，Eclipse Cloud 对于大于 64 KB 的数据包，以及 Hive Cloud 和 CloudMQTT 对于大于 200 KB 的数据包的传输时间大幅增加。此外，雾引擎到雾引擎的通信比雾引擎到云要快得多，特别

⊖　https://mosquitto.org/

⊖　https://vernemq.com/

⊜　http://www.thehivecloud.com

⑭　http://www.eclipse.org/ecd/

⑮　https://www.cloudmqtt.com

是对于较大数据包（即大于 64 KB）。对于小于 64 KB 或 200 KB 的数据包，传输时间在 1 秒以内，而雾引擎之间的对等通信仍然具有较低的时延。此外，通过台式计算机实现的雾引擎比通过 RPi 板实现的具有更强大的计算和网络资源，且执行速度更快。在我们评估的云中，由于 Hive 不允许数据包大于 2 MB，所以大于 2 MB 的数据包将分步发送。我们观察到在雾引擎之间交换大于 32 MB 的数据包是不可能的，这很可能是由于物联网板的硬件和内存限制。因此，为了减少传输到云的消息数量，可以使用以雾引擎作为簇头的设备集群结构，以达到降低成本和增加可支持特定可用带宽的设备数量的效果。

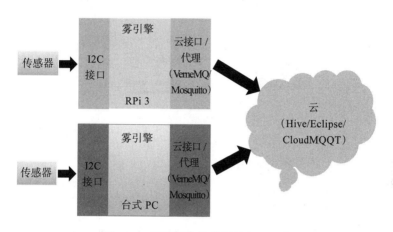

图 11.6　雾引擎收集数据并与云通信

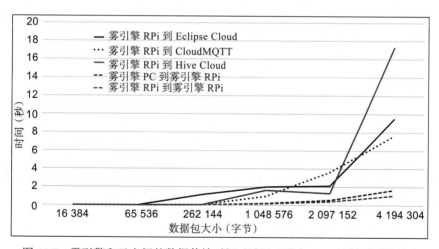

图 11.7　雾引擎和云之间的数据传输时间（适用于最大 4 MB 的各种数据包）

11.5　案例研究

在本节中，我们将提供两个案例研究来说明所提出的雾引擎如何在不同的应用中使用。

11.5.1　智能家居

在本案例研究中，我们开发了一个智能家居应用程序，包括心率监测和活动监测系统。图 11.8 展示了雾引擎在系统中的部署，它作为用户和云之间的接口运行。我们在使用

Python 的 Raspberry Pi 3 板上实现了雾引擎的原型。所有模块都通过 Wi-Fi 网络进行通信。下面将介绍雾引擎在其中扮演的不同角色。

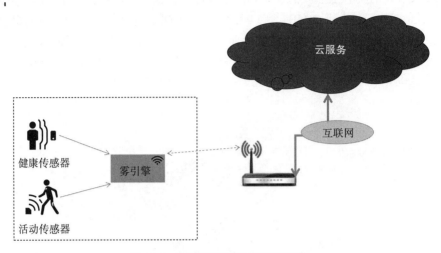

图 11.8 在系统管道中部署雾引擎

11.5.1.1 雾引擎作为代理

在此环境中，传感器捕获家中的受监控患者的心率。数据由雾引擎的 I2C 接口读取，然后被转换为数字格式并进行过滤。心率的采样率为每秒 50 个样本，20 毫秒的时间间隔足以对收集的数据执行所需的处理。根据实验，大约 40% 的心率数据由于重复或超出范围而被丢弃，但仍然可以在每个单位时间留下足够数量的样本。数据最终通过 API 传输到 Tingspeak Cloud ⊖。使用雾引擎减少了上传数据的大小，因此对网络和处理资源的占用以及时延也会减少。

考虑到云的定价通常基于在一段时间内处理和存储的消息的数量，我们分别评估了使用和不使用雾引擎的系统的效率。我们假设提供的最大带宽为 1 MB/s。每个样本大小（例如心率数据）是 10 个字节，包括传感器索引、时间戳和心率值。在当前场景中，系统为每个传感器创建了一个独立信道，因此无论是否使用雾引擎，数据传输速率都基本相同。然而，通过雾引擎传输的数据大小减少了 40%。因此对于所提供的 1 MB/s 的带宽，使用和不使用雾引擎可以覆盖的设备（信道）的最大数量分别为 2000 和 3330。

11.5.1.2 雾引擎作为数据分析引擎

通过使用雾引擎的数据分析单元（图 11.5b），数据被分析并存储在本地存储器中，直到超过存储限制或检测到心率的非正常变化。在这个单元中，首先为第一个数据块（大约 100 个样本）拟合模型，这个模型用于识别和删除异常值。然后使用新的数据块定期更新模型（每 100 个样本）。最后可以定期将数据卸载到云中。此外，数据在雾引擎中进行本地分析，这降低了医院云中分析处理大量患者数据的复杂性。参考已经给出的假设，使用和不使用雾引擎的系统性能基本一致，并且使用雾引擎传输的数据大小减少了 40%。

⊖ https://thingspeak.com/

11.5.1.3　雾引擎作为服务器

在第三种配置中，多个雾引擎形成一个簇，其中一个雾引擎作为簇头。我们已经使用 Arduino Nano 板从心率传感器获取数据并将数据发送到簇头，这是在功能更强大的板（Raspberry Pi 3）上实现的。簇头从所有传感器中接收数据，分析并将数据传输到云。在这种情况下，雾引擎的三个通信单元都已啮合（图 11.5c）。这种配置的优点是，作为簇头的雾引擎管理与云之间的唯一信道，不需要在雾引擎和云之间建立多个独立信道。

在这种情况下，使用雾引擎的优势除了数据量较小之外，还有可以聚合从多个传感器收集的数据，并通过簇头将数据以一条信息的形式传输到云中。在集群结构中，可以最小化消息的数量并使用允许的最大消息量，这减少了消息传输的数量，从而降低了云成本。对于给定的 1 MB 数据带宽，如果 100 个传感器与一个雾引擎建立集群，则在一秒内生成的整个数据（3 KB）可以在单个或多个数据包中传输。在没有雾引擎的情况下，数据将以更小的包大小（例如 10 个字节）直接发送，这会导致消息数量增加，即需要 50 消息 / 秒的传输速率，这增加了使用云的成本。通过使用 3330 个设备的集群，可以将收集的数据打包到雾引擎中的单个 1 MB 数据包中。表 11.2 根据不同的参数比较了不同的雾引擎配置，例如所管理的数据大小的比值、每种情况下可以支持的最大设备数量等。

表 11.2　使用和不使用雾引擎的各种方案的比较

（带宽、采样率和样本大小分别为 10 MB/s、50 个样本 / 秒和 10 字节）

	无雾引擎	雾引擎作为代理	雾引擎作为数据分析引擎	雾引擎作为服务器
数据大小的比值（有雾引擎 / 无雾引擎）	1	0.6	0.6	0.6
支持的最大设备数（有雾引擎、无雾引擎）	2000	3330	3330	3330
过滤 / 分析	否	是	是	是
离线处理 / 传输	否	否	是	是
最大包大小	无	无	无	有

11.5.2　智能营养监测系统

在第二个案例研究中，我们设计了一个智能营养监测系统，它利用物联网传感器、雾引擎和分层数据分析准确了解成人的饮食习惯，用户可以将其作为改变饮食习惯的激励，营养师可以据此为患者提供更好的指导 [24]。所提出的智能营养监测系统架构如图 11.9 所示，由一个安装了各种传感器的自助服务终端组成。该自助服务终端将配备各种物联网传感器和雾引擎，以收集食物的重量、体积和结构（例如分子结构）信息。用户只需通过自助服务终端进行身份验证（通过手机应用程序），并将食物在自助服务终端中放置几秒钟，就可通过传感器获得相关信息。获得数据后，用户即可停止与自助服务终端的互动，继续进行日常活动。因此，数据收集将采用非侵入性技术完成，用户无须输入任何有关食物的信息。在自助服务终端中有摄像头从不同角度捕获来自食物的照片，并将它们传输到云服务器以生成食物的 3D 模型用于食物的体积估计。自助服务终端配备了雾引擎，用于处理收集的数据并与系统的其他组件进行通信。

数据分析模块负责架构中的统计分析和机器学习活动，用于生成与用户和营养师相关的报告和分析，并识别用户呈现的食物。该模块的输入和输出是有两个数据库的数据存储区，该存储区用于存储收集的原始数据以及食物的营养价值。可视化模块用于显示图表,展示随时间推移的不同营养素的消耗以及由数据分析模块执行得到的其他形式的复杂数据分析。

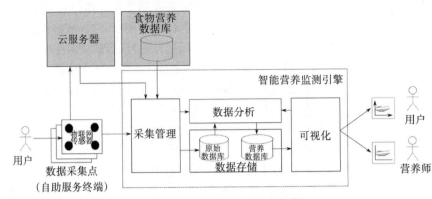

图 11.9   智能营养监测系统架构

为了证明我们的方法的可行性,我们开发了智能营养监测系统的原型,如图 11.10 所示。数据采集点的原型版本(即自助服务终端)利用 Raspberry Pi 3 Model B 板(四核 1.2GHz CPU、1GB RAM)作为雾引擎与传感器和架构的其余部分进行交互。原型中包含五个分辨率为 800 万像素的摄像头,每个摄像头都被添加至一个 Raspberry Pi 中。我们使用 SITU Smart Scale ⊖ 作为传感器,它是一种通过蓝牙与其他设备通信的智能食物秤。雾引擎连接食物秤、从连接到摄像头的 Raspberry Pi 接收照片,并与整体架构连接。为了更好地与食物秤集成,我们将原型中的雾引擎的操作系统更换为 emteria.OS ⊜(Android 兼容操作系统,优化后可在 Raspberry Pi 3 上运行)。用户通过我们开发的移动应用程序触发信息捕获过程。在该方法中,已经注册过系统的用户将食物盘放置在自助服务终端中,用应用程序进行认证并点击应用程序上的按钮,应用程序向雾引擎上运行的进程发送消息,表明开始数据收集过程。然后雾引擎从秤和其他 Raspberry Pi 收集读数,并通过 Wi-Fi 连接将所有相关信息发送到智能营养监测引擎。雾引擎将五个摄像头拍摄的食物图像发送到私有云,然后私有云利用 AgiSoft PhotoScan Pro ⊗ 软件生成 3D 模型。这将用于公共云中智能营养监测引擎的食物体积估算。

除了从自助服务终端中的传感器获得的数据外,雾引擎数据的另一个来源是外部食物营养数据库,如图 11.9 所示。我们的原型使用 FatSecret 数据库®,可通过 RESTful API 访问。当数据分析模块向采集管理模块返回具有食品名称的字符串(可能是对用户提供的食物的可能成分的分析结果)时,将触发与 FatSecret 的交互。这一名称用于在 FatSecret 数据库(通过 API)中进行搜索,以确定有关食物的营养成分,然后将该信息存储在数据库中。已被收集并存储在数据库中的所有营养数据将用于生成针对营养师和用户的每日、每周和每月不同营养素和卡路里摄入的图表。营养师只能访问自己的患者的用户数据,不能访问属于其他营养师的患者的数据。

⊖　http://situscale.com/
⊜　https://emteria.com/
⊗　http://www.agisoft.com/
⊕　https://www.fatsecret.com

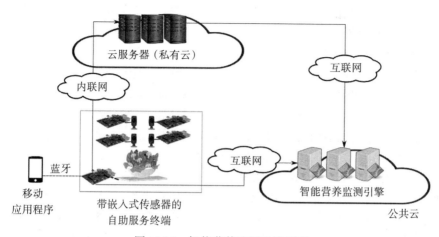

图 11.10   智能营养监测系统原型

11.6   相关工作

最近，主要的云供应商为物联网解决方案引入了具有不同特征的新服务。表 11.3 是来自五个知名云供应商的物联网解决方案列表。这些解决方案针对的基本方面之一是数据采集，它们指定了物联网软件平台组件之间的通信协议。由于物联网系统可能有数百万个节点，因此解决方案提供了轻量级通信协议（如 MQTT）以最小化网络带宽。安全性是这些解决方案关注的另一个因素，其中在物联网设备和软件系统之间需要安全通信。从表 11.3 中可以看出，链接加密是避免系统中存在潜在窃听的常用技术。

表 11.3   来自五大云供应商的物联网解决方案

	AWS	微软	IBM	谷歌	阿里巴巴
服务	AWS 物联网	Azure 物联网中心	IBM 沃森物联网	谷歌物联网	阿里云物联网
数据采集	HTTP、WebSockets、MQTT	HTTP、AMQP、MQTT 和自定义协议（使用协议网关项目）	MQTT、HTTP	HTTP	HTTP
安全	链路加密（TLS）、身份验证（SigV4、X.509）	链路加密（TLS）、身份验证（每个具有 SAS 令牌的设备）	链路加密（TLS）、身份验证（IBM Cloud SSO）、身份管理（LDAP）	链路加密（TLS）	链路加密（TLS）
集成	REST API	REST API	REST 和实时 API	REST API、gRPC	REST API
数据分析	亚马逊机器学习模型（亚马逊 QuickSight）	流分析、机器学习	IBM Bluemix 数据分析	云数据流、Big-Query、Datalab、Dataproc	MaxCompute
网关架构	设备网关（在云中）	Azure 物联网网关（内部网关、测试版）	通用网关	通用网关（内部）	云网关（在云中）

集成是将数据导入云计算系统的过程，如表 11.3 所示，REST API 是一种通用技术，利

用它可以从云平台访问数据和信息。从物联网设备采集数据后，必须分析数据以提取知识和有意义的信息。数据分析可以通过多种方式完成，每个云供应商都有各种软件包和服务，包括机器学习算法、统计分析、数据探索和可视化。

表 11.3 中的最后一行是网关架构，这是本章的主要内容。网关是物联网设备和云平台之间的层。大多数供应商仅提供位于云平台上的网关的一般假设和规范。微软和谷歌对内部部署的网关进行过一些早期开发，但都没有完全通过适当的集成来实现。如前所述，雾引擎可以作为网关来解决这个问题，为物联网设备提供内部数据分析以及相互通信和与云通信的能力。

另一种备受关注的服务类型是内部数据分析。微软 Azure Stack[25] 是一种新的混合云平台产品，它使企业能够从自己的数据中心提供 Azure 服务，同时保持对数据中心的控制，以实现混合云的灵活性。CardioLog Analytics ⊖提供在用户端服务器上运行的内部数据分析。Oracle[26] 将 Oracle 基础设施作为一种服务提供给企业内部，并根据需要提供容量，使客户能够在其数据中心部署 Oracle 工程系统。用于内部部署的 IBM Digital Analytics 是其数字分析加速器解决方案的核心 Web 分析软件组件。但是，分析软件安装在高性能 IBM 应用程序服务器上。用于分析的 IBM PureData 系统是由 Netezza 技术支持的数据库设备 [27]。

思科 ParStream ⊖经过精心设计，可以在加载实时数据时立即进行连续分析。思科 ParStream 具有可扩展的分布式混合数据库架构，可分析边缘的数十亿条记录，并拥有专利的索引和压缩功能，可最大限度地防止性能下降并实时处理数据。ParStream 可与机器学习引擎集成，以支持高级分析。它利用标准多核 CPU 和 GPU 来执行查询，并使用时间序列分析将流数据分析与大量历史数据相结合。它使用警报和操作来监视数据流，以及创建和修改易于调用的过程，这些过程可以自动生成警报、发送通知或执行操作。它通过应用统计函数和使用高级分析的分析模型，从大量数据中推导出模型和假设。

雾计算在学术界受到了很多关注。研究人员已经在各种情景中提出了雾计算的各种应用，例如健康监测、智慧城市和车载网络 [28]。随着雾计算得到的关注增多，人们在尽力提高该计算范式的效率。Yousefpour 等人 [29] 提出了雾设备的时延最小化策略，他们开发了一种分析模型来评估物联网设备、雾、云之间相互作用的服务时延，其仿真研究与分析模型得到的结论相符。Alturki 等人 [30] 讨论了可以在雾设备上分发和执行的分析方法，并使用 Raspberry Pi 板进行了实验。其结果表明，尽管准确性降低，但数据消耗也相应减少了。作者强调需要对数据进行全局查看，以提高结果的准确性。Jiang 等人 [31] 提出了云计算编排框架中的设计调整，以适应雾计算场景。Liu 等人 [32] 提出了一种雾计算的框架，包括资源分配、时延减少、容错性和隐私方面。

Liu 等人 [32] 强调了雾计算中安全和隐私的重要性。他们提出基于生物识别的认证在雾计算中是有益的。他们还提出了在大规模和移动雾环境中实施入侵检测的挑战问题。他们强调需要运行隐私保护算法来保护隐私，例如雾和云之间的同态加密。由于云的现有解决方案无法直接应用于雾，Mukherjee 等人强调了对新的雾的安全和隐私解决方案的需求。他们确定了雾安全和隐私方面的六个研究挑战，即信任、隐私保护、身份验证和密钥协议、入侵检测系统、雾节点的动态接入和离开、交叉问题和雾化取证。

研究人员一直在努力实现更好地集成雾、云和物联网设备的基础设施。Chang 等人 [33] 提出了 Indie Fog 基础设施，它利用消费者的网络设备为物联网服务供应商提供雾计算环境。

⊖ http://news.intlock.com/on-premise-or-on-demand-solutions/

⊖ https://www.parstream.com/

Indie Fog 可以以各种方式部署。Indie Fog 集群可以预处理从传感器和其他设备上收集的数据。Indie Fog 基础设施将部署在静态传感器设备中，并提供各种基础服务，如快速数据采集和处理的基础设施。车载 Indie Fog 将促进车联网的发展，而部署在智能手机上的智能手机 Indie Fog 服务器可以处理手机上的数据。Indie Fog 系统由三部分组成，即客户端、服务器和注册表。

雾计算在医疗保健领域也有一些有趣的应用。传统的基于云的医疗保健解决方案需要更长的时延和响应时间。雾计算通过利用边缘设备来执行医疗保健数据的分析、通信和存储，可以潜在地减少这种时延。Cao 等人[34] 利用雾计算为中风患者开发了跌倒检测应用程序，其中跌倒检测任务在边缘设备（例如智能手机）和云之间是分离的。Sood 和 Mahajan[35] 设计了一个基于雾和云的系统来诊断和预防基孔肯雅（Chikungunya）病毒的爆发，这种病毒通过蚊子的叮咬传播给人类。他们的系统由三层组成：数据累积（用于采集用户的健康、环境和位置数据）、雾层（用于将数据分类为受感染和其他类别，以及警报生成）和云层（用于存储和处理雾层无法管理或处理的数据）。通过实验评估得出，该系统具有高精度和低响应时间。Dubey 等人[21] 提出了一种面向服务的雾计算架构，用于家庭医疗保健服务。他们利用英特尔 Edison 开发板为实验部署雾计算。第一个实验涉及分析语言运动障碍。雾设备负责处理语音信号，并将提取的模式发送到云。第二个实验涉及处理心电图（ECG）数据。作者得出了所提架构中的雾引擎降低了远程医疗应用程序、云存储和边缘设备传输功率的物流需求的结论。Vora 等人[36] 提出了一种基于雾的监测系统，利用集群和基于云的计算来监测慢性神经疾病患者。该系统使用无线体域网收集重要的健康信息，并将数据发送到微云，微云进行数据清洗和分割并做出决策○。此外，数据还将被发送到云中以进行分类，而结果将被发送回微云以检测雾中处理中的异常。性能评估表明，雾计算实现了更高的带宽效率和更短的响应时间。Guibert 等人[37] 建议使用以内容为中心的网络方法结合雾计算来实现通信并提高存储效率。其仿真结果表明，与传统的以内容为中心的网络相比，基于雾的以内容为中心网络的时延减少了。

目前人们在实现雾计算方面的工作还十分有限。例如，研究者在台式计算机中实现了一种简单的电子健康网关[38]，他们研究了使用该系统进行信号处理以减少时延的可能性。在文献 [39] 中，研究者实现了用于改善在线游戏中的 QoS 的网关模型。他们透露，使用雾计算模型可以为游戏用户将响应时间缩短 20%。虽然雾计算的实现还处于早期阶段，但雾引擎的设计和实现可以适应各种大数据分析应用。这种实现具有进一步探索和开发用于其他行业和商业应用的极大潜力。

11.7　未来研究方向

在大数据分析中采用雾引擎应该考虑其中存在的一些挑战。提出的解决方案的优点应该根据不同的场景，并与其成本和风险进行权衡。尽管传感器和物联网设备通常很便宜，但如果每个雾引擎的涉及范围很广，则应用雾引擎的解决方案可能会很昂贵。因此，需要进一步研究解决方案的可扩展性和成本。

安全性是另一个问题，因为将雾添加为新技术层会引入另一个潜在的漏洞点。此外，可能需要调整数据管理以解决隐私问题。因此，雾引擎应该是整体数据策略的一部分，对一些

○　https://en.wikipedia.org/wiki/Cloudlet.

基本问题如可以采集哪些数据、数据应保留多久等应该有明确的答案。

虽然雾引擎可以被配置为冗余资源，但在系统的不同组件中，可靠性仍然是一个重要问题。鉴于雾引擎需要适用于不同的应用程序，应根据应用程序要求改变可靠性机制。如表11.1 所述，雾引擎可以采用电池供电，因此能源优化将是一项重大挑战。在雾引擎中执行数据分析是一项耗电的任务，因此在部署大量雾引擎时，必须考虑能效问题。

最后，资源管理对于雾引擎来说是一项具有挑战性的任务。资源管理器应该是分层和分布式的，其中第一层大数据分析将在雾引擎中进行，而其余的将在云中完成。因此，利用雾引擎提供用于大数据分析的资源并满足所需性能和成本，将是资源管理者要权衡的问题。

11.8 结论

数据分析可以在生成数据的位置附近执行，以减少数据通信开销和数据处理时间。这将引入一种新型的分层数据分析，其中雾层是第一层，而云层是最后一层。通过我们提出的雾引擎解决方案，可以实现具有内部部署处理能力的物联网应用，从而带来很多好处，例如减小数据大小、减少数据传输量、降低使用云的成本。雾引擎可以根据其目的以及部署系统的位置发挥各种作用。我们还介绍了两个案例研究，其中雾引擎已经适用于智能家居以及智能监控营养系统。我们打算在未来研究一些具有挑战和开放性的问题，包括资源调度、能源效率和可靠性等。

参考文献

1 A.V. Dastjerdi, H. Gupta, R. N. Calheiros, S.K. Ghosh, and R. Buyya. Fog computing: Principles, architectures, and applications. *Book Chapter in the Internet of Things: Principles and Paradigms*, Morgan Kaufmann, Burlington, Massachusetts, USA, 2016.

2 M. Satyanarayanan, P. Simoens, Y. Xiao, P. Pillai, Z. Chen, K. Ha, W. Hu, and B. Amos. Edge analytics in the Internet of Things. *IEEE Pervasive Computing*, 14(2): 24–31, 2015.

3 W. Shi, J. Cao, and Q. Zhang, Y. Li, and L. Xu. Edge computing: Vision and challenges. *IEEE Internet of Things Journal*, 3(5): 637–646, 2016.

4 L. M. Vaquero and L. Rodero-Merino. Finding your way in the fog: Towards a comprehensive definition of fog computing. *SIGCOMM Comput. Commun. Rev.*, 44(5): 27–32, 2014.

5 S. Yi, C. Li, Q. Li. A survey of fog computing: concepts, applications and issues. In *Proceedings of the 2015 Workshop on Mobile Big Data*. pp. 37–42. 2015.

6 S. Yi, C. Li, and Q. Li. A survey of fog computing: concepts, applications and issues. In *Proceedings of the Workshop on Mobile Big Data* (Mobidata' 15). 2015.

7 F. Mehdipour, H. Noori, and B. Javadi. Energy-efficient big data analytics in datacenters. *Advances in Computers*, 100: 59–101, 2016.

8 B. Javadi, B. Zhang, and M. Taufer. Bandwidth modeling in large distributed systems for big data applications. *15th International Conference on Parallel and Distributed Computing, Applications and Technologies (PDCAT)*, pp. 21–27, Hong Kong, China, 2014.

9 B. Tang, Z. Chen, G. Hafferman, T. Wei, H. He, Q. Yang. A hierarchical

distributed fog computing architecture for big data analysis in smart cities. *ASE BD&SI '15 Proceedings of the ASE BigData and Social Informatics*, Taiwan, China, Oct. 2015.

10 R.K. Barik, H. Dubey, A.B. Samaddar, R.D. Gupta, P.K. Ray. FogGIS: Fog Computing for geospatial big data analytics, *IEEE Uttar Pradesh Section International Conference on Electrical, Computer and Electronics Engineering (UPCON)*, pp. 613–618, 2016.

11 F. Bonomi, R. Milito, J. Zhu, and S. Addepalli. Fog computing and its role in the Internet of Things. In *Proceedings of the first edition of the MCC workshop on mobile cloud computing*, pp. 13–16, Helsinki, Finland, August 2012.

12 E. Rahm, H. Hai Do. Data cleaning: Problems and current approaches. *IEEE Data Eng. Bull.*, 23(4): 3–13, 2000.

13 Intel Big Data Analytics White Paper. *Extract, Transform and Load Big Data with Apache Hadoop*, 2013.

14 B. Di-Martino, R. Aversa, G. Cretella, and A. Esposito. Big data (lost) in the cloud, *Int. J. Big Data Intelligence*, 1(1/2): 3–17, 2014.

15 M. Saecker and V. Markl. Big data analytics on modern hardware architectures: a technology survey, business intelligence. *Lect. Notes Bus. Inf. Process*, 138: 125–149, 2013.

16 A.V. Dastjerdi and R. Buyya. Fog computing: Helping the Internet of Things realize its potential. *Computer*, 49(8) (August): 112–116, 2016.

17 D. Schatsky, *Machine learning is going mobile*, Deloitte University Press, 2016.

18 F. Bonomi, R. Milito, J. Zhu, and S. Addepalli. Fog computing and its role in the Internet of Things. *MCC, Finland*, 2012.

19 A. Manzalini. A foggy edge, beyond the clouds. *Business Ecosystems* (February 2013).

20 M. Mukherjee, R. Matam, L. Shu, L> Maglaras, M.A. Ferrag, N. Choudhury, and V. Kumar. Security and privacy in fog computing: Challenges. *IEEE Access*, 5: 19293–19304, 2017.

21 H. Dubey, J. Yang, N. Constant, A.M. Amiri, Q. Yang, and K. Makodiya. Fog data: Enhancing telehealth big data through fog computing. In *Proceedings of the ASE Big Data and Social Informatics*, 2015.

22 F. Mehdipour, B. Javadi, A. Mahanti. FOG-engine: Towards big data analytics in the fog. *In Dependable, Autonomic and Secure Computing, 14th International Conference on Pervasive Intelligence and Computing*, pp. 640–646, Auckland, New Zealand, August 2016.

23 H.J. Desirena Lopez, M. Siller, and I. Huerta. Internet of vehicles: Cloud and fog computing approaches, *IEEE International Conference on Service Operations and Logistics, and Informatics (SOLI)*, pp. 211–216, Bari, Italy, 2017.

24 B. Javadi, R.N. Calheiros, K. Matawie, A. Ginige, and A. Cook. Smart nutrition monitoring system using heterogeneous Internet of Things platform. *The 10th International Conference Internet and Distributed Computing System (IDCS 2017)*. Fiji, December 2017.

25 J. Woolsey. *Powering the Next Generation Cloud with Azure Stack*. Nano Server and Windows Server 2016, Microsoft.

26 Oracle infrastructure as a service (IaaS) private cloud with capacity on

demand. *Oracle executive brief*, Oracle, 2015.

27 L. Coyne, T. Hajas, M. Hallback, M. Lindström, and C. Vollmar. IBM Private, Public, and Hybrid Cloud Storage Solutions. *Redpaper*, 2016.

28 M.H. Syed, E.B. Fernandez, and M. Ilyas. A Pattern for Fog Computing. In *Proceedings of the 10th Travelling Conference on Pattern Languages of Programs* (VikingPLoP '16). 2016.

29 A. Yousefpour, G. Ishigaki, and J.P. Jue. Fog computing: Towards minimizing delay in the Internet of Things. *2017 IEEE International Conference on Edge Computing (EDGE)*, Honolulu, USA, 2017, pp. 17–24.

30 B. Alturki, S. Reiff-Marganiec, and C. Perera. A hybrid approach for data analytics for internet of things. In *Proceedings of the Seventh International Conference on the Internet of Things* (IoT '17), 2017.

31 Y. Jiang, Z. Huang, and D.H.K. Tsang. Challenges and Solutions in Fog Computing Orchestration. *IEEE Network*, PP(99): 1–8, 2017.

32 Y. Liu, J. E. Fieldsend, and G. Min. A Framework of Fog Computing: Architecture, Challenges, and Optimization. *IEEE Access*, 5: 25445–25454, 2017.

33 C. Chang, S.N. Srirama, and R. Buyya. Indie Fog: An efficient fog-computing infrastructure for the Internet of Things. *Computer*, 50(9): 92–98, 2017.

34 Y. Cao, P. Hou, D. Brown, J. Wang, and S. Chen. Distributed analytics and edge intelligence: pervasive health monitoring at the era of fog computing. In *Proceedings of the 2015 Workshop on Mobile Big Data* (Mobidata '15). 2015.

35 S.K. Sood and I. Mahajan. A fog-based healthcare framework for chikungunya. *IEEE Internet of Things Journal*, PP(99): 1–1, 2017.

36 J. Vora, S. Tanwar, S. Tyagi, N. Kumar and J.J.P.C. Rodrigues. FAAL: Fog computing-based patient monitoring system for ambient assisted living. *IEEE 19th International Conference on e-Health Networking, Applications and Services (Healthcom)*, Dalian, China, pp. 1–6, 2017.

37 D. Guibert, J. Wu, S. He, M. Wang, and J. Li. CC-fog: Toward content-centric fog networks for E-health. *IEEE 19th International Conference on e-Health Networking, Applications and Services (Healthcom)*, Dalian, China, 2017, pp. 1–5.

38 R. Craciunescu, A. Mihovska, M. Mihaylov, S. Kyriazakos, R. Prasad, S. Halunga. Implementation of fog computing for reliable E-health applications. In *49th Asilomar Conference on Signals, Systems and Computers*, pp. 459–463. 2015.

39 B. Varghese, N. Wang, D.S. Nikolopoulos, R. Buyya. Feasibility of fog computing. arXiv preprint arXiv:1701.05451, January 2017.

在健康监测中运用雾计算

Tuan Nguyen Gia, Mingzhe Jiang

12.1 引言

心血管疾病患者的数量正以惊人的速度增长。据美国国家卫生中心统计，2015 年美国有超过 2 840 万人患有心血管疾病[1]。而糖尿病患者、肥胖症患者和缺乏身体锻炼的人罹患心脏疾病的概率更高。心血管疾病可导致严重后果，如肾脏创伤、神经损伤，甚至死亡[2]。例如，中风（心血管疾病的一种）每年导致大约 129 000 名美国人丧生[2,3]。为了减轻心血管疾病的严重影响，健康监测系统经常被用于许多医院和医疗中心。这些系统监测人体的一些重要信号，如心电图（ECG）、体温和血压。医生将根据采集到的生物信号采用合适的治疗方法。

在 50 岁以上人群中，每年都有约 30% 的人跌倒并且造成严重后果[4]。而这些跌倒病例中只有一半会向医生或护理人员报告[5]。处理未报告的跌倒伤害很困难，同时耗时且昂贵。跌倒和心血管疾病是成人残疾和许多其他严重伤害（如脑损伤）的主要原因之一[2,4]。因此，现在迫切需要一种跌倒检测系统，它能够实时地向医生或护理人员报告事故。医生对跌倒病例的快速反应可能有助于减少伤害的严重程度，甚至挽救患者的生命。

传统的健康监测系统（例如心电图监测）通常具有许多缺点，例如非普遍数据访问和非连续监控。例如，许多医院的 12 个领先的心电监护系统不支持移动性，并且心电图测量仅适用于瞬间或短时间段（例如几分钟）。另外，这些系统提供的测量结果不能被医生和专家实时分析。因此，人们需要一种能够提供持续的实时健康监测和其他可以提高医疗服务质量的先进服务的医疗系统。通过该系统，医生可以远程访问采集到的用于实时分析的数据。此外，该系统可以向医生或者护理人员报告异常或紧急情况（例如，跌倒、过低或过高的心率）以得到快速回应[6,7]。

物联网作为一个物理和虚拟对象相互关联的动态平台，可以帮助改善健康监测系统[8]。基于物联网的健康监测涉及可穿戴设备、无线人体传感器网络和云计算，它能够提供高质量且低成本的服务（例如长期历史数据），同时不会干扰患者的日常活动[8]。例如，物联网系统中的可穿戴设备可以采集不同类型的生物信号，如心电图、肌电图（EMG）和脑电图（EEG）。

其他的传感器，如加速度计、陀螺仪和磁力计可以提供与人体运动相关的参数（例如行走和手的移动）[9-11]。在许多情况下，采集到的数据被传输至网关，网关再将数据转发到云服务器进行进一步处理（例如，数据处理和数据分析）。相应地，电子健康数据可以以人类可读的形式（如文本或图形的形式）被实时远程监控[12]。此外，通过在云服务器上运行的算法，系统能够检测异常情况（例如跌倒或高心率）。检测到的异常将被实时通知给相应的个人（例如医生）[13]。

然而，这些物联网系统存在一系列挑战，如传输带宽和可穿戴传感器节点的能效。具体地，在基于物联网的多通道心电图或肌电图监控系统中，可穿戴传感器节点通常以高数据速率采集大量数据（约每个 ECG 通道 6 kbit/s）并通过无线网络传输数据[6]。这些系统中的网关主要将采集的数据转发到云服务器进行存储和分析。相应地，可穿戴传感器节点的寿命并不长，因为这些节点通常需要在有限的能源预算下同时执行计算和通信任务。此外，网络和云服务器必须处理大量数据，这可能导致更高的错误率并且无法满足实时医疗保健系统的时延要求（例如，ECG 信号的最大时延是 500 毫秒[14]）。因此，必须尽可能减少传感器节点的能耗和通过网络传输的数据量，同时维持高水平的服务质量（QoS）。

为了在保持优质医疗服务的同时应对上述挑战，一个合适的解决方案是在智能网关应用雾计算[15-17]。具体地，需要在传统网关和云服务器之间添加一个称为雾的额外层。通过将计算负载从可穿戴设备移至智能网关，雾计算有助于减轻可穿戴传感器节点的负担。例如，运行复杂算法（例如，基于小波变换的 ECG 提取算法）带来的重计算负荷将由智能网关的雾层分担[18]。相应地，传感器节点的寿命可以大大延长[18,19]。此外，雾计算设备对网络边缘的服务进行了增强，减轻了云服务器的负担[20]。雾计算有助于把云计算范式带到网络的边缘并提供由云服务器支持的高级特性[18,20]。例如，雾计算的一些基本特征包括位置感知、地理分布、互操作能力、边缘定位、低时延以及对在线分析的支持[20]。总之，雾计算和使用智能网关、可穿戴设备的物联网系统的组合可以成为应对远程连续健康监测系统现有挑战的可持续解决方案。

在本章，我们将在健康监测物联网系统中利用雾计算来提高医疗服务质量。雾计算及其服务有助于提高传感器设备（节点）的能效、提升安全级别，并节省网络带宽。此外，雾辅助系统在智能网关上以分布式方式分析和处理数据，以提供实时分析结果。为了展示雾计算在物联网系统中的好处，我们实现了一个包含可穿戴传感器节点、雾计算网关和终端用户终端的完整的系统，然后展示并评估了两个与人体跌倒检测和心率变异相关的案例。

本章的其余部分的内容安排如下：12.2 节将概述具有雾计算的基于物联网的系统架构，12.3 节将描述智能电子健康网关中的雾计算服务，12.4 节将介绍系统实现，12.5 节将提供一个案例研究、实验结果和评估，12.6 节将进行讨论，12.7 节将介绍雾计算的相关应用，12.8 节将讨论未来的研究方向，12.9 节将总结本章的工作。

12.2   具有雾计算的基于物联网的健康监测系统架构

健康监测物联网系统必须可靠，因为它的结果间接或直接影响医生的分析和决策。结果中的一个错误或者延迟可能导致严重后果，例如不正确的治疗或对紧急情况的延迟响应，这可能会对人的健康产生负面影响。例如，人体跌倒检测监控物联网系统给医生的延迟通知会导致对严重头部伤害的延迟响应，这很可能导致死亡。在这种情况下，如果一位医生实时了解了这个病例，那么他就可以提供急救程序（例如止血）以挽救患者的生命。因此，健康监测物联网系统必须提供高质量的实时数据。电子健康信号的时延要求会有所不同，这具体取决于特定电子健康信号的特征。例如，EMG 信号的最大时延应小于 15.6 毫秒[14]。另外，系统有必要提供高级服务，如向响应人员实时推送通知来报告紧急情况。

　　然而，传统的健康监测物联网系统是由传感器设备（节点）、网关和云服务器构建的，在许多情况下它无法满足严格的时延要求（例如，系统网关和云服务器之间连接断开）。为了克服传统健康监测系统的缺点，本章提出了具有雾计算的先进的健康监测物联网系统。具有雾计算的系统架构如图 12.1 所示。该系统包括几个主要组件，如传感器层、具有雾层的智能网关和带有最终用户终端的云服务器。下面将描述该架构的不同层的功能。

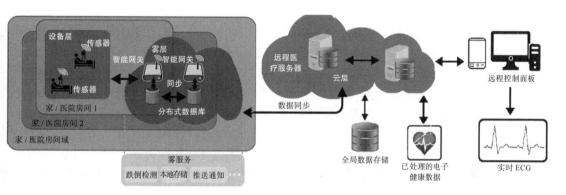

图 12.1　具有雾计算的远程实时健康监测物联网系统的架构

12.2.1　设备（传感器）层

　　设备（传感器）层由传感器节点组成，其中每个节点通常具有三个主要组件，包括传感器、微控制器和无线通信芯片。在某些应用[21]中，可以将 SD 卡集成到传感器节点中以存储临时数据。传感器（例如 ECG、葡萄糖、SpO2、湿度和温度传感器）用于采集来自周围环境的环境数据和来自人体的电子健康数据。环境数据，如室温、湿度和患者活动的状态有助于提高电子健康数据和医生决策的质量。例如，对于一个健康的人来说，跑步时的心率为 100 次 / 秒是正常的，而如果他正在椅子上休息，那么这个心率就是过高的并且有问题。如果没有活动状态，就很难实现准确的分析。采集环境数据并不会在重量、大小、复杂性和能耗方面显著增加传感器节点的负担。例如，活动状态可以从具有三维加速度计和三维陀螺仪的单个 IC 芯片中提取，而室温和湿度可以从另一个 IC 芯片中采集。这些芯片通常体积小、重量轻、能效高[10,11]。传感器通常通过一种线路协议例如 UART、SPI 或 I2C 来与微控制器通信。

　　微控制器通常是支持休眠模式和唤醒方法的低功耗芯片。微控制器的频率可能会根据应用不同而有所不同。例如，8 MHz 微控制器可用于从传感器收集高质量数据并执行一些轻量的计算任务（例如，高级加密标准——AES 算法），同时它仍然可以满足延迟要求[11,15]。微控制器通过上述线路方法之一和无线芯片通信。

　　根据应用要求的不同，无线通信芯片具有不同的种类。通常，低功率无线协议（例如 BLE 和 6LoW-PAN）更适用于低数据速率应用，例如跌倒检测或心率监测，因为这些协议的最大带宽为 250 kbit/s[10,13]。相比之下，Wi-Fi 适用于高质量的流媒体应用（例如，视频监控或 24 通道 EEG 监控），其中能耗不是最重要的标准。

12.2.2 具有雾计算的智能网关

可以将雾计算描述为由具有雾服务的互连智能网关构成的聚合网络。根据应用的要求，智能网关可以是可移动的或固定在一个具体地点。每个网关类型（即移动或固定类型）有其自身的优点和缺点。例如，移动网关提供移动性支持，但它具有有限电池容量和硬件资源限制。相比之下，固定网关通常是由强大的由墙壁插座供电的设备构建的，因此它可以轻松执行繁重的计算任务，同时提供具有高质量数据的更高级的服务，而移动网关可能无法执行类似的任务。一般来说，固定网关在许多医疗保健应用中是更优选的，例如医院和家中的远程健康监测系统。

雾层中的每个智能网关都是一个嵌入式设备，它通常包含三个主要组件：硬件、操作系统和软件。根据特定的健康监测应用和传感器节点，硬件可以是各种各样的。例如，智能网关的无线通信芯片与传感器节点使用的无线协议（6LoWPAN、BLE 或 Wi-Fi）是兼容的。此外，智能网关通常配备以太网、Wi-Fi 或 4G，用于通过互联网连接到云服务器。智能网关可以配备硬盘驱动器或 SD 卡来存储数据和安装操作系统。虽然硬盘或 SD 卡的存储容量各有不同，但通常都不是很大（例如小于 128 GB）[22]。

轻量级操作系统通常是智能网关的首选，因为它不需要强大的硬件。例如，Linux 内核的轻量级版本用于许多智能网关[8,15]。这些操作系统提供了一个轻松安装有用软件的平台，且有助于更高效、更精确地管理任务和硬件资源。

智能网关中的软件可以同时包括基本程序和雾服务。这些程序和服务专为满足特定应用的要求（如时延、带宽和互操作性）而设计。基本程序提供网关的基本特征和功能，如数据传输、网关管理和一些基本安全级别。例如，IPtable（一个安装在 Ubuntu 上的轻量级的简单软件）用于阻塞网关未使用的通信端口。此外，还可以安装 MySQL 或 MongoDB（一个开源数据库）从而实现灵活、可靠、高效的数据库管理。

雾服务可以包括许多先进的服务，以提高医疗保健服务的质量。这些服务有助于减轻传感器节点的负担，从而延长电池寿命、节省网络带宽、减轻云的负担，并实时通知紧急情况。例如，推送紧急通知是一个重要的雾服务。雾服务的细节将在 12.3 节中解释。

12.2.3 云服务器和最终用户终端

一般来说，具有雾层的远程健康监测物联网系统中的云和其他没有雾层的物联网应用（例如，自动化、教育和娱乐）中的云之间没有太大区别。它们都提供了云的基本功能和基本服务（例如，数据存储和数据分析）[23]。然而，具有雾的物联网系统中的云的负担比没有雾的物联网应用中的云的负担要少。例如，ECG 特征提取算法和机器学习算法可以在雾中处理，而同时其余的处理可以运行在云上。只是处理的结果在雾的本地存储和云中都得到更新。相应地，可以避免大量数据传输，并且可以有效地使用云的存储。通常，需要对具有雾的物联网系统的云进行定制以支持雾服务。例如，在没有雾的物联网系统中，云服务器就可以不将数据发送回网关。在大多数情况下，云服务器仅向网关发送命令和指令，然后命令和指令由网关转发到执行器。除了命令和指令，具有雾的物联网系统中的云服务器还将数据传输到智能网关以便为诸如移动性支持的雾服务提供服务。

与大多数传统的健康监测物联网系统类似，网页浏览器和移动应用程序是健康监测物联网系统的主要终端。这些终端通常易于使用且适用于大多数设备，包括智能设备（例如智能手机, iPad) 和计算机 (例如笔记本电脑和台式机)。最终用户可以随时随地通过这些终端访问人类可读形式的实时数据 (例如, 文本或图形波形)。在一些健康监测物联网系统中, 可执行程序与其他终端一起用于访问被监测数据。例如, 为了降低安全攻击的风险, 最终用户必须使用虚拟专用网络 (VPN) 和虚拟平台来使用安装在医院系统的可执行程序从而访问患者数据。

12.3 智能电子健康网关中的雾计算服务

位于智能网关雾层的雾计算服务为物联网应用 (例如医疗保健、教育和自动化工业) 提供多样化的服务。用于医疗保健的雾服务需要满足时延和数据质量的严格要求。除了常用的诸如推送通知、本地数据存储和数据处理等雾服务, 医疗保健雾服务可以包括安全管理、容错、分类、具有用户界面的本地主机和信道管理。这些服务如图 12.2 所示, 下面将对其进行详细解释。

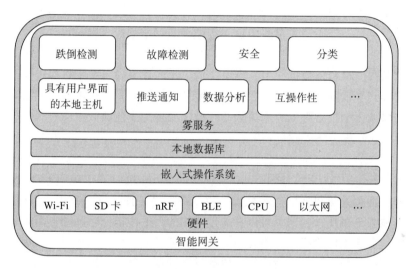

图 12.2 智能网关中的雾服务

12.3.1 本地数据库 (存储)

根据物联网应用可以构建不同的雾的本地存储。通常, 雾的本地存储可以分为两个主要数据库: 外部数据库和内部数据库 [15]。外部数据库用于存储传输到云且最终用户可以访问的数据和结果。存储在外部数据库中的数据结构和格式根据应用的不同而变化。例如, 外部数据库可以以卫生信息交换标准 (HL7) 的标准格式存储数据。数据库始终与云服务器的数据库同步。通常, 生物信号和环境数据存储在外部数据库中。例如, 被监测患者在一段时间内的心率被存储在外部数据库中。当智能网关和云的连接在短期内中断时, 医生或护理人员可以使用终端和用于连接雾的本地存储的本地网络来访问患者的心率数据。根据系统的要求和智能网关的规范, 该数据库的存储容量各不相同。通常, 该数据库的存储空间有限。因此, 经过一段时间后, 旧数据将被新数据替代。如果需要访问数据历史记录, 则必须使用云。相反, 内部数据库用于存储配置参数和各种用于算法和雾服务的参数。在大多数情况下, 该数据库除了备份之外, 与云服务器的数据库是不同步的。仅系统和系统管理员有权访问该数据库。

12.3.2　推送通知

推送通知服务是雾的最重要特征之一，因为它可以实时通知异常。在传统的健康监测物联网系统中，通常在云端实施推送通知，用于通知异常情况。这有助于减轻网关负担。但是，由于网络流量，负责人可能无法实时接收推送消息。例如，在一些发展中国家，网络流量拥挤期间需要花费很多秒甚至一分钟才能收到谷歌 Firebase 服务的通知。为避免这种情况，推送通知服务应该在雾和云中同时应用。

12.3.3　分类

在大多数医疗保健物联网系统中，系统通过云向负责人发送实时数据和推送消息。如上所述，在网络繁忙的情况下，数据和推送消息的时延可能太高，高达 30 到 60 秒。在最终用户和受监测人员处于相同地理位置（医院或家中）的情况下，可以通过将分类服务与基于雾的推送通知服务一起应用来避免高时延的问题。分类服务对用于区分本地和外部最终用户的连接设备进行分类。一般来说，最终用户必须使用通过诸如以太网、Wi-Fi 或 4G/5G 中的一个协议连接到系统的设备。该服务定期（约 5 秒）扫描设备。当它检测到本地连接的设备时，就会将设备信息存储在本地数据库中。当设备请求实时数据时，系统将检查本地数据库。如果设备当前连接到本地网络，则实时数据将直接从智能网关发送到设备。如果设备请求数据历史记录，则将从云中检索数据。这项服务有助于显著减少监测数据的时延，因为传输路径要短得多。

12.3.4　具有用户界面的本地主机

为了在智能网关处提供实时监测数据，需要具有易于使用的具有用户界面的本地主机。简而言之，本地服务器托管的网页可以在易于使用的界面中以文本和图形形式显示必要的数据。该网页有一个表单供最终用户填写他的用户名和密码。提交表单时，表单的数据将与存储在本地数据库中的凭证数据进行比较，以此进行验证。如果匹配，最终用户将被授予访问权限。如果经过几次验证后密码不正确，用户名可以被锁定一段时间（例如 10 分钟）。为提高安全级别，可以分两步或三步验证（例如，用 SMS 消息或电话检查）。

12.3.5　互操作性

通常，物联网系统与来自不同制造商的传感器节点兼容，这些传感器具有不同的功能（例如，采集生物信号、获得环境数据或控制其他电子设备）。因此，物联网系统的互操作性主要体现在系统对于使用不同无线通信协议的各种传感器节点的兼容性水平上。物联网系统的互操作性水平取决于应用的要求。具有高互操作性的健康监测物联网系统可以应用于不同的应用并且有助于节省医疗成本（例如，系统部署和维护）。例如具有互操作性的物联网系统可同时支持高质量的多通道 ECG、使用 Wi-Fi 的 EMG 监测应用以及使用 6LoWAN 的跌倒检测应用。然而，由于传统网关仅能收发数据，传统物联网系统很难达到很高的互操作性。幸运的是，这一问题可通过智能网关和雾服务的协助成功解决。例如，几个用于支持不同的无线通信协议（如 Wi-Fi、6LoWPAN、蓝牙、BLE 和 nRF）的组件可集成到智能网关中，其雾服务将处理其余任务。简而言之，互操作性服务使用多线程操作，其中每个线程用于单个无线通信协议。如果需要，这些线程可以相互通信以交换数据。从每个线程收集的传入数据将被存储在本地数据库中。

12.3.6 安全

安全是一个重要问题，医疗保健物联网系统必须重点考虑这一问题。仅系统中的单个安全漏洞就可以被网络犯罪分子利用并攻击。相应地，它会造成严重后果，例如失去患者的生命或丢失敏感数据。例如，一个胰岛素泵设备可以遭到 300 英尺（约 91 米）以外的无线攻击。研究人员使用他的软件来窃取泵的安全证书并控制泵 [24]。在这种情况下，如果他将大量的胰岛素泵入一个患者的血液，那么患者可能有生命危险。为了避免或减少网络攻击的风险，必须保护整个健康监测物联网系统。换句话说，每个设备、组件（例如传感器节点、网关和云服务器）以及设备或组件之间的通信必须受到保护。许多健康监测物联网系统应用了保护从传感器设备到最终用户的端到端安全算法或方法 [25,26]。这些方法可以保护系统免受无线网络攻击，该攻击针对传感器节点和网关之间的通信以及网关和云服务器之间的通信。在许多医疗保健监测物联网系统中，传感器节点和网关之间的通信往往比网关和云服务器之间的通信更脆弱。这是因为时延要求和资源限制的存在导致在传感器节点中实现复杂的安全算法很难甚至不可能。然而，在网关和云服务器上执行这些算法而不违反需求是可行的。幸运的是，通过应用轻量级安全算法，如基于数据传输层安全性（DTLS）的算法 [27,28]，传感器节点及其通信仍然可以得到保护。一些健康监测物联网应用在传感器节点和网关上应用了高级加密标准（AES），以保护它们之间传输的数据 [15]。具有雾的健康监测物联网系统受到攻击的风险更高，因为许多系统通常允许最终用户直接连接有雾的智能网关用于评估数据。因此，需要雾服务提供高水平的安全性来保护整个健康监测系统。除端到端安全方法外，人们还经常使用其他保护智能网关的高级方法。例如，当最终用户连接到雾的本地存储时，可以使用身份验证检查和认证 [15]。

12.3.7 人体跌倒检测

研究人员已经提出了许多算法（例如基于相机或动作）来检测人体跌倒 [10,13,29,30]。基于人的动作的算法似乎更受欢迎并且更适用于物联网系统，因为动作数据可以通过可穿戴无线传感器节点随时随地轻松采集，而不会干扰受监测人员的日常活动。大多数基于动作的算法使用从三维加速度计、三维陀螺仪或两者采集的数据 [10,13,30]。Gia 等人 [11] 的研究表明，同时使用三维加速度计和三维陀螺仪可在传感器节点能耗略有增加的情况下提供比使用单一类型传感器更准确的跌倒检测结果。与跌倒相关的参数（例如和矢量幅度（SVM）及差分和矢量幅度（DSVM））通常作为基于动作的跌倒检测算法（例如基于阈值的算法）的输入 [11,30]。与跌倒有关的参数利用式（12-1）、式（12-2）和式（12-3）进行计算 [11,30]。注意，式（12-2）不适用于来自陀螺仪传感器的数据。

$$\text{SVM}_i = \sqrt{x_i^2 + y_i^2 + z_i^2} \tag{12-1}$$

$$\theta = \arctan\left(\frac{\sqrt{y_i^2 + z_i^2}}{x_i}\right) \times \frac{180}{\pi} \tag{12-2}$$

$$\text{DSVM}_i = \sqrt{(x_i - x_{i-1})^2 + (y_i - y_{i-1})^2 + (z_i - z_{i-1})^2} \tag{12-3}$$

SVM：和矢量幅度

DSVM：差分和矢量幅度

i：样本序号

x、y、z：加速度计或陀螺仪的三维值

θ：y 轴和垂直方向之间的角度

在跌倒时，SVM 加速度和 SVM 角速度的变化如图 12.3 所示。当一个人站着不动或坐着不动时，SVM 加速度和 SVM 角速度分别为 1g 和 0 度 / 秒。当人跌倒时，SVM 加速度和 SVM 角速度变化剧烈。

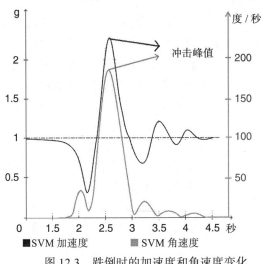

图 12.3　跌倒时的加速度和角速度变化

本章应用了如图 12.4 所示的多级阈值算法。该算法简单易行，同时提供了高精度。算法首先过滤数据以消除周围环境中的噪声和干扰，然后将过滤结果用于计算与跌倒相关的参数（例如，三维加速度和三维角速度的 SVM）。算法接下来将加速度和陀螺仪的 SVM 值与第一阈值进行比较。如果它们都高于其第一阈值，则将其与第二阈值进行比较。如果它们大于第二阈值，则检测到跌倒情况。算法最后触发推送通知服务以报告跌倒案例。当它们中的一个高于其第一个阈值时（例如，加速度为 1.5g，角速度为 130 度 / 秒），算法定义可能的跌

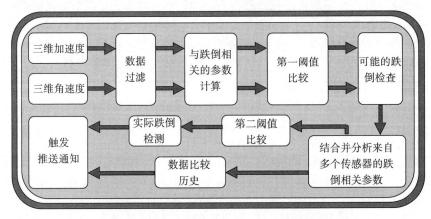

图 12.4　基于多级阈值的跌倒检测算法

倒情况并对该值进行标记。在这种情况下，系统将标记值与 20 个先前值进行比较。如果结果显示了图 12.3 中所示的跌倒情况，则会触发跌倒情况。除了发送推送通知消息，算法还会向系统管理员发送警报消息，以报告其中一个传感器无法正常工作。

12.3.8 故障检测

故障检测是雾的一项非常重要的服务，因为它有助于避免雾服务的长期中断。故障检测服务负责检测与传感器节点和智能网关相关的异常。当智能网关在短时间段（例如，5 秒到 10 秒）内从特定传感器节点接收不到任何数据，则故障检测服务向节点发送预定义的命令或指令。如果在发送数个命令后，节点没有回复智能网关，那么故障检测服务将触发推送通知服务以通知系统管理员。有一个适用于检测非功能性网关的类似机制。网关周期性地向相邻网关发送预定义的组播消息并等待回复。如果经过一段时间或发送了几条信息后，网关没有收到任何回复，则它随后将触发推送通知服务。在系统中仅使用单个网关的情况下，用于检测功能失调网关的故障检测服务可以在云上实现，并应用类似的机制。

12.3.9 数据分析

从传感器捕获的原始数据需要进行处理和分析以转化成用于疾病诊断和健康监测的信息。但是，传感器节点通常具有有限的计算能力，从而难以管理所有的任务，例如数字化、与无线数据传输模块的通信、信号处理和数据分析。而对于集成了多个高数据速率的传感器的节点来说，它需要即时的数据传输或本地存储，因此处理以上任务更具挑战性。相比之下，物联网系统中的雾计算比传感器节点中的高能效微处理器具有更强的计算能力，可以提供为应用定制的数据分析以及给最终用户的及时反馈。

数据分析方法依赖于信号和应用。但是，数据分析过程通常包含数据预处理和特征提取。提取的特征是用来进行统计分析或机器学习的数据。

12.4 系统实现

本小节建立了一个具有雾服务的完整的远程实时健康监测物联网系统。该系统由几个可穿戴传感器节点、具有雾服务的智能网关、云服务器和终端组成。下面将讨论这些组件的详细实现。

12.4.1 传感器节点实现

本节实现了两种类型的传感器节点，包括可穿戴传感器节点和静态传感器节点。可穿戴传感器节点用于收集 ECG、体温和身体动作，而静态传感器节点被放置在房间中以监测室温和湿度。虽然我们在实验中使用了几种通信协议，如 Wi-Fi、nRF、蓝牙和 6LoWPAN，但是本节仅详细描述基于 nRF 的传感器节点的实现。我们的其他工作详细讨论了基于 Wi-Fi、蓝牙和 6LoWPAN 的其他传感器节点的实现 [6,7,13,19]。

如上所述，每个传感器节点具有三个主要组件，包括微控制器、传感器和无线通信芯片。根据 Gia 等人 [11] 的研究，8 位微控制器比 32 位微控制器更适用于不执行重计算任务的物联网传感器节点。在实现中，为了实现激活模式下的低电量消耗，我们使用低功耗 8 MHz Atmega328P 作为微控制器，此外，该控制器可提供几种休眠模式以节省电量。在我们的实验中，除非需要从传感器接收数据并将数据传输到智能网关，否则微控制器将一直处于深度休眠状态。在几个实验中，微控制器用于执行加密方法（例如 AES）。虽然使用外部振荡器时微控制器支持高达 20 MHz，然而 8 MHz 是最适合传感器节点的频率之一。以 16 MHz 和 20 MHz 运行的微控制器需要 5 V 电压，而 8 MHz 时仅需要 3 V 电压。根据 Gia 等人[11]的研究，微控制器旨在通过 1 MHz SPI 与传感器通信，因为 SPI 比其他线程协议（如 I2C 和 UART）更节能[11]。

为了采集 ECG，我们使用模拟前端 ADS1292 组件。ADS1292 可以通过两个通道收集高质量的 ECG。每个通道支持高达 8000 个样本/秒，每个样本为 24 位。ADS1292 能耗较低并通过 SPI 与微控制器通信。在实验中，通过 1 MHz SPI 可获得 125 个样本/秒的双通道 ECG。

MPU9250 是一款九轴动作传感器，由一个三维加速度计、一个三维陀螺仪和一个三维磁力计组成，用于采集加速度和角速度。该传感器可以由 3 V 电源供电，并且能耗低。该传感器可通过 SPI 与微控制器连接。在实验中，通过 1 MHz SPI 每秒可获取来自三维加速度计的 100 个样本和来自三维陀螺仪的 100 个样本。

因为 BME280 消耗的能量很低，所以我们将其用于不同的传感器节点以采集体温和室温[31]。BME280 可以由 3V 电源供电，并且可以通过 SPI 与微控制器连接。因为人体体温不会迅速变化，所以该传感器每隔 10 秒采集一个来自受监测人员的体温数据样本。室温也采用类似的方法获取并且每分钟传输一次，以降低传感器节点的能耗。

我们在实验中使用 nRF，因为它低能耗、支持 M2M 通信，并拥有灵活的带宽。例如，其每次传输的峰值功率小于 50 mW，且每次传输的时间约为 2 ms[11]。传感器节点使用 nRF24L01 芯片。该芯片可以在 3 V 电源下工作，并通过 SPI 连接到微控制器。

12.4.2 具有雾的智能网关实现

智能网关基于多种设备和组件（如 Pandaboard、HC05 蓝牙、nRF24L01 和采用 TI CC2538cc25 的 Smart-RF06 板）的组合而构建。Pandaboard 是智能网关和雾服务的核心，因为所有雾服务都安装并运行在 Pandaboard 之上。Pandaboard 拥有双核 1.2 GHz ARM Cortex-A9、304 MHz GPU，以及 1 GB RAM。此外，Pandaboard 支持不同的协议，如 Wi-Fi、以太网、SPI、I2C 和 UART。在实现中，以太网用于连接互联网，而 Wi-Fi 用于从主要使用 Wi-Fi 来传输高质量信号的传感器节点接收数据。此外，Pandaboard 支持高达 32 GB 的 SD 卡，用于安装嵌入式操作系统。在实现中，我们使用一个基于 Linux 内核的轻量级嵌入式操作系统。

HC05 是一款支持主从模式的低成本蓝牙芯片。HC05 可以通过 UART 连接到 Pandaboard。在 Pandaboard 中设置 HC05 时不需要驱动。

集成在网关中的 nRF24L01 芯片与传感器节点中使用的 nRF24L01 芯片相同。它也通过 SPI 连接到 Pandaboard。Pandaboard 可以使用 nRF 从不同的传感器节点同时接收数据。

采用 TI CC2538 的 Smart-RF06 板提供与 6LoWPAN 通信的功能。TI CC2538 芯片放置在 Smart-RF06 板的顶部，通过以太网连接到 Pandaboard。在实现中，一个连接到以太网适配器的 USB 用于为 Pandaboard 提供额外的以太网端口。

本地数据库由 MongoDB 实现，它是一个基于面向文档的数据模型的开源数据库。除了生物信号和环境数据之外，用户名、密码和其他重要信息也存储在本地数据库中。

我们将 AES-256（标准）和 IPtables[32]应用于智能网关以提供一定级别的安全性。AES-

256 是一种保护所传输数据的对称分组加密算法。生物信号在传感器节点处加密，加密数据在智能网关处解密以进行存储和处理。IPtables 是一种包含许多包处理的规则（例如允许或阻止流量）的防火墙。 IPtables 在尝试建立与智能网关的连接时会检查所有规则。如果规则未得到满足，则执行预定义的操作。为了提供更高的安全级别，我们的适用于具有雾计算的智能网关的高级而复杂的安全算法 [25,26,28] 可以定制并应用于系统。

以上讨论的基于多级阈值的跌倒检测算法可应用于系统。在跌倒检测应用中，大部分噪声都是来自运动伪影和周围环境的电力线噪声。在实验中，我们从加速度计和陀螺仪中采集了 100 Hz 的动作数据。因此，我们使用二阶 10 ～ 40 Hz 的带通滤波器。滤波器的参数可以不同，这具体取决于应用要求。

过滤后的数据（包括加速度和角速度）将与多个预定义阈值进行比较。在实验中，1.6 g 和 1.9 g 分别是加速度的第一和第二阈值，130 度 / 秒和 160 度 / 秒则分别是角速度的第一和第二阈值。

此外，这些与跌倒相关的值可用于对受监测人员的活动状态（例如，静态活动、移动活动或睡眠）进行分类。在实验中，我们通过一个简单的算法成功地检测了所有情况的状态活动，该算法计算幅度在预定范围（例如 0 ～ 100 度 / 秒和 0.5 ～ 1.5 g）内的波纹的数量。例如，图 12.5 中的情况 1 分为三个时期，包括静态（例如，静坐或静止站立）时期、跌倒时期和跌倒一段时间后站起来的时期。

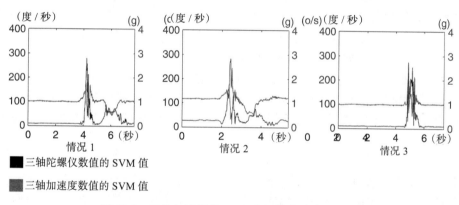

图 12.5　三维加速度的 SVM 和三维角速度的 SVM

分类服务在雾上的实现是在 iw 和 iwlist 包的帮助下进行的，它们是为基于 Linux 内核的操作系统而构建的。通过这些包的扫描方法，可以容易地获得连接到智能网关的 Wi-Fi 设备的所有必要的信息（例如 MAC 地址、SSID 和 RSSI）。智能网关定期扫描信息并更新本地数据库。虽然这些包尚未被完全开发，但它们仍适用于分类服务。

雾中的数据处理包括简单过滤和高级处理算法。在实现中，我们在 Python 中应用了 50 Hz 滤波器，用于消除周围环境中的噪声和干扰。在特定国家，可以应用 50 Hz 或 60 Hz 滤波器。例如，一个 50 Hz 陷波巴特沃斯滤波器应该应用于北欧国家，而在美洲国家应使用 60 Hz 滤波器。过滤后的数据将应用于几种算法（例如心率提取算法）来检测 R 峰值、R-R 间隔或 U 波。这些算法在 Python 中实现。

12.4.3　云服务器和终端

在实现中，我们使用了谷歌云及其 API。例如，使用谷歌云数据流和 Firebase。云数据流是丰富实时数据和数据历史的服务，而 Firebase 用于推送通知。云中的全局数据库被配置为与雾本地数据库相同的结构，以实现这些数据库之间的轻松同步。根据健康监测应用，可以使用谷歌 API 的不同服务。云服务器托管的网页具有一个易于使用的界面，该网页基于 Python、HTML5、CSS、XML、JavaScript 和 JSON 等技术构建。与雾的网页类似，全局网页也有一个包含用户名和密码的表单。通过使用互联网浏览器，授权用户可以连接到网页并实时访问受监测的数据，其中授权级别取决于特定的用户。另外，最终用户可以使用移动应用程序来监测实时数据。与网页类似，移动应用程序的表单也由用户名和密码组成，并以此登录且使用相同的机制来检查授权。该应用程序可以以文本和图形形式显示数据。目前，该应用程序仅为 Android 手机构建。将来，该移动应用程序的另一个版本将会为 IOS 构建。

12.5　案例研究、实验结果和评估

本节将介绍远程 ECG 监测和实时跌倒检测的研究。下面将讨论每个案例的细节。

12.5.1　人体跌倒检测的案例研究

为评估跌倒检测功能，六名志愿者参与了实验室里组织的实验，其中包括年龄在 24 ~ 32 岁之间的健康男性和女性。每个可穿戴传感器节点都连接到一名志愿者的胸部，以采集 4 ~ 5 小时的体温、心电图和身体动作。采集的数据通过无线传输到具有雾的智能网关。在实验中，我们在不同配置下测量传感器的能耗。在一种配置中，数据在发送之前保持不变，在另一种配置中，数据则被加密。在具有雾的智能网关中，数据使用先进的算法进行处理，以检测人体跌倒、分析心电图和评估心率变异性。另外，我们提供了很多先进的雾服务以提高服务质量。然后数据被传输到云服务器，云服务器可以以文本和图形形式显示已分析和处理的数据。

在实验中，我们要求每个志愿者在进行正常活动（例如静止不动、静坐和行走）后突然倒入床垫。每个志愿者重复五次这样的运动。获取的动作数据由传感器节点传输到具有雾的智能网关。同时采集的三个志愿者的实时加速度和角速度，如图 12.5 所示。通过在雾的网页中检索得到的数据，可以很容易地看出，加速度和角速度在第一时间段内是稳定的（例如，情况 1 中为 0 ~ 4 秒），而在第二时间段内发生激烈变化（例如，情况 1 中为 4 ~ 6 秒）。数据表明，在情况 1 中，人在 4 秒时跌倒。同样，第二个人和第三个人分别在 2.3 秒和 4.5 秒时跌倒。这些采集到的数据将在雾中使用如图 12.4 所示的跌倒算法来处理，用于检测跌倒情况。在实验中，所有跌倒情况都被成功检测到。

在实验中，传感器节点的能耗由 MonSoon 专业电源监测工具来测量。总能耗由下式计算。

$$E = \text{Average Power}_{active} \times \text{Time}_{active} + \text{Power}_{idle} \times \text{Time}_{idle}$$

其中，$\text{Average Power}_{active} = V_{supply} \times \text{Average } I_{active}$

$\text{Power}_{idle} = V_{supply} \times I_{idle}$

$\text{Time}_{idle} = \text{Total measurement time} - \text{Time}_{active}$

我们测量了传感器节点在 1 秒内的能耗，结果如表 12.1 所示。结果显示，在传感器节

点中运行 AES 加密仅导致能耗略微增加约 2.2 mWs。通过使用 1000 mWh 电池，传感器节点可使用长达 45 小时。

表 12.1　不运行和运行 AES 时传感器节点的能耗

模式	能耗（mWs）
没有 AES 的空闲态（idle）	1.26
没有 AES 的激活态（active）	5.94
没有 AES 的总能量	7.2
有 AES 的空闲态	1.044
有 AES 的激活态	8.71
有 AES 的总能量	9.754

12.5.2　心率变异性的案例研究

如前所述，心电信号可以由可穿戴传感器设备或由专业监测机器通过多个引线来捕获。图 12.6 中的原始心电信号是单导联心电图，是从可穿戴设备中测量的。在预处理阶段，首先采用滑动平均滤波器来移除信号的基线漂移，然后采用 50 Hz 陷波滤波器消除电力线干扰。该疼痛评估应用程序采用 R 波分析，利用峰值检测算法检测 R 峰值，并从每两个相邻的 R 峰值计算 R 到 R 的间隔以分析心率变异性。

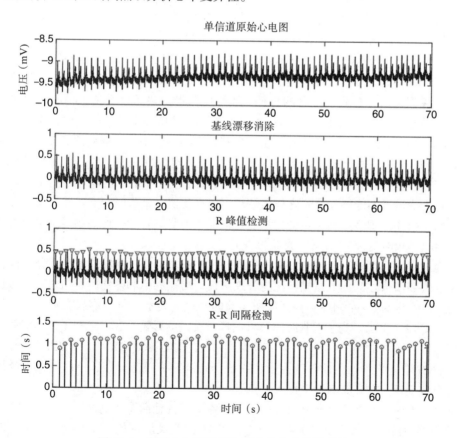

图 12.6　实时心电图监测和雾中的心电数据预处理

在疼痛评估研究中，心率变异性是一个衡量疼痛经历的潜在参数[33-35]。心率变异性（HRV）分析建立在图 12.6 中的 R-R 间隔的提取上，通常表示为 N-N，代表正常的窦到正常的窦。可以在时域、频域或使用非线性方法来分析 HRV[36]。HRV 的特征需在一定长度的时间窗内提取，该长度随着应用和目标的不同而变化。除疼痛评估外，HRV 分析被广泛应用在疾病诊断（如心律失常）和临床研究（如睡眠分析）中。长期 HRV 分析通常每 24 小时进行一次，短期 HRV 分析的时间窗为几分钟，还有时间窗小于 1 分钟的超短期分析。一些常见的时域分析中的 HRV 特征如下：

- AVNN：NN 间隔的平均值
- SDNN：NN 间隔的标准偏差
- RMSSD：相邻 NN 间隔之间的均方差
- pNNx：大于 x 毫秒的相邻 NN 间隔之间的差异的百分比

频域中的一些 HRV 特征包括：

- LF：低频分量，介于 0.01 Hz 和 0.15 Hz 之间的频谱功率的累积和
- HF：高频分量，介于 0.15 Hz 和 0.4 Hz 之间的频谱功率的累积和
- LF/HF：低频分量与高频分量的比

HRV 分析中的非线性方法包括相关维数分析、去趋势波动分析和熵分析。

在疼痛监测中，超短期和短期 HRV 特征从心电信号的实时监测中提取，指出自主神经系统的活动。在健康监测系统中，由可穿戴传感器节点（例如，生物传感器）捕获的心电图波形可以根据 HRV 特征进行分析，并且可以在系统雾层中对疼痛强度进行分类。用于疼痛强度识别的分类器首先使用疼痛数据库进行训练和测试。

图尔库大学物联网医疗保健研究小组通过对 15 名健康女性和 15 名健康男性志愿者进行实验性疼痛刺激，建立了一个数据库。在同一天内每个项目都要连续进行 4 次测试。在两项测试中，疼痛刺激由放置在前臂的直径 3 厘米的圆形加热元件产生。将加热元件放置在左前臂或右前臂上，起始温度为 30 摄氏度，首先每 3 秒增加 1 摄氏度，达到 45℃后，每 5 秒升高 1℃，自动加热在达到 52℃ 时停止。在其余两项测试中，疼痛刺激是频率为 100 Hz、250μs 宽的电脉冲，该脉冲通过商业 TENS 装置产生，电极放在左手或右手无名指上。脉冲强度由研究人员控制，每 3 秒钟增加 1，最高水平为 50。4 个测试的顺序是随机的。在每次测试中，每个受试者都能够在达到疼痛阈值和疼痛耐受值时报告时间点。然后无论在受试者报告疼痛耐受值还是刺激达到疼痛最大强度时，都将为受试者除去疼痛刺激。主观疼痛强度是在每个测试结束时的 VAS 评分中自我报告的。

无疼痛数据对应测试开始前 30 秒的数据。由于受试者自我报告的疼痛评分不同，所以测试开始和疼痛阈值之间的数据被标记为轻度疼痛，疼痛阈值和疼痛耐受值之间的数据被标记为中度/严重疼痛。一些 HRV 特征伴随实验的变化被表示为每个疼痛类别特性的均方根（RMS），如图 12.7 所示。为了探索时间窗口选择对模式的影响，我们考查了从 10 秒到 60 秒之间的时间窗口提取的 HRV 特征。为了减少不同的静息心率对 HRV 分析的影响[37]，NN 间隔通过 AVNN 进行归一化。此外，为了将特征分布调整为正态分布，一些特征需要用自然对数进行对数变换，并在其名称中加入"ln"。

接下来在无疼痛和疼痛之间进行分类，其中疼痛是其他两个类别的合并。我们使用支持向量机分类器对图 12.7 所示的 HRV 特征进行了 10 次交叉验证的训练和测试。每个时间窗口长度的疼痛分类的 ROC 曲线如图 12.8 所示。AUC 值表明 HRV 特征分类在更长的时间窗

口内具有更好的性能。

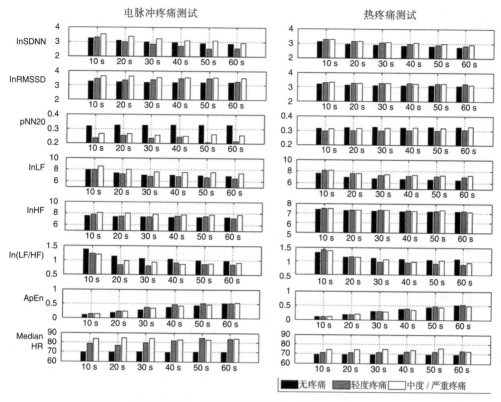

图 12.7 具有不同窗口长度和不同疼痛强度的 HRV 特征的 RMS

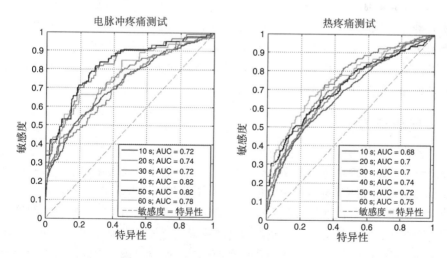

图 12.8 无疼痛和疼痛类别的 ROC 曲线

12.6 连接组件的讨论

传感器节点通过将负载切换到雾辅助智能网关来减少计算负荷。因此,传感器节点每次充电后可以使用更长的时间。根据具体应用，雾在提高能源效率方面的作用或多或少变得重要。例如，雾对于使用复杂算法的实时监测应用（例如具有 ECG 特征提取的多通道 ECG 实时监测）很重要，而雾在简单监控应用（例如温度监测）中确实不会显著延长传感器节点的寿命。在有雾的情况下，无法实现整个系统的高效节能。为了解决这个问题，需要仔细考虑系统从传感器节点、智能网关到最终用户终端的所有组件。

12.7 雾计算中的相关应用

研究者提出了许多用于医疗保健的物联网系统 [38-40]。但是，这些传统的物联网系统仍有一些限制，例如不支持互操作性、能源效率低下、不支持分布式本地存储或带宽利用效率低下。因此，研究者提出了几种基于雾的解决方案用于增强现有的医疗保健物联网系统。Gia 等人 [18] 提出了一种基于雾的心电特征提取方法。该方法从心电信号中提取心率、P 波和 T 波。另外，它有助于节省约 90% 的带宽。Azimi 等人 [41] 提出了用于医疗保健物联网系统的分层雾辅助医疗保健计算架构。该方法可以通过在雾辅助智能网关和云服务器中实现的算法来检测心律失常。Moosavi 等人 [25] 提出了一种用于健康物联网系统的基于雾计算的端到端安全方法。虽然其中传感器节点随机地从一个网关移动到另一个网关，但该方法提供了高安全性。Rahmani 等人 [22] 提出了一种基于雾的方法来增强医疗保健监测物联网系统。通过使用基于雾的智能网关，其提出的系统可提供分布式本地存储、数据融合和智能网关的数据分析。Bimschas 等人 [42] 提出了一种具有雾层的智能网关中的中间件。该方法提供了一定程度的互操作性，且支持标准和非标准协议应用之间的混合通信。同样，Shi 等人 [43] 提出了一种基于雾的方法，用于不同无线协议（如 ZigBee、Wi-Fi、2G/3G/4G、WiMax 和 6LoWPAN）之间的互通。此外，该方法支持在将原始数据和已处理数据发送到云服务器之前选择合适格式。Cao 等人 [44] 提出了用于跌倒检测系统的基于雾的方法。该方法通过在边缘设备之间分割检测任务来进行实时分析、检测人体跌倒。同样，Gia 等人 [10] 和 Igor 等人 [13] 提出了用于实时跌倒检测的基于雾的方法。这些方法分析智能网关上的三维加速度和三维角速度等运动数据。当采集到的数据超过预定义的阈值时，系统将向负责人实时推送通知消息。在文献 [45] 中，作者提出了用于监测轻度痴呆和 COPD 患者的雾计算系统。采集的数据将在雾中处理以减少通信过载并保护患者的隐私。

12.8 未来研究方向

具有许多高级服务的雾计算在提高医疗保健服务质量方面扮演着重要的角色。然而，雾服务可以继续扩展以实现卓越的医疗保健服务质量。例如，可以增强数据分析和数据融合以改进疾病诊断的质量（即避免不正确的疾病诊断）。不同于使用预定义阈值的传统方法，雾服务将使用机器学习，如深度学习或强化学习来获得更准确的结果。例如，跌倒检测算法中的阈值将自适应于特定的情况，如不规则运动或跳舞等。另外，机器学习有助于在雾中部署人工智能（AI）。基于雾的、具有 AI 的系统有助于显著改善决策，以确保正确和智能的实时响应。未来的健康监测系统可能会通过对相同的生理信号采用不同的分析方法来提供多样化的应用，这将满足不同人的需求，并提供更精准的服务。例如，除了疼痛监测，HRV 分析也可用于反映当前的疾病、显示心脏问题，并反映抑郁或压力。

12.9　结论

本章主要介绍了健康监测物联网系统中的雾计算。雾服务由分布式本地存储、推送通知、人体跌倒检测、数据分析、安全、有用户界面的本地主机和故障检测组成。这些服务在改善医疗保健服务中起着重要作用。通过这些服务，负责人可以持续地对患者的健康状况进行远程监控，而不会打扰患者的日常活动。由人的跌倒检测和心率变异性组成的案例研究证明了雾及其服务的好处。这些服务实时处理和分析数据，当一些异常（例如跌倒）发生时，系统将触发推送通知服务以实时通知医生和护理人员。此外，雾计算及其服务解决了医疗保健物联网的挑战。例如，通过将大量计算负载卸载到智能网关，雾有助于提高传感器节点的能源效率。同时，雾能够检测系统故障（例如硬件和软件故障）并实时通知系统管理员。雾不仅可以提供先进的服务，还可以减轻云的负担。雾计算是最适合增强医疗保健和其他领域的物联网系统的候选者之一。

参考文献

1　Summary Health Statistics: National Health Interview Survey 2017, National Center for Health Statistics, 2017.

2　National diabetes statistics report: Estimates of diabetes and its burden in the United States, Centers for Disease Control and Prevention, Atlanta, 2014.

3　E.J. Benjamin, M.J. Blaha, and S.E. Chiuve, et al. Heart disease and stroke statistics, American Heart Association. *Circulation*, 135(10): e146–e603, 2017.

4　D.A. Sterling, J.A. O'Connor, J. Bonadies. Geriatric falls: injury severity is high and disproportionate to mechanism. *Journal of Trauma and Acute Care Surgery* 50(1): 116–119, 2001.

5　J.A. Stevens, P.S. Corso, E.A. Finkelstein, T. R Miller. The costs of fatal and nonfatal falls among older adults. *Injury Prevention*, 12(5): 290–295, 2006.

6　T.N. Gia, N.K. Thanigaivelan, A.M. Rahmani, T. Westerlund, P. Liljeberg, and H. Tenhunen. Customizing 6LoWPAN Networks towards Internet-of-Things Based Ubiquitous Healthcare Systems. In *Proceedings of 32nd IEEE NORCHIP*, 2014.

7　T.N. Gia, A.M. Rahmani, T. Westerlund, T. Westerlund, P. Liljeberg, and H. Tenhunen. Fault tolerant and scalable iot-based architecture for health monitoring. In *Proceedings of IEEE Sensors Applications Symposium*, 2015.

8　A.M. Rahmani, N.K. Thanigaivelan, T.N. Gia, J. Granados, B. Negash, P. Liljeberg, and H. Tenhunen. Smart e-health gateway: bringing intelligence to Internet-of-Things based ubiquitous healthcare systems. In *Proceedings of 12th Annual IEEE Consumer Communications and Networking Conference*, 2015.

9　V.K. Sarker, M. Jiang, T.N. Gia, M. Jiang, T.N. Gia, A. Anzanpour, A.M. Rahmani, P. Liljeberg. Portable multipurpose biosignal acquisition and wireless streaming device for wearables. In *Proceedings of IEEE Sensors Applications Symposium*, 2017.

10　T.N. Gia, I. Tcarenko, V.K. Sarker, A.M. Rahmani, T. Westerlund, P. Liljeberg, and H. Tenhunen. IoT-based fall detection system with energy efficient sensor nodes. In *Proceedings of IEEE Nordic Circuits and Systems*

Conference, 2016.

11 T.N. Gia, V.K. Sarker, I. Tcarenko, A.M. Rahmani, T. Westerlund, P. Liljeberg, and H. Tenhunen. Energy efficient wearable sensor node for IoT-based fall detection systems. *Microprocessors and Microsystems*, Elsevier, 2018.

12 M. Jiang, T.N. Gia, A. Anzanpour, A.M. Rahmani, T. Westerlund, S. Salanterä, P. Liljeberg, and H. Tenhunen. IoT-based remote facial expression monitoring system with sEMG signal. In *Proceedings of IEEE Sensors Applications Symposium*, 2016.

13 I. Tcarenko, T.N. Gia, A.M. Rahmani, T. Westerlund, P. Liljeberg, and H. Tenhunen. Energy-efficient IoT-enabled fall detection system with messenger-based notification. In *Proceedings of 6th International Conference on Wireless Mobile Communication and Healthcare*, Springer, 2017.

14 F. Touati and T. Rohan. U-healthcare system: State-of-the-art review and challenges, *Journal of medical systems* 37 (3) (2013).

15 T.N. Gia, M. Jiang, V.K. Sarker, A.M. Rahmani, T. Westerlund, P. Liljeberg, and H. Tenhunen. Low-cost fog-assisted health-care IoT system with energy-efficient sensor nodes. In *Proceedings of 13th IEEE International Wireless Communications & Mobile Computing Conference*, 2017.

16 B. Negash, T.N. Gia, A. Anzanpour, I. Azimi, M. Jiang, T. Westerlund, A.M. Rahmani, P. Liljeberg, and H. Tenhunen. Leveraging Fog Computing for Healthcare IoT, *Fog Computing in the Internet of Things*, A. M. Rahmani, et al. (eds), ISBN: 978-3-319-57638-1, Springer, 2018, pp. 145–169.

17 T.N. Gia, M. Ali, I.B. Dhaou, A.M. Rahmani, T. Westerlund, P. Liljeberg, and H. Tenhunen. IoT-based continuous glucose monitoring system: A feasibility study, *Procedia Computer Science*, 109: 327–334, 2017.

18 T.N. Gia, M. Jiang, A.M. Rahmani, T. Westerlund, P. Liljeberg, and H. Tenhunen. Fog computing in healthcare Internet-of-Things: A case study on ECG feature extraction. In *Proceedings of 15th IEEE International Conference on Computer and Information Technology*, 2015.

19 T.N. Gia, M. Jiang, A.M. Rahmani, T. Westerlund, K. Mankodiya, P. Liljeberg, and H. Tenhunen. Fog computing in body sensor networks: an energy efficient approach. In *Proceedings of IEEE 12th International Conference on Wearable and Implantable Body Sensor Networks*, 2015.

20 F. Bonomi, R. Milito, J. Zhu, S. Addepalli. Fog computing and its role in the Internet of Things. In *Proceedings of 1st ACM MCC Workshop on Mobile Cloud Computing*, 2012.

21 M. Peng, T. Wang, G. Hu, and H. Zhang. A wearable heart rate belt for ambulant ECG monitoring. In *Proceedings of IEEE International Conference on E-health Networking*, Application & Services, 2012.

22 A.M. Rahmani, T.N. Gia, B. Negash, A. Anzanpour, I. Azimi, M. Jiang, and P. Liljeberg. Exploiting smart e-health gateways at the edge of healthcare internet-of-things: a fog computing approach, *Future Generation Computer Systems, 78(2) (January): 641–658*, 2018.

23 M. Armbrust, A. Fox, R. Griffith, A.D. Joseph, R. Katz, A. Konwinski, G. Lee, D. Paterson, A. Rabkin, I. Stoica, and M. Zaharia. A view of cloud computing. *Communications of the ACM*, 53(4) (April): 50–58, 2010.

24 D. C. Klonoff. Cybersecurity for connected diabetes devices. *Journal of Diabetes Science and Technology*, 9(5): 1143–1147, 2015.

25 S. R. Moosavi, T.N. Gia, E. Nigussie, et al. End-to-end security scheme for

mobility enabled healthcare Internet of Things. *Future Generation Computer Systems*, 64 (November): 108–124, 2016.

26 S.R. Moosavi, T.N. Gia, E. Nigussie, A.M. Rahmani, S. Virtanen, H. Tenhunen, and J. Isoaho. Session resumption-based end-to-end security for healthcare Internet-of-Things. In *Proceedings of 15th IEEE International Conference on Computer and Information Technology*, 2015.

27 T. Kothmayr, C. Schmitt, W. Hu, M. Brünig, and G. Carle. DTLS based security and two-way authentication for the Internet of Things, *Ad Hoc Networks*, 11(8): 2710–2723, 2013.

28 S. R. Moosavi, T.N. Gia, A.M. Rahmani, S. Virtanen, H. Tenhunen, and J. Isoaho. SEA: A secure and efficient authentication and authorization architecture for IoT-based healthcare using smart gateways. *Procedia Computer Science*, 52: 452–459, 2015.

29 Z.-P. Bian, J. Hou, L.P. Chau, N. Magnenat-Thalmann. Fall detection based on body part tracking using a depth camera, *IEEE Journal of Biomedical and Health Informatics*, 19(2): 430–439, 2015.

30 D. Lim, C. Park, N.H. Kim, and Y.S. Yu. Fall-detection algorithm using 3-axis acceleration: combination with simple threshold and hidden Markov model. *Journal of Applied Mathematics*, 2014.

31 M. Ali, T.N. Gia, A.E. Taha, A.M. Rahmani, T. Westerlund, P. Liljeberg, and H. Tenhunen. Autonomous patient/home health monitoring powered by energy harvesting. In *Proceedings of* IEEE Global Communications Conference, Singapore, 2017.

32 R. Russell. Linux iptables HOWTO, url: http://netfilter. samba. org, Accessed: December 2018.

33 A.J. Hautala, J. Karppinen, and T. Seppanen. Short-term assessment of autonomic nervous system as a potential tool to quantify pain experience. In *Proceedings of 38th Annual International Conference of the IEEE Engineering in Medicine and Biology Society*, 2684–2687, 2016.

34 J. Koenig, M.N. Jarczok, R.J. Ellis, T.K. Hillecke, and J.F. Thayer. Heart rate variability and experimentally induced pain in healthy adults: a systematic review *European Journal of Pain*, 18(3): 301–314, 2014.

35 M. Jiang, R. Mieronkkoski, A.M. Rahmani, N. Hagelberg, S. Salantera, and P. Liljeberg. Ultra-short-term analysis of heart rate variability for real-time acute pain monitoring with wearable electronics. In *Proceedings of IEEE International Conference on Bioinformatics and Biomedicine*, 2017.

36 U.R. Acharya, K.P. Joseph, N. Kannathal, C.M. Lim, and J.S. Suri. Heart rate variability: a review. *Medical & Biological Engineering & Computing*, 44(12): 1031–1051, 2006.

37 J. Sacha. Why should one normalize heart rate variability with respect to average heart rate. *Front. Physiol*, 4, 2013.

38 G. Yang, L. Xie, M. Mantysalo, X. Zhou, Z. Pang, L.D. Xu, S. Kao-Walter, and L.-R. Zheng. A health-iot platform based on the integration of intelligent packaging, unobtrusive bio-sensor, and intelligent medicine box. *IEEE transactions on industrial informatics*, 10(4): 2180–2191, 2014.

39 M.Y. Wu and W.Y. Huang. Health care platform with safety monitoring for long-term care institutions. In *Proceedings of 7th International Conference on Networked Computing and Advanced Information Management*, 2011.

40 H. Tsirbas, K. Giokas, and D. Koutsouris. Internet of Things, an RFID-IPv6 scenario in a healthcare environment. In *Proceedings of 12th Mediterranean*

Conference on Medical and Biological Engineering and Computing, Berlin, 2010.

41 I. Azimi, A. Anzanpour, A.M. Rahmani, T. Pahikkala, M Levorato, P. Liljeberg, and N. Dutt. HiCH: Hierarchical fog-assisted computing architecture for healthcare IoT. *ACM Transactions on Embedded Computing Systems*, 16(5), 2017.

42 D. Bimschas, H. Hellbrück, R. Meitz, D. Pfisterer, K. Römer, and T. Teubler. Middleware for smart gateways. In *Proceedings of 5th International workshop on Middleware Tools, Services and Run-Time Support for Sensor Networks*, 2010.

43 Y. Shi, G. Ding, H. Wang, H.E. Roman, S. Lu. The fog computing service for healthcare. In *Proceedings of 2nd International Symposium on Future Information and Communication Technologies for Ubiquitous HealthCare*, 2015.

44 Y. Cao, S. Chen, P. Hou, and D. Brown. FAST: A fog computing assisted distributed analytics system to monitor fall for stroke mitigation. In *Proceedings of 10th International Conference on Networking, Architecture, and Storage*, 2015.

45 O. Fratu, C. Pena, R. Craciunescu, and S. Halunga. Fog computing system for monitoring mild dementia and COPD patients – Romanian case study. In *Proceedings of 12th International Conference Telecommunications in Modern Satellite, Cable and Broadcasting Service*, 2015.

用于实时人物目标跟踪的边缘智能监控视频流处理

Seyed Yahya Nikouei, Ronghua Xu, Yu Chen

13.1 引言

过去十年中，由于大城市的优势和多样化的生活方式，我们见证了全球的城市化。这虽然提高了我们的生活质量，但同时也给城市管理者、城市规划者和政策制定者带来了新的挑战。当越来越多的人居住在如此高密度的地区时，安全性和安保工作便成为了最受关注的问题。情境意识（SAW）被认为是及时处理紧急问题的关键能力之一。为此，市区内安装了越来越多的监控摄像头和传感器，用于监控居民的日常活动。2016 年，仅北美就有超过 6 200万台在役的摄像头[1]。由这些摄像头产生的大量监控数据需要特殊的处理方式来提取有用信息。这意味着我们需要对获得的视频流进行全天候式的关注。依靠人工操作员面对无处不在的摄像头显然是不现实的。虽然近年来提出的机器学习算法有望根据实时的监控视频做出更明智的决策，然而时至今日具体的决策方法尚不成熟。

在拍摄每帧视频时，我们必须将其从现场传输到数据中心进行进一步处理。但是，当今的视频数据控制着实时流量，并给通信网络造成了繁重的工作量。2017 年，在线视频流占总体在线流量的 74%[2]。到 2021 年，预计 78% 的移动流量将会是视频数据[3]。单个摄像头一天可以生成超过 9600 GB 的巨大数据量。当前的视频数据处理中有诸多的问题，人们也在努力解决它们。首先，我们必须避免发送不具有全局意义的原始数据，以减轻通信网络的沉重负担。此外，摄像头记录下的视频素材到达数据中心的传输时间对于某些延迟敏感的任务关键型应用程序显得至关重要。我们总是期望尽可能地减少通信延迟。其次，传输过程中还可能存在着数据丢失，更糟糕的是，甚至存在第三方窃听传输线路的可能性。考虑到存储在数据中心的数据量之大，因此对数据的保护显然是个不小的挑战。尽管目前的数据存储设施容量越来越大，但监控视频往往只能保留最近几周的文件。有限的存储容量导致系统很容易丢失包含用于取证分析或其他目的的重要信息的影像。因此，能够及时从原始视频中提取出主要特征十分重要，这样操作员就能够识别并有选择地将感兴趣的片段存储更长的时间。

为了解决这些问题，边缘计算、雾计算以及分布式实时数据处理在视频监控界引起了很多关注[5]。其中，诸多的功能（包括特征提取和决策制定）将被迁移到网络边缘，并且分布式环境将被创建，而不是只针对单个或多个参考点。本章将主要介绍基于边缘计算的智能监控系统[6]。该系统专注于人物目标检测，并在智能决策方面迈出了三步：首先，它识别并检测每个给定帧中的人物目标，并对跟踪到的每个目标进行特征提取；然后将每个目标的速度或移动方向以及其他特定信息收集到一起，并整合在矩阵阵列中，作为其中的特征；最后一步是使用基于时间序列特征的机器学习算法进行决策，该算法决定是否应该向更高级别或负责的操作人员报警。图 13.1 展示了每层中分配的网络架构和任务。在该图中，人工检测和跟踪等操作在网络边缘完成，更多计算密集型决策算法将在平板电脑或笔记本电脑等其他可用的雾级节点中进行，然后在最终决策中将事故信息发送给负责人或急救人员。

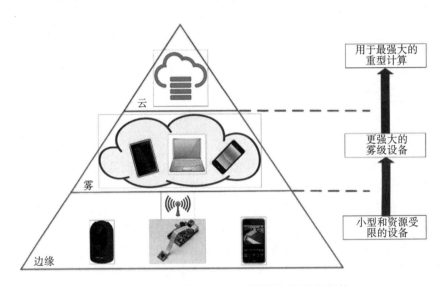

图 13.1   基于边缘 – 雾 – 云的分层智能监控架构

在本章中，我们将讨论并比较边缘和雾级别的平台上使用的算法，以搭建这种自动监测系统。本章的其余部分的内容安排如下：13.2 节将简要描述在边缘计算环境中可行的人物目标识别算法，13.3 节将介绍目标跟踪算法，13.4 节将侧重于轻量级人物目标检测方案的设计问题，13.5 节将详细阐述使用 Raspberry Pi 作为边缘设备的案例研究，最后 13.6 节将总结本章内容并对未来的发展进行展望。

13.2   人物目标检测

尽管有许多专门用于人物检测的资料[4,7]，但这项任务尚未在具有有限计算资源的设备上进行彻底研究，例如网络边缘的设备。可以使用不同的接入方式和算法来完成人物检测。本章将重点介绍其中可能适合边缘计算环境的三种方法。

13.2.1   Haar 级联特征提取

Haar 级联特征提取是一种经过充分研究的人脸或人眼检测方法，具有良好的性能[8]，同时，它也可以用于完整的人物检测。该算法基于类 Haar 特征进行像素值相减，可以通过诸多方式来拾取和删去像素点，这些学习过程通常在非常强大的 CPU 上进行。使用 24 × 24 的初始图像可在最终生成约 160 000 个特征。训练后的算法运行速度也很快，因为它只涉及一些基本的加减法。

图 13.2 展示了几种典型的类 Haar 特征，其中共有三种类型，包括双矩形特征（图 13.2a）、三矩形特征（图 13.2b）以及四矩形特征（图 13.2c）。在每个特征中，白色区域中的像素值将减去黑色区域中的像素值。在网络训练的阶段，我们选择大约 2 000 个正确图像（包含感兴趣对象）和 1000 个左右的错误图像。这些特征集将在图像上卷积，并创建值向量。之后，我们使用 Adaboost 算法选择并检测在设定阈值的情况下性能表现最佳的特征，并通过应用所选特征和高于阈值的匹配分数来确定图像中检测对象的存在。

　　　a) 双矩形特征　　　　　　　b) 三矩形特征　　　　　　　c) 四矩形特征

图 13.2　类似 Haar 的特征

然而，就速度而言，由于运用了大量的高精度特征，其性能远不能令人满意。因此，我们引入了分层的方法。它首先将筛选输入图像——这也是其中最重要的功能。如果得到的结果是正值，则表明框架中可能存在感兴趣的对象，其后将对更多的特征进行测试。例如，在第一步中只应用了最主要特征之一。负值结果则意味着框架中感兴趣对象存在的可能性非常低。否则，正值结果会导致采用更多特征进行更精确的位置调整和更高精度的测试。在文献的一个例子中，方法共有 28 个阶段，其中第一阶段有 1 个特征，第二阶段有 10 个特征，第三阶段有 25 个特征[9]。

13.2.2　HOG+SVM

HOG + SVM 是另一种广泛使用的方法，它具有十分可靠的精确度。它的名称来自于一种名为直方图（HOG）的特征提取方法和支持向量机（SVM）[11,12]。这些特征通常用于分类或检测感兴趣的对象。传统上，该特征提取器的高计算成本使得整个对象检测器不是边缘计算环境的理想候选者。但是，随着边缘部署的设备越来越强大，HOG + SVM 方法因其准确性而变得更具吸引力。无论分类器有多复杂或多简化，如果用于分类的特征没有以最佳的方式描述感兴趣的对象，那么检测结果都将是不准确的。例如，当要将橙子与苹果分开时，果实的橙色是一个很好的特征，而球形则不能提供有用的分类信息。

HOG 是一种众所周知的特征提取方法。其中，将目标像素与垂直相邻像素的差值视为垂直差值的，同样的方法也被用来计算水平差值。值得一提的是，在某些情况下，不是仅使用两个直接近邻像素，而是使用每个方向上的几个像素向量，这样每个像素将包含更多信息。水平和垂直值是振幅和角度，而不是其中的两个导数。水平导数位于垂直线上，垂直导数则位于水平线上。如果存在多个输入通道，例如具有三个通道的 RGB 图像，则选择其中最高的振幅及其对应的角度来表示像素的梯度。

HOG 中通常使用九个 bin 值的直方图，每个 bin 值中用 0 ~ 20 度来描述无符号项的梯度，并且在相应 bin 中考虑相应角度的振幅。然而，如果角度更接近 bin 的边界，则将振幅的一部分给予相邻的 bin 值。实际中通常以 8 × 8 像素的窗口来创建直方图。同时，为了解决突变或其他与像素值有关的临时变化带来的影响，需要首先对数据进行归一化处理[10]。在大多数对象检测的情况下，我们通常选择 32×32 像素的窗口以减少处理的时间。这个较大的窗口以 1 为步进值遍历图像，这意味着我们选择了 4×4 批 8×8 像素的窗口。每完成一次遍历，一个 8×8 窗口从 32×32 窗口的左侧流出，另一个从右侧进入。每个 32×32 窗口中有 16 个直方图 bin 值，可用一个 144 维的向量表示。该向量将用其二阶范数完成归一化，并将用作 SVM 中进行对象检测的图像的部分特征。图 13.3a 展示了 8×8 超像素的归一化之前的一个直方图，图 13.3b 则展示了 64×64 窗口中的梯度计算（为了更好的可见性，窗口大于 8×8 像素）。

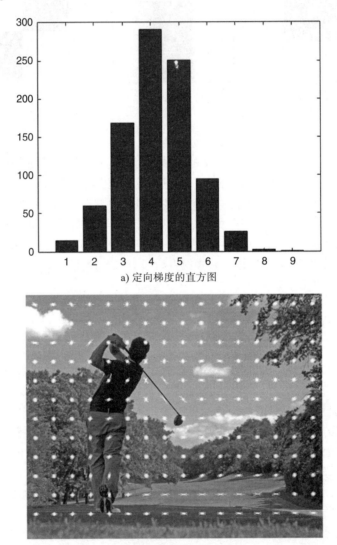

a) 定向梯度的直方图

b) HOG 在图像上的表示

图　13.3

当人物相对于不同位置的摄像头的距离更近或更远时，就会出现另一个问题：如果摄像头离人很近，则采用 8×8 的固定窗口没有任何效果；摄像头离人很远时，16×16 的窗口可能又太大。在这种情况下，我们使用图像金字塔的方法以改变图像的分辨率并检测每个可能的对象。其中每个阶段都会减少像素以创建更小版本的图像，以便超像素覆盖图像的更多部分。考虑到图像的多个阶段可能存在对同一对象的多个正输出（如图 13.4 所示），需要在每个特定用法中更改变量值，以保证最佳结果。但同时，这也意味着该算法不利于泛化。

图 13.4　单个对象的多重检测示例

13.2.3　卷积神经网络

卷积神经网络（CNN）基于多层感知器（MLP）网络，是最著名的神经网络之一。它具有诸多的卷积层，因而可以产生逐层的特征图。

CNN 通常具有两个可独立的模块：一部分是卷积层；另一部分是全连接的神经网络（FCNN），或者在某些情况下是 SVM 分类器，该分类器通过卷积层创建的特征映射对各个对象进行分类。每个卷积层中一组输入与滤波器卷积，得到的点阵即为该层的输出。卷积完成（层内操作为线性操作）之后，添加 ReLU 层，将非线性变换引入网络。为了保持维度不变，需要在输入周围添加一个值为零的像素填充。同时，网络中还使用了池化层来完成特征图谱的缩小，其中，以一个 2×2 的区域为样本，选择像素值中最高的一个或计算平均值。最终的卷积层将输入图像的信息存储在一维向量中并完成分类操作。

图像分类通常指计算机对输入的图像中最主要的对象的标签进行分析和输出的过程。2012 年，Alexander Krizhevsky 的网络展示了非常有前景的图像分类结果[13]。该网络架构通常被称为 AlexNet，它在 ImageNet 竞赛中获得了"最准确网络"的称号。在接下来的一年中，VGG[14] 也进入了大众的视野。该网络与 AlexNet 具有相同的结构，只是滤波器大小和层数略有变化。VGG 是 2013 年 ImageNet 的赢家。为了在 ImageNet 中竞争，VGG 的架构需要对 1000 个对象进行分类，因此每次训练需要每类中至少有 1000 ～ 1500 个图像，ImageNet 提供了庞大的标记数据集供公众使用。

2014 年，谷歌发布了另一款架构：GoogleNet。它在 ImageNet 竞赛中获得了最高的准确度[15]。GoogleNet 的架构不同于之前的模型，虽然它仍然由卷积层和全连接层组成，但

GoogleNet 采用了一些初始模块，它们由一些并行执行的卷积层组成，数据经过这些模块的处理成为网络的输入。2015 年，微软发布了 ResNet[16]，到目前为止，学术界与产业界已经引入了许多基于 ResNet 残留模块的修改架构。该模块不仅输出到直接的高阶卷积，还输出到高于直接层的层。

在 ResNet 中，滤波器大小和网络架构是预定义的。在训练阶段，程序员只需调整随机生成的滤波器值以获得最佳性能。此外，网络末端的分类器的权重也取自训练阶段的结果。网络的运行速度相对较快，其中的训练基于反向传播算法，需要大约 100 000 次迭代来完成。其中每轮图像集的训练被定义为一次迭代。

与此同时，一些专门用于计算 CNN 的框架也应运而生。来自伯克利大学的 Caffe 模型[20]是一个众所周知的框架。该框架是较为底层的架构，其主要优势在于训练和实现过程较为快速。同时，Caffe 模型的主要缺点是它没有统一和完整的指导文档，这可能会让初学者感到困惑。

另一个广泛使用的框架是来自谷歌的 TensorFlow[21]。这种框架在并行 GPU 环境中运行良好，并被用于其他高级模型（如 Keras[22]）的后置引擎。近年，雾级或一些功能强大的边缘设备采用了 TenserFlow 的轻量级版本。OpenCV 3.3 也具有在 Caffe 或 TensorFlow 创建的架构上加载和转发传播所必需的库。Keras 旨在简化 CNN 的设计、训练和测试过程，它具有可以通过 Python 访问的高级方法。之后，模型将代码转换为 TensorFlow 实例并进行训练或前向传播。Keras 无法访问许多令人费解的底层模型以及其中的细节，但它使用起来很方便。Caffe 中的模型是一种简单的文本，对于一个大的架构来说很难处理。但是，在 Keras 和 Python 中，它的压缩率极高并且更容易管理。MxNet 是另一个基于 Python 的高级模型，它在并行类的程序中的效果非常好。

在智能监控系统中，摄像头需要给出被检测对象的位置。因此，图像的分类可能没有帮助，因为在一个给定的帧中可能同时存在几个人，并且将图像分类为"包含人物"本身并没有贡献值。在这种情况下，需要使用对象检测方法，其中检测器可以给出感兴趣对象周围的边界框和检测出的标签。需要引入单图片多盒检测器（SSD）[17]或区域 CNN（R-CNN）[18,19]以及其他模型来创建一种"不针对整体图像，而针对对象所在邻域"的预测。训练这种类型的架构需要含有标签的对象图像，并且对象也需要在图像内进行标记。在 SSD 的结构中，根据从源图像提取的特征，网络将对某个区域中可能存在的对象进行预测。

尽管神经网络在边缘设备上的性能还不错，并且诸如 GoogleNet 的最新架构具有很高的准确率，但是这些模型需要大量的内存空间，这可能不适用于资源有限的设备。例如，当在选定的边缘设备（Raspberry Pi）上加载 VGG 网络时，该模型会出现错误，因为可用的内存空间很小并且程序被强制中断。因此，神经网络需要在边缘设备中使用更紧凑的架构。

13.3 目标跟踪

目标跟踪在智能监控系统的人类行为分析中起着重要作用。跟踪算法的主要目的是通过计算目标在视频流的每个帧中的位置，随时间生成目标对象的运动轨迹。与负责隔离帧的特定区域和识别目标对象的目标检测相比，目标跟踪的重点是建立跨帧的对象实例之间的对应关系[25]。在目标跟踪的方法中，检测和跟踪可以单独地或共同地工作以生成被跟踪目标的轨迹。在第一种情况下，目标检测算法从每个帧中提取感兴趣区域（ROI）。然后，跟踪算法通过标记的目标所在区域跨帧对应其实例。在后一种情况下，目标检测和跟踪共同作为一种算法，通过迭代更新从先前帧获得的目标特征来计算其轨迹。目标跟踪的挑战总结如下 [27]：

- 在 2D 图像上估计 3D 轨迹导致证据丢失
- 图像中的噪声
- 被跟踪对象的运动轨迹复杂
- 不完整对象和整个对象被遮挡
- 被跟踪对象结构复杂

这些挑战主要与目标的特征表示有关。下面的小节将根据选定的对象特征讨论特征表示和对象跟踪方法的分类。

13.3.1　特征表示

选择准确的特征表示对于目标跟踪来说很重要。通过目标检测算法识别的对象可以被表示为形状模型或外观模型。无论是哪种模型，特征的选择均严格依赖于那些用来描述目标模型的特征。实际上，在研究中我们可以使用颜色、边缘和纹理等特征来描述对象。

- **颜色**。每帧视频通过使用灰度级别、RGB、YCbCr 和 HSV 之一的某种色彩空间模型来表示其中的图像。在每个图像中，数据被存储为分层矩阵，其中每个单元中的值是光谱带的亮度。例如，彩色图像由红色（R）、绿色（G）和蓝色（B）组成的三层矩阵表示，而灰度图像将颜色分解为一个通道的灰度值。HSV 或 HLS 将颜色分解为色调（H）、饱和度（S）和值 / 亮度（V）三种分量。
- **边缘**。边缘是图像中在不同方向上亮度变化很大的区域。边缘检测算法利用亮度的变化来寻找边缘区域，然后通过连接边缘绘制对象的轮廓。边缘的最重要特性是它与颜色特征相比对光照变化不太敏感。但是，不同对象之间的分界边界很难，尤其是当多个对象重叠时。边缘检测是图像处理，特别是在特征检测和特征提取中的基本方法。
- **纹理**。纹理是表面的亮度的不相似程度，其中包含了诸如平滑度和规律性的属性。图像纹理通常包含关于图像或选定区域中的颜色或亮度的空间排列信息，是对象检测和跟踪的常用特征。与颜色空间模型相比，纹理服从统计特性并具有相似的结构。它需要一个分析处理步骤来计算特征。纹理分析方法通常是结构方法、统计方法和傅里叶方法。与边缘特征一样，纹理特征对光照变化的敏感度低于图像中的颜色空间。

表示目标对象的模型限制了可以在跟踪算法中利用的特征类型，例如目标的动作和变形等。例如，如果一个目标被表示为一个点，那么只能使用一个平移模型，当使用诸如椭圆的几何形状来表示目标时，则更加适合使用仿射或投影变换的参数运动模型 [26]。

13.3.2　目标跟踪技术分类

图 13.5 展示了跟踪方法的分类概况。通常，目标跟踪技术可以分为三类：基于点的跟踪、基于内核的跟踪和基于轮廓的跟踪 [27]。下面的小节将通过具体说明其中的算法并分析其特征，对这些跟踪方法进行详细讨论。

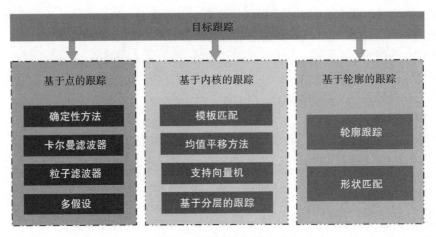

图 13.5 目标跟踪方法

13.3.3 基于点的跟踪

基于点的跟踪可以表示为由跨帧的点表示的检测对象的对应关系[25]。一般来说，可以将基于点的跟踪方法划分为两类：确定性方法和统计方法。确定性方法利用定性的运动启发式方法来解决对应问题，统计方法使用概率模型建立对应关系。几种得到广泛应用的方法，如卡尔曼滤波器、粒子滤波器和多重假设均属于统计方法。

13.3.3.1 确定性方法

确定性方法是将问题公式化为最小化对应成本的组合优化问题。对应成本通常由不同运动约束的组合定义[27]，如图 13.6 所示。

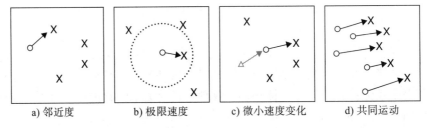

a) 邻近度   b) 极限速度   c) 微小速度变化   d) 共同运动

图 13.6 不同的运动约束

- **邻近度**假定对象的位置不会从前一帧到当前帧发生显著变化（图 13.6a）。
- **极限速度**定义了对象位置的上限，并限制了其与圆形区域内周围邻域的可能对应关系（图 13.6b）。
- **较小的速度**（平滑运动）假定对象的方向和速度没有显著变化（图 13.6c）。
- **共同速度**（平滑运动）假设小邻域中的对象在帧之间具有相似的方向和速度（图 13.6d）。

上述所有约束均不限定于确定性方法，它们还可以用于点跟踪统计方法。确定性方法适用于目标相对周围环境的移动较小的目标跟踪任务。

13.3.3.2 卡尔曼滤波器

卡尔曼滤波器[28]也被称为线性二次估计（LQE），它基于最优递归数据处理算法。根据按时间测得的一系列数据，它可以基于递归计算方法生成未知变量的估计值。卡尔曼滤波器适用于状态和噪声遵循高斯分布的线性系统的最佳状态预估。其步骤一般分为预测和校正。预测过程在给定当前观察集的情况下预测变量的新状态，校正步骤则逐渐更新预测值并生成下一状态的最佳近似值[27]。

13.3.3.3　粒子滤波器

当不知道目标的分布情况时，由于其要求状态变量正态分布（高斯分布）的限制，卡尔曼滤波器给出的估计效果较差。这种情况下，粒子滤波器[29]可以更好地执行状态估计。粒子滤波器在处理下一个变量之前，通常会为一个变量生成所有的模型。它通过使用具有一组粒子的基因突变选择采样方法来计算时间 t 处的条件状态密度，以表示随机过程的后验分布。实际上，粒子滤波器是贝叶斯序列中的重要技术，它使用一组有限的加权试验递归数据来接近真实的分布[27]。轮廓、颜色和纹理都是粒子滤波算法中使用的特征。与卡尔曼滤波器一样，粒子滤波器也包括两个基本步骤：预测和校正。

13.3.3.4　多假设跟踪

如果在运动对应过程中仅使用两个帧，则跟踪的准确性将十分有限。为了获得更好的跟踪结果，通常需要经过几个帧的评估后执行对应的决策。因此，我们经常使用多假设跟踪（MHT）算法在每个帧处保持对每个目标的多对应估计。最终的目标轨迹包括观察时间段内的整套对应估计。MHT 是一种迭代算法，迭代开始于一组当前的跟踪假设，每个假设都是相互独立的轨迹集合[25]。通过距离测量，我们可以建立每个假设的对应关系，进而生成表示新的轨迹假设作为预测过程的结果。MHT 在跟踪多个目标的场景中优势明显，尤其是有目标进入和离开摄像头视野（FOV）的场景。

13.3.4　基于内核的跟踪

基于内核的跟踪方法通过计算每帧上的内核运动以估计目标的移动。在基于内核的跟踪中，内核指的是以矩形或椭圆形为外形的目标表示和目标外形。基于内核的跟踪算法共分为四类：模板匹配、均值平移方法、支持向量机（SVM）和基于分层的跟踪。

在模板匹配方法中，通常需要在前一帧中定义一组目标模板 O_i，并且在跟踪算法中使用穷举法来搜索与预定义目标模板最相似的区域。在相似性测量之后，将产生当前帧中模板可能出现的位置。由于模板是根据光照变化敏感的图像亮度或颜色特征生成的，因此模板匹配算法适用于检测参考图像的小块。由于在模板相似性的测量中，穷举法搜索的计算成本较高，因此模板匹配跟踪不适用于资源有限的设备中的多目标跟踪场景。

基于均值平移的算法不是使用穷举法，而是利用均值平移的聚类[30]技术来检测与参考模型最相似的目标区域。通过比较目标和围绕假设目标位置周围窗口的直方图，均值平移跟踪算法尝试通过迭代来最大化其外观的相似度。这通常需要五到六次迭代步骤才能实现收敛，因此均值平移跟踪与模板匹配方法相比计算成本更低。然而，均值平移跟踪有一个假设前提：目标的一部分在初始状态下必须处于圆形区域内。在跟踪任务的初始化期间，物理层面上的初始化是十分必要的。另外，均值平移算法也只能跟踪单个目标。

Avidan 首先将 SVM 分类器集成到基于光流的跟踪器中[31]。基于给定的一组正负训练样本，SVM 通过在两个类之间寻找最佳超平面来处理二元分类问题。在基于 SVM 的跟踪中，跟踪目标被标记为正，而未跟踪目标被标记为负。跟踪器使用训练完成的 SVM 分类器，通过最大化图像区域上的 SVM 分类评分来估计目标的位置。基于 SVM 的跟踪也可以处理跟踪目标的部分遮挡情况。但是，在执行跟踪任务之前，需要对 SVM 分类器进行预先训练。

在基于分层的跟踪方法中，每个帧分被为三层：形状表示（椭圆）、运动（如平移和旋转）和层外观（基于亮度）[32]。基于分层的跟踪首先通过补偿背景运动来实现分层，然后根据目标的前述运动和形状特征来计算像素的概率，进而估计目标所在的位置。基于分层的方法适用于跟踪多个目标或存在目标被完全遮挡的场景。

13.3.5 基于轮廓的跟踪

对于具有复杂形状的目标，简单地使用几何特征（例如手、头和肩）通常难以很好地描述，但基于轮廓的算法提供了更好的解决方案。根据目标的模型，基于轮廓的跟踪方法可以被分为轮廓跟踪或是形状匹配跟踪两类。在轮廓跟踪中，初始的轮廓将演变到当前帧中的新位置以跟踪目标。相比之下，形状匹配仅通过使用密度函数、轮廓边界和目标边缘来搜索一帧中的目标[32]。

以上是目标跟踪算法研究的综合摘要。在下一节中，我们将给出核化相关滤波器（KCF）跟踪方法的详细说明，该方法在资源利用方面具有较好的性能。

13.3.6 核化相关滤波器

跟踪学习检测（TLD）框架被广泛应用于现代的目标跟踪领域[33]。Boosting[34] 和多实例学习（MIL）[35] 均展示了不错的在线训练能力，它们的存在可以使分类器在跟踪目标时具有自适应性。但是，其中的更新过程也会消耗大量的资源。较高的跟踪成功率以及较低的资源消耗使得核化相关滤波器成为延迟敏感监视系统中优选的在线跟踪方法之一。

KCF 最初的灵感来自相关滤波器在跟踪领域中的成功应用[36]。与其他复杂方法相比，相关滤波器在对计算能力有严格约束的环境中具有很强的竞争力。使用 KCF 的目标检测是基于核岭回归（KRR）的确定性问题[37]。KCF 算法本质上是线性相关滤波器的核化形态。它利用强大的内核以及诸多的处理技巧，可以将非结构化线性相关滤波器转换到线性空间中。因此，当处理具有多个通道特征的非线性回归问题时，KCF 具有与线性相关滤波器相同的复杂度。

为了确定当前帧中的目标位置，首先需要通过计算与特殊滤波器 h 的相关性来执行模板匹配，然后在获得的相关图像 c 上搜索最大值[38]：

$$(x, y)^* = \underset{(x,y) \in c}{\arg\max}(c), \text{其中} \, c = s \circ h \tag{13-1}$$

c：相关图像

s：用于搜索的图像区域

h：从目标模板生成的滤波器

$\circ$：用于计算二维相关性的运算符

$(x, y)^*$：与相关图像 c 的最大值对应的目标对象位置

式（13-1）假设跟踪区域 f 和滤波器 h 具有相同的维数。相关滤波器 h 通过岭回归计算得到，以最小化模板 t 上的所得误差。具体表达式为

$$\min_{h} \sum_{i}^{c} (\| f(x_i) - g \|^2 + \lambda \| h_i \|^2) \tag{13-2}$$

λ：正则化参数，与在 SVM 中的一样

$f(x_i) = t_i \circ h_i$：模板和滤波器图像之间的相关函数

c：二维图像的通道

g：二维高斯分布函数，$g(u, v) = \exp(-(u^2 + v^2) / 2\sigma^2)$

式（13-2）中定义的优化问题的目的是找到一个与目标模板 t 相关的函数 h，以输出高斯分布函数 g 的最小差。其在频域中的应用很简单，其中式（13-2）也可以直接转换为傅里叶表达式：

$$H^* = \frac{G \odot T^*}{T \odot T^* + \lambda} \qquad (13\text{-}3)$$

X^*：X 的复共轭运算

$\odot$：对位相乘运算符

H：傅里叶域滤波器

T：傅里叶域中的目标模板

G：傅里叶域中的高斯函数

给定滤波器 H 和频域中的搜索区域 F，结合式（13-1）和式（13-3），相关图像 C 可在傅里叶域中计算得到：

$$C = F \odot H^* = \frac{F \odot G \odot T^*}{T \odot T^* + \lambda} \qquad (13\text{-}4)$$

最后，通过式（13-1）和式（13-4），目标跟踪算法为

$$(x, y)^* = \mathop{\arg\max}\limits_{(x,y) \in F^{-1}(C)} (F^{-1}(C)) \qquad (13\text{-}5)$$

其中 $F^{-1}()$ 表示逆 DFT 操作。

在 KCF 跟踪算法中，为了增大目标的跟踪区域，模板 t 的尺寸通常大于目标尺寸。为了获得 KCF 跟踪方法的最佳结果，建议模板大小选择为目标大小的 2.5 倍[36]。KCF 利用 HOG 特征跟踪目标，即使目标具有不同的外观，也认为它们具有相似的轮廓。图 13.7 展示了 KCF 目标跟踪过程。

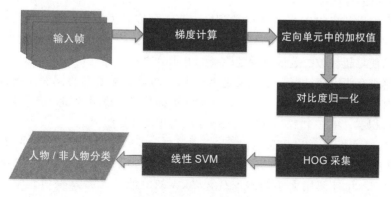

图 13.7　KCF 跟踪过程

特征提取和目标跟踪步骤的详细说明如下：

- **梯度计算**。归一化颜色和伽马值是计算特征检测的第一步,接着将计算梯度的大小和方向。
- **定向单元中的加权值**。该步骤基于滑动检测窗口对图像完成划分,并创建具体的单元直方图。根据先前步骤中计算得到的梯度值,单元内的每个像素将与基于方向的直方图通道加权值相关联。
- **对比度归一化**。考虑到由光照和对比度引起的变化,该步骤将重叠的单元组合在一起形成更大的空间连接的块,来局部地归一化梯度强度。
- **HOG 采集**。该步骤计算来自所有块区域的归一化单元直方图的分量的级联向量以创建 HOG 描述器。
- **KCF 追踪器**。将包含提取的 HOG 特征向量的 HOG 描述器回传到 KCF 跟踪器中以产生目标位置的假设。

13.4 轻量级人物检测

由于计算与存储资源的限制,边缘设备需要轻量级算法。通常,在设计现有算法的轻量型版本时需要谨慎考虑,因为这通常意味着对精度或是速度的牺牲。构建良好的目标检测器需要两个重要组成部分:特征提取器和分类器。考虑到目前讨论的算法,分类器是其中消耗资源最多的部分,但是 SVM 或 FCNN 的架构没有太多改动的空间。同时,特征提取算法还有很大的提升空间,特别是在应用于人物目标检测以及从周围环境中提取目标的系统中。因此,可以将被提取的特征作为给定的输入,使分类器的判别更加简单。

Haar 级联算法是一种快速算法,它不会将像素值映射到另一个空间进行特征提取。此外,该算法仅使用非常快速的点积等初等数学函数。因此,该算法十分适用于移动设备和边缘设备。但它的准确性不太令人满意。

HOG 算法遵循相同的原则。但是,视频中的图像帧可以在被传递给主算法之前进行大小调整。此外,该算法可以通过修改参数来提高准确性。例如,用于创建直方图的像素的窗口可以更大,这将使得算法的运行效率更高,但是忽略目标的可能性也更大,而较小的窗口大小使得算法运行非常缓慢,但是也增加了目标被检测出以及获取多目标边界框的概率。针对一台摄像机的一组可精确定位的变量对另一台摄像机的性能来说可能不是最好的,因此需要对每台摄像机的算法进行微调。

对于较小的设备,CNN 的算法简化问题一直是研究者关注的焦点。有几种架构可以很好地压缩 CNN,并能够有效减少计算负担。SqueezeNet 中使用的 Fire 模块 [22] 就是其中的一种。该架构使得超参数的数量减少到原有的五十分之一,并且具有与 AlexNet 相同的性能精度。Fire 模块有两组滤波器。第一组是带有 1×1 卷积滤波器的卷积层。虽然似乎在 1×1 滤波器中没有发生任何事情,但是它可以改变通道的数量,该层被称为挤压层。另一组是名为扩展层的卷积层,由一个 1×1 和一个 3×3 的卷积滤波器组成。

谷歌于 2017 年推出了 MobileNet [23],它通过可分离的深度卷积层实现了非常好的性能,并且计算负担也较少 [24]。其中,每个传统的卷积层被分成两部分。卷积从输入端取大小为 $D_f \times D_f \times M$ 的 F,并且使用大小为 $D_k \times D_k \times M \times N$ 的滤波器 K 将其映射到 G,作为大小为 $D_g \times D_g \times N$ 的输出。

该操作的计算复杂度如式(13-6)所示,并且可分为两部分:第一个是深度卷积层,其大小为 $D_k \times D_k \times 1 \times M$,通过它可以产生大小为 $D_g \times D_g \times M$ 的 $\hat{G}$;然后,一组 N 个大小为

$1 \times 1 \times M$ 的逐点卷积滤波器将产生相同的 G。

$$CB = D_k \times D_k \times M \times N \times D_f \times D_f \qquad (13\text{-}6)$$

此时计算复杂度如式（13-7）所示。

$$CB = D_k \times D_k \times M \times D_f \times D_f + N \times M \times D_f \times D_f \qquad (13\text{-}7)$$

这使得整个过程减少了因子为 $\dfrac{1}{N} + \dfrac{1}{D_k^2}$ 的计算负担，如式（13-8）所示。

$$\frac{D_k \times D_k \times M \times D_f \times D_f + M \times N \times D_f \times D_f}{D_k \times D_k \times M \times N \times D_f \times D_f} \qquad (13\text{-}8)$$

图 13.8 将可分离的深度卷积层网络与常规层网络进行比较，其中深度和逐点卷积步骤结合在一起，形成单个滤波器。左侧是可分离式的结构，在每次深度或逐点卷积后，它对输出进行批量归一化（批量归一化（BN）数据是因为在深度学习中，一次归一化往往是不够的）的处理并且设置 ReLU 层。

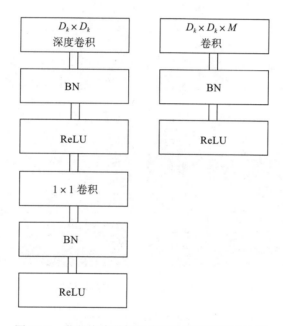

图 13.8　卷积滤波器与可分离的深度卷积滤波器

13.5　案例分析

本节的案例研究将提供关于本章中讨论的算法的更多信息。这些算法在物理边缘设备上实现，用于处理样本监控视频流。

选定的边缘计算设备是 Raspberry Pi 3 Model B，配备 1.2 GHz 64 位四核 ARMv8 CPU 和 1 GB LPDDR2-900 SDRAM。操作系统是基于 Linux 内核的 Raspbian。雾计算层的功能在具有 2.3 GHz 英特尔酷睿 i7 的笔记本电脑上实现，其 RAM 内存为 16 GB，操作系统为 Ubuntu 16.04。应用于人物目标检测和跟踪的软件是使用 C++ 和 Python 编程语言以及

OpenCV 库（版本 3.3.0）[39] 实现的。

13.5.1   人物目标检测

Haar 级联算法在训练数据集中的各个对象上的识别效果很好，但对于目标变化的反应存在问题。如果人物目标的定位或角度与训练样本不匹配，则无法完成准确的识别操作。在现实世界的监视系统中，我们无法保证摄像头能够始终从相同的角度捕获目标。图 13.9 展示了示例视频和算法生成的误报检测。在此样本监控视频中，有 26.3% 的检测结果是错误的，这个数字在不同的视频和初始变量中可能会有些许变化。在速度方面，算法在边缘设备上的计算速度非常快，约达到 1.82 帧每秒（FPS）。考虑到行人的行走速度，每秒采样两次基本足够。从资源效用的角度来看，算法平均使用 76.9% 的 CPU 和 111.6 MB 的 RAM。

图 13.9   Haar 级联人物检测结果

相比之下，HOG + SVM 算法平均使用 93% 的 CPU，这种占用率是很高的，因为其他操作和功能同样也需要资源来实现智能监控系统的目标以及至少需要 139 MB 的 RAM。同时，HOG + SVM 算法速率较为缓慢，仅达到 0.304 FPS。图 13.10 展示了该算法在示例视频中生成边界框的不同实例。有些边界框并不完全符合人物目标所在的区域。例如，在左下方的屏幕截图中，图中有部分车身也位于边界框中，这将对跟踪算法的性能带来负面影响。

基于前面所述的方法，我们创建了轻量级的 CNN。典型的 CNN 可识别多达 1000 种不同类别的对象，但其网络规模太大，无法适应边缘设备。即使使用 MobileNet 或 SqueezeNet 或其他 CNN 示例，也需要高达 500 兆字节的 RAM。对于目标检测，实际中经常使用 VOC07 数据集，它包含 21 个类别。

图 13.10　HOG + SVM 算法的性能

　　然而，智能监控系统的主要目的是检测人物目标，这意味着只有一个类，因此我们不必在网络的每一层中保留过多的滤波器。基于这种思想，在轻量级 CNN 网络中，每个卷积层中需要训练的超参数比 MobileNet 少四倍。图 13.11 展示了网络在 Raspberry Pi 3 Model B 上的结果。轻量级 CNN 占用的 RAM 不到 170 MB，其准确率也相对较高，同时也可以检测不同角度的人物目标。

图 13.11　用于人物目标检测的轻量级 CNN 示例

13.5.2   目标跟踪

为了在边缘计算设备上处理视频流以测试跟踪目标的可行性，我们使用基于 KCF 的目标跟踪算法构建了系统模型。算法的性能呈现在目标跟踪以及多目标跟踪的处理周期之中，例如目标进入和离开当前帧以及跟踪目标丢失后的重新跟踪效果等。

13.5.2.1   多目标跟踪

图 13.12 展示了多目标跟踪结果的示例。多跟踪器目标队列旨在管理跟踪器的处理周期。完成对目标检测的处理后，所有检测到的目标将被回传到滤波器中，滤波器将比较检测到的目标区域和多跟踪器目标队列以排除重复的跟踪器。只有那些新检测到的目标才会被初始化为 KCF 跟踪器并添加到多跟踪器目标队列之中。在跟踪操作执行期间，每个跟踪器将逐帧地、独立地处理视频流，直到跟踪目标逐步退出或者跟踪器丢失场景中的目标。

a) 行人   b) 车辆

图 13.12   多目标跟踪的示例

13.5.2.2   目标跟踪的进入和离开

边界区域是移动目标进入或离开当前帧视图时的临界点。在目标跟踪器进入帧的情况下，当目标进入边界区域时，它们被检测为具有活动状态的新跟踪目标并添加到多跟踪器队列中。在目标跟踪器逐步离开时，系统将移除那些移出边界区域的被跟踪目标，并将相应的跟踪器转换为非活动状态。在一帧处理完成之后，算法将从多跟踪器目标队列中移除那些非活动的跟踪器，以便为将来的任务释放计算资源。移动历史记录将被导出到跟踪历史记录日志中，以便进一步分析。图 13.13 展示了目标跟踪器进 / 出帧的结果的示例。

a) 进入帧   b) 离开帧

图 13.13   目标跟踪器进 / 出帧的示例

13.5.2.3　跟踪目标丢失

由于背景环境和跟踪目标之间的颜色、外观、光照条件的变化引起的遮挡，跟踪器可能无法跟踪目标。这种情况十分常见，并且有必要进行相应的处理。对于丢失的跟踪目标，其跟踪器需要从多跟踪器队列中清除，并且需要重新检测丢失的目标，进而将其重新跟踪为新的感兴趣目标。图 13.14 展示了其中的一个场景。当目标移动到树下的阴影中时，跟踪器丢失了目标（左侧的汽车，被标记为目标 3）。在后续的图像帧中，检测算法将该汽车识别为新的目标并将其分配给新的活动跟踪器以继续跟踪（被标记为目标 8）。

以上实验结果表明，基于 HOG 特征的 KCF 方法在目标跟踪中具有较高的可靠性。然而，颜色外观和光照强度对跟踪的精度都有着显著的影响。如图 13.14 所示，如果背景环境和跟踪目标具有相似的颜色外观和光照条件，那么仅使用 HOG 特征无法估计感兴趣的区域，甚至会导致跟踪器丢失其跟踪目标。因此，当发生遮挡时，需要一种更有效和精确的方法通过在跟踪器和目标之间建立连接来重新跟踪目标。

a) 丢失的目标　　　　　　　　　　　　b) 重新跟踪

图 13.14　目标丢失后重新跟踪的示例

13.6　未来研究方向

为了实际实现边缘处的目标检测和跟踪，还需要解决一些开放性的挑战。关键的问题之一就是"智能但轻量级"的决策算法。我们认为：理想的模型应该是通用的，应当涵盖行人可能发生的常见事故。与分类器不同，决策算法或预测模型不需要非常准确，并且在每种情况下都可以对算法进行微调。设计一种通用的机器学习算法以主动检测任何不可预测的事件是一个挑战。但是，它们有可解决的突破口以及通用的准则。同时，为了正确预测或准确检测，研究过往的历史数据将有很大的帮助。检查当前帧之前的几个帧可以为决策提供更多信息。目前，业界已经存在诸如长短期记忆（LSTM）或隐马尔可夫模型（HMM）等算法，它们可以在实现存储功能的同时保持来自先前步骤的信息。我们非常期待对这些算法的深入研究。

我们致力于使用边缘级设备分散监视环境并最小化延迟，这些设备上存在限制和一些需要考虑的问题。依然存在许多待解决的问题。第一个开放性的问题就是如何在实现更好的性能的同时使用更少的 RAM 和计算能力。这个问题存在于各种工程的每个角落，在新开发的领域，如雾计算系统中，它仍然十分活跃。近年来，CNN 架构已经得到了广泛的研究，它可以以一种非常小的尺寸保持较好的性能与准确性。另一个需要解决的重要问题是雾系统和边缘设备的连接和网络部署。针对这个问题，业界有望引入具有针对性的新协议，随着该领域的成熟，我们将进行更多深入的研究。

本章侧重研究功能开发方面。然而，监视系统往往需要强大的安全保障措施。由于缺少精密的操作系统且能源有限，对于小型雾 / 边缘设备而言，保护自身成为一个更大的挑战。我们也许可以用区块链来保护这种由小型传感器和雾系统组成的网络，但是这方面还需要更多的研究。

13.7　结论

本章主要讲述了现代监控系统中的一个关键问题：网络边缘的在线人物目标检测和跟踪，它提供了诸如实时跟踪和视频标记等重要的功能，同时也可以节省许多摄像设备。在介绍了流行的几种算法（包括神经网络）之后，我们对它们的优缺点进行了详尽的讨论。基于这些见解，我们引入了轻量级 CNN，并在选定的边缘设备上实现了这些算法，进而将其应用于真实的样本监控视频流来进行比较实验研究。现有的精心设计的检测器和跟踪器可以适应边缘环境，并可以根据给定任务的要求进行微调，例如本章介绍的轻量级 CNN。

此外，我们还回顾和讨论了几种跟踪算法、它们在感兴趣目标跟踪中的性能和精度，以及在选择的边缘设备中实现的速率（帧每秒）。

参考文献

1 N. Jenkins. North American security camera installed base to reach 62 million in 2016, https://technology.ihs.com/583114/north-american-security-camera-installed-base-to-reach-62-million-in-2016, 2016.

2 Cisco Inc. Cisco visual networking index: Forecast and methodology, 20162021 White Paper. https://www.cisco.com/c/en/us/solutions/collateral/service-provider/visual-networking-index-vni/mobile-white-paper-c11-520862.html, 2017.

3 L.M. Vaquero, L. Rodero-Merino, J. Caceres, and M. Lindner. A break in the clouds: towards a cloud definition. *SIGCOMM Computer Communications Review,* 39(1): 50–55, 2008.

4 Y. Pang, Y. Yuan, X. Li, and J. Pan. Efficient hog human detection. *Signal Processing,* 91(4): 773–781, April 2011.

5 O. Mendoza-Schrock, J. Patrick, and E. Blasch. Video image registration evaluation for a layered sensing environment. *Aerospace & Electronics Conference (NAECON), Proceedings of the IEEE 2009 National,* Dayton, USA, July 21–23, 2009.

6 S. Y. Nikouei, R. Xu, D. Nagothu, Y. Chen, A. Aved, E. Blasch, "Real-time index authentication for event-oriented surveillance video query using blockchain", arXiv preprint arXiv:1807.06179.

7 N. Dalal and B. Triggs. Histograms of oriented gradients for human detection. *IEEE Conference on Computer Vision and Pattern Recognition,* San

Diego, USA, June 20–25, 2005.

8 P. Viola and M. Jones. Robust real-time face detection. *International Journal of Computer Vision,* 57(2): 137–154, May 2004.

9 P. Viola and M. Jones. Rapid object detection using a boosted cascade of simple features. *Proceedings of the 2001 IEEE Computer Society Conference on Computer Vision and Pattern Recognition,* Kauai, USA, December 8–14, 2001.

10 J. Guo, J. Cheng, J. Pang, Y. Gua. Real-time hand detection based on multi-stage HOG-SVM classifier. *IEEE International Conference on Image Processing,* Melbourne, Australia, September 15–18, 2013.

11 H. Bristow and S. Lucey. Why do linear SVMs trained on HOG features perform so well? *arXiv:1406.2419,* June 2014.

12 N. Cristianini and J. Shawe-Taylor. *An Introduction to Support Vector Machines and other kernel-based learning methods.* Cambridge University Press, UK, 2000.

13 A. Krizhevsky, I. Sutskever, and G.E. Hinton. ImageNet Classification with Deep Convolutional Neural Networks. *Advances in Neural Information Processing Systems,* pp. 1072–1105, 2012.

14 K. Simonyan and A. Zisserman. Very deep convolutional networks for large-scale image recognition. *arXiv:1409.1556,* April 2015.

15 C. Szegedy, W. Liu, Y. Jia, P. Sermanet, S. Reed, D. Anguelov, D. Erhan, V. Vanhoucke, A. Rabinovich. Going deeper with convolutions. *IEEE Conference on Computer Vision and Pattern Recognition,* Boston, USA, June 07–12, 2015.

16 K. He, X. Zhang, S. Ren, and J. Sun. Deep residual learning for image recognition. *IEEE Conference on Computer Vision and Pattern Recognition.* Seattle, USA, *June 27–30, 2016.*

17 G. Cao, X. Xie, W. Yang, Q. Liao, G. Shi, J. Wu. Feature-Fused SSD: Fast Detection for Small Objects. *arXiv:1709.05054,* October 2017.

18 R. Girshick. Fast R-CNN. *arXiv preprint arXiv:1504.08083,* 2015.

19 S. Ren, K. He, R. Girshick, and J. Sun. Faster R-CNN: Towards Real-Time Object Detection with Region Proposal Networks. *Advances in Neural Information Processing Systems,* 91–99, 2015.

20 Y. Jia, E. Shelhamer, J. Donahue, S. Karayev, J. Long, R. Girshick, S. Guadarrama, and T. Darrell. Caffe: Convolutional architecture for fast feature embedding, *In Proceedings of the 22nd ACM international conference on Multimedia,* Orlando, USA, November 3–7, 2014.

21 M. Abadi, A. Agarwal, P. Barham, E. Brevdo, Z. Chen, C. Citro, G. S. Corrado, A. Davis, J. Dean, M. Devin, S. Ghemawat, I. Goodfellow, A. Harp, G. Irving, M. Isard, R. Jozefowicz, Y. Jia, L. Kaiser, M. Kudlur, J. Levenberg, D. Mané, M. Schuster, R. Monga, S. Moore, D. Murray, C. Olah, J. Shlens, B. Steiner, I. Sutskever, K. Talwar, P. Tucker, V. Vanhoucke, V. Vasudevan, F. Viégas, O. Vinyals, P. Warden, M. Wattenberg, M. Wicke, Y. Yu, X. Zheng. TensorFlow: Large-scale machine learning on heterogeneous systems. *arXiv preprint arXiv:1603.04467,* March 2016.

22 F. N. Iandola, S. Han, M. W. Moskewicz, et al. SqueezeNet: AlexNet-level accuracy with 50x fewer parameters and <0.5MB model size, *arXiv:1602.07360,* November 2016.

23 A. G. Howard, M. Zhu, B. Chen, K. Ashraf, W. J. Dally, and K. Keutzer. MobileNets: Efficient Convolutional Neural Networks for Mobile Vision Applications. *arXiv:1704.04861,* April 2017.

24 L. Sifre. Rigid-motion scattering for image classification, *Diss. PhD thesis*, 2014.

25 A. Yilmaz, O. Javed, and M. Shah. Object tracking: A survey. *ACM Computing Surveys*, 38(4): 13, December 2006.

26 M. Isard and Maccormick. Bramble: A bayesian multiple-blob tracker. *IEEE International Conference on Computer Vision*, Vancouver, Canada, July 7–14, 2001.

27 S. Y. Nikouei, Y. Chen, T. R. Faughnan, "Smart Surveillance as an Edge Service for Real-Time Human Detection and Tracking", ACM/IEEE Symposium on Edge Computing, 2018.

28 R. E. Kalman. A new approach to linear filtering and prediction problems. *Journal of Basic Engineering*, 82(1): 35–45, 1960.

29 P. Del Moral. Nonlinear Filtering: Interacting Particle Solution. *Markov Processes and Related Fields*, 2(4): 555–581, 1996.

30 D. Comaniciu, P. Meer. Mean shift: A robust approach toward feature space analysis, *IEEE Transactions on Pattern Analysis and Machine Intelligence*, 24(5): 603–619, May 2002.

31 S. Avidan. Support vector tracking. *IEEE Transactions on Pattern Analysis and Machine Intelligence*, 26(8): 1064–1072, August 2004.

32 V Tsakanikas and T. Dagiuklas. Video surveillance systems-current status and future trends. *Computers & Electrical Engineering*, November 2017.

33 Z. Kalal, K. Mikolajczyk, and J. Matas. Tracking-learning-detection. *IEEE Transactions on Pattern Analysis and Machine Intelligence*, 34(7): 1409–1422, July 2012.

34 H. Grabner, M. Grabner, and H. Bischof. Real-time tracking via on-line boosting. *BMVC*, 1(5): 6, 2006.

35 B. Babenko, M.-H. Yang, and S. Belongie. Visual tracking with online multiple instance learning. *IEEE Conference on Computer Vision and Pattern Recognition*, Miami, USA, June 20–25, 2009.

36 J. F. Henriques, R. Caseiro, P. Martins, and J. Batista. High-speed tracking with kernelized correlation filters. *IEEE Transactions on Pattern Analysis and Machine Intelligence*, 37(3): 583–596, August 2014.

37 R. Rifkin, G. Yeo, and T. Poggio. Regularized least-squares classification. *Science Series Sub Series III Computer and Systems Sciences*, 190: 131–154, 2003.

38 A. Varfolomieiev and O. Lysenko. Modification of the KCF tracking method for implementation on embedded hardware platforms. *IEEE International Conference on Radio Electronics & Info Communications (UkrMiCo)*, Kiev, Ukraine, September 11–16, 2016.

39 opencv.org, http://www.opencv.org/releases.html, 2017.

智能交通应用发展中的雾计算模型

M. Muzakkir Hussain, Mohammad Saad Alam, M. M. Sufyan Beg

14.1 引言

由于智能和工业应用中连接事物的数量不断增加——更具体地说，是智能交通系统（ITS）、物联网数据交换的量和速度不断增长——迫切需要严格的通信资源来解决数据处理、数据时延和流量开销方面的瓶颈问题[1]。雾计算成为传统云计算的替代品，支持地理分布、时延敏感和服务质量感知的物联网应用程序，同时减轻传统云计算中数据中心的负担[2]。特别是，由于雾计算支持异构性和实时应用程序的特性（例如低延迟、位置感知和处理大量无线接入节点的能力），对于延迟和资源受限的大规模工业应用程序来说，雾计算是潜在的有吸引力的解决方案[3]。

然而，由于雾计算的优点，在实现此类应用的雾计算时，一些研究挑战出现了[4]。例如，我们应该如何处理雾层中高度不一致数据源的不同协议和数据格式？我们如何确定哪些数据应该在云中处理或在雾层中处理（任务关联、资源分配/资源供应、虚拟机迁移）[5]？如何在工业应用程序中实现从大型异构源进行实时响应和数据同步采集？本章将对新兴智能交通架构中雾计算方法的可行性进行严格评估[6]。作为概念的证明，我们将对智能交通灯管理（ITLM）系统的雾计算需求进行案例研究，并讨论如何解决前面的问题以及其他问题[7]。编排这些应用程序可以简化维护，并增强数据安全性和系统可靠性[8]。为了在智能交通系统领域有效管理这些活动，我们将定义分布式雾编排框架，该框架定义了雾服务的动态、基于策略的生命周期管理。本章的最后将总结智能交通领域物联网服务中雾支持的编排的核心问题、挑战和未来研究方向。

本章内容组织如下。14.2 节将介绍采用数据驱动的交通架构的需求和前景，以及由这种数据驱动的移动模型支持的智能应用程序的前景，还将讨论通过云计算最能满足哪些计算机需求以及哪些需求需要雾计算。14.3 节将确定智能交通系统的雾计算要求（如关键任务架构），还将评估云平台存储和计算对这些应用程序的支持状态，并讨论两种计算模型的适当组合，以最好地满足智能交通应用程序的关键任务计算需求。14.4 节将介绍一种定制的雾计算框架，以支持时延敏感的智能交通系统应用程序。它的四个优势由首字母缩略词 CEAL 体现，即认知（cognition）、效率（efficiency）、敏捷性（agility）和时延（latency）。14.5 节将通过一个智能交通灯管理系统案例研究证明智能交通系统领域的雾编排要求。

14.6 节将总结关键的大数据问题、挑战和未来的研究机会，同时为智能交通应用程序开发可行的雾编排器。

14.2 数据驱动的智能交通系统

随着最先进的信息和通信技术（ICT）的研究和发展以及人口的激增，智能交通系统已经成为当代人类生活中不可或缺的一部分[9]。ITS 架构包括一套先进的应用程序，旨在应用 ICT 便利设施为交通管理和运输提供 QoS 和 QoE 保证服务[10,11]。图 14.1 描述了典型智能交通系统架构的基本组件[12]。全球近 40% 的人口每天至少在道路上花费一个小时的时间，从这一事实可以明显看出人们对交通系统的依赖是不可或缺的[13,14]。事实上，一个国家的竞争力、经济实力和生产力在很大程度上取决于其交通基础设施的完善程度。然而，当前车辆渗透到交通架构中的情况带来了许多机遇和挑战[16]，其可能以交通堵塞、停车问题、碳足迹或事故的形式出现[17]。需要采用有效的交通协议和政策来应对这些问题。中国在 2008 年北京奥运会时以及印度新德里政府在 2016 年采取的单双号限行政策，是缓解城市交通拥堵和空气污染的显著举措之一。

但是这种方法只适用于特定的事件和时间段，不能扩展到全国范围内的所有交通服务。新道路建设和道路拓宽等基础设施的增加可能会产生重大影响，但会陷入与成本和空间相关的难题中。最佳策略是通过智能交通系统数据流的数据驱动分析来有效利用可用的交通资源。可以采集和分析物联网辅助交通远程信息处理生成的数据，例如摄像机、感应环路检测器、基于全球定位系统的接收器和微波检测器的数据，以释放潜在的信息，并最终将其用于智能决策[20]。

图 14.1　数据驱动的智能交通系统的关键组件[12]

表 14.1 强调了智能交通系统在物联网领域支持的关键应用程序的类别[21]。智能交通系统公用事业已经付出了许多努力，例如开发车联网和交通通信协议及标准，以便在当代智能城市中找到可靠且普遍的交通解决方案[22]。例如，美国联邦通信委员会（FCC）已经

在 5.850 千兆赫至 5.925 千兆赫的频段内分配了 75 兆赫的频谱，单独用于专门短程通信（DSRC）[23]。此外，一些已获批准的修正案专门针对智能交通系统技术，如车辆环境中的无线接入（WAVE IEEE 802.11p）和全球互通微波访问（WiMAX IEEE 802.16）[11]。传统技术驱动的智能交通系统和数据驱动的智能交通系统的区别在于传统智能交通系统主要依赖于历史的和人类的经验，而不太重视实时智能交通系统数据或信息的利用[13]。由于现代 ICT 设施，目前这些数据不仅可以被处理成有用的信息，还可以被用来在不同的信息技术领域产生新的功能和服务[24]。

表 14.1　数据驱动的智能交通应用程序的应用用例

应用	用途
视觉驱动的智能交通系统应用程序	车辆检测[27]、行人检测[28]、交通标志检测、车道跟踪、交通行为分析、车辆密度与行人密度估计、车辆轨迹构建[28]、交通统计数据分析
多源（传感器和物联网）驱动的智能交通系统应用程序	视觉驱动的事件自动检测（AID）[29]、DGPS[30]、合作碰撞报警系统（CCWS）[31]、自动车辆识别（AVI）[32]、无人驾驶飞行器（UAV）
学习驱动的智能交通系统应用程序	在线学习[16]、轨迹 / 运动模式分析、数据融合、规则提取、基于自动数据处理的学习控制、强化学习、面向智能交通系统的学习
感知可视化数据集	折线图、双向条形图、玫瑰图、数据图像

由于典型智能交通系统中物联网终端的大部分是原始的，即所需计算和存储资源的部署并非随时随地都能得到保证，所以外部代理应承担计算和分析任务。物联网感知运输框架中的存储和处理负载将由跨越广阔地理区域的数十亿静态和移动传感器节点聚集而成[25]。理想的智能交通系统基础设施是由关键任务服务约束驱动的，即低时延、实时决策、严格的响应时间和分析一致性[12]。

事实上，物联网感知的智能交通系统受到严格服务要求的限制，例如低功耗通信主干网、最佳能源交易、适当的可再生能源渗透和其他电力监控设施[16]。智能交通系统数据架构的这种异构性设想使用先进的存储和计算平台来克服不同计算和处理级别的各种技术挑战。与传统系统中的主从计算模型不同，当前的概念是切换到在客户端 – 服务器模式下运行的数据中心级分析[7]。

对于学术界、工业界、研发部门和立法机构来说，就在哪里安装计算和存储资源达成共识仍然是一个悬而未决的问题。云计算已经成为支持智能交通系统的有前途的技术，因为它能够对其共享的计算资源提供方便的、按需的、随时随地的网络访问，并以最少的管理工作或服务提供商交互来提供和发布资源[21]。云服务还通过虚拟化利用无限的按使用付费的资源，将物联网设备从电池消耗处理任务中解放出来[26]。然而，云计算范式所促进的各种服务模式将无法满足数据驱动的智能交通系统的关键任务要求。现有的云计算范式不再受其支持者的欢迎，因为它在构建通用和多用途平台方面有所不足，无法为物联网领域智能交通系统的严格要求提供可行的解决方案。在下一节中，我们将分析关键任务型智能交通应用程序的计算需求，并评估通用云模型的状态。相应地，我们还将强调从基于通用云的集中计算到地理分布式雾计算模型的范式转变如何成为实现关键任务型智能交通应用程序的近乎理想的解决方案。

14.3　智能交通应用程序的关键任务计算要求

考虑一个典型的交通照明用例，其中智能交通信号灯能够适应特定区域内的实时交通环境。在这种情况下，一个或多个智能交通信号灯的反应时间太短，以至于几乎不可能将所有应用程序的执行传输到远处的云中。因此，这种交通信号灯应该以这样的方式编程，即它们彼此自主地合作，并且与所有本地可用的计算资源（例如路边单元（RSU））合作，以协调它们的操作。其他这样的例子有车辆搜索应用程序[9]、车辆最大人群溯源[21]、智能停车等。[33,34] 从这些例子中可以看出，需要一种能够为不同的交通领域提供无处不在的实时分析服务的计算框架。本节将重点介绍智能交通基础设施的一些关键数据收集、处理和传播要求。

14.3.1　模块化

现代智能交通网络是一个庞大而复杂的系统，它涉及异构物联网和非物联网设备，其数据类型众多，需要一系列处理算法。因此，支持智能交通系统应用程序的平台应该具有典型的模块化和灵活性支持。应用程序必须以一种系统应该自我进化和容错（即部分故障不会影响整个系统的动态）的方式逐步部署。模块化还确保了不同的数据处理算法能够以最小的工作量被设计和插入系统。这一点很重要，因为智能交通基础设施中产生了各种各样的数据流。因此，应用程序开发过程可以分为两个独立的阶段，即开发单个模块和开发模块互连逻辑。早期阶段可以由组件或模块提供商完成，而后者可以由智能交通开发人员完成。云平台为部署智能交通系统应用程序提供了足够的模块化和灵活性支持，但集中式执行策略通常会导致利益相关者体验质量低下。

14.3.2　可扩展性

理想的智能交通系统架构应该是分布式的和可扩展的，它足以有效地服务于大量的车辆。尽管云提供了可扩展的资源池，但由于智能交通系统环境生成的大量实时数据，它可能无法满足智能交通应用程序对低时延的要求。当前基于云的智能交通系统应用程序通常"包含不一致性"，因此实施保持一致性的计算结构对于研发部门来说是一个有前途的投资领域。这一趋势设想了一个更加灵活的基础设施，如雾计算模型中动态对象（如移动的车辆）中的计算资源也可以参与应用程序。

14.3.3　环境感知和抽象支持

由于智能交通系统组件（如车辆和其他基础设施）是可移动的并且稀疏分布在广阔的地理区域，雾计算将为可靠的交通服务提供环境感知计算平台。此外，地理分布的环境信息应该向开发人员公开，以便他们能够构建环境感知应用程序。由于典型智能交通系统应用程序中的高度异构性和大量物联网设备，即智能停车需要高度抽象地描述如何描述、协调或交互异构计算和处理。基于云的集中式智能交通系统解决方案需要升级为专用雾解决方案，以便该模型能够同时与一批车辆配合使用。例如，这样的编程抽象应该能够描述这样的命令："获取该位置的这些汽车组的电量状态（SoC）"。

14.3.4　权力分散

由于智能交通系统应用程序通常运行在大量异构的动态交通远程信息处理系统上，例如移动 / 自动车辆或路边单元，因此分散执行或编程模型是十分必要的。基于云的集中式应用程序必须实现各种条件和异常管理，来处理这种异构性和动态性。如果应用程序能够以模块化方式开发,并且组件分布到边缘设备中,那么雾平台将确保可扩展的执行。雾计算不依赖于远程云数据中心,而是提供强大的权力分散支持,以利用智能交通系统组件(如车辆和传感器)的计算资源来执行应用程序,从而满足智能交通系统应用程序的时延要求。

14.3.5 云数据中心的能耗

在未来十年,大型数据中心的能耗可能会增加两倍[35],因此采用能源感知策略成为计算人员的迫切需求。将整个交通应用领域卸载到云数据中心会导致难以维持的能源需求,这一挑战只能通过采用合理的能源管理策略来解决。此外,还有许多智能交通系统应用程序没有显著的能源影响,并且数据中心不必承担如此琐碎的任务,而是可以在智能交通系统雾节点(如车辆组、停放的车辆网络、远程终端单元、数据采集与监控(SCADA)系统、路边单元、基站和网络网关)中准备分析。基于上述物联网智能交通应用程序的关键任务型计算需求、当前云计算基础设施无法满足这些需求的缺点,以及假设交通设计社区无法重新设计专门的互联网基础设施或从头开始开发满足所有这些要求的计算平台和元素,我们提出了雾计算框架,其原则是将时间和资源关键型操作从核心卸载到边缘。这里的论点不是要取代现有的集中式云计算对智能交通系统的支持,而是要理解雾计算算法在与以核心为中心的云计算支持相互作用时的适用性,这种支持与新一代的实时和无时延实用工具相结合。我们的目标还在于通过对终端进行适当的计算和存储资源编排和分配,以及云技术和雾技术相互作用、协同互助,为物联网空间领域的智能交通系统架构开发一个可行的计算原型。

14.4 智能交通应用程序中的雾计算

图 14.2 描述了为智能交通应用程序定制的典型雾辅助云架构。人们一致认为,雾范式并不打算蚕食或取代云计算平台。相反,我们的想法是将雾平台发展为一个完美的盟友,或者是与云基础设施相互作用的合作模块的扩展。事实上,根据文献[4],弹性、分布式计算等特性通常是同时针对云和雾定义的。然而,由于来自资源有限实体(例如传感器节点)的计算密集型任务被映射到专用雾节点的计算资源块,响应时间明显减少。雾部署提供的独特地理分布智能使安全受限服务更加可行,因为关键和敏感信息将在本地雾节点上被有选择地处理,并由用户控制,而不是被卸载到供应商监管的大型数据中心。雾服务模式还通过将功耗密集型计算转移到电池节省模式来提高能效[12]。必要时可以动态地插入额外的雾节点,从而消除阻碍云计算模型的可扩展性问题。随着原始应用程序请求在本地计算节点中被过滤、处理、分析和缓存,带宽问题得到了显著解决,从而减少了云网关上的数据流量。如果采用稳健的预测性缓存算法,那么雾节点将仅服务于来自本地节点的大部分消费者请求,从而释放对数据中心连接性的依赖。雾节点可以被有效地编程,以结合关于数据的环境和情境感知,从而提高系统的可靠性。

雾的基本概念是存储、通信、控制和计算资源从边缘到远程云连续体的分布。雾架构可以是完全分布式的、大部分集中式的,或者介于两者之间。除了虚拟化设施之外,还可以使用专门的硬件和软件模块来实现雾应用程序。在物联网辅助的智能交通系统的背景下,定制的雾平台将允许特定应用程序在任何地方运行,这减少了对专门用于云、终端或边缘设备的专用应用程序的需求。它将使得来自多个供应商的应用程序能够在同一台物理机器上运行,而不会受到相互干扰。此外,雾架构将为所有应用程序提供通用的生命周期管理框架,以提供编写、配置、调度、激活和停用、添加和删除以及更新应用程序的功能。它还将为雾服务和应用程序提供一个安全的执行环境。在众多雾的特性中，我们定义了典型雾架构的四个主要优势，简称 CEAL[6]。

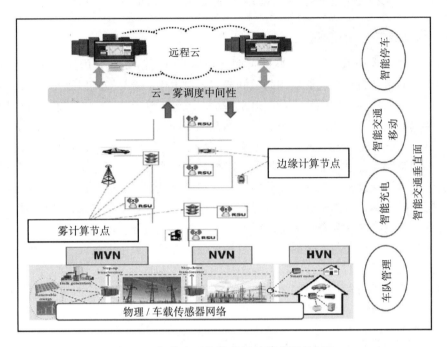

图 14.2 智能交通架构的雾计算范例的拓扑

14.4.1 认知

雾平台最独特的特性是它对以客户为中心的目标的认知，也被称为地理分布智能。该框架感知客户需求的背景，并能够确定在云到物连续体中执行计算、存储和控制功能的位置。因此，雾应用程序可以安装在智能交通系统端点附近，并确保更好地了解和密切反映客户需求。

14.4.2 效率

在雾架构中，计算、存储和控制功能汇集在一起并分布在云和边缘节点的任何位置，充分利用了云到物连续体中的各种可用资源。在物联网辅助的智能交通系统基础设施中，雾模型允许公用事业和应用程序利用网络边缘（HAN、NAN、MAN 等）和终端用户设备（如智能电表、智能家用电器、联网车辆和网络边缘路由器）上的大量可用的闲置计算、存储和网络资源。雾离端点更近，这使它能够与客户应用程序更紧密地集成。

14.4.3 敏捷性

与等待大型网络和云盒供应商发起或采用创新相比，使用客户端和边缘设备进行实验通常要快得多，也更经济实惠。雾将推动一个开放市场的建设，使个人和小型团队可以使用开放应用程序编程接口、开放软件开发工具包（SDK）和移动设备的增殖来扩展、创新、开发、部署和运营新服务。

14.4.4　时延

雾支持网络边缘的数据分析，并支持像信息物理系统这样的智能交通系统的时间敏感功能。这不仅对开发稳定的控制系统至关重要，而且对实现具有毫秒级响应要求的嵌入式人工智能应用的触觉互联网视觉也至关重要。这些优势反过来又能带来新的服务和商业模式，并有助于增加收入和降低成本，从而加快物联网辅助的智能交通系统的推广。此外，表 14.2 比较了智能交通应用程序中云计算和雾计算部署的性能。

表 14.2　智能交通应用程序中云和雾计算模型的性能比较

	特点和要求	纯云平台	雾辅助的云平台
1	地理分布	集中	分布
2	环境 / 位置感知	无	有
3	服务节点分布	互联网内	核心和边缘
4	时延	高	低
5	延迟抖动	高	低
6	客户端－服务器分离	远程 / 多跳	单跳
7	安全性	未定义	定义安全级别
8	节点数量	很少	非常多
9	移动性支持	有限	丰富的移动性支持
10	最后一公里连接支持	租用线路	有线 / 无线
11	实时分析	支持	支持
12	途中数据攻击 /DoS	高概率	低概率

图 14.2 展示了一个三层雾辅助云计算架构，其中很大一部分智能交通系统的控制和计算任务与云计算支持的地理分布雾计算节点进行了非平凡的混合。混合目标是克服物联网工具渗透到智能交通系统基础设施所造成的中断，这需要控制、存储、网络和计算资源在异构边缘或端点上的主动扩散。离地面最近的层被称为物理模式或数据生成器层，它主要包括分布在智能交通系统地理区域的各种智能物联网设备。这是一个传感网络，由几个非入侵、高度可靠、低成本的无线传感节点和智能移动设备组成，用于从智能交通系统的利益相关者那里获取情境信息。

数据捕获 / 生成设备广泛分布在多个智能交通系统端点，由这些地理空间分布传感器生成的海量数据流必须作为一个连贯的整体进行处理。然而，该层可能偶尔会过滤数据流以供本地使用（边缘计算），同时通过专用网关将其余数据流卸载到上层。这些实体可以抽象成特定于应用的逻辑集群，直接或间接受到智能交通系统操作便利性的影响。在连接的车辆网络中，这种集群是由车辆应用程序形成的，在车辆应用程序中，配备有诸如车载传感器（OBS）的传感单元的智能车辆自行组织形成车辆雾。通常，诸如蜂窝电话、车载传感器、路边单元和智能可穿戴设备等交通远程信息处理支持可以揭示未充分利用的车辆资源中潜在的计算和联网能力。未充分利用的车辆资源有时可以被转换成用于通信和分析，其中基于更好地利用每辆车辆的单独存储、通信和计算资源，多个最终用户客户端或近用户边缘设备可以协同执行通信和计算[36]。

同样，也可以在智能家庭网络（HAN）中追踪集群的存在，智能家庭网络对智能交通系统的运行动态有显著的贡献。配有智能物联网的家庭代理，如智能停车场、监视摄像头和家庭充电设备，是潜在的主动数据生成实体，且也可以通过执行器进行扩充，以提供存储、分析和计算支持，从而满足即时和本地决策服务（边缘计算）。

第 2 层构成雾计算层，包括低功率智能雾计算节点（FCN），如路由器、交换机、高端代理服务器、智能代理和商品硬件，具有特殊的存储能力、计算和数据包路由。软件定义网络（SDN）将物理集群组装成虚拟集群间专用网络（ICPN），该网络将生成的数据路由到跨越雾计算层的雾设备。雾设备及其相应的实用工具形成地理分布的虚拟计算快照或实例，这些快照或实例映射到较低层的设备，以满足智能交通系统的处理和计算需求。每个雾节点都映射到覆盖一个街道或小社区的本地传感器集群，并负责实时执行数据分析。然而，由于第 1 层中的物联网设备通常是动态的（即车辆传感器），需要采用稳定的移动性管理技术使这些实体与第 2 层的雾节点的灵活关联，以便实现一致和可靠的数据传输策略。

通常，第 2 层中的雾计算节点平行于层中位于下面的节点来执行任务。在许多情况下，在主从模式中，雾计算节点可以形成雾计算节点的进一步子树，树中每个较高深度的节点由较低深度的节点管理。这种层次结构的典型关联如图 14.3 所示。考虑到 VANET 的情况，可以为雾计算节点分配空间和时间数据，以识别道路交通网络中的潜在危险事件，例如事故、车辆盗窃或网络中的入侵车辆。在这种情况下，这些计算节点可能在小时间间隔内中断本地执行，并且数据分析结果将被反馈并报告给上层（从街道级到城市级交通监控实体），用于复杂的、历史的和大规模的行为分析和状态监控。换句话说，在提出的雾层执行的多层雾的分布式分析（随后是许多案例研究中的聚合分析）充当局部"反射"决策，以避免潜在的意外情况。同时，智能电网应用程序生成的物联网数据中的很大一部分不需要将该数据发送到远程云。因此，响应时延和带宽消耗问题可以很容易地解决。

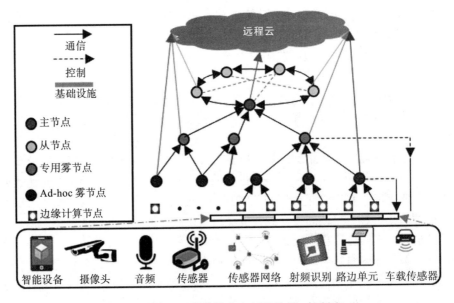

图 14.3   第 2 层雾计算节点间的数据 / 控制流

定制雾架构的最上层是云计算层，由大型数据中心组成，提供全市智能交通监控和全球集中化，而第 2 层则提供本地化、地理分布智能、低时延和环境感知支持。这一层的计算元素集中于产生复杂的、长期的和全市范围的行为分析，如大规模事件检测、长期模式识别和关系建模，以支持动态决策。这将确保智能交通系统社区在自然灾害或大规模服务中断的情况下执行广域态势感知（WASA）、广域需求响应和资源管理。第 2 层的处理输出可以分为两个维度。第一个维度包括分析和状态报告以及相应的数据，这些数据需要大规模和长期的行为分析和状态监测。此类数据集通过高速广域网网关和链路卸载到位于第 3 层的云计算大型数据中心。分析结果的另一部分是对一致的数据使用者的推论、决策和快速反馈控制。

14.5 案例研究：智能交通灯管理系统

智能交通管理原型要求在每个十字路口部署有传感功能的智能交通灯（ITL）。这种传感器不仅测量来往于各个方向的车辆的距离和速度，还检测和调节行人和自行车通勤者在每一条街道和十字路口的移动。智能交通灯管理架构的主要 QoS 属性可以总结如下：

1）**事故预防**。智能交通灯可能需要实时触发对候选车辆的停止或减速信号，或修改它们的执行周期，以避免碰撞。

2）**确保车辆的移动性**。智能交通灯需要高效的软件编程接口来学习车队动态。因此，它们保持绿色脉冲，以保证接近实时的稳定流量。

3）**可靠性**。架构收集智能交通灯管理系统生成的历史数据集，将其存储在后端大型数据库中，然后使用大数据分析（BDA）工具进行分析，以评估和增强架构的可靠性。因此，这类活动涉及长期范围内的全球数据的存储和分析。

为了说明这种智能交通管理系统的关键计算要求，我们考虑了一个绿色脉冲，表示车辆以 40 英里 / 时（约 64.4 千米 / 时）的速度行驶，即每 100 微秒行驶 1.8 米。如果预计其可能与行人发生碰撞，则相关的智能交通灯必须向接近的车辆发出紧急警报。在这里雾计算开始发挥作用，因为控制回路子系统需要在大约 100 微秒到几毫秒内做出响应。此类关键任务型任务的本地子系统总响应时延约小于 10 毫秒。现在，触发任何防止事故的行动都可能连续超过其他操作。因此，本地智能交通灯网络也可能改变其执行周期，这一行动可能会在绿灯中引入扰动，进而影响整个系统的动态。为了减弱这种干扰的影响，需要沿着全球系统中的所有智能交通灯重新发送同步信号，这项任务将在数百毫秒至几秒的时间范围内完成。在这里需要强调雾和云之间的相互作用。该研究的主旨是通过适当编排和向端点分配计算和存储资源，为物联网空间领域的智能交通灯管理系统开发可行的计算原型，并调整云和雾技术以协同地相互作用和相互帮助。表 14.3 列出了定制智能交通灯管理的一些关键计算要求。

表 14.3 智能交通灯管理系统的计算要求

属　　性	描　　述
移动性	对通勤者和智能交通灯（理想情况下是规则的红绿脉冲）的严格移动限制
地理分布	宽（跨地区）和窄（十字路口和匝道路口）
低 / 可预测的时延	在十字路口范围内
雾 – 云相互作用	不同时间刻度的数据（十字路口的传感器 / 车辆、不同收集点的交通信息）
多机构编排	运行该系统的机构必须实时协调控制法律政策
一致性	获得交通地形需要收集点之间一定程度的一致性

与模块化计算和存储设备结合使用的雾模型为智能交通灯网络基础架构提供了通用接口和编程环境，但其外形和封装各不相同。由于智能交通灯管理是一个高度分布式的系统，它通过扩展的地理网络收集数据，因此确保不同聚合点之间可接受的一致性程度对于高效交通

策略的实施至关重要。

　　雾视觉预计将建立一个集成的硬件基础设施和软件平台，目的是简化和提高新服务和应用程序的部署效率。智能交通灯雾节点是多属性的，也为智能交通灯管理等关键任务型系统提供严格的服务保证，而不是软性保证（如信息娱乐），即使是为同一供应商运行时也是如此。智能交通灯网络可能超出单一控制机构的范围。因此，编排涉及多个代理的一致策略是雾计算独有的挑战。智能交通灯管理子系统的典型编排场景如图 14.4 所示。

　　云–雾调度中间件（CFDM）定义了一个编排平台，用于处理整个系统中的许多关键软件组件，这些组件部署在广阔的地理区域。智能交通灯管理中使用的 CFDM 具有决策模块（DMM），该模块创建控制策略并将其推送到各个智能交通灯。DMM 可以以集中、分布式或分层的方式实现。在后者中，最有可能具有区域性 DMM 功能的实施节点必须在整个系统中协调它们的策略。无论实现什么，系统都应该表现得像是由一个单一的、知识渊博的数据管理人员精心编排的。CFDM 为联邦消息总线定义了一套协议，该协议将数据从交通灯传递到 DMM 节点，将策略从 DMM 节点推送到智能交通灯，并在这些智能交通灯之间交换信息。

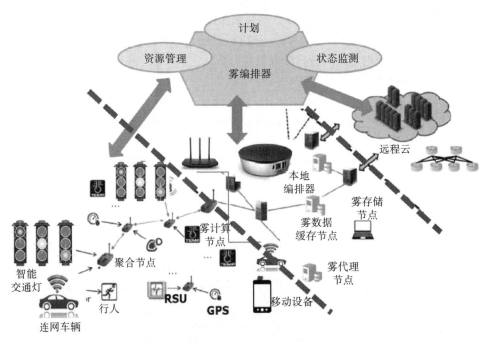

图 14.4　智能交通管理服务的编排场景

　　除了传感器生成的可操作实时（RT）信息，以及传递给 DMM 并在智能交通灯组之间交换的近实时数据外，智能交通灯管理系统还收集了大量有价值的数据。这些数据必须被数据中心（DC）/云接收，以便进行随时间（天、月、甚至年）和覆盖区域扩展的深度大数据分析。这种历史批处理分析的结果可以进一步提高未来执行的可靠性和服务质量。这种批量分析的输出可用于以下任务的解决方案：

- 评估不同政策对交通的影响（及其对经济和环境的影响）
- 监测城市污染
- 交通趋势和模式

上文讨论的智能交通灯管理用例反映了对强大的编排框架的需求，该框架可以简化、维护和提高智能交通系统的数据安全性和系统可靠性。数据驱动的智能交通系统是信息物理系统（CPS）的一个理想例子，它包含能够与现有网络基础设施进行接口和交互的物理和虚拟组件。因此，解决如何有效地处理物联网空间中的智能交通系统应用程序、它们的动态变化和瞬态运行行为是一个漫长的挑战。

14.6　雾编排挑战和未来方向

在过去十年中，快节奏的研发和投资努力已经带来了更成熟的基于云的技术，包括高效的框架、部署平台、仿真工具包和商业模式。然而，在雾部署的背景下，这种努力虽然进展迅速，但仍处于起步阶段[17]。可能有很多研究假设了雾平台的执行场景，但这些研究仍处于理论和仿真阶段。雾服务的推出必须继承云对等体的许多属性，并且在雾计算节点上部署计算工作负载的要求应得到适当解释。此外，雾有其固有的挑战，并提出了许多问题以寻求对正确答案的共识。其中一些可能是放置工作负载的位置，什么是连接策略、协议和标准，如何建模或解释雾之间的交互节点，以及如何路由工作负载。在下一节中，我们将重点介绍雾支持的智能交通系统应用程序编排中的关键编排挑战。随后还将探索由这些问题和挑战所设想的新兴研究途径。

14.6.1　物联网空间智能交通应用程序的雾编排挑战

14.6.1.1　可扩展性

由于智能交通系统中采用的异构传感器和智能设备是由多个物联网制造商和供应商设计的，因此在考虑定制硬件配置和个性化智能交通系统要求的同时，选择最佳设备变得越来越复杂。此外，有一些应用程序只能与特定的硬件架构（即 ARM 或英特尔等）一起工作，并需要诸多操作系统。具有严格安全要求的智能交通系统应用程序可能还需要特定的硬件和协议才能运行。编排框架不仅需要满足这些功能需求，还必须在越来越大的不断变化的工作流面前高效扩展。编排器必须评估由云资源、传感器和雾计算节点组成的组合系统加上地理分布和限制是否能够正确有效地提供复杂的服务。特别是，编排器必须能够自动预测、检测和解决与可扩展性瓶颈相关的问题，这些问题可能是由定制智能交通系统架构中应用程序规模的增加引起的。

14.6.1.2　隐私与安全

在例如智能交通管理系统或智能停车场的物联网辅助的智能交通系统的案例研究中，一个特定的应用由多个传感器、计算机芯片和设备组成。因此，它们在不同地理位置的部署会导致相关对象的攻击媒介增加。攻击媒介的例子有人为破坏网络基础设施、恶意程序引发数据泄露，甚至是对设备的物理访问[37]。需要整体安全性和风险评估程序来有效和动态地评估安全性和测量风险，这是因为评估基于物联网的动态应用程序编排的安全性对于安全数据部署和处理越来越重要。用于雾支持的物联网集成设备（如交换机、路由器和基站）如果被用于公共可访问的计算边缘节点，则需要对拥有这些设备以及将使用这些设备的公共和私有供应商所带来的风险有更清晰的认识。此外，这种设备（例如用于处理网络流量的互联网路由器）的预期目标不能因为被用作雾节点而受到损害。只有在强制执行严格的安全协议时，才能使雾成为多用户共享的。

14.6.1.3   动态工作流

物联网支持的智能交通系统应用程序的另一个重要特征和挑战是它能够发展和动态改变其工作流组成。在通过雾计算节点进行软件升级或网络对象频繁加入-离开行为的背景下，这个问题将改变内部属性和性能，进而潜在地改变整个工作流执行模式。此外，智能交通系统利益相关者使用的手持设备不可避免地会遇到软件和硬件老化问题，这必然会导致工作流行为及其设备属性发生变化（例如，低电量设备会降低数据传输速率）。交通应用程序的性能将因其子系统中的瞬时和/或短期行为而发生变化，包括资源消耗高峰或大数据生成。这就对工作流中的拓扑结构和分配资源的自动和智能重新配置提出了要求，其中更重要的是对雾计算节点的要求。

14.6.1.4   容错性

根据智能交通系统的应用程序需求按比例扩展雾计算框架会增加故障的可能性。一些在小规模或测试环境中罕见的软件错误或硬件故障，例如掉队（straggler），可能会对系统性能和可靠性产生不利影响。在我们预期的规模、异质性和复杂性上，可能会产生不同的错误组合。为了解决这些系统故障，开发人员应该在编排设计中将冗余复制与用户透明、容错的部署和执行技术相结合。

14.7   未来研究方向

前一小节概述的挑战为成功部署雾支持的智能交通系统架构提供了几个关键的研究方向。雾生命周期管理的研究前景可分为三个大的阶段。在部署阶段，研究机会包括最优节点选择和路由以及处理可扩展性问题的并行算法。在运行阶段，增量设计和分析、重组、动态编排等是支持动态服务质量监控和提供有保证的服务质量的潜在研究方向。在评估阶段，大数据驱动的分析（BD^2A）和优化算法是需要探索的提高编排质量和加快问题解决的优化的主要途径。

图 14.5 展示了典型的雾编排器的功能元素，以及每个阶段的关键需求和挑战。

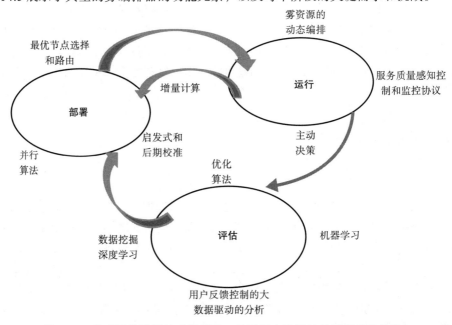

图 14.5   典型雾编排器的功能元素，显示每个阶段的关键需求和挑战

14.7.1　部署阶段的机会

雾计算提供了节点选择、路由、并行化和启发式的研究机会。

14.7.1.1　最优节点选择和路由

在云范式中确定资源和服务是一个探索充分且容易理解的领域，但是在分散雾集合中利用网络边缘需要发现关联最优节点的机制[38]。雾计算中的资源发现并不像在紧密耦合和松散耦合的分布式环境中那样容易，由于在雾层有大量可用的雾计算节点，手动机制也是不可行的[39]。如果智能交通系统实用程序需要执行机器学习或大数据任务，那么资源分配策略还需要满足来自多代以及在线工作负载的异构设备的数据流。

必须开发基准算法来有效评估雾计算节点的可用性和能力。这些算法必须允许计算工作流中的雾计算节点在不同的层次级别上无缝增加（和释放），而不会增加时延或损害 QoE。

由于现有的基于云的解决方案并不适合，所以需要设计自主节点恢复机制，以确保雾计算节点网络架构中故障检测的一致性和可靠性。此外，最有潜力的研究方向是雾计算环境中的工作流划分。尽管已经成功地为云数据中心实现了许多任务划分技术、语言和工具，但是关于雾计算节点之间工作分配的研究仍处于理论阶段。

如果不指定候选雾计算节点的能力和地理分布，那么在这些节点之间实现计算卸载的自动化机制就很有挑战性。通过优先级感知的资源管理策略维护相关主机节点的排序列表，为工作负载的顺序卸载建立层次结构或管道，开发用于将隔离任务动态部署到多个节点的调度器，用于仅雾计算节点、雾计算节点和数据中心或仅数据输入的并行化和多任务处理的算法等，都是学术界和研究界的严谨研究课题。

14.7.1.2　管理规模和复杂性的并行化方法

优化算法或基于图的方法在大规模应用时通常会耗费时间和资源，因此需要并行方法来加速优化过程。最近的工作提供了利用内存计算框架并行执行云基础设施中的任务的可能解决方案。然而，在运行时实现动态图生成和划分，以适应物联网组件的规模和动态性所产生的可能解决方案的变化空间，仍然是一个未解决的问题。

14.7.1.3　启发式和后期校准

为了确保物联网应用程序开发过程中的近实时干预，一种方法是使用校正机制，即使在最初部署次优解决方案时也可以应用。例如，在某些情况下，如果编排器找到了近似满足可靠性和数据传输要求的候选解决方案，那么它可以暂时中止对进一步最佳解决方案的搜索。在运行时，编排器可以继续用新的信息和约束的重新评估来改进决策结果，并使用任务和数据迁移方法来实现工作流重新部署。

14.7.2　运行阶段的机会

在运行阶段，雾计算的研究机会包括资源的动态编排、增量策略、服务质量和主动决策。

14.7.2.1　雾资源的动态编排

除了初始部署，所有工作流组件都会根据内部转换或异常系统行为进行动态更改。物联网应用程序暴露在执行变化很常见的不确定环境中。由于可消耗设备和传感器的退化，最初得到保证的安全性和可靠性等功能将会发生变化，导致初始工作流程不再是最佳的，甚至完全无效。

此外，结构拓扑可能根据任务执行进度而改变（即计算任务已完成或被逐出），或者将受到执行环境演变的影响。由于硬件和软件组合的可变性崩溃，或者由于异常数据和请求突发导致设备不同管理域之间的数据偏斜，可能会出现异常。这将导致不平衡的数据通信和应用可靠性的降低。因此，动态编排任务执行和资源重新分配至关重要。

14.7.2.2 增量计算策略

智能交通系统应用程序通常可以通过工作流或任务图进行编排，以组装不同的物联网应用程序。在某些领域，编排配备了大量具有不同地理位置和属性的候选设备。在某些情况下，通常认为编排计算量太大，因为在考虑所有指定的约束和目标的同时执行操作（包括预筛选、候选项选择和组合计算）非常耗时。当应用程序工作负载和并行任务在设计时已知时，静态模型和方法变得可行。相反，在存在变化和干扰的情况下，编排方法通常依赖于运行时的增量调度（而不是通过重新运行静态方法直接完成重新计算），以减少不必要的计算并最小化调度完成时间。

14.7.2.3 服务质量感知控制和监控协议

为了捕捉动态演化和变量（如动态演化、状态转换和新的物联网操作），我们应该根据时延、可用性、吞吐量等预先定义动态服务质量阈值的量化标准和测量方法。这些阈值通常在运行时根据需要规定度量指标的上限和下限。在正常情况下，复杂的服务质量信息处理方法（如超大规模矩阵更新和计算）会导致许多可扩展性问题。

14.7.2.4 主动决策

自更新的局部区域在雾环境中变得无处不在，编排器应该定期或以基于事件的方式记录雾产生的分级状态和数据组件。该信息将形成一组时间序列图，并有助于异常事件的分析和主动识别，以动态确定这些热点[40]。数据和事件流应该在雾组件之间有效传输，以便系统停机、设备故障或负载峰值可以迅速反馈到中央编排器以进行决策。

14.7.3 评估阶段的机会：大数据驱动的分析和优化

在物联网领域，典型的智能交通系统框架将不同的交通实体聚集成一个类似集团的结构，并在利益相关者之间实现能量和数据的双向流动，以促进资产优化。数据驱动的智能交通系统的主要数据源包括智能交通系统感知对象，如连网车辆、车载传感器、路边单元、交通传感器和执行器、GPS设备、智能交通系统以及来自推荐系统、众包和反馈模块的网络数据。

此外，物联网在智能交通管理应用中的领域已扩展到地理上分散的众多设备，若将实时分析和数据聚合完美结合，这些设备就可以产生多维、高容量的动态数据流[41]。图14.6描述了BD²A的概念框架以及基于云和雾平台的智能交通管理用例的优化。雾编排模块应采用高效的数据驱动优化和规划算法，以便在复杂的物联网辅助智能交通管理端点之间进行可靠的数据管理。

在开发遵循雾计算的智能交通管理应用程序以及在雾环境中跨不同层对这些应用程序进行适当的交易时，开发人员应采用稳健的优化过程，以稳定模式定义、映射、所有重叠和层之间的互连（如果有的话）。为了减少数据传输时延，数据处理活动和数据库服务可以流水线化。使用多个数据局部性原则（例如时间、空间等）和高效的缓存技术而不是频繁触发移动数据动作，可以分配或重新安排传感器附近的雾计算节点的计算任务，从而改善延迟。可以定制与服务质量参数相关的数据相关属性，例如数据生成速率或数据压缩率，以适应所需的性能水平和分配的资源，从而在数据质量和指定的响应时间目标之间取得平衡。

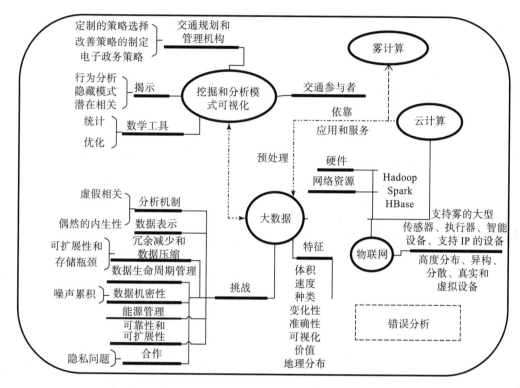

图 14.6　基于云和雾平台的智能交通管理的大数据驱动的分析和智能交通灯管理优化概念框架

一个主要的挑战是决策操作符仍然是计算耗时的。为了解决这个问题，在线机器学习可以提供几个在线训练（例如分类和聚类）和预测模型，以捕捉每个系统元素的持续进化行为，产生趋势的时间序列，以智能地预测所需的系统资源使用、故障发生和落后的计算任务，这些都可以从历史数据和基于历史的优化（HBO）程序中学习。研究人员或开发人员应该研究这些智能技术，在现有的决策框架中应用相应的启发式方法来创建一个连续的反馈回路。云机器学习为分析师提供了一套数据探索工具以及使用机器学习模型和算法的多种选择。

14.8　结论

在本章中，我们重新讨论了数据驱动的交通架构的需求，并讨论了其关键组件的功能以及与此相关的某些部署问题。然后，我们确定了在这种数据驱动的交通架构上支持的应用程序的关键服务存储和计算需求，分析了当前云部署的状态，并概述了通过地理分布的雾方法来充分满足这些需求的必要性。我们还介绍了一个针对智能交通应用程序定制的雾计算框架，并通过智能交通管理系统用例强调了对雾模型的要求。雾模型的成功部署需要一个能够简化维护并增强数据安全性和系统可靠性的编排框架。本章最后概述了物联网领域智能交通服务雾支持的编排的核心问题、挑战和未来研究方向。

参考文献

1 Intel Corporation. Designing Next-Generation Telematics Solutions. *White Paper*, 2018.

2 B. Varghese, N. Wang, S. Barbhuiya, P. Kilpatrick, and D. S. Nikolopoulos. Challenges and Opportunities in Edge Computing. In *Proceedings of the 2016 IEEE Int. Conf. Smart Cloud, SmartCloud 2016*, pp. 20–26, 2016.

3 O. Skarlat, S. Schulte, and M. Borkowski. Resource Provisioning for IoT Services in the Fog. *9th IEEE International Conference on Service Oriented Computing and Applications*, November 4–6, 2016, Macau, China.

4 S. Park, O. Simeone, and S.S. Shitz. Joint Optimization of Cloud and Edge Processing for Fog Radio Access Networks. *IEEE Trans. Wireless Communications*, 15(11): 7621–7632, 2016.

5 C. Perera, Y. Qin, J. C. Estrella, S. Reiff-marganiec, and A.V. Vasilakos. Fog computing for sustainable smart cities: A survey. *ACM Computing Surveys*, 50(3): 1–43, 2017.

6 M. Chiang and T. Zhang. Fog and IoT: An overview of research opportunities. *IEEE Internet Things Journal*, 3(6): 854–864, 2016.

7 M.M. Hussain, M.S. Alam, and M.M.S. Beg. Computational viability of fog methodologies in IoT-enabled smart city architectures – a smart grid case study. *EAI Endorsed Transactions*, 2(7): 1–12, 2018.

8 C. Byers and P. Wetterwald. Fog computing: distributing data and intelligence for resiliency and scale necessary for IoT. *ACM Ubiquity Symposium*, November, 2015.

9 Z. Wen, R. Yang, P. Garraghan, T. Lin, J. Xu, and M. Rovatsos. Fog orchestration for Internet of Things services. *IEEE Internet Computing*, 21(2): 16–24, 2017.

10 N.K. Giang, V.C.M. Leung, and R. Lea. On developing smart transportation applications in fog computing paradigm. *ACM DIVANet'16, November 13–17, Malta*, pp. 91–98, 2016.

11 W. He, G. Yan, L. Da Xu, and S. Member. Developing vehicular data cloud services in the IoT environment. *IEEE Trans. Industrial Informatics*, 10(2): 1587–1595, 2014.

12 S. Bitam. ITS-Cloud: Cloud Computing for Intelligent Transportation System. *IEEE Globecom 2012 – Communications Software, Services and Multimedia Symposium*, California, USA, 2054–2059.

13 J.M. Sussman. *Perspectives on Intelligent Transportation Systems (ITS)*. New York: Springer-Verlag, 2005.

14 T. Gandhi and M. Trivedi. Vehicle surround capture: Survey of techniques and a novel vehicle blind spots. *IEEE Trans. Intelligent. Transp. Syst.*, 7(3): 293–308, September 2006.

15 M.M. Hussain, M.S. Alam, and M.M.S. Beg. Federated cloud analytics frameworks in next generation transport oriented smart cities (TOSCs) – Applications, challenges and future directions. *EAI Endorsed Transactions. Smart Cities*, 2(7), 2018.

16 J. Zhang, F. Wang, K. Wang, W. Lin, X. Xu, and C. Chen. Data-driven intelligent transportation systems : a survey. *IEEE Trans. Intelligent. Transp. Systems*, 12(4): 1624–1639, 2011.

17 X. Hou, Y. Li, M. Chen, et al. Vehicular Fog Computing : A Viewpoint of Vehicles as the Infrastructures. *IEEE Trans Vehicular Tech.*, 65(6): 3860–3873, 2016.

18 A. O. Kotb, Y. C. Shen, X. Zhu, and Y. Huang. IParker – A new smart car-parking system based on dynamic resource allocation and pricing. *IEEE Trans. Intell. Transp. Systems*, 17(9): 2637–2647, 2016.

19 O. Scheme. Central Pollution Control Board. Delhi Central Pollution Control Board, Delhi, pp. 1–6, 2016.

20 X. Wang, X. Zheng, Q. Zhang, T. Wang, and D. Shen. Crowdsourcing in ITS : The state of the work and the networking. *IEEE Trans. Intell. Transp. Systems*, 17(6): 1596–1605, 2016.

21 Z. Liu, H. Wang, W. Chen, et al. An incidental delivery based method for resolving multirobot pairwised transportation problems. *IEEE Trans. Intell. Transp. System*, 17(7), 1852–1866, 2016.

22 D. Wu, Y. Zhang, L. Bao, and A. C. Regan. Location-based crowdsourcing for vehicular communication in hybrid networks. *IEEE Trans. Intell. Transp. System*, 14(2), 837–846, 2013.

23 M. Tubaishat, P. Zhuang, Q. Qi, and Y. Shang. Wireless sensor networks in intelligent transportation systems. *Wirel. Commun. Mobile. Computing. Wiley InterScience*, 2009, no. 9, pp. 87–302.

24 White Paper. Freeway Incident Management Handbook, Federal Highway Administration, *Available:* http://ntl.bts.gov/lib/jpodocs/rept_mis/7243.pdf.

25 M.M. Hussain, M.S. Alam, M.M.S. Beg, and H. Malik. A Risk averse business model for smart charging of electric vehicles. In *Proceedings of First International Conference on Smart System, Innovations and Computing, Smart Innovation, Systems and Technologies*, 79: 749-759, 2018.

26 M. Saqib, M.M. Hussain, M.S. Alam, and M.M.S. Beg. Smart electric vehicle charging through cloud monitoring and management. *Technology Economics Smart Grids Sustain Energy*, 2(18): 1–10, 2017.

27 C.-C. R. Wang and J.-J. J. Lien. Automatic vehicle detection using local features – A statistical approach. *IEEE Trans. Intell. Transp. System*, 9(1): 83–96, 2008.

28 L. Bi, O. Tsimhoni, and Y. Liu. Using image-based metrics to model pedestrian detection performance with night-vision systems. *IEEE Trans. Intell. Transp. System*, 10(1): 155–164, 2009.

29 S. Atev, G. Miller, and N.P. Papanikolopoulos. Clustering of vehicle trajectories. *IEEE Trans. Intell. Transp. System*, 11(3): 647–657, September 2010.

30 Z. Sun, G. Bebis, and R. Miller. On-road vehicle detection: A review. *IEEE Trans. Pattern Anal. Mach. Intell.*, 28(5): 694–711, 2006.

31 J. Huang and H.-S. Tan. DGPS-based vehicle-to-vehicle cooperative collision warning: Engineering feasibility viewpoints. *IEEE Trans. Intell. Transp. System*, 7(4): 415–428, 2006.

32 J.M. Clanton, D.M. Bevly, and A.S. Hodel. A low-cost solution for an integrated multisensor lane departure warning system. *IEEE Trans. Intell. Transp. System*, 10(1): 47–59, 2009.

33 K. Sohn and K. Hwang. Space-based passing time estimation on a freeway using cell phones as traffic probes. *IEEE Trans. Intell. Transp. System*, 9(3): 559–568, 2008.

34 M.M. Hussain, F. Khan, M.S. Alam, and M.M.S. Beg. Fog computing for ubiquitous transportation applications – a smart parking case study. *Lect. Notes Electrical. Engineering*, 2018 *(In Press)*.

35 T. N. Pham, M.-F. Tsai, D. B. Nguyen, C.-R. Dow, and D.-J. Deng. A cloud-based smart-parking system based on Internet-of-Things technologies. *IEEE Access*, 3: 1581–1591, 2015.

36 B.X. Yu, F. Ieee, Y. Xue, and M. Ieee. Smart grids: A cyber – physical systems perspective. In *Proceedings of the IEEE*, 24(5): 1–13, 2016.

37 E. Baccarelli, P.G. Vinueza Naranjo, M. Scarpiniti, M. Shojafar, and J.H. Abawajy. Fog of everything: energy-efficient networked computing architectures, research challenges, and a case study. *IEEE Access*, 5: 1–37, 2017.

38 A. Beloglazov and R. Buyya. Optimal online deterministic algorithms and adaptive heuristics for energy and performance efficient dynamic consolidation of virtual machines in cloud data centers. *Concurrency Comput., Practice. Experience*, 24(13): 1397–1420, September 2012.

39 H. Zhang, Y. Xiao, S. Bu, D. Niyato, R. Yu, and Z. Han. Computing resource allocation in three-tier IoT fog networks: A joint optimization approach combining stackelberg game and matching. *IEEE Internet of Things Journal*, 1–10, 2017.

40 K.C. Okafor, I.E. Achumba, G.A. Chukwudebe, and G.C. Ononiwu. Leveraging fog computing for scalable IoT datacenter using spine-leaf network topology. *Journal of Electrical and Computer Engineering, Hindawi*, 1–11, 2017.

41 J. Gubbi, R. Buyya, S. Marusic, and M. Palaniswami. Internet of Things (IoT): A vision, architectural elements, and future directions. *Future Generation Computer System*, 29(7): 1645–1660, 2013.

基于雾的物联网应用程序的测试视角

Priyanka Chawla, Rohit Chawla

15.1 引言

雾计算通过向网络边缘提供计算智能（以虚拟化资源的形式）、存储和网络服务来扩展云计算的益处。这有助于减少时延（依靠减少通过云进行通信的需求）、间歇性连接的不间断服务、增强安全性以及对大规模机器通信的支持。因此，雾计算范式是物联网应用程序开发的可行选择。

物联网被称为无处不在的现实物理设备（例如家用电器、医疗设备、车辆、建筑物等）网络，其中嵌入传感器、微芯片和软件，通过现有的互联网连接来收集和交换信息。这是一种将计算智能直接集成到物理实体的方式，其动机是提高性能、效率和经济效益。物联网在几乎所有行业顶端的繁荣促使业界构建物联网产品以满足市场需求。根据 IDC 的报告，到 2020 年全球物联网支出将达到约 1.29 万亿美元 [1]。Gartner 关于新兴技术的报告指出，到 2020 年将有约 204 亿个连网设备 [2]。随着我们扩展物联网的连通性，物联网系统的范围和功能也日益增加，这将直接影响公共安全和个人生活，如医疗设备和系统以及汽车安全。因此，系统违规或网络故障的后果比以往任何时候都要严重。然而，与快速创新相关的高速增长预计需要强大的独特物联网测试（质量保证）策略，以确保物联网系统在上市之前的可靠性。

质量保证是确保软件开发正确性和质量的最重要的开发阶段之一。同样，它对物联网系统也至关重要，因为糟糕的设计可能会妨碍应用程序的运行并影响最终用户体验。物联网的架构非常复杂，由异构硬件、通信模块、海量数据组成，它在分析物联网系统的性能和行为方面起着至关重要的作用。只有在针对不同类型的操作系统（OS）、软件和硬件组合测试各种设备时，才能确保物联网系统的功能和非功能要求（例如稳健性、可靠性、安全性、性能等）。

物联网的质量保证流程需要对相关的新技术（如机器学习和数据挖掘）进行验证，以便定期改进现有和未来的系统。此外，通过物联网设备捕获并发送到后端的海量数据使系统容易出现性能瓶颈，这给开发团队带来了新的挑战。因此，迫切需要全面和先进的测试策略来覆盖物联网系统的广度和深度。

本章将首先解释雾计算范式的基本概念以及采用物联网应用程序的相关优势。

15.3 节将讨论在家居、健康和交通领域测试智能应用程序的观点还将根据应用程序的测试方法和解决方案的结果进行说明和比较。此外，我们提议将与三种智能技术（即智能家居、智能健康和智能交通）相关的评估标准用于评估现有工作。最后，15.4 节将介绍开放式问题和未来的研究方向。

15.2 背景

随着物联网应用程序的出现，低时延和位置感知成为首要考虑因素，雾计算应运而生。雾计算是一种概念模型，它将云计算的计算、网络和存储服务扩展到网络边缘。雾计算的范式提供了分散的架构，并将云计算的方法和特征（例如虚拟化、多租户等）扩展到网络边缘。游戏、视频会议、地理分布式应用程序（例如用于管道监控、监控环境的传感器网络）、快速移动应用程序（例如智能连网车辆、连网铁路）、大型分布式控制系统（例如智能电网、连网铁路、智能交通灯系统）等应用程序及娱乐和广告业由于服务质量（QoS）的改善和时延的减少，在雾计算范式下获得了巨大的收益。此外，通过设置终端服务（如设置框和访问点），雾模型非常适用于数据分析和分布式数据收集点。因此，采用雾计算模型来开发物联网应用程序是非常有益的。下面列出了一些优点：

- **无须使用基于云的订阅服务**。雾计算模型有助于开发人员在网络边缘控制和管理物联网应用程序，而不必高度依赖互联网连接。此外，雾计算的分散架构使边缘节点能够在本地存储数据以供进一步分析，从而在本地为物联网应用程序做出决策。因此，这种方式减少了对云服务和本地数据存储的依赖。
- **减少拥塞、成本和时延**。与远程数据中心完成的分析相比，雾节点以非常快的速率处理和分析数据。雾计算模型根据时间期限要求对数据分析任务进行优先级排序。雾计算处理和分析具有实时要求的物联网应用程序的数据，这会减少网络的等待时间和拥塞。如果需要，可以将处理后的数据定期发送到主数据中心以进行进一步分析。这种方式有助于资源和带宽的最佳利用，从而降低成本。
- **增强安全性**。雾计算范式通过鼓励关键任务应用程序的敏感数据在本地的处理，帮助减少需要通过 WAN 传输的数据，从而降低在数据移动时与数据安全性相关的风险。
- **容错、可靠性和可扩展性**。除了云节点之外，雾层还增强了数据处理能力的冗余，这有助于提供高水平的可靠性。它还可以以虚拟化系统的形式利用大量本地节点，使可扩展性的显著提高。它还消除了核心计算环境，从而减少了主要障碍和故障点。

鉴于雾计算模型的上述优点，产生高容量和高数据速度的物联网应用程序需要广泛且密集的设备网络，这样的网络可以利用雾计算范式。下面列出了此类应用程序的示例：

- 智慧城市
- 智能建筑
- 智能交通
- 智能能源
- 智能农业
- 智能照明
- 智能健康
- 智能电网
- 炼油厂

● 气象系统

本章将讨论三个案例研究（智能家居、智能健康和智能交通）的测试视角，以及其局限性和未来的研究方向。选择这三种应用的原因是它们被视为社会的主要建设需求。农业也是社会最重要的基本需求之一，采用高端技术使其变得智能化将极大地促进全球性的增长和繁荣。由于时间和篇幅的限制，我们没有描述这种智能技术的使用，但我们将会在以后的研究中考虑这种技术。

15.3　测试视角

在支持智能技术的环境中，设备必须与其他设备甚至人类交互，以共享系统配置。这可能会妨碍应用程序的运行，并可能影响最终用户的体验。因此，作为智能系统灵魂的软件必须可靠且稳健，这只能通过有效地测试软件来确保。本节将介绍业界和学术界对各种智能系统采用的测试视角和方法。

15.3.1　智能家居

NTS 是提供家庭区域网络（HAN）设备验证的测试服务供应商之一，这些设备包括智能电表、智能门锁、灯光控制器、恒温器和烟雾传感器。它测试设备的互操作性并反映各种设备的能耗，从而有助于有效的能源管理[3,4]。该测试工具还通过模拟设备的功能来支持客户端进行自我测试。NTS 已被 ZigBee 联盟指定用于测试智能能源中的无线产品，ZigBee 智能能源由美国能源部和美国国家标准与技术研究院（NIST）提名，作为 HAN 的初始可互操作标准。NTS 还可用于 iControl 平台，以测试其安全性和家用自动化商品，如智能门锁、灯光控制器、恒温器和烟雾传感器。

移动电话制造领域的主要参与企业（如 Apple 和 MI）也提供智能家居应用程序，以帮助实现安全性、有效的能源管理以及通过移动电话应用程序自动检测烟雾或气体。这些应用程序不仅可以通过为门窗设置安全传感器系统确保智能家居的安全，还可以打开烟雾或气体探测器以及远程控制智能灯光调度和亮度。Allion 智能家居提供测试和验证服务，支持客户开发、测试和调试三种最重要的智能家居环境产品——云服务/数据交换、UI/APP 和最终用户设备[5]。Allion 建立的实验室模拟了真实的家庭环境，由三间卧室、两间客厅和两间浴室组成，包括沙发、电视柜、床、书桌、衣柜等家具。为了在 2.4 GHz 频段中引入其他电器产品的干扰，我们安装了普通电器和电子产品，如电视、无线扬声器、电脑（台式机和笔记本电脑）、无线 LED 灯等，并在隔间配备了电力线无线扩展器、无线电话分机，在厨房放置了微波炉。这样做是为了模拟现实世界中的行为模式和用户习惯[5]。

eInfochips 为 iOS 和 Android 应用程序执行性能测试，并重新设计 Android 和 iOS 平台的 UI，以提高家庭设备的性能并避免 iOS 和 Android 平台之间的不一致性。应用程序响应时间通过使用全天候性能评估工具进行测量，并执行瓶颈分析，以借助数据流和日志文件识别性能的低效。性能优化技术是通过成本效益分析来实现的。碰撞问题是通过详细分析和创建碰撞日志审查解决的。代码分析是在 SonarQube 和 XClarify 工具的帮助下完成的[6]。

UL 在位于硅谷校园附近的 2500 平方英尺（约 232 平方米）的配套齐全家中建立了 UL 生活实验室，因此可以在真实用户场景中测试智能家居设备，并提供各种优势，如生态系统集成、大规模互操作性、RF 性能和音频质量[7]。

TUV 是第三方测试供应商，根据数据保护法规的指导方针测试智能家居产品，以确保数据的隐私性。它进行各种类型的测试如设备默认设置、加密数据的本地通信测试、互操作性测试等，以测试用户数据隐私的有效性。它通过测试智能家居设备中的运动传感器和烟雾报警器等产品，验证其功能以及机械和电气安全性。此外，它还对智能家居设备进行了可用性测试[8]。

VDE 协会建立的智能家居测试平台进行了测试，以评估和认证智能家居网络设备的合规性、无故障功能、用户数据保护和互操作性[9]。

美国国家可再生能源实验室（NREL）设计了一个智能家居测试台，以模拟工业、制造商、大学和其他政府机构的配电网络。NREL 测试台包括了动力硬件和软件模拟的组合。其中智能家居硬件包括电动车辆供应设备（EVSE）、家用负载、热水器、恒温器和空调，这些都由模拟电网电力的光伏逆变器和交流（AC）功率放大器供电（红线）。由一台高性能计算机（HPC）Peregrine 执行先进的家庭能源管理系统（HEMS）优化算法，该算法模拟配电馈线，并使用天气和价格数据来确定通过 HEMS 发送到模拟家庭和智能家居硬件的控制信号。智能家居测试台的关键组件是协同仿真工具，集成了负责管理电力系统和家庭仿真的能源系统模型（IESM）、HEMS 算法、与 HEMS 硬件的通信以及运行在实验室硬件在环（HIL）控制计算机上的智能家居仿真（使用 EnergyPlus）。IESM 还提供价格信号作为 HEMS 的输入，允许用户评估智能家居技术对不同的零售价格结构的响应方式[10]。Zipperer 等人[11]也研究了这个方向，并开发了智能家居的电力管理机制。Cordopatri 等人[12]在卡拉布里亚大学建立了测试实验室，为智能家居测试各种管理系统，如能源流和舒适度管理系统。他们在卡拉布里亚大学开发的能源和舒适度管理系统（ECMS）的主要目标是降低成本和能源的使用以及智能家居系统的舒适性和安全性的提高。一些作者提出了类似的基于模糊逻辑、神经网络和遗传算法的框架[13-16]。Hu 等人[17]开发了一种名为 SHEMS 的开放式智能家用测试台，可用于教学。这些工作的概要见表 15.1。

表 15.1　测试智能家居的相关工作概要

作者 / 公司	目　标	方　法	结　果
美国国家技术系统（NTS）[2,3]	用于简单家庭网络设备的 ZigBee 智能能源认证测试	• 测试工具旨在模拟设备的功能，以方便客户进行自检 • NTS 测试验证家用网络的各种设备（如恒温器、仪表、负载控制器、泳池泵、热水器和显示器等）正确地协同工作，并可以精确地展示正在使用的能源以帮助客户有效地管理能源	智能能源装置测试；提高可靠性，为消费者降低成本
百佳泰（Allion）智能家居测试服务[5]	硬件开发支持、软件应用程序验证和用户体验优化、云服务验证、RF 信号和干扰验证以及互操作性测试	百佳泰进行功能测试，确保产品符合认证过程的规范和验证标准；百佳泰建立的实验室模拟真实的家庭环境，包括模拟用户的习惯和行为模式；对不同的产品和测试场景进行测试	保证全部 18 个 Wi-Fi 认证服务
eInfochops[6]	性能测试；可靠性和可用性测试	使用 SonarQube 和 XClarify 工具用于代码分析；通过使用技术要求与移动应用程序的实际预期性能之间的差距分析来确定应用程序的性能。使用瓶颈分析解决性能低效问题。使用成本 – 效益分析实现移动性能优化技术。使用详细分析解决崩溃	• 移动应用性能优化 • 移动 UI 重新设计 • 代码审查和性能测试专业知识 • 更好的应用程序可靠性

（续）

作者/公司	目标	方法	结果
TUV 智能家居测试和认证 [8]	安全性、受保护的隐私和用户友好性测试	• 对运动传感器和烟雾报警器等产品的机械和电气安全性进行全面测试，以确保其功能 • 受保护的隐私测试（包括设备的验证和确认、数据加密和 IP 协议以及本地和在线通信）、移动应用程序的隐私设置、相关文档的法律要求和期望、数据使用的条款和条件；产品测试；互操作性测试	名为 Certipedia 和 Greater Transparency 的认证
UL Living Lab [7]	互操作性测试	通过 2500 平方英尺（约 232 平方米）的设施齐全的住宅测试真实的家庭和真实的社区环境中的产品	测试真实世界的用户场景：开箱即用的体验；物理安装；生态系统整合；大规模的互操作性；音频质量和射频性能
VDE 智能家居测试平台 [9]	互操作性、信息安全性、功能安全性和数据保护	• 测试通信设备和网关等设备 • 后端和云系统，以及智能手机和平板电脑的应用程序 • 用户文档测试 • 数据保护	认证评定；认证计划由美国联邦经济和技术部（BMWi）资助
NREL 智能家居测试台 [10]	能源效率测试	• 家庭能源管理系统（HEMS）优化算法 • 综合能源系统模型（IESM） • 硬件在环（HIL）技术 • GridLAB-D 软件	可控、灵活、完全集成的智能家居测试台
Zipperer 等人 [11]	电能管理	• 支持公用事业方面的技术 • 支持客户方面的技术	• 提高能源效率 • 降低能源使用成本 • 减少碳排放
A. Cordopatri 等人 [12]	能源和舒适度管理系统（ECMS）	• 通过电力线和/或无线技术对系统的外围设备（转换盒、智能插座等）进行通信管理，并通过专用的基于 Web 和移动图形界面的应用程序对用户进行通信管理 • 实时收集、解释、存储和详细说明有关机器与机器和机器与人类交互的所有数据（例如监控数据、用户请求等），以用于统计和培训 • 根据存储的历史数据预测家庭能源消耗 • 将控制信号发送到外围设备，以便根据一组定义的决策算法和互操作性规则执行能源控制操作，同时考虑执行的预测以及特定用户的请求	• 降低能源成本和使用量 • 改善智能家居系统的舒适性和安全性
I. Dounis 等人 [13]	多代理控制系统（MACS）	TRNSYS/MATLAB	• 管理用户对散热的偏好 • 光照舒适度、室内空气质量 • 节能减排

（续）

作者 / 公司	目　标	方　法	结　果
R. Baos 等人 [14]	回顾现有应用于可再生和可持续能源的计算优化方法的技术水平		现代研究进展的直观可视化
J-J.Wang 等人 [15]	讨论多标准决策分析（MCDA）方法	通过加权和、优先级设置、排序和模糊集方法的组合计算能量决策	确定 MCDA 方法以及可持续能源决策的汇总方法
T. Teich 等人 [16]	节能智能家居	神经网络	节能
Q. Hu 等人 [17]	基于智能电网的开放式可扩展节能模型	机器学习和模式识别算法	开发了名为 SHEMS 的智能家居测试台，可用于教学

15.3.2　智能健康

医疗保健行业的主要目标是以经济有效的方式为患者提供优质的全天候治疗服务。软件行业通过提供软件应用程序，在协助医院各项业务运作的同时维护患者的隐私，以实现医疗保健行业的顺利运作。因此，应用程序的崩溃会严重影响医疗保健流程，并可能对患者的健康产生不利影响。因此医疗软件的测试非常重要，因为它可以确保医疗保健服务的质量和生产力。医疗保健行业需要遵循严格的监管和规范，它必须确定新的创收策略，并有效利用研发预算。这就需要软件专业人员对行业法规和标准有深入的了解。下面将介绍研究人员在这个方向上所做的重要工作，如表 15.2 所示。

Virtusa 建立了专门的基地以提供医疗保健领域测试、用户验收测试（UAT）优化、ICD-10 测试和企业端到端测试 [18]。Mindfiresolutions 提供手动以及自动医疗保健应用测试服务，它在多个平台上使用 QTP、Selenium、Appium 和 Robotium 等各种工具。提供的测试服务包括：一致性测试、互操作性测试、功能测试、安全测试、平台测试、负载和性能测试、系统集成和接口测试以及企业工作流测试 [19]。QA InfoTech 提供的医疗保健测试服务包括功能测试、数据库测试、性能测试、内容 QA 测试以及 QA 和测试策略的开发和实施。此外，测试专业人员还执行 HIPAA 准则并执行性能和安全测试 [20]。由 ALTEN Calsoft Labs 建立的云实验室提供临床系统、非临床系统和专业测试服务领域的医疗保健领域测试。临床系统包括 EHR/EMR、医院 ERP、放射信息系统、成像系统以及与合规相关的标准和准则（如 HIPAA）。非临床系统包括药房、计费和收入周期管理模块。专业测试服务包括兼容性和本地化、安全测试、性能测试、旧资产现代化和测试、移动医疗保健、BI/ 分析以及云迁移和测试 [21]。精确测试解决方案在电子病历、患者调查解决方案、质量和合规解决方案、企业内容管理、医疗设备软件解决方案和合规性测试服务领域提供医疗保健应用测试 [22]。

ZenQ 通过在电子健康记录（EHR）、电子病历（EMR）、医院管理系统、医疗保健数据互操作性和消息传递标准构造以及移动健康领域提供专业的医疗保健测试解决方案，以帮助医疗保健机构实现质量、效率、成本效益。测试服务包括功能 / 回归测试、可用性测试、互操作性测试、移动应用程序测试、一致性 / 认证测试、性能测试和安全测试 [23]。Testree 提供完整的质量保证和医疗保健应用测试包，包括各种标准的自动合规认证、适当的管理、政策声明以及福利、患者和疾病管理、计费和报告的控制等 [24]。KiwiQA 提供的医疗保健测试服务包括合规性一致性测试、产品一致性测试、平台测试和安全测试 [25]。

表 15.2　测试智能健康的相关工作概要

作者/公司	目　标	方　法	结　果
Virtusa COE[18]	医疗保健领域测试、用户验收测试（UAT）优化、ICD-10 测试和企业端到端测试	业务流程管理、客户体验管理、企业信息管理、云、移动性、SAP	·通过优化运营进行业务转型 ·效率 ·扩大目标受众 ·独特的千禧世代和消费者参与体验
MindfireSolution[19]	一致性测试、互操作性测试、功能测试、安全测试、平台测试、负载和性能测试、系统集成和接口测试以及企业工作流程测试	在多个平台上运行 QTP、Selenium、Appium 和 Robotium	·有效的自动化策略，以减少手动操作 ·生产时间成本 ·开箱即用的 QA 框架，确保高质量的及时交付
QA InfoTech[20]	功能测试、数据库测试、性能测试、内容 QA 测试以及 QA 和测试策略的开发和实现、性能和安全测试	·遵循 HIPAA 准则 ·与职能经理密切互动，以定制非功能性测试类型（如性能和安全测试）的关键工作流程 ·训练有素的测试人员	QA InfoTech 测试医疗保健应用中的安全性、隐私性和加强制合规性的保证
ALTEN Calsoft Labs[21]	·临床系统、非临床测试、医疗保健领域服务领域的兼容性和本地化、安全测试、性能测试、旧资产现代化和测试、移动医疗保健、BI/分析以及云迁移和测试	·测试咨询 ·测试 COE ·专业测试 ·合规	·快速测试框架 ·改进测试覆盖率 ·缩短周期时间 ·生产中的零错误
Precise Testing Solution[22]	电子医疗记录、企业内容管理、患者调查解决方案、质量和合规解决方案、医疗设备管理、医疗设备软件解决方案和合规性测试服务领域的医疗保健应用测试	JMeter 用于负载测试、ZAP 代理	无 bug 软件
ZenQ[23]	功能/回归测试、可用性测试、互操作性测试、性能测试、移动应用程序测试、一致性/认证测试和安全测试	·遵守医疗数据隐私法律/法规，如 HIPAA ·专门内部医疗保健领域知识专家	保证质量，以患者为中心的护理、高效率和成本效益 ·最大限度地减少错误和冗余 ·顺利过渡到预防保健
Testree[24]	功能测试、集成测试、互操作性测试、安全测试、设备兼容性测试、手动或自动测试方法的选择、以及负载测试、可扩展性和一致性测试等性能测试	·健康信息管理系统（HIMS） ·实践和患者护理 ·临床决策支持系统（CDSS） ·合规解决方案 ·临床 IVRs 系统 ·个人健康记录和电子处方 ·政策管理 ·索赔管理 ·福利管理 ·商业智能	全面的质量保证 ·有效质量管理政策、付款、索赔和福利 ·确保针对欺诈性索赔的程序存取效率 ·组件系统的无缝集成 ·适当自动化更新和标准合规性

（续）

作者 / 公司	目 标	方 法	结 果
KiwiQA [25]	合规性一致性测试、产品一致性测试、平台测试和安全测试	测试方法： • 分析 • 基于模型 • 动态 • 方法论 • 定向 • 反向回归 • 符合标准	• 消除软件的潜在威胁 • 确保免受各种漏洞问题的影响
XBOSoft [26]	确保电子健康记录（EHR）、自动配药机、药房管理、EMAR、具有移动应用程序的EPCS的合规工作	• 精心设计确保测试覆盖率的测试用例 • 跨平台 • 多设备 • 多浏览器兼容性	• 提高效率和生产力 • 信息的准确性和安全性 • 通过业务知识和增强的患者体验改善患者关系 • 准确实施业务规则，要求对错误零容忍
Infoicon Technologies [27]	互操作性测试、功能测试、安全测试、负载和性能测试、系统集成测试和验收测试	• 多平台测试 • 手动和自动测试方法	• 具有成本效益的服务 • 保持高质量标准 • 确保符合医疗保健行业标准和监管框架
W3Softech [28]	医疗保健和制药行业的测试和QA服务，如理赔管理测试、临床决策支持系统（CDSS）、医疗计费软件测试、临床数据管理系统中的个人健康记录和电子处方、测试QA的植入式应用、CRO工作流程管理系统、支持法规要求的测试	• 基于敏捷的医疗保健和药品测试服务 • 生命周期阶段独立测试活动	• 保证卓越 • 强大的QA服务 • 提高能效 • 提高业务效率
Prova [29]	手动测试、PLM测试和自动化测试	自动化测试： • Selenium Webdriver 性能测试 • PHP 和 JMeter 移动测试 • Silk Mobile	• 更优质的产品和服务 • 改进测试覆盖率 • 无错误的软件应用程序
Calpion [30]	• 需求分析 • 医疗保健工作流程的功能测试 • 互操作性测试 • 移动平台测试 • 负载和性能测试	惠普质量中心（QC）、快速测试专业人员（QTP）和惠普ALM 测试解决方案，以提供真正的混合框架和数据驱动测试 - 使用惠普QC加速手动测试执行和缺陷报告	• 提高质量 • 降低成本杠杆 • 可重用性和自动化 • 全球支付模式

名称	关注领域	方法/工具	目标/收益
Abstracta [31]	自动功能测试、安全测试和性能测试服务	- 在不同的测试阶段执行测试套件的批处理模式 - 来自其医疗保健测试案例存储库的预构建测试用例缩短了测试周期 - 更快地自动化新流程或更新现有测试用例 · 持续测试 · 自动化框架 · Selenium 或 Appium · 性能测试 　- JMeter · 移动测试自动化 · Monkop	· 遵守法规并遵守标准（例如 Sarbanes Oxley、HIPAA 等） · 最大限度地降低与安全性、数据准确性、患者安全性等相关的风险 · 通过近岸外包节省时间和金钱
360logica 实验室 [32]	· 医疗保健计费软件测试 · 研发软件测试 · 嵌入式应用程序测试 · 制药和医疗保健行业的测试和 QA 服务	· 使用开源工具以确保更好的可扩展性、资源优化和互操作性 · 由熟练和内部专家组成的测试团队	· 保证了最小的资源浪费和最大的业务优化 · 医疗保健软件行业测试，重点关注兼容性、可靠性、安全性和完整性 · 即用型和可重复使用 · 减少软件测试成本 · 确保准时交付和高品质
Renate Löffler 等人 [35]	基于模型的测试用例生成策略	UML 2.0	开发了基于模型的方法，用于指定需求，然后进行医疗保健应用程序的集成测试
Bastien 等人 [36]	基于用户的评估	KALDI、Morae、Noldus	确定可用性测试中的开放性问题
R. Snelick [33]	一致性测试	NIST HL7 v2 一致性测试工具	EHR 技术认证
P. Scott 等人 [34]	一致性测试	Schematron、思维导图	开发了 openEHR 原型模型，用于创建 HL7 和 IHE 实现工作

XBOSoft 在医疗保健领域提供测试服务，并确保电子健康记录（EHR）、自动配药机、药房管理、EMAR 和具有移动应用程序的 EPCS 的合规工作。这些是通过仔细设计测试用例来实现的，以确保测试覆盖率以及跨平台、多设备和多浏览器兼容性 [26]。Infoicon Technologies 私营有限公司设置的实验室专门提供涵盖制药行业、临床系统、医疗保健创业公司、身体健康、牙科护理、理疗、医生咨询和顺势疗法领域的具有成本效益的医疗保健测试服务。它为手动和自动测试服务提供多个平台，包括互操作性测试、功能测试、安全测试、负载和性能测试、系统集成测试和验收测试 [27]。W3Softech 提供基于敏捷的医疗保健和药物测试服务 [28]。

同样，Prova 还为医疗保健行业提供经济有效的软件测试和 QA 服务 [29]。Calpion 利用惠普质量中心（QC）、快速测试专业人员（QTP）和 HP ALM [30]，提供了方便快捷且适用于网络和移动医疗保健应用的测试框架。Abstracta 为患者门户网站、医疗成像和电子健康记录（EHR）提供遵守标准和法规的医疗保健测试系统。它提供自动功能测试、安全测试和性能测试服务 [31]。360logica 实验室提供经济有效、可靠且符合标准的医疗保健软件测试服务。其测试服务涉及医院、制药和临床实验室，包括医疗保健计费软件测试、研发软件测试和嵌入式应用程序测试 [32]。

Löffler 等人 [35] 通过扩展 UML2.0 序列图，使用其新引入的正式规范语言描述的用例场景设计了基于模型的测试用例生成策略。测试模型是根据规范推导出来的，用于生成与测试模型中的每个流程相对应的测试用例。J.M.C. Bastien 等人 [36] 对医疗保健应用程序进行了基于用户的评估，通过使用单用户和配对用户测试来评估应用程序的可用性。该方法要求用户执行某些任务，并记录用户的表现，例如任务完成率、给出的错误类型等，以识别导致用户错误的某些设计缺陷。根据这些观察结果，可以向前端设计师提出设计变更建议。Snelick [33] 研究了一致性测试和用于执行认证 EHR 技术的基于 HL7（Health Level Seven）v2 的一致性测试工具。Scott 等人 [34] 展示了基于专业标准的一致性方法的开发。

15.3.3   智能交通

UMTRI 的研究人员开展了智能交通系统（ITS）的开发和测试，以防止乘用车碰撞，并对汽车防撞、车载驾驶员辅助和安全系统以及车辆与基础设施之间的集成技术进行了详尽的研究 [38]。

美国交通部（USDOT）已在密歇根州、弗吉尼亚州、佛罗里达州、加利福尼亚州、纽约州和亚利桑那州建立了连网车辆测试台，以提供一个交叉路口、道路和车辆能够通过无线连接进行通信的真实环境。该测试台包括一个由 50 个路边设备（RSE）单元组成的网络，这些设备安装在密歇根州诺维市的各段州际公路、干道、信号交叉路口和无信号交叉路口。这些路边设备以 5.9 GHz 专用短程通信（DSRC）传送消息。该测试台为连接车辆技术的发展提供了新的硬件和软件测试。各种类型的测试（例如信号相位和定时（SPaT）通信、安全系统操作，以及其他连网车辆应用、概念和设备）可以成功地免费执行。而且，它还提供专家来进行复杂的情景测试。另外，由于当地机构和道路运营商之间的先前合同，无须进行任何测试安排。测试台经常进行升级和充实，以满足用户不断变化的要求。车联网测试台的客户包括 Denso、Delphi、赫斯曼、伊顿、Argenia、韦恩州立大学、MET 实验室、Ricardo 和北德克萨斯州大学 [39]。

IBS 设立的测试实验室为旅行、交通和物流企业提供端到端的软件测试服务。它提供四种类型的测试服务，包括企业 QA 自动化服务、产品验收测试服务、托管测试服务和 NFR 测试服务。企业 QA 自动化服务提供支持 DevOps 环境的自动化、验证从构建到发布质量的过程自动化、TTL 客户的可重用框架和支持保证结果的转换模型。产品验收测试服务涉及系统集成、最终验收和 UAT 支持、验证业务需求的领域专家、TDM（测试数据管理）的可重用资产、自动化，以及航空公司 IT 解决方案测试的性能和多供应商管理。托管测试服务包括外包咨询服务、从现有供应商 / 专属组织的过渡、从功能到验收测试的端到端测试以及确保交付的产出 / 结果模型。NFR 测试服务包括性能基准和容量规划、SMAC、可用性、安全性、涵盖的性能，由专用实验室设施和合规性支持的项目、移动和多租户 / 云中的行业标准和框架 [40]。

ETSI 与意大利电信、ERTICO、当地政府、当地公路管理局和港务局合作在利沃诺启动了 ITS 测试台。该测试台包含交通信号灯、物联网传感器、摄像头、可变信息标志以及与高速公路控制中心的连接。车辆内的 RSU 和车载单元可以通过横向部署在路面上的测试台进行有效测试。它也可以成功执行其他 ITS 测试活动，如交通标志违规、道路危险、交叉路口和碰撞警告以及装载区 [41]。

Woo 等人 [42] 设计了一个测试台来进行各种 ITS 和先进的驾驶员辅助系统（ADAS）技术的测试，如自适应巡航控制（ACC）、车道偏离警告系统（LDWS）、交叉路口协同警告系统以及侧翻稳定控制（RSC）和电子稳定控制（ESC）。测试台的设计符合 ISO/TC204 标准的要求。该 ITS 测试台包括三条轨道，分别为 ITS 高速轨道、车辆 – 基础设施协同测试交叉路口和特殊测试轨道。ITS 高速轨道的主要目的是测试 ACC、LDWS、LKAS 等的性能。三条高速轨道的长度均为 1360 米，最大允许速度为 204 公里 / 时。车辆 – 基础设施协同测试交叉路口的总长度为 1200 米，其包含三个交叉点。它的主要目标是测试行人保护和交叉路口安全性。特殊测试轨道由四条测试道路组成，总面积为 490 m×35 m。它包括比利时道路、搓板道路、鹅卵石道路、水淋室等。这些轨道均经过了耐久性和可靠性测试。

爱沙尼亚政府计划通过采用自动驾驶车辆对公共交通系统进行重组，从而在国道和地方道路上对自动驾驶车辆进行合法化测试。政府为在常规道路和交通条件下为自动驾驶汽车开发网络风险管理框架进行了严谨的工作，且已计划建立车队管理系统，将车辆整合到公共交通系统中，并实施按指令停靠的公共汽车站 [44]。

Transit Windsor 为智能交通系统提供开发和测试服务。该公司生产了 10 辆公交车，为其配备了高效、安全、用户友好的系统。系统在显示板上提供板载语音和视频通知，用于提示下一站的信息。它还保证了互联网中的实时 Transit Windsor 公交车到达的信息以及公交车行进的路线 [45]。

Siphen 已实现了符合 UBS II 和 ARAI 测试的智能交通系统产品。它以其严格的测试程序而闻名。它与印度政府合作，通过提供具有自动车辆定位、车辆健康监控和诊断等功能的全天候公交运营服务为该国配备 ITS。此外，它还根据政府当局提供的时间表进行端到端测试和认证过程 [46]。

Anritsu 以一种极为有效的方式为 V2X、测试和制造提供 ITS 解决方案，缩短了测试时间和测试周期。其测试解决方案借助四个组件提供：MD8475A 信令测试仪、MS2830A 频谱分析仪、MS269xA 系列和 V2X 802.11p 消息评估软件。MD8475A 信令测试仪支持蜂窝和 M2M 标准。其支持的服务包括 eCall、IMS、VoLTE、无线局域网卸载测试和车辆呼叫处理测试。由于基于 GUI 的 SmartStudio 软件和为 GUI 自动远程控制提供的测试序列，测试任务简单、快速、可靠。多模终端和所有蜂窝标准，例如 LTE（2×2 MIMO）和高级 LTE（载波聚合），都得到了很好的支持。SmartStudio GUI 可轻松设置测试环境和功能测试，它还使用可用的测试序列执行自动移动终端验证测试。MS2830A 频谱分析仪用于在车对车或车对 X 测试环境中测试 2G、3G、LTE 和高级 LTE 信号。为了提高产品质量，它将捕获和重放功能与模拟设计和性能的实际效果进行了比较。它支持的频率范围为 9 kHz 至 26.5 GHz/43 GHz。MS269xA 系列单元包含扫描频谱分析、FFT 信号分析和精确数字转换器功能，是用于下一代通信应用的最新高性能信号分析仪。它具有 One-Box 测试仪，增加了信号发生器选项。由于批量捕获测量的支持，它的分析时间变得更短[47]。

Penta 安全系统通过安全数据解决方案 AutoCrypt 推出了安全智能交通，该解决方案在韩国三个城市的连网车辆上进行了实施。它还建立了名为 K-City 的第二大测试台，用于测试和认证自动驾驶汽车。它还实现了公共密钥基础设施和 V2X 安全系统，以确保车对车和车辆到基础设施之间的安全和加密通信，以及路边单元的安全和加密[43]。

基于仿真的测试台由佐治亚理工学院的土木与环境工程学院开发，可用于 ITS 中传感器和执行器系统的快速评估与合并。该测试台还可用于研究和检查支持 ITS 应用的各种数据网络架构可能性。它支持集成的并行仿真能力和涉及运输基础设施、有线和无线通信网络以及分布式计算应用的可互操作仿真。此外，它还具有仿真功能，允许使用嵌入虚拟交通系统的原型硬件和软件进行现场实验。该测试台包含了在亚特兰大市区运行的车辆中嵌入的传感器产生的数据（如位置、速度和加速度等）。这些数据还用于建模和场景开发以及仿真验证[37]。表 15.3 对上述工作进行了总结。

表 15.3 测试智能交通的相关工作概要

作者 / 公司	目 标	方 法	结 果
UMTRI[38]	• 开发基于车辆的技术以避免交通事故 • 车内驾驶员辅助 • 安全系统	• 碰撞避免算法 • 车辆与基础设施之间的集成技术	车辆安全
USDOT 车联网测试场[39]	• 测试车辆识别设备（VAD）、售后安全设备（ASD）、车载安全装置（ISD）、无线电和路边设备（RSE）等设备 • 开发和测试 DSRC 标准 • 建立连网车辆安全认证书管理 • 使用 SPaT 和几何交叉路口描述（GID）数据开发和测试应用程序	该测试场执行了最新的 IEEE 1609/802 和 SAE J2735 标准 - 支持定期更新 - 实现最新的安全功能以及最新的硬件和软件应用程序	• 可以测试系统在现实环境中接收和处理 SPaT 数据的能力 • 由于安全证书管理系统（SCMS）或使用 SCMS 仿真器，在应用于实际道路之前，系统的可靠性会有所提高 • 由于测试台提供的基础设施，系统测试和验证的成本得到了降低 • 更加分散、简化和开放的结构 • 动态和不断发展的环境
IBS 实验室[40]	• 端到端软件测试 - 提供四种类型的测试服务，包括企业 QA 自动化服务、产品验收测试服务、托管测试服务和 NFR 测试服务	• 需求开发 • 测试计划和执行 • 项目协调 • 差异解决结果报告	强调可交付成果质量 • 持续改进测试机制的效率和有效性 • 纳入新的创新方法和实践

（续）

作者 / 公司	目　标	方　法	结　果
ETSI 测试场 [41]	测试活动，例如交通标志违规、道路危险、交叉路口和碰撞警告以及装载区	• 测试台的基础设施包括交通信号灯、物联网传感器、摄像头、可变信息标志以及与高速公路控制中心的连接 • 物联网测试台，用于大规模分布式传感和驱动	符合 ETSI 的 ITS 发布 1 标准以及与无线电设备的互操作性
J. W. Woo 等人 [42]	• 自适应巡航控制（ACC）、车道偏离警告系统（LDWS）、侧翻稳定控制（RSC）和电子稳定控制（ESC）的性能测试 • 行人保护和交叉路口安全测试 • 耐久性和可靠性测试	• ITS 测试台包括三条轨道，分别为 ITS 高速轨道、车辆 – 基础设施协同测试交叉路口和特殊测试轨道 • 模拟器：KATECH 高级汽车模拟器、dSPACE 系统上的 CarSim、3D 虚拟测试轨道	符合 ISO/TC204 标准的要求
E-Estonia [44]	使用自动驾驶车辆重组公共交通系统	• 在国道和地方道路上测试自动驾驶车辆 • 自动驾驶车辆的网络风险管理框架	提供合法的网络风险管理框架，用于在常规道路和交通条件下测试完全自动驾驶车辆
Transit Windsor 测试解决方案 [45]	改善交通服务的功能	音频通知与公交车内显示标志上显示的消息同步	• 具有成本效益、安全且用户友好的系统 • 推出了 10 辆配备该系统的公交车，该系统提供自动到站通知，并为在公交车站等候的乘客预先发出外放音频通知
Siphen [46]	• 根 据 UBS II 和 ARAI 测试的严格要求进行测试 • 提供端到端测试以及认证系统的过程	• 根据更高的技术规范集成更新的电路板 • 制造的新设备与印度的交通基础设施和运营条件相适应	• 按照政府当局规定的截止日期及时完成测试和认证过程 • 在印度的运营条件下实现全天候功能的定制解决方案 • 减少对紧急情况的响应时间 • 自动车辆定位 • 自动车辆健康监测和诊断 • 确保高质量标准和最新技术的实施
Anritsu 测试场 [47]	• 功能测试 • 移动终端验证测试 • 在车对车或车对 X 测试环境中测试 2G、3G、LTE 和高级 LTE 信号	• 四个组件：MD8475A 信令测试仪、MS2830A 频谱分析仪、MS269xA 系列和 V2X 802.11p 消息评估软件 • 基于 GUI 的 SmartStudio 软件	帮助 ITS 系统的方便、可靠、高效的测试
Penta 安全系统 K-City 测试场 [43]	进行自动驾驶车辆的测试和认证	AutoCrypt；公钥基础设施和 V2X 安全系统	可靠、安全的 ITS 系统
佐治亚理工学院 [37]	ITS 中传感器和执行器系统的快速评估和合并	• 交通基础设施、有线和无线通信网络以及分布式计算应用程序可互操作仿真 • 虚拟交通系统嵌入原型硬件和软件，以进行现场实验 • 使用从亚特兰大市区的道路传感器接收的实时数据进行建模、场景开发和仿真验证	在部署在智能交通系统的实际环境中之前，该框架可用于虚拟运行条件下的新机制的研究和评估

15.4 未来研究方向

本节将从智能技术（智能家居、智能健康和智能交通）的测试和未来增强的角度讨论开放性问题和研究方向，还将对现有工作提出某些评估标准，以确定局限性和研究方向。

15.4.1 智能家居

我们提出了以下标准来评估智能家居测试台的现有工作。本节将描述这些标准的相关性。

- **能效测试**。该测试用于验证智能家居中能耗的降低。
- **可靠性测试**。它确保了系统在各种特定测试下的稳定性，包括压力测试、网络测试以及功能测试。
- **功能测试**。需要根据需求规范验证软件应用程序的每个功能，它包含与故障路径和边界情况相关的所有方案。
- **互操作性测试**。互操作性决定了设备如何相互通信，以及在接收到信息后如何完成处理并生成相应的操作。如果设备无法接收信息、处理信息并根据该信息采取行动，那么它将无法满足消费者的需求。如果没有全部功能，则产品可能无法提供有价值的服务。实际测试实验室描述了问题的实际情况，因此它是解决互操作性的最佳途径。
- **性能测试**。需要确保软件应用程序在其预期工作负载下运行良好。它确定系统在各种工作负载下的响应性和稳定性，并测量系统的质量属性，例如可扩展性、可靠性和资源使用。
- **可用性测试**。可用性测试测量最终用户学习使用系统的便利水平，其中包括理解系统所需的技能水平、达到熟悉程度的时间要求和用户的生产力等参数。
- **安全测试**。安全测试是一种测试技术，用于确定应用程序或产品是否安全。它旨在验证基本原则，如机密性、完整性、身份验证、授权、可用性和不可否认性。

根据以上评价标准，这里阐明了局限性和研究方向，并在表 15.4 中进行了描述。接受

表 15.4 智能家居的局限性和研究方向概述

标　准	研究方向	著　作	限　制	建议
能效测试	验证智能家居的能耗降低	[3, 10, 11, 12, 13, 16, 17]		
可靠性测试	在各种特定测试下确保系统的稳定性	[3]		为了以下目标，需要建立测试台：
功能测试	验证软件应用程序的每个功能是否符合要求规范	[3,5,6,8–10]	1. 高成本 2. 可靠性 3. 安全和隐私 4. 用户友好 5. 缺乏标准化 6. 对互联网连接的依赖 7. 容易遭受黑客攻击 8. 学习曲线	1. 探索网络安全机制，以保护智能家居 2. 以更低的价格提供智能家居技术 3. 应该进行可用性测试 4. 一致性测试 5. 需要针对智能家居开发特定的可靠性测试策略
互操作性测试	确保设备之间的互操作性	[3, 5–10]		
性能测试	确保软件应用程序在其预期工作负载下运行良好	[5, 6]		
可用性测试	通过代表用户进行测试来评估产品或服务	[6, 8]		
安全测试	检查应用程序或产品是否安全	[8, 9]		

智能家居技术的第一个障碍是智能家居容易遭受黑客攻击。因此，应该建立一个采用网络安全措施来保护智能家居的测试台。第二个障碍是成本高，应采取措施开发一种可以以较低的成本提供给用户的技术。组合测试策略可用于确保定价模型建议的低价格，该模型支持在雾计算和物联网中汇集分布式、分散的资源。第三个障碍是拥有智能家居的非技术人员的学习曲线。因此，可用性测试应该是最重要的。另一个阻碍接受的最重要因素是缺乏行业标准，因为使用专有技术会给智能家庭用户带来障碍。因此，还应该优先考虑一致性测试，对互联网连接的依赖性也应解决，并且需要解决专门针对智能系统环境而设计的可靠性测试方法。

15.4.2 智能健康

为评估现有的智能健康测试台，建议采用以下标准：

- **一致性测试**。进行一致性测试的目的是确保遵守 Sarbanes-Oxley、HIPAA、FDA 等标准。
- **平台测试**。它确保应用程序可在不同平台上很好地执行，这些平台包括操作系统、不同浏览器和多个设备。
- **互操作性测试**。互操作性测试评估连接设备和 EHR 系统是否有效且正确地相互通信。它还确保 HL7 和 DICOM 事务之间的无缝操作。
- **功能测试**。这是验证软件应用程序的每个功能是否符合需求规范所必需的。它包含与故障路径和边界情况相关的所有方案。
- **企业工作流程测试**。它检查是否执行了预期的活动以及工作流程数据属性是否具有正确的值。
- **性能测试**。需要确保软件应用程序在其预期工作负载下运行良好。它确定系统在各种工作负载下的响应性和稳定性，并测量系统的质量属性，例如可扩展性、可靠性和资源使用。
- **可用性测试**。可用性测试测量最终用户学习使用系统的便利水平，其中包括理解系统所需的技能水平、达到熟悉程度的时间要求和用户的生产力等参数。
- **安全测试**。安全测试是一种测试技术，用于确定应用程序或产品是否安全。它旨在验证基本原则，如机密性、完整性、身份验证、授权、可用性和不可否认性。
- **移动应用程序测试**。移动应用程序测试是对为手持移动设备开发的应用程序软件的功能性、可用性和一致性进行测试的过程。

上述评估标准有助于推断现有智能健康测试解决方案的局限性和研究方向。本节已对其进行了说明，并在表 15.5 中进行了描述，同时对未来工作提出了研究建议。

目前缺乏有效的方法来管理从各种可穿戴设备收集的数据。为了应对这一挑战，可以使用大数据、机器学习和人工智能技术。为了确保实现上述功能，需要一个测试台执行基于区块链的可重复测试，其中包含从可穿戴设备（例如智能手表、眼镜显示器和电致发光服装）接收的大量数据。

此外，尽管智能医疗保健具有很多益处，但它并未被很好地采用并且其市场增长也受到了限制。这可能是由物联网基础设施的高成本以及数据隐私和安全问题所致。这可以通过建立各利益相关方之间的信任来解决，通过执行专门设计的安全测试来检验为解决上述问题而采取的网络安全措施来实现。

表 15.5　智能健康的局限性和研究方向概述

标　准	研究方向	著　作	限　制	建　议
一致性测试	确保遵守标准	[18, 19, 20, 21,22, 23, 24, 25,26, 27, 30, 31,32, 34, 35]	1. 没有系统的方法来管理从各种可穿戴设备收集的数据 2. 智能医疗保健未得到很好的应用，市场增长受到抑制 3. 连接设备与 EHR 系统缺乏互操作性	需要开发测试台以进行以下领域的研究： 1. 探索采用大数据、机器学习和 AI 技术来管理和利用从可穿戴设备接收的大量数据 2. 解决与智能眼镜相关的限制 3. 构建强大而可靠的数据隐私和安全机制 4. 降低相关物联网基础设施的成本 5. 探索 5G 应用程序 6. 基因组测试台可以使患者从中枢神经系统和传染病等疾病中康复 7. 基于区块链的测试台解决了患者与医生之间以及各医疗服务提供者之间的大规模数据共享、数据隐私以及安全性和透明性的问题 8. 用于整形外科康复的虚拟现实 9. 探索增强现实，将其用于手术期间的可视化工具
平台测试	确保应用程序跨所有平台运行	[19, 25, 26]		
互操作性测试	评估应用程序（或软件系统）是否能够有效且正确地相互通信	[19, 21, 23, 24,27, 30]		
功能测试	验证软件应用程序的每个功能是否符合要求规范	[18, 19, 20, 21,22, 23, 24, 25, 26, 27, 28, 29,30, 31, 32]		
企业工作流程测试	检查是否执行了预期的活动，并且工作流程数据属性是否具有正确的值	[18, 19, 21, 22, 23, 26, 27, 28, 30, 31, 32]		
性能测试	确保软件应用程序能够承受预期的工作量	[18, 19, 20, 21, 23, 24, 27, 28, 29, 30, 31]		
可用性测试	通过代表用户进行测试来评估产品或服务	[18, 19, 23, 26, 27, 36]		
安全测试	检查应用程序或产品是否安全	[19, 20, 21, 23, 24, 25, 26, 27, 31]		
移动应用程序测试	确保应用程序适用于手持设备	[21, 23, 27, 28, 29, 30, 31]		

　　另一个挑战是连接设备的管理以及与 EHR 系统缺乏互操作性，这可以通过执行环境感知测试技术来保证。因此，需要针对智能健康系统制定环境感知测试用例生成方法。为了解决与智能眼镜相关的限制（即电池寿命短和无法通过语音控制系统理解医生的医学术语），必须应用环境感知测试数据生成以确保系统正常工作。应该对区块链技术进行研究，以解决大规模数据共享的问题，确保数据隐私和安全、患者和医生之间以及不同医疗服务提供商之间的透明度。在这种情况下，可使用基于区块链的可重复回归测试来确保医生和患者之间共享的数据的隐私和安全性。

　　基因组学是一个涉及基因编辑和基因组测序的领域，其中机器人技术发挥着重要作用。确保基因组学正常运作的测试台将帮助患者从中枢神经系统和传染病等疾病中康复。为此，必须确定一个有效的测试策略。虚拟现实在骨科康复中的应用前景也需要更多的探索。环境感知测试用例设计将增强对系统的可靠性。

　　也应广泛研究增强现实以便可以将其用于使用磁共振成像（MRI）、超声成像或 CT 扫描等传感器有效地实时收集患者的 3D 数据集。除此之外还应该研究将其作为可视化工具在手术过程中使用。为了使其在这个用途上良好运行，需要确定适当的测试机制。此外，探索 5G 应用程序在智能设备（如可穿戴传感器）中的应用，以监测患者的健康状况，也是当前的需要。为了确保实现所需的功能，需要设计一个全面的、定制的测试策略。此外，还需要实施透明的定价模型，通过促进雾计算和互联网中分布式分散资源的汇集来确保相关物联网基础设施的成本降低。这还要求建立测试台，利用定制的测试策略来确保实现无处不在的系统（如智能家居、智能健康和智能交通）所需的功能。这类测试台应免费提供给研究界，以便研究人员在这一领域开展广泛的研究。

15.4.3　智能交通

本文根据以下的验证标准评估了现有的智能交通系统测试台的实施工作，相关的研究方向和限制见表 15.6。

- **隐私测试**。需要确保交通设备的隐私和安全性、车辆之间通信数据的加密以及路边基础设施的隐私和安全性。这可以通过建立专门的交通网络安全测试实验室来实现，用于入侵检测 / 预防系统、传感器欺骗 / 操作、安全控制器区域网络、安全软件更新、弹性和恢复等。

- **能效测试**。ITS 系统需要进行燃料消耗测试。车辆每行驶单位距离消耗的燃料越少，其效率越高、成本越低。这可以通过避免车辆在交通拥堵中闲置或绕圈寻找停车位来实现。更好的选择是设计基于可持续资源的车辆，例如电动车和太阳能车辆。但在将其用于现实环境之前，必须对它们进行全面测试。

- **避免碰撞测试**。需要测试用于防止道路交通事故的避免碰撞算法，以验证 ITS 的有效性。

- **自动驾驶车辆测试**。自动驾驶车辆在没有人的驾驶操作，其安全性是最重要的，因为故障会导致生命危险。因此必须对其进行全面验证。

- **交通拥堵管理**。交通拥堵是通勤者面临的最大挑战之一，因为它会导致时间、燃料和金钱的浪费。不必要的燃料燃烧也会增加碳排放水平，从而导致空气污染。通过在车辆和路边安装雾节点来发送和接收与交通拥堵和事故相关的信息，可以解决这个问题。因此，生成的信息可用于触发某些动作，例如激活自动制动或发出警告消息以减慢速度或避开特定车道和交叉点。测试台应配备监测器并评估该机制。

- **车联网技术**。车联网技术利用无线通信将车辆事故、堵塞等信息通过一辆车传递到另一辆车和路边基础设施。这有助于防止交通事故，并避免不必要的交通拥堵。在将车辆置于实际操作条件之前，测试台应包含可以测试新硬件和软件的设施。

- **符合标准**。测试台应符合交通标准，以便在公路上和街道上实际运行工作系统之前为其提供真实的图像。

- **可靠性测试**。在任何设备故障或互联网连接中断的情况下，交通系统应该是稳定且有弹性的。需要强有力的机制来验证交通系统的可靠性。

- **性能和可用性测试**。测试必须确保设备运行良好且移动应用程序是用户友好的。

- **污染控制测试**。应减少碳排放，并进行适当的检查以控制空气污染。需要对用于监测排放气体（如二氧化碳（CO_2）或氮氧化物（NO））的路边监测装置进行有效性测试，它可以通过使用电动车等可持续发展的车辆来控制。

- **互操作性测试**。互操作性不足是智能交通实施的最大障碍之一。互操作性决定了设备如何相互通信，以及在接收到信息后如何完成处理并生成相应的操作。如果设备无法接收信息、处理信息并根据该信息采取行动，那么它将无法像消费者所希望的那样发挥作用。如果没有完整的功能，则产品可能无法创造价值。实际的测试实验室描述了问题的真实情况，是解决互操作性问题的最佳途径。

表 15.6　智能交通的局限性和研究方向概述

标　准	研究方向	著　作	限　制	建　议
隐私测试	确保交通设备和相关数据的隐私和安全	[37, 39, 43, 44]	1. 学术界的工作不足 2. 没有找到描述验证交通车辆安全性的测试方法的工作 3. 没有发现任何测试台定量上测量空气污染水平降低的程度以及车辆长途旅行经验的丰富程度 4. 没有以经验证明该技术的优点的案例研究 5. 很少开发可以主动进行自动驾驶汽车测试的测试台 6. 没有找到测试交通系统用户友好性的工作 7. 没有为污染监测设备开发测试台 8. 在可靠性测试方面的研究不足	1. 测试台应设计成便携式，以便研究界可以自由使用 2. 测试台也应该提供给学生 3. 应提出新的测试方法，用于避免碰撞算法的综合测试 4. 采用基于区块链技术的测试台进行智能交通系统的回归测试 5. 可以使用环境感知测试方法 6. 需要开发新的高效模拟器，用于对拟议的智能交通系统进行初步评估，因为现实世界的测试台可能威胁人身安全
能效测试	保持车辆的燃油效率	[37, 38, 47]		
避免碰撞测试	确保避免碰撞算法的有效性	[38, 41]		
自动驾驶车辆测试	在真实环境中验证自动控制车辆	[38, 43, 44]		
交通拥堵管理	采用测试台评估交通拥堵管理策略	[38, 41, 42, 44, 47]		
车联网技术	验证车联网技术	[38, 39, 37, 44, 47]		
可用性测试	确保移动应用程序的用户友好性	[37]		
符合标准	遵守标准	[39, 41, 42, 46]		
可靠性测试	确保交通设备的稳定性和弹性	[38]		
性能测试	确保设备的性能	[37, 42]		
污染控制测试	验证路边污染监测设备的功能			
互操作性测试	确保设备和路边基础设施之间的互操作性	[41, 44, 43]		

　　虽然许多公司为智能交通提供了测试解决方案，但学术界的工作还不充分，这需要研究人员的特别关注。此外，一些工作讨论了网络物理系统在交通运输中的重要性，但我们没有找到描述验证智能交通车辆安全性的新型测试方法的研究。同样，许多研究讨论了车联网技术在减少空气污染和提高效率方面的重要性，但我们没有找到一种测试台来定量测量空气污染减少的百分比水平。此外，还没有一个案例研究能够通过经验证明这项技术的好处。而且，很少有研究人员开发出能主动进行自动车辆测试的测试台，我们也没有发现能测试交通系统的用户友好性的工作。为了解决智能交通系统的质量保证问题，必须研究基于区块链技术的可重复回归测试的测试台。

　　污染监测设备也需要进行有效性验证，目前还没有研究建议测试台在这个领域工作。可靠性是交通设备和相关基础设施应具备的最重要的特征之一，因此需要适当的方法验证网络安全措施，以确保系统的弹性和稳定性。目前只有一项研究工作已经朝这个方向发展。研究人员应该提出新的测试方法来进行避免碰撞算法的全面测试，测试台应该设计成便携式，以便研究界可以自由使用。

15.5　结论

　　雾计算是一种可以成功用于实现智能应用程序的范式，因为它克服了与边缘计算和云计算相关的缺点。在将基于雾的物联网应用程序投放市场之前，确保其质量和可靠性非常重要，因为糟糕的设计可能妨碍应用程序的工作，并影响最终用户体验。

　　本章讨论了三个案例研究（智能家居、智能健康和智能交通）的测试视角，并阐述了它们的目标、方法和取得的成果。

　　基于雾的物联网应用领域的软件测试在未来的可靠性验证、更好的防黑客安全性、互联网连接独立性、用户友好性、成本削减和行业标准化方面具有巨大的潜力。从业者可以使用先进的测试策略（如环境感知测试用例生成、组合测试和基于区块链的回归测试）为基于雾的智能应用程序创建原型泛在的测试环境，以解决质量保证问题。

　　该领域是为了纪念在可见的未来取得大量的成功和认可。然而，正如我们在本章中解释的那样，行业和学术界需要面对并抓住与之相关的挑战和风险。这将为未来的智能雾计算技术带来有利结果。这一领域的明显趋势包括标准的物化，通过增强和合并当前的计算、存储和网络服务来启动增强的测试服务，利用雾计算和云来提供可接受的 QoS 和治理。智能技术开发商和运营商的增加推动了竞争和创新。研究人员和从业者将发现无限的创造解决方案的机会，以消除使用雾计算的智能技术的障碍。

参考文献

1 Internet of Things spending forecast. https://www.businesswire.com/news/home/20170104005270/en/Internet-Spending-Forecast-Grow-17.9-2016-Led. Accessed January 4, 2018.

2 Gartner says 8.4 billion connected Things. https://www.gartner.com/newsroom/id/3598917. Accessed January 4, 2018.

3 National Technical Systems (NTS). Completes ZigBee Smart Energy Certification Testing for SimpleHomeNet Appliance, https://www.nts.com/ntsblog/national-technical-systems-nts-completes-zigbee-smart-energy-certification-testing-for-simplehomenet-appliance/. Accessed January 3, 2018.

4 NTS Selected by PG&E as first provider of ZigBee HAN device validation testing. https://www.nts.com/ntsblog/nts_pge_selection/. Accessed January 3, 2018.

5 Smart home testing: Allion creates a new smart home test environment that simulates real life to provide innovative test services. http://www.technical-direct.com/en/smart-home-testing-allion-creates-a-new-smart-home-test environment-to-simulate-real-life-to-provide-innovative-test-services/. Accessed January 3, 2018.

6 *Performance testing for smart home app.* https://www.einfochips.com/resources/success-stories/performance-testing-for-smart-home-app/#wpcf7-f4285-p12635-o1. Accessed January 3, 2018.

7 Living Lab. https://www.ul.com/media-day/living-lab/. Accessed 4 January 2018.

8 Smart home testing and certification. https://www.tuv.com/world/en/smart-home-testing-and-certification.html. Accessed January 3, 2018.

9 VDE testing and certification. https://www.vde.com/tic-en/industries/smart-home. Accessed January 3, 2018.

10 Energy System Integration. https://www.nrel.gov/docs/fy17osti/66513.pdf. Accessed January 3, 2018.

11 A. Zipperer, P. Aloise-Young, S. Suryanarayanan, R. Roche, L. Earle, and D. Christensen. Electric energy management in the smart home: perspectives on enabling technologies and consumer behavior. In *Proceedings IEEE 2013*, 101(11): 2397–2408.

12 A. Cordopatri, R. De Rose, C. Felicetti, M. Lanuzza, and G. Cocorullo. Hardware implementation of a test lab for smart home environments. *AEIT International Annual Conference (AEIT)*, Naples, 2015, pp. 1–6.

13 I. Dounis, C. Caraiscos. Advanced control systems engineering for energy and comfort management in a building environment a review. *Renewable and Sustainable Energy Reviews*, 13: 1246–1261, 2009.

14 R. Baos, F. Manzano-Agugliaro, F. Montoya, and C. Gil, A. Alcayde, J. Gomez. Optimization methods applied to renewable and sustainable energy a review. *Renewable and Sustainable Energy Reviews*, 15(4): 1753–1766, 2011.

15 J-J. Wang, Y-Y. Jing, C-F. Zhang, and J-H. Zhao. Review on multi-criteria decision analysis aid in sustainable energy decision-making. *Renewable and Sustainable Energy Reviews*, 13(9): 2263–2278, 2009.

16 T. Teich, F. Roessler, D. Kretz, and S. Franke. Design of a prototype neural network for smart homes and energy efficiency. *Procedia Engineering 24th {DAAAM} International Symposium on Intelligent Manufacturing and Automation*, 69(0): 603–608, 2014.

17 Q. Hu, F. Li, and C. Chen. A smart home test bed for undergraduate education to bridge the curriculum gap from traditional power systems to modernized smart grids. *IEEE Transactions on Education*, 58(1): 32–38, February 2015.

18 Insight driven healthcare services. http://www.virtusa.com/industries/healthcare/perspective/. Accessed January 3, 2018.

19 Healthcare QA and Testing Services. http://www.mindfiresolutions.com/HealthCare-QA-and-Testing-Services.htm. Accessed January 3, 2018.

20 Healthcare. https://qainfotech.com/healthcare.html. Accessed January 3, 2018.

21 Product testing. http://healthcare.calsoftlabs.com/services/product-testing.html. Accessed January 3, 2018.

22 Healthcare and fitness. http://www.precisetestingsolution.com/healthcare-software-testing.php. Accessed January 3, 2018.

23 Healthcare. http://zenq.com/Verticals?u=healthcare. Accessed January 3, 2018.

24 Healthcare testing services. https://www.testree.com/industries/healthcare-life-sciences/healthcare. Accessed January 3, 2018.

25 Health care. http://www.kiwiqa.com/health_care/. Accessed January 3, 2018.

26 Healthcare software testing. https://xbosoft.com/industries/healthcare-software-testing/. Accessed January 3, 2018.

27 Healthcare testing. http://www.infoicontechnologies.com/healthcare-testing. Accessed January 3, 2018.

28 Healthcare and pharma. https://www.w3softech.com/healthcare.html. Accessed January 3, 2018.

29 Healthcare. http://www.provasolutions.com/industries/software-qa-application-testing-services-for-healthcare-europe/. Accessed January 3, 2018.

30 Healthcare testing as a service. http://www.calpion.com/healthcareit/?page_id=1451. Accessed January 3, 2018.

31 Healthcare testing services. https://abstracta.us/industries/healthcare-software-testing-services. Accessed January 3, 2018.

32 Healthcare software testing services. https://www.360logica.com/verticals/healthcare-testing-services/. Accessed January 3, 2018.

33 R. Snelick. Conformance testing of healthcare data exchange standards for EHR certification. *International Conference Health Informatics and Medical Systems*. Las Vegas, USA, 2015.

34 P.J. Scott, S. Bentley, I. Carpenter, D. Harvey, J. Hoogewerf, and M. Jokhani. Developing a conformance methodology for clinically-defined medical record headings: A preliminary report. *European Journal of Biomedical Informatics*, 11(2): 23–30, 2015.

35 R. Löffler, M. Meyer, and M. Gottschalk. Formal scenario-based requirements specification and test case generation in healthcare applications. In *Proceedings of the 2010 ICSE Workshop on Software Engineering in Health Care* (SEHC '10). ACM, New York, USA, 57–67, 2010.

36 J.M.C. Bastien. Usability testing: a review of some methodological and technical aspects of the method. *International Journal of Medical Informatics*, 79: e18–e23, 2010.

37 A simulation-based test bed for networked sensors in surface transportation systems. https://www.cc.gatech.edu/computing/pads/transportation/testbed/description.html. Accessed January 3, 2018.

38 Intelligent transportation systems. http://www.umtri.umich.edu/our-focus/intelligent-transportation-systems. Accessed January 3, 2018.

39 Intelligent transportation systems. https://www.its.dot.gov/research_archives/connected_vehicle/dot_cvbrochure.htm . *Accessed* January 3, 2018.

40 Independent verification and validation. https://www.ibsplc.com/services/independent-verification-and-validation. Accessed January 3, 2018.

41 K. Hill. ETSI plugfest to test smart transportation in November. *RCR Wireless News*. https://www.rcrwireless.com/20160920/wireless/etsi-test-smart-transportation-latest-plugfest-tag6. Accessed January 3, 2018.

42 J.W. Woo, S. B. Yu, S. B. Lee, et al. Design and simulation of a vehicle test bed based on intelligent transport systems. *International Journal of Automotive Technology*, 17(2) : 353–359, 2016.

43 Intelligent transportation system leads to first test bed 'K-City' for connected cars in Korea. http://markets.businessinsider.com/news/stocks/Intelligent-Transportation-System-Leads-to-First-Test-Bed-K-City-for-Connected-Cars-in-Korea-1008355700. January 3, 2018.

44 Intelligent transportation systems. https://e-estonia.com/solutions/location-based- services/intelligent-transportation-system/. Accessed January 3, 2018.

45 Transit Windsor begins testing intelligent transportation system. *CTV News*, https://windsor.ctvnews.ca/transit-windsor-begins-testing-intelligent-transportation-system-1.3289934. Accessed January 3, 2018.

46 Achieved Intelligent Transportation System product compliance with UBS II and ARAI testing standards, http://www.siphen.com/case-studies/product-compliance/,Retrieved January 3, 2018.

47 Automotive, intelligent transport systems. https://www.anritsu.com/en-AU/test-measurement/industries/automotive/automotive-intelligent-transport-systems. Accessed January 3, 2018.

在雾计算中运行物联网应用的法律问题

G. Gultekin Varkonyi, Sz.Varadi, Attila Kertesz

16.1 引言

随着接入互联网中的通信设备的数量的大幅增长，我们不久将会迎来一个智能设备互连的雾和云的世界。虽然云系统[1]已经开始主导互联网，但随着物联网领域[2]的出现，物联网云系统的形成仍需要大量研究。物联网是一个快速兴起的概念，物联网中的传感器、执行器和智能设备通常都连接到云系统，并由云系统进行管理。物联网环境可能会产生大量需要在云端执行的数据，将这些数据上传到云端并返回计算结果的过程会产生时延。为了减少服务时延、改善服务质量，雾计算范式[5]应运而生。在雾计算中，数据能够在更靠近用户的地方存储和计算。

欧盟委员会已全面实施了欧洲数据保护规则，其主要目标是：使欧盟（EU）保护个人数据的法律制度更现代化，以应对新技术的使用；加强用户对其个人数据的影响，并减少行政手续；提高欧盟个人数据保护规则的清晰度和一致性。为了实现上述目标，欧盟委员会制定了《通用数据保护条例》（GDPR）[3]，该条例规定了欧盟的通用数据保护框架并替换了《数据保护指令》（DPD）[4]。在物联网云系统中，个人数据可能越来越多地被跨越国界传输，并存储在欧盟内外多个国家的服务器上。数据流的全球化性质要求在国际上加强个人的数据保护权利，这就需要强有力的保护个人数据的原则。这种原则的目的是在方便个人数据的跨界流动的同时仍然确保高水平和一致的保护，且没有数据传输漏洞或不必要的复杂流程。在这些法律文件中，欧盟委员会计划采用一套单一的数据保护规则。

不同于先前的 DPD，GDPR 扩大了其在欧盟以外的管辖范围，并要求向欧盟公民提供服务的所有参与者遵守其规则。GDPR 也规定了一些新的权利，例如有意的数据保护和删除的权利，这些都是技术发展的本质结果。然而，物联网和雾的技术结构和复杂性使其难以实施，也使其难以符合法律规定。为了应对这一问题，"在系统开发早期阶段考虑人们数据保护权的重要性"，即"从设计着手保护数据"也被包含在法规中[3]。从设计着手保护数据的目的是通过将雾应用与数据保护影响评估（DPIA）和数据保护增强技术相结合来减少雾应用可能的隐私侵害。

在本章中，我们将对雾应用、边缘应用、物联网应用进行分类，分析 GDPR 提出的最新约束，然后讨论这些法律约束如何影响在雾和云环境中的物联网应用的设计和运营。

16.2　相关工作

Escribano[6]已经对物联网的安全问题进行了研究,他就这一点提出了第 29 条数据保护工作组(WP29)的第一个意见 [7]。其报告指出,必须确定和了解哪些利益相关方负责数据保护。WP29 列举了以下有关隐私和数据保护的挑战:缺乏用户权限控制、用户同意质量低、数据的二次使用、侵入性用户分析、匿名服务使用的限制以及与通信和基础设施相关的安全风险。

Yi 等人 [8] 进一步扩展了这些关于雾计算的问题。他们认为需要一种安全、私密的数据计算方法,且隐私问题需要从三个方面来解决,即数据、使用和位置隐私。因为雾节点能够在不同地理位置上分布,因此实时跟踪和监控数据及其位置变得十分困难。此外,在合并分布式处理的数据时,应保证数据的完整性。雾节点还能够跟踪终端用户设备以支持其移动性(位置感知),这可以是基于位置的服务和应用的博弈改变因素。这将使用户的位置隐私处于危险之中,因此必须采用适当的位置保护隐私机制。从安全的角度来看,中间人攻击很有可能会成为雾计算中的典型攻击方式。在中间人攻击中,作为雾设备的节点可能会被破坏或被伪造的节点替换。传统的异常检测方法如果没有从雾模型中收集到这种攻击的典型特征,那么几乎很难暴露中间人攻击 [9]。

Mukherjee 等人进一步详细说明了这些挑战 [10]。他们设想了一个三层的雾架构,其中通信通过三个接口进行:雾 – 云、雾 – 雾、雾 – 物。他们认为安全通信是一个非常关键的问题,且需要隐私保护数据管理方案。他们提到了立法挑战,但没有对其进行详细说明。本章将详细说明立法挑战。

16.3　雾应用、边缘应用、物联网应用的分类

在过去十年里,我们经历了云计算的一次演变:最初的云以一种虚拟化数据中心的形式出现,然后扩展为更大的互连的多数据中心系统。接下来,人们开发了云聚合技术以共享不同云的资源,然后通过互操作原先独立的云系统来实现云联盟 [11]。优化云联盟中的资源管理有各种原因:为了同时服务更多的用户、为了提高服务质量、为了从资源租赁中获取更高的利润,或为了减少能源消耗或 CO_2 排放。一旦这些优化问题被处理或大部分被解决,人们的进一步的研究就开始转向云以支持新兴的领域,如物联网。就物联网系统而言,数据管理操作能更接近其源头,从而更接近用户,进而更好地利用网络的边缘设备。

最后,这次演变的最新步骤是这些边缘节点群组成了雾。Dastjerdi 和 Buyya 将雾计算定义为一种在网络边缘执行云存储和计算服务的分布式模型 [5]。这个新模型能够使数据处理和分析应用程序以分布式的方式执行。该模型可能同时利用云和附近的资源。这种方式主要的目标是实现低时延,但它也在实时分析、流处理、功耗和安全性方面带来了新的挑战。

关于物联网应用领域,Want 等人 [12] 设置了 3 个类别对其进行分类:可组合系统,由附近各种相互连接的物构建而成;智慧城市,包括现代城市的公用设施,例如能够感知区域内汽车位置和密度的交通灯系统;资源节约应用,用于监测和优化电力和水等资源。Atzori 等人 [13] 进行了一项研究并确定了 5 个领域:交通和物流、医疗保健、智慧环境(家庭、办公室、工厂)、个人和社会,最后是未来领域。在本章中,我们的目标并不是对所有应用领域进行分类,而是定义适用于大多数涉及云、物联网和雾使用的应用案例的架构,以便进一步研究有关安全性和隐私性的问题。

从上述讨论中，我们能够看出可以通过各种方式来完成用户数据的收集、聚合和处理。图 16.1 展示了一种可以检查某些数据流的架构。

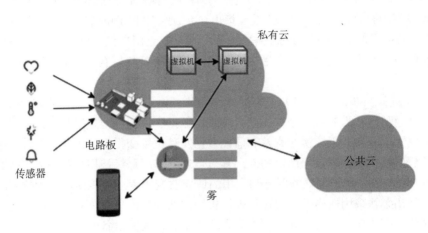

图 16.1 雾环境下的数据管理

在下一节中，我们将总结影响这些任务的法律，然后我们将就如何在已确定的案例中遵守这些法律提供指导。

16.4 GDPR 约束对云、雾和物联网应用的影响

改革欧洲数据保护规则的主要目标是：使欧盟保护个人数据的法律制度更加现代化，以应对新技术的使用；加强用户对其个人数据的影响并减少行政手续；提高欧盟个人数据保护规则的清晰度和一致性。为了实现这些目标，欧盟委员会制定了一项新的立法提案《通用数据保护条例》（GDPR）[3]，该条例规定了欧盟的通用数据保护框架并取代了 DPD。目前个人数据可能越来越多地被跨越国界传输，并存储在欧盟内外多个国家的服务器上。数据流的全球化性质要求在国际上加强个人的数据保护权，这就需要强有力地保护个人数据的原则。这种原则的目的是在方便个人数据的跨界流动的同时仍然确保高级别一致的保护，且没有数据传输漏洞或不必要的复杂流程。根据《欧盟基本权利宪章》第 8（1）条和《欧盟运作条约》（TFEU）第 16（1）条，自然人在处理个人数据时受到保护是一项基本权利。但是 GDPR 表明，这不是一项绝对的权利，它必须结合其在社会中的作用加以考虑，并与其他基本权利相平衡。

由于技术的快速发展和全球化为个人数据保护方面带来的新挑战，收集和共享个人数据的规模显著扩大。私营公司和公共机构都能以前所未有的规模使用个人数据以开展它们的活动，除此之外，自然人越来越多地在全球范围内公开提供个人信息。因此，欧盟强调市场内部数字经济的发展，其中个人数据可在一致和强大的数据保护框架内自由流动且没有任何障碍。对个人的保护应该在技术上保持中立，因此它不依赖于所使用的技术，否则会造成严重的规避风险。

16.4.1 GDPR 中的定义和术语

GDPR 是欧盟的新数据保护框架，它包含实现目标的新规则和工具[3]。它于 2018 年 5 月生效，使在所有成员国处理此类数据的个人权利和自由得到同等保护。在下文中，我们将

收集 GDPR 引入的新相关术语和规则，然后结合雾计算的操作层面对它们进行分析。

16.4.1.1　个人数据

个人数据是与已识别或可识别的自然人有关的任何信息，例如姓名、身份证号码、位置数据和在线标识符，或者是特定于该自然人的物理、生理、遗传、心理、经济、文化或社会身份的一个或多个指标。

16.4.1.2　数据主体

数据主体可以是被识别或可识别的自然人。可识别的自然人是指能够被直接或间接识别的人，特别是通过参考其个人数据能够识别的人。

16.4.1.3　控制者

自然人或法人、公共机构、代理机构或其他可以发挥这一作用的个体。GDPR 的这个新要素是控制者也是决定个人数据处理的条件。

16.4.1.4　处理者

处理者也是一个重要的参与者，它是代表控制者处理个人数据的自然人或法人、公共机构、代理机构或其他个体。

16.4.1.5　假名

这是一个新术语，指的是个人数据的处理方式。它使得个人数据在不使用附加信息的情况下，不能再归属于特定数据主体，但前提是此类附加信息是单独保存的，并且需要采取技术措施和组织措施，以确保个人数据不归属于已识别或可识别的自然人。

16.4.1.6　限制

在与个人数据处理有关的原则中，最重要的是限制。数据收集的目的、数据的质量和存储的持续时间都基于其必要性而受到限制。新的要素是透明度原则、数据最小化原则的阐明以及控制者全面责任和义务的确认。

16.4.1.7　同意

为了个人数据处理的合法性，必须在数据主体同意的基础上为达到一个或多个特定目的进行数据处理。数据处理对于履行数据主体为当事方的合同或在签订合同之前根据数据主体的要求采取措施来说是必需的。更具体地说：

- 对于遵守控制者的法律义务而言，处理是必需的。
- 为了保护数据主体的重要利益，处理是必需的。
- 为了执行有利于公众利益或是行使赋予控制者的正当权利的任务时，处理是必需的。
- 数据主体（特别是儿童）有要求保护其个人数据的基本权力和自由，当控制者追求的合法权益不与这一点相冲突时，处理是必需的。但这一条不适用于政府执行任务的情况。

就同意的状态而言，数据主体有权随时撤销其做出的同意。在这种情况下，已经完成的处理的合法性不受同意撤销的影响。如果数据主体与数据控制者的地位存在重大不平衡，则其同意不能为处理提供法律依据。为了有一个准确而无歧义的定义，GPDR 将"同意"定义为数据主体依照其意愿自由做出的、特定的、知情的和明确的指示，代表同意处理与其相关的个人数据。它可以通过声明或明确的行动表示，因此，应通过任何适当的方法引导数据主体自由地表达特定和知情的意愿，以得到明确的同意。因此，没有行动或沉默不应视为同意。同意必须覆盖为同一个目的进行的所有处理活动。在儿童至少 16 岁并征得其同意后，处理儿童的个人数据才是合法的。当儿童未满 16 周岁时，只有得到监护人的同意，此类处理才是合法的。

16.4.1.8   删除权

GDPR 进一步具体阐述和规定了数据主体的删除权，同时也规定了当数据不再需要被收集或以其他方式处理时，数据被删除的权利。删除的另一种情况是数据主体撤回了处理需要的同意，或已经过了同意的有效期，同时没有其他法律依据以继续对数据再进行处理。删除意味着已经公开个人数据的控制者有义务通知第三方删除该数据的任何链接或者备份。如果控制者已授权第三方公布个人数据，那么控制者应对公布负责。控制者应及时进行删除，但有必要保留个人数据的情况（如行使言论自由权、出于公共健康领域的公众利益的原因、出于历史、统计和科学研究的目的等）除外。在执行删除操作的情况下，控制者不应再以其他方式处理此类个人数据。

当数据主体在儿童时期就赋予了同意，但当时无法完全意识到处理过程涉及的风险，因此后来希望从互联网上删除此类个人数据时，这项权利尤为重要。

16.4.1.9   数据迁移

GDPR 引入了数据主体的数据迁移的权利（数据迁移是指将数据从一个电子处理系统转移到另一个电子处理系统，如社交网络，但这种转移不会被控制者阻止）。作为数据迁移的前提条件并且为了提高个人对其数据访问的体验，GDPR 提供了从控制者处获得结构化和常用电子格式的数据的权利。这项权利可适用于数据主体根据其同意或在履行合同时向自动处理系统提供数据的情况。

16.4.2   GDPR 规定的义务

数据主体有权反对仅基于自动处理来评估与该自然人有关的某些个人描述或分析及预测自然人的工作表现、经济状况、位置、健康状况、个人偏好、可靠性或行为的措施。

16.4.2.1   控制者的义务

GDPR 引入了控制者提供透明、易于获取和可理解的信息的义务，这是受关于保护个人数据和隐私国际标准的马德里决议的启发（马德里决议，2009）。控制者的另一项义务是提供行使数据主体权利的程序和机制，包括电子请求的手段、要求在规定的期限内（最迟在收到请求后一个月内）对数据主体的请求作出答复，以及拒绝的动机。

对于有关数据主体的信息，控制者也有义务提供。控制者应提供有关以下方面的所有信息：

- 控制者或其代理者（如果适用）的身份和联系方式。
- 数据保护官的联系方式（如果适用）。
- 个人数据的处理目的以及处理的法律依据。
- 为控制者或第三方的合法权益进行处理时的该合法权益。
- 个人数据的接收者或接收者类别（如果有）。
- 控制者准备将个人数据转移给第三国或国际组织的情况，以及委员会的充分性决定的存在与否（如果适用）。

控制者还应提供一些额外的信息：存储期限；随时撤回同意的权利；查阅及改正或删除有关数据主体的个人数据，或限制处理有关数据，或反对处理个人数据，以及数据迁移的权利；向监督机构提出申诉的权利；自动决策的存在，包括数据分析以及这种处理对数据主体的重要性和预期后果。不论是否正在处理与数据主体有关的个人数据，数据主体都可随时要求控制者确认。

为确保隐私和数据安全，GDPR 引入了一个新术语，即"从设计着手保护数据"（或 GDPR 提案草案中的"从设计着手保护隐私"）。这意味着控制者应在确定处理手段时和在处理本身时，在考虑到现有技术和实施成本的情况下，实施适当的技术和组织措施及程序。以这样的方式实现的处理将满足 GDPR 的要求，并确保数据主体的权利得到保护。这些措施应包括尽量减少个人数据的处理，以及尽快在个人数据上采用假名。合适的系统还应该使数据主体能够监控数据处理，并使控制者能够创建和改进安全功能。这一原理和所述措施在设计雾环境的过程中尤为重要。这些措施应该成为保护个人数据免遭意外或非法破坏或意外损失的基础，它们能防止任何非法的处理，特别是任何未经授权的披露、传播或访问，或个人数据的更改。我们将在下一节进一步详细介绍这些问题。

关于现有技术和实施成本，控制者应在确定处理手段时和处理本身时，实施适当的技术和组织措施和程序，以满足 GDPR 的要求，并确保能够保护数据主体的权利。

第 26 条和第 27 条解决了云计算带来的一些问题，更具体地说是云联盟带来的问题。虽然这些规定并未说明外包商是否为联合数据控制者，但其承认可能存在多个数据控制者。GDPR 的规定阐明了联合控制者在其内部关系和数据主体方面的责任。如果控制者与他方共同确定个人数据处理的目的、条件和方式，则联合控制者应根据其之间的安排确定各自对遵守 GDPR 义务的责任。

那些未在欧盟设立的控制者或处理者有义务以书面形式在欧盟指定在处理活动中支持 GDPR 的代理者。例外情况是数据处理是偶然的、不包括特殊类别的数据或当控制者是公共机构或机构时。代理者应代表控制者或处理者行事，并可由任何监督机构处理。

在欧盟设立控制者的主要机构应根据客观标准确定，并应意味着有效和实际地行使管理活动，通过稳定的安排确定关于处理目的、条件和方式的主要决定。只拥有和使用处理个人数据的技术手段和技术本身并不构成这种主要机构，因此不是主要机构的确定标准。设立控制者或处理者的主要机构应该是其在欧盟的中央管理机构所在地，并且意味着根据 GDPR 通过稳定的安排有效和真实地开展活动。

16.4.2.2　处理者的义务

GDPR 还规定了处理者添加新要素的位置与义务，如处理超出控制者指令的数据的处理者将被视为联合控制者。该项法规要求，控制者选择的处理者必须能够提供足够的保证来实施适当的技术和组织措施，同时确保数据主体的权利得到保护。处理者在没有事先规定或控制者的一般书面授权的情况下不得使用其他处理者。

处理者在进行处理时应受到控制者的书面合同或其他法律形式（如电子形式）的约束，并特别规定处理者应当：

- 只能根据控制者的指令行事，尤其禁止转让所使用的个人数据。
- 只雇用那些承诺保密或承担法定保密义务的人。

- 采取一切要求的措施。
- 只有在控制者的事先许可下才能使用另一个处理者。
- 鉴于处理的性质，在可能的情况下与控制者达成协议，商定采用必要的技术和组织措施以履行控制者的义务。
- 协助控制者，确保遵守义务。
- 除非欧盟或成员国法律要求存储个人数据，否则在与处理相关的服务提供结束后，删除或向控制者返回所有个人数据，并删除现有副本。
- 向控制者和监督机构提供控制遵守 GDPR 规定的义务所需的所有信息。

本合同或法律行为应全部或部分包含标准合同条款，包括作为根据 GDPR 中关于认证的规定授予控制者或处理者的认证的一部分。欧盟委员会可以制定额外的标准合同条款。

控制者和处理者应以书面形式记录控制者的指令和处理者的义务。处理者应被视为该处理的控制者，如果处理者处理的个人数据不是控制者指示的，则应遵守联合控制者的规则。

GDPR 规定，控制者和处理者有义务以书面和电子形式保持其负责的处理业务记录，而不是欧盟前《数据保护指令》所要求的监管机构的一般通知。它应包含一些相关信息，如数据处理的目的、控制者或处理者的名称和联系方式，以及数据主体的类别和个人数据的类别的说明等。

GDPR 在电子隐私指令（2002/58/EC）第 4（3）条中规定，政府有义务通告个人数据泄露的事件。此外，先前的 DPD 规定了向监督机构通报个人数据处理情况的一般义务，该通告可能造成行政和财政负担。委员会认为，这项一般义务应被有效的程序所取代。因此，新条例引入了一个新的要素，即控制者和处理者有义务在有风险的处理操作之前进行数据保护影响评估。这些处理操作由于其性质、范围或目的，可能对数据主体的权利和自由构成特定的高风险。根据 GDPR，以下处理业务尤其存在特定风险：

- 对与自然人有关的个人描述进行系统和广泛的评估。这些评估基于自动化处理，包括特征分析，并基于这些决定产生与自然人有关的法律效力或对自然人有类似重大影响。
- 处理与刑事定罪和犯罪有关的大规模特殊类别数据或个人数据。
- 对大规模公共场所进行系统监测。

关于那些需要数据保护影响评估的处理操作，监督机构应创建一个公共列表。影响评估应至少包含：

- 详细说明所设想的处理操作和处理目的，包括（如适用）控制者追求的合法权益。
- 评估与目的相关的处理操作的必要性和相称性。
- 评估数据主体的权利和自由所面临的风险。
- 为应对风险而设想的措施。这些措施包括保障措施、安全措施和机制，以及确保个人数据的保护和证明遵守 GDPR 的机制，同时考虑数据主体和其他有关人员的权利和合法利益。

这一规定尤其应适用于新建立的大规模档案系统，该系统旨在处理区域、国家或超国家层面的大量个人数据，并可能影响到大量数据主体。

GDPR 指出，在数据保护影响评估中，如果发现控制者没有采取措施减轻影响，则在处理之前，控制者应与监督机构协商，因为数据处理将导致高风险。该规定以 DPD 第 20 条中的事先检查概念为基础。

新条例以 DPD 第 18（2）条为基础，还规定了强制性数据保护官的职能：在为公共部门或大型企业进行数据处理时，或者在控制者或处理者需要定期和系统监控的处理操作的核心活动中，或者在对大量特殊类别数据进行处理时，应指定该人员进行相应工作。数据保护官可由控制者或处理者雇用，或根据服务合同完成其任务。

第 40 条涉及行为守则，以 DPD 第 27（1）条的概念为基础，阐明了守则和程序的内容。成员国、委员会、监督机构和理事会应鼓励建立数据保护认证机制以及数据保护印章和标志，允许数据主体快速评估控制者和处理者提供的数据保护级别，尤其是在欧洲层面上。对行为守则遵守情况的监测可由一个在行为守则内容方面具有适当专业水平并得到主管监督机构认可的机构进行。

16.4.3　欧盟以外的数据转移

16.4.3.1　向第三方国家的数据转移

GDPR 的第五章包含向第三国或国际组织转移个人数据的规则。根据新的规定，只有在第三国或该第三国境内的领土或数据处理部门或有关国际组织确保提供适当保护的情况下，才能进行数据转移。新的条款现在明确确认，欧盟委员会能够决定这种充足的保护是由第三国境内的管区还是数据处理部门提供。

委员会评估充足或不充足的保护水平时应考虑的标准包括明确的法治、尊重人权和基本自由、相关立法和独立监督。特别是在个人数据的保护方面，有关第三国或国际组织做出的国际承诺，或具有法律约束力的公约或文书以及参加多边或区域系统所产生的其他义务也具有同样的重要性。

在委员会决定确保有充足水平的保护的情况下，应为至少每四年一次的定期审查机制设立执行法，该机制应考虑到第三国或国际组织的所有相关发展。委员会有责任监测这些发展。

委员会应在欧盟官方公报上公布第三国和国际组织中的决定是否确保充足保护水平的第三国、领土和数据处理部门的名单。

如果委员会没有通过这样的充分性决定，则 GDPR 要求向第三国转让适当的保障措施。特别是：

- 公共当局或机构之间具有法律约束力和可执行的文书。
- 具有约束力的企业规则。
- 委员会或监督机构通过的标准数据保护条款。
- 经批准的行为守则，以及第三国的控制者或处理者具有约束力和可执行性的承诺，来应用适当的保护措施，包括数据主体权利。
- 经批准的认证机制，以及第三国的控制者或处理者的具有约束力和可执行的承诺，来应用适当的保护措施，包括数据主体的权利。

GDPR 明确规定了国际合作机制，例如委员会与第三国监管当局之间保护个人数据的互助机制。

GDPR 草案包含有这样的规定：如果委员会认为在第三国或第三国领土或该第三国境内的领土或国际组织没有确保充足的保护水平，则任何个人数据应禁止向该地方转移。在这种情况下，委员会应与这一第三国或国际组织进行协商，以纠正这一不充分决定造成的结果。GDPR 的最终版本遗漏了委员会的这一声明。

在没有充分决定或适当保障措施，包括具有约束力的企业规则的情况下，应只在下列条件之一的情况下向第三国或国际组织转移个人数据：

1. 在被告知由于没有充分的决定和适当的保障措施而可能导致数据转移的风险后，数据主体明确同意了拟议的转移。

2. 为了履行数据主体与控制者之间的合同，或执行应数据主体要求采取的预合同措施，必须进行转移。

3. 转移对于在控制者与其他自然人或法人之间为数据主体的利益订立或履行合同是必要的。

4. 出于公共利益的重要原因，转移是必要的。

5. 转让是建立、行使或辩护合法要求的必要条件。

6. 在数据主体在实际或法律上没有能力表示同意的情况下，为了保护数据主体或其他人的切身利益，转移是必要的。

7. 转移是由一个根据联盟或成员国法律，旨在向公众提供信息，并可由一般公众或任何能够证明合法利益的人协商，但仅限于在特定情况下满足联盟或成员国法律规定的协商条件的注册账户进行的。

控制者应将数据转移通知监管机构，还应向转移的数据主体提供有关其追求的强制合法权益的信息。

16.4.3.2 补救措施、赔偿责任和制裁

该条例包含关于补救措施、赔偿责任和制裁的规定。新条例涉及控制者或处理者获得司法补救的权利，规定可选择在被告成立或数据主体有其惯常居所的地方诉诸法庭，除非控制者或处理者是成员国行使其公共权力的机构。

如果实质性或非实质性损害是由于违反 GDPR 而造成的，则控制者或处理者应就其所受的损害提供赔偿。可能的处罚之一是行政罚款。除此之外，其他处罚也应由成员国规定。

16.4.4 总结

总之，由于欧盟法律规定的法律性质，GDPR 建立了一个直接而统一适用的单一规则。欧盟法规是欧盟法律的最直接形式。法规对成员国具有直接约束力，可直接适用于成员国。一旦法规生效，它就会自动成为每个成员国的国家法律体系的一部分，并且不允许各个成员国制定新的或不同的立法文本。相反，欧盟指令是欧盟立法的灵活工具，它们用于协调不同的国家法律。指令只规定了每个成员国必须取得的最终结果，实施指令中包含的原则的形式和方法是每个成员国自行决定的。虽然每个成员国必须将该指令纳入到其法律制度中，但其可以用各自的方式来执行。指令只能通过执行这些措施的国家立法生效。

我们在之前关于云联盟的工作 [14] 中透露，正如我们在具体的云使用案例中看到的那样，根据前 DPD 的第 4 条，数据控制者的设立位置决定了其适用的国家法律，而这可能是可变的。然而，具有同意规则的 GDPR 必须以同样的方式应用于每个成员国，因此它们之间将不会有任何差异。此外，如果成员国的国内法根据国际公法适用，则本条例也适用于非欧盟设立的控制者，例如成员国外交使团或领事馆（GDPR 序言（22））。

在下一节中，我们将进一步详细说明数据保护的设计原则，并讨论其实现的需求及其可能的原因。

16.5　按设计原则进行数据保护

20 世纪 90 年代加拿大安大略省的前信息和隐私专员安·卡穆基安对从设计着手保护隐私（PbD）的概念给出了全面解释。她的观点得到了隐私学者和立法者的高度关注。因此，第 25 条被纳入了 GDPR，该条例在法律上规定数据控制者有义务采取若干技术和组织措施来遵守相关法律。GDPR 使用了"从设计着手保护数据"（DPbD）的标题，因为它只侧重于数据保护，但这两个术语在法律和实践意义上都没有区别。我们在本章中也遵循 GDPR 的概念。

卡穆基安[15] 使用公平信息实践原则作为 DPbD 原则的基础。正如 GDPR 所示，这些原则包括：数据最小化、数据保留和数据使用限制（目的规范）、个人同意、通知责任（透明度）、存储数据安全、有权访问自己的个人数据、问责制。她为高度发展的技术环境提供了应对严重隐私风险的解决方案，预见了不受隐私规则干扰的系统的发展，但将这些规则作为"组织优先级、项目目标、设计流程和规划操作"的组成部分。为了做到这一点，应该在系统设计之初就采用 DPbD 理念[16]，并且应该遵循系统的生命周期直到它失去作用。如今，系统设计不仅意味着系统创建的技术部分，如代码开发。在系统设计期间，IT 公司提供的许多不同的技术解决方案都考虑了法律合规性的组织因素。因此，可以说 DPbD 的概念既涉及法律因素，也涉及技术因素和组织因素。它是合法的，因为法律发展引发了 DPbD 的采用。它是组织性的，因为它意味着自我评估、自律和自我反应来实现对隐私友好的技术。它是技术性的，因为法律要求和组织规划导致需要采取切实步骤来实现对隐私友好的系统。该步骤通常需要与系统相关的技术解决方案，即隐私增强技术（PET）。通过 PET，最终用户将可以看到 DPbD 的实现。总之，DPbD 是指绘制个人数据收集、使用、传输、访问、存储和任何处理活动的蓝图，以及个人数据背后的商业模式，它采取必要的技术保障措施以确保在特定系统中的数据安全，以减少用户的数据保护问题。

16.5.1　采用数据保护原则的原因

在我们进行详细讨论之前，可能有人会问为何要采用 DPbD 原则。首先，如果数据保护是一项基本权利，并且从系统设计之初就得到考虑，那么 DPbD 概念就是可以创造"数据保护优先"[17] 文化的概念。这种文化会使公司获得用户的信任。每当互联网用户在线共享个人数据时，他们就会信任服务提供商对数据收集、使用、存储和安全的承诺。只有具有用户的信任，才会有更多人使用 DPbD 友好系统[19]，互联网经济才能增长[18]。这可能是苹果公司成长的原因之一，因为在苹果公司，用户的信任对他们来说意味着一切，这也正是他们尊重用户隐私并通过强大的加密技术保护它的原因[20]。

其次，各组织将充分履行法律义务，这样就不会面临巨额罚款，也不会赔钱。同样，与可预见风险相对应，各组织解决风险的费用也会比发布产品后少[21]。更多的制裁也会导致更多的声誉损失[22]。此外，组织将在公司中自动创建数据保护文化[23]。同时，技术的变化和发展如此之快，以致于在系统使用过程中控制隐私问题并不容易。有必要从基本系统设计之初就预见这样的危险，并只做正确的事情。除此之外，该整体理念可以为全球数据保护做出贡献，但由于对数据保护的不同理解和实现，这一点也有所缺失。

最后，DPbD 有助于减少世界数据保护的不对称性、权力博弈和政治冲突，也有助于促进信息的自由流动、国家的安全和民主。这是一种反对监视、滥用和非法使用数据的理念。

由于全球化和互联网，其中有像 Facebook 这样的产品，数据保护领先国家法律的压力将惠及所有人——它们为世界上每一个国家赢得了数据保护的盾牌[16]。

16.5.2 GDPR 中的隐私保护

现在，仔细研究 DPbD 的原则可以让人们更全面地了解 DPbD 作为隐私保护的确切含义。不管原则的顺序如何，第一个原则似乎是整个 DPbD 理解的逻辑，它指出了当前只要发生数据泄露就无法修复的问题。因为无法找出在线个人数据的所有可能连接，所以互联网似乎无法帮助修复不需要的数据泄露。只要将数据上传到了网络，就几乎不可能删除它们。

通过采用比已知标准更高的标准、在用户和合作伙伴之间建立隐私网络和弥补系统隐私的弱点等积极和预防性的个人数据保护方法，能够减少数据泄露的风险。从系统的角度来看，这需要将隐私嵌入到系统的架构中。要想准确地了解在系统中应嵌入哪种隐私工具，有一个方法是查看隐私影响评估。GDPR 第 35 条规定，当数据处理"可能导致自然人的权利和自由具有高风险"时，数据控制者应负有数据保护影响评估的责任。事实上任何处理个人数据的系统都会承担一定程度的风险。为了确定风险等级并采取必要的步骤，DPIA 是 DPbD 道路上的首次尝试，DPbD 的成功在很大程度上取决于 DPIA 的成功[23]。

DPIA 是一种系统的评估风险的方法，它将引导企业及其利益相关者和员工一起了解在某个系统中处理与数据保护相关的风险的内容和形式。DPIA 能帮助各组织全面了解个人数据收集、存储、使用、传输和管理的流程以及其中出现的风险。DPbD 和 DPIA 之间的关系是双重的，它们相互促进，并最终将数据保护措施和技术主动纳入系统之中。评估结果有助于决策者制定关于加强数据安全的计划并指导他们选择所实施的 PET。

在欧盟文献中，特别是从数据保护的角度来看，PET 可能得到了最好的描述：

> 它是一个信息和通信技术系统。它通过消除或最小化个人数据来保护信息隐私，从而避免对个人数据进行不必要的或不期望的处理，同时又不会丧失信息系统的功能[24]。

虽然欧盟数据保护文献中没有提到 PET，但扩展的 GDPR 解释了它（Recita 78），PET 是帮助组织降低 DPIA 所揭示风险的技术工具。这些工具通常是加密、电子邮件隐私工具、匿名和匿名化手段、身份验证方法、cookie 分割器和隐私首选项平台等。由于现在 GDPR 已经全面生效，隐私保护特别是数据保护技术将以更快的速度发展，因此该清单并非详尽无遗。

16.5.3 默认数据保护

与数据处理原则相结合的安全系统包括默认隐私保护（或 GDPR 中的默认数据保护）。基本上，默认数据保护与数据最小化原则相关，它命令数据控制者在服务期间尽可能少地收集个人数据。这不应干扰系统功能，也不会阻止数据控制者收集运行系统所需的数据，但可能有一些功能只有在用户共享某些个人数据时才能使用。未经用户同意时，不得处理必要的个人数据以向用户提供这些功能。事实上，同意应在知情的基础上自由作出，应具体到功能的目的，应是明确的（取决于个人数据的类型，例如是否是敏感数据），并应以积极的行动表明（GDPR 第 32 条陈述）。后一项标准是"选择加入"过程，在默认情况下，这或多或少与隐私的含义相同。选择加入操作应确保所收集的必要个人数据和进一步的数据处理活动由数据主体手动决定。数据主体应有权选择同意或将处理活动从功能中删除。鉴于 2008 年和 2017 年 Facebook 的例子，这一点非常重要。以前，创建个人 Facebook 个人资料的用户会被引导分享大量个人信息，包括其宗教、政治观点和国籍等敏感信息。但用户无法选择是否在其个人资料（个人数据管理工具）上显示此类信息。此外，用户无法限制他们希望展示个人资料的对象，其中可能包括他们的图片、帖子和视频，以及他们在创建个人资料期间提供的其他信息。自 2014 年以来，Facebook 将其"一切都应该公开"的方法改为"一切都应该私密和易于管理"的方法。现在，除了默认的隐私设置之外，Facebook 用户还可以管理第三方数据披露、在发布时设置公共 - 私人发布规则，并在一个可理解的和用户友好的界面中管理整个隐私设置。总之，Facebook 在数据收集、使用和披露方面划定了自己的边界。

通过利益相关方之间的合作以及与个人的合作，可以创建成功的隐私友好系统。其中可以根据可见性和透明度原则创建个人数据保护政策和程序文档，并与相关实体和个人共享。在这种情况下，除了向个人提供有关其权利（第 12 ~ 23 条）和补救措施（GDPR 第 77 ~ 80 条、第 82 条）的全面、可理解和明确的信息，数据控制者还必须向数据保护局（DPA）通报这些政策，并由 DPA 最终监控这些政策是否符合法律规定。虽然合规性是一个重要问题，但所有步骤都是为了尊重用户隐私而采取的。卡穆基安建议通过向用户提供必要的工具和信息，使用户能够执行自己的数据自我管理，达到"保持设计以用户为中心"的目的。GDPR 加强了其中的许多手段，例如明确解释同意条件（第 7 条）、引入儿童同意机制（第 8 条）、引入删除权（第 17 条）和数据迁移权（第 20 条）。这些公司为用户提供了创造性和用户友好的界面来访问和管理他们的数据。谷歌提供数据管理和隐私检查平台，该平台采用图形和动画设计，其中包括简短易懂的文档以及用于管理谷歌收集的所有相关数据和信息的控制面板。在处理大量个人数据的同时，也应设计此类数据控制面板，以便所有用户都能理解和使用它。

最后，可能有人会问，实施 DPbD 原则后将会发生什么？首先，系统和数据将在生命周期保护中得到保护，这强调了连续和标准数据安全应用程序的重要性以及它们在系统功能和用户权限之间的平衡。从法律和实践的角度来看，只要人工智能和机器人等新技术的发展成为人们日常生活的一部分，数据保护领域的不断变化和改进就有了积极的信号。因此，数据保护是一个动态领域，需要不断进行系统监控以保持保护或实施水平，或创建更高级别的保护工具。

其次，如果遵循 DPbD 原则，那么任何涉及数据处理活动的参与者都会发现自己处于双赢的地位。这样，用户就可以在了解其数据的使用情况的基础上使用该系统，而且由于 DPbD，系统利益相关方可以确保系统内的数据安全达到足够的水平，并可以向用户和数据保护机构反映这些安全性，不论其是否符合隐私政策、规则和立法。

为了总结这些想法，我们认为，操作和使用与欧盟成员国相关的雾应用的各方都应了解 GDPR，而 PET 是一种可以应用于物联网、雾、云环境中的方法。我们在图 16.1 中描述的可能的雾使用案例明确表示，多租户在物联网和雾环境中比在纯云设置中更多、参与实体的数量也更多（特别是在多雾区域），这意味着正确识别控制者和处理者角色是至关重要的。

16.6 未来研究方向

我们的研究结果表明，DPbD 原则结合数据保护影响评估和数据保护增强技术，能减少云和雾环境中物联网应用可能对隐私造成的危害。在将来，我们计划进一步分析物联网、雾和云用例，并扮演法律角色以揭示责任和提供这些领域的应用程序设计和操作的提示。

16.7　结论

根据最近的技术趋势，物联网环境产生了空前的大量数据进行存储、处理和分析。云和雾技术可以用来帮助完成这些任务，但它们的应用会产生复杂的系统。在这些系统中，数据管理会引发法律问题。欧盟委员会持续推进其保护个人数据的法律制度的现代化，以应对使用这些新技术的情况，加强用户对其个人数据的影响、减少行政手续，以及改进欧盟个人数据保护规则的清晰度和一致性。为了实现这些目标，委员会制定了通用数据保护条例，我们在本章中对此进行了详细分析。

致谢

该研究得到了匈牙利人力资源部的 UNKP-17-4 新国家卓越项目的支持，以及匈牙利政府和欧洲区域发展基金（拨款号 GINOP-2.3.2-15-2016-00037）（"生物互联网"）的资助。

参考文献

1 R. Buyya, C. S. Yeo, S. Venugopal, J. Broberg, and I. Brandic. Cloud computing and emerging IT platforms: vision, hype, and reality for delivering computing as the 5th utility. *Future Generation Computer Systems* 25: 599–616, 2009.

2 H. Sundmaeker, P. Guillemin, P. Friess, and S. Woelffle. Vision and challenges for realising the Internet of Things. CERP IoT – Cluster of European Research Projects on the Internet of Things, CN: KK-31-10-323-EN-C, March 2010.

3 European Commission. REGULATION (EU) 2016/679 of the European Parliament and of the Council of 27 April 2016 on the protection of natural persons with regard to the processing of personal data and on the free movement of such data, and repealing Directive 9546EC (General Data Protection Regulation). Official Journal of the European Union, Last visited on June 17, 2017.

4 Directive 95/46/EC of the European Parliament and of the Council of 24 October 1995 on the protection of individuals with regard to the processing of personal data and on the free movement of such data. *Official Journal L*, 281: 31–50, 1995.

5 A. V. Dastjerdi, R. Buyya. Fog computing: Helping the Internet of Things realize its potential. *Computer*, 49: 112–116, August 2016.

6 B. Escribano. Privacy and security in the Internet of Things: Challenge or opportunity. OLSWANG. http://www.olswang.com/media/48315339/privacy_and_security_in_the_iot.pdf. Accessed November 2014.

7 Opinion 8/2014 on the Recent Developments on the Internet of Things. http://ec.europa.eu/justice/data-protection/article-29/documentation/opinion-recommendation/files/2014/wp223_en.pdf. Accessed October 2014.

8 S. Yi, Z. Qin, and Q. Li. Security and privacy issues of fog computing: A survey. In *International Conference on Wireless Algorithms, Systems, and Applications* (pp. 685–695). Springer, Cham, August 2015.

9　K. Lee, D. Kim, D. Ha, and H. Oh. On security and privacy issues of fog computing supported Internet of Things environment. In *IEEE 6th International Conference on the Network of the Future (NOF)*, September 2015: 1–3.

10　M. Mukherjee et al. Security and privacy in fog computing: challenges. *IEEE Access*, 5: 19293–19304, 2017.

11　A. Kertesz. Characterizing cloud federation approaches. In *Cloud Computing: Challenges, Limitations and R&D Solutions. Computer Communications and Networks*. Springer, Cham, 2014, pp. 277–296.

12　R. Want and S. Dustdar. Activating the Internet of Things. *Computer*, 48(9): 16–20, 2015.

13　L. Atzori, A. Iera, and G. Morabito. The Internet of Things: A Survey. *Computer Network*, 54(15): 2787–2805, 2010.

14　A. Kertesz, Sz. Varadi. Legal aspects of data protection in cloud federations. In S. Nepal and M. Pathan (Ed.). *Security, Privacy and Trust in Cloud Systems*. Berlin, Heidelberg. Springer-Verlag, 2014, pp. 433–455.

15　A. Cavoukian. *Privacy by Design: The 7 Foundational Principles Implementation and Mapping of Fair Information Practices*, 2011. http://www.ontla.on.ca/library/repository/mon/24005/301946.pdf.

16　I. Rubinstein. Regulating Privacy by Design. *Berkeley Technology Law Journal* 26 (2011): 1409.

17　E. Everson. Privacy by Design: Taking CTRL of big data. *Cleveland State Law Review*, 65: 27–44, 2016.

18　A. Rachovitsa. Engineering and lawyering Privacy by Design: understanding online privacy both as a technical and an international human rights issue. *International Journal of Law and Information Technology*, 24(4): 374–399, 2016.

19　P. Schaar. Privacy by Design. *Identity in the Information Society*, 3(2): 267–274, 2010.

20　Apple Inc. Apple's commitment to your privacy. Available: https://www.apple.com/privacy/. December 2017.

21　Information Commissioner's Office (ICO). Conducting privacy impact assessments code of practice, 2014. Available: https://ico.org.uk/media/for-organisations/documents/1595/-pia-code-of-practice.pdf.

22　N. Hodge. The EU: Privacy by default analysis. *In-House Perspective* 8: 19–22, 2012.

23　K.A. Bamberger and D.K. Mulligan. PIA requirements and privacy decision-making in us government agencies. In *Privacy Impact Assessment*. D. Wright and P. De Hert, Eds. Dordrecht: Springer Netherlands, 2012, pp. 225–250.

24　Privacy and data protection by design – from policy to engineering. European Union Agency for Network and Information Security (ENISA), 2014.

使用 iFogSim 工具包对雾计算和边缘计算环境进行建模和仿真

Redowan Mahmud, Rajkumar Buyya

17.1 引言

  凭借着硬件和通信技术不断的发展，物联网不断推进信息物理环境各个领域的发展。因此，智能医疗、智慧城市、智能家居、智能工厂、智能交通和智能农业等不同的物联网支持系统受到了全球的高度关注。云计算是提供基础设施、平台和软件服务以支持物联网支持系统开发的基石[1]，但是云数据中心与物联网数据源之间存在多跳距离，这会增加数据传播的时延，并对物联网支持系统的服务交付时间产生负面影响。在实时使用的情况下，（如监控病危患者的身体状况、紧急火灾或交通管理）数据传播时延是不可接受的。

  此外，物联网设备在地理位置上分布，每单位时间可以生成大量数据。如果将每个物联网节点的数据发送到云端进行处理，则全球互联网会发生过载现象。为了克服这些挑战，引入边缘计算资源来为物联网支持系统提供服务可能是一个潜在的解决方案[2]。

  雾计算（可与边缘计算的定义互换）是计算应用领域中的一个最新组成部分，其目标是在边缘网络上提供类似云的服务以辅助大量的物联网设备。在雾计算中，异构设备（俗称雾节点），如思科的 IOx 网络设备、微数据中心、纳米服务器、智能手机、个人计算机和微云创建了广泛的服务分布，让物联网数据的处理更接近源。因此雾计算在最小化不同的物联网支持系统的服务交付时延以及减轻网络处理大量数据负载的压力方面发挥着重要作用[3]。与云数据中心相比，雾节点的资源并不丰富。因此，最常见的场景是雾计算与云计算以集成的方式工作，来满足大规模物联网支持系统的资源和服务质量（QoS）要求[4]，如图 17.1 所示。

  雾计算中的资源管理非常复杂，因为它涉及大量不同的资源约束的雾节点，以采用分布式方式满足物联网支持系统的计算需求。雾计算与云计算的结合使用在联合资源管理方面进一步引发了困难。物联网设备的不同传感频率、分布式应用结构和其协调也影响了雾计算环境下的资源管理[5]。在雾计算的推进和资源管理方面，无疑需要进行更广泛的研究。

  为了制定和评价不同的想法和资源管理政策，雾环境的实证分析是关键。由于雾计算环境将物联网设备、雾节点和云数据中心与大量物联网数据及分布式应用程序结合在一起，因此研究实际的雾环境应用的成本将非常高。此外，在现实世界的雾环境中修改任何实体都是漫长的。在这种环境下，模拟雾计算环境将非常有帮助。仿真工具包不仅提供了设计自定义实验环境的框架，还有助于可重复实验的评估。在建模雾计算环境和运行实验方面，存在一些模拟器，如 Edgecloudsim[6]、SimpleIoTSimulator[7] 和 iFogSim[8]。在本章中，我们将重点介绍 iFogSim 的教程。iFogSim 目前正受到雾计算研究人员的关注，本章将为他们提供一种在研究工作中应用 iFogSim 的简化方法。

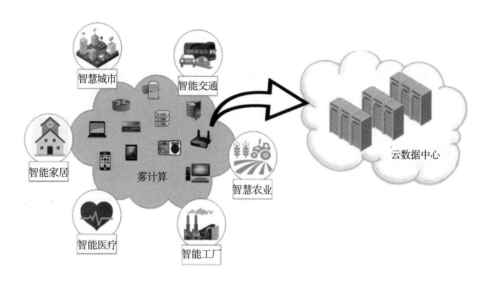

图 17.1　物联网系统与雾计算、云计算之间的交互

在本章其他小节，我们将简要介绍 iFogSim 仿真器及其基本组件。我们将重新讨论 iFogSim 的安装方法，并提供建模雾环境的指南。本章还包括一些雾场景及其相应的用户扩展。最后，我们将介绍简单的应用部署策略仿真和案例研究。

17.2　iFogSim 仿真器及其组件

iFogSim 仿真工具包是在 CloudSim 的基本框架下开发的[9]。CloudSim 是一种广泛用于建模云计算环境的仿真器[10,11]。iFogSim 通过扩展基本 CloudSim 类的抽象，提供了使用大量雾节点和物联网设备（如传感器、执行器）仿真自定义的雾计算环境的范围。但是在 iFogSim 中，类的注释方式使没有 CloudSim 先验知识的用户可以轻松定义雾计算的基础设施、服务部署和资源分配策略。iFogSim 在模拟雾计算环境中的任何应用场景时，应用了感知 – 处理 – 执行和分布式数据流模型。它有助于评估端到端时延、网络拥塞、功率使用、运营费用和 QoS 满意度。在大量的研究工作中，iFogSim 已经被用于模拟雾计算环境的资源[12]、移动性[13]、时延[14]、体验质量（QoE）[15]、能源[16]、安全[17] 和 QoS[18] 感知管理。iFogSim 由三个基本组件组成。

17.2.1　物理组件

物理组件包括雾设备（雾节点）。雾设备按层次结构编排。低层雾设备与相关的传感器和执行器直接相连。雾设备提供存储、网络和计算资源，就像云计算中的数据中心一样。每一个雾设备都具有特定的指令处理速率和功耗属性（忙碌功率和空闲功率），这些能够反映它的能力和能量效率。

在 iFogSim 中的传感器可生成云计算中被称为任务的元组。元组（任务）的生成是事件驱动的，创建传感器时，按照确定的分布设置生成两个元组之间的间隔。

17.2.2 逻辑组件

应用程序模块（AppModule）和应用程序边缘（AppEdge）都是 iFogSim 的逻辑组件。在 iFogSim 中，应用程序是一些相互依赖的 AppModule 的集合，这也促进了分布式应用程序的概念。两个模块之间的依赖性由 AppEdge 的特征定义。在云计算领域中，AppModule 能够映射成虚拟机（VM），而 AppEdge 是两个虚拟机之间的逻辑数据流。在 iFogSim 中，每一个 AppModule（虚拟机）能够处理来自数据流前任 AppModule（虚拟机）的特殊类型的元组（任务）。两个 AppModule 之间的元组转发可以是周期性的，同时，在收到一个特殊类型的元组时，由分级选择模型来决定是否将另一个元组（不同类型）触发给下一个模块。

17.2.3 管理组件

iFogSim 的管理组件包括控制器和模块映射对象。模块映射对象根据 AppModule 的需求，在雾设备中识别出可利用的资源并将其置于 AppModule 中。iFogSim 默认支持模块的分层部署。如果一个雾设备不能满足一个模块的需求，该模块就会被送至上层雾设备。控制器对象根据模块映射对象所提供的部署信息在指定的雾设备上启动 AppModule，并周期性地管理雾设备的资源。当仿真结束时，控制器对象从雾设备处收集仿真期间的成本、网络使用和能量消耗的结果。iFogSim 组件之间的交互过程如图 17.2 所示。

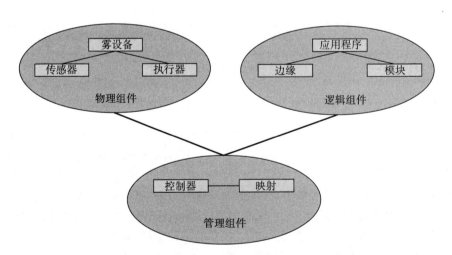

图 17.2   iFogSim 组件之间交互的高级视图

17.3   安装 iFogSim

iFogSim 是由墨尔本大学的云计算和分布式系统（CLOUDS）实验室开发的基于 Java 的开源仿真器。其官网上给出了 iFogSim 的下载链接。下面将简单描述安装 iFogSim 的过程。

1. 从 https://github.com/Cloudslab/iFogSim 或 http://cloudbus.org/cloudsim/ 下载 iFogSim 的 zip 文件。

2. 解压缩名为 iFogSim-master 的 zip 文件。

3. 在个人计算机上安装 Java 标准版开发工具包（jdk），运行时环境（jre）为 1.7 或更高的版本，同时安装 Eclipse Juno 或最新版本。

4. 为 Eclipse 定义工作区。

5. 在工作区中新建一个文件夹。

6. 从 iFogSim-master 中复制粘贴所有内容至新建的文件夹。

7. 打开 Eclipse 应用程序向导，创建一个与新创建的文件夹名称相同的新 Java 项目。

8. 在项目的 src（源代码）中打开 org.fog.test.perfeval 包并运行任何示例仿真代码。

17.4　使用 iFogSim 搭建仿真过程

在这一节中，我们将探讨在 iFogSim 中建模与仿真的高级步骤。

1. 在特定配置下创建物理组件。配置参数包括内存（RAM）、每秒百万指令（MIPS）的处理能力、每百万指令的处理成本、下行链路和上行链路的带宽、忙碌状态和空闲状态的功率以及其层次结构级别。在创建低层雾设备时，也需要创建相关联的物联网设备，如传感器和执行器。在创建物联网传感器时，系统在 transmitDistribution（分布式传输）对象里设置了特殊值，该值与检测间隔相关。另外，创建传感器和执行器需要引用应用程序 ID 和代理 ID。

2. 接下来，创建逻辑组件，如 AppModule、AppEdge 和 AppLoop 等。在创建 AppModule 时，系统会提供其配置，同时 AppEdge 对象中包含有关元组类型、其方向、CPU 和网络长度的信息，以及源模块、目标模块的引用。在后台中，不同类型的元组将基于给定的 AppEdge 对象规格创建。

3. 不同的调度和 AppModule 部署策略在管理组件（模块映射）启动时定义。用户可以在将 AppModule 分配给雾设备时考虑总的能量消耗、服务时延、网络利用、运营支出和设备异构性，并可以相应地扩展模块映射类的抽象。根据 AppEdge 的信息，AppModule 的需求必须与相应元组类型的规格保持一致，并通过可用的雾资源来满足。一旦进行了 AppModule 和雾设备之间的映射，物理组件和逻辑组件的信息就会被转发至控制器对象。控制器对象随后将整个系统提交到 CloudSim 引擎进行仿真。

17.5　示例场景

为了学习使用 iFogSim，建议遵循内置的示例代码，如 VRGameFog 和 DCNSFog。这里我们将讨论一些能够通过 iFogSim 进行仿真的雾场景。

17.5.1　使用异构配置创建雾节点

iFogSim 的 FogDevice 类为用户提供了一个公共构造函数来创建不同类型的雾节点。下面给出了一个在特定层次级别创建异构雾设备（节点）的代码片段。

代码片段 1：

- 放置在 Main 类中

```
static int numOfFogDevices = 10;
static List<FogDevice> fogDevices = new ArrayList<FogDevice>();
static Map<String, Integer> getIdByName = new HashMap <String,
    Integer>();
private static void createFogDevices() {
    FogDevice cloud = createAFogDevice("cloud", 44800, 40000, 100,
```

```
            10000, 0, 0.01, 16*103, 16*83.25);
        cloud.setParentId(-1);
        fogDevices.add(cloud);
        getIdByName.put(cloud.getName(), cloud.getId());
        for(int i=0;i<numOfFogDevices;i++){
            FogDevice device = createAFogDevice("FogDevice-"+i,
                getValue(12000, 15000), getValue(4000, 8000),
                        getValue(200, 300), getValue(500, 1000), 1, 0.01,
                            getValue(100,120), getValue(70, 75));
            device.setParentId(cloud.getId());
            device.setUplinkLatency(10);
            fogDevices.add(device);
            getIdByName.put(device.getName(), device.getId());}
    }
    private static FogDevice createAFogDevice(String nodeName,long mips,
        int ram, long upBw, long downBw, int level, double ratePerMips,
        double busyPower, double idlePower) {
        List<Pe> peList = new ArrayList<Pe>();
        peList.add(new Pe(0, new PeProvisionerOverbooking(mips)));
        int hostId = FogUtils.generateEntityId();
        long storage = 1000000;
        int bw = 10000;
        PowerHost host = new PowerHost(hostId,
            new RamProvisionerSimple(ram), new
            BwProvisionerOverbooking(bw), storage, peList,
            new StreamOperatorScheduler(peList),
            new FogLinearPowerModel(busyPower, idlePower));
        List<Host> hostList = new ArrayList<Host>();
        hostList.add(host);
        String arch = "x86";
        String os = "Linux";
        String vmm = "Xen";
        double time_zone = 10.0;
        double cost = 3.0;
        double costPerMem = 0.05;
        double costPerStorage = 0.001;
        double costPerBw = 0.0;
        LinkedList<Storage> storageList = new LinkedList<Storage>();
        FogDeviceCharacteristics characteristics = new
            FogDeviceCharacteristics(arch, os, vmm, host, time_zone, cost,
                    costPerMem, costPerStorage, costPerBw);
        FogDevice fogdevice = null;
        try {
            fogdevice = new FogDevice(nodeName, characteristics,
                    new AppModuleAllocationPolicy(hostList),
                    storageList, 10, upBw, downBw, 0, ratePerMips);}
        catch (Exception e) {
            e.printStackTrace();}
        fogdevice.setLevel(level);
        return fogdevice;}
```

代码片段 1 创建了一定数量的具有固定范围的配置的雾节点。

17.5.2 创建不同的应用程序模型

通过 iFogSim 能仿真不同类型的应用程序模型，在接下来的小节中，我们将讨论两种类型的应用程序模型。

17.5.2.1 主 – 工作者应用程序模型

主 – 工作者应用程序模型的 AppModule 之间的交互如图 17.3 所示。

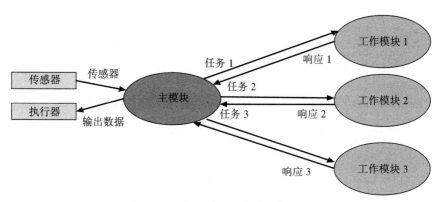

图 17.3　主 – 工作者应用程序模型

可以使用代码片段 2 在 iFogSim 中对此类应用程序进行建模。值得注意的是，物联网传感器的名字需要和它发射的元组名称一致。

代码片段 2:

- 放置在 Main 类中

```
private static Application createApplication(String appId,
    int brokerId){
        Application application = Application.createApplication(appId,
            brokerId);
        application.addAppModule("MasterModule", 10);
        application.addAppModule("WorkerModule-1", 10);
        application.addAppModule("WorkerModule-2", 10);
        application.addAppModule("WorkerModule-3", 10);

        application.addAppEdge("Sensor", "MasterModule", 3000, 500,
            "Sensor", Tuple.UP, AppEdge.SENSOR);
        application.addAppEdge("MasterModule", "WorkerModule-1", 100,
            1000, "Task-1", Tuple.UP, AppEdge.MODULE);
        application.addAppEdge("MasterModule", "WorkerModule-2", 100,
            1000, "Task-2", Tuple.UP, AppEdge.MODULE);
        application.addAppEdge("MasterModule", "WorkerModule-3", 100,
            1000, "Task-3", Tuple.UP, AppEdge.MODULE);
        application.addAppEdge("WorkerModule-1", "MasterModule",20,
            50, "Response-1", Tuple.DOWN, AppEdge.MODULE);
        application.addAppEdge("WorkerModule-2", "MasterModule",20,
            50, "Response-2", Tuple.DOWN, AppEdge.MODULE);
        application.addAppEdge("WorkerModule-3", "MasterModule",20,
            50, "Response-3", Tuple.DOWN, AppEdge.MODULE);
        application.addAppEdge("MasterModule", "Actuators", 100, 50,
            "OutputData", Tuple.DOWN, AppEdge.ACTUATOR);

        application.addTupleMapping("MasterModule", " Sensor ",
            "Task-1", new FractionalSelectivity(0.3));
        application.addTupleMapping("MasterModule", "Sensor ",
            "Task-2", new FractionalSelectivity(0.3));
        application.addTupleMapping("MasterModule", " Sensor ",
            "Task-3", new FractionalSelectivity(0.3));
        application.addTupleMapping("WorkerModule-1", "Task-1",
            "Response-1", new FractionalSelectivity(1.0));
        application.addTupleMapping("WorkerModule-2", "Task-2",
            "Response-2", new FractionalSelectivity(1.0));
        application.addTupleMapping("WorkerModule-3", "Task-3",
            "Response-3", new FractionalSelectivity(1.0));
```

```
application.addTupleMapping("MasterModule", "Response-1",
   "OutputData", new FractionalSelectivity(0.3));
application.addTupleMapping("MasterModule", "Response-2",
   "OutputData", new FractionalSelectivity(0.3));
application.addTupleMapping("MasterModule", "Response-3",
   "OutputData", new FractionalSelectivity(0.3));

final AppLoop loop1 = new AppLoop(new ArrayList<String>(){{
   add("Sensor");add("MasterModule");add("WorkerModule-1");
   add("MasterModule");add("Actuator");}});
final AppLoop loop2 = new AppLoop(new ArrayList<String>(){{
   add("Sensor");add("MasterModule");add("WorkerModule-2");
   add("MasterModule");add("Actuator");}});
final AppLoop loop3 = new AppLoop(new ArrayList<String>(){{
   add("Sensor");add("MasterModule");add("WorkerModule-3");
   add("MasterModule");add("Actuator");}});
List<AppLoop> loops = new ArrayList<AppLoop>(){{add(loop1);
   add(loop2);add(loop3);}};
   application.setLoops(loops);

return application;}
```

17.5.2.2 顺序单向数据流应用程序模型

图 17.4 是顺序单向应用程序模型的示意图。代码片段 3 引用了在 iFogSim 中为此应用程序建模的指令。

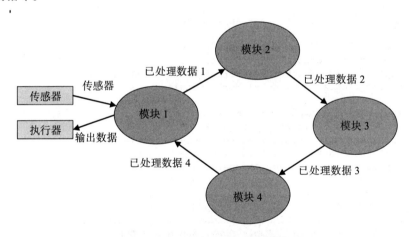

图 17.4   顺序单向数据流应用程序模型

代码片段 3：

- 放置在 Main 类中

```
private static Application createApplication(String appId,
   int brokerId){
   Application application = Application.createApplication(appId,
      brokerId);
   application.addAppModule("Module1", 10);
   application.addAppModule("Module2", 10);
   application.addAppModule("Module3", 10);
   application.addAppModule("Module4", 10);

   application.addAppEdge("Sensor", "Module1", 3000, 500,
      "Sensor", Tuple.UP, AppEdge.SENSOR);
   application.addAppEdge("Module1", "Module2", 100, 1000,
      "ProcessedData-1", Tuple.UP, AppEdge.MODULE);
```

```
application.addAppEdge("Module2", "Module3", 100, 1000,
    "ProcessedData-2", Tuple.UP, AppEdge.MODULE);
application.addAppEdge("Module3", "Module4", 100, 1000,
    "ProcessedData-3", Tuple.UP, AppEdge.MODULE);
application.addAppEdge("Module4", "Module1", 100, 1000,
    "ProcessedData-4", Tuple.DOWN, AppEdge.MODULE);
application.addAppEdge("Module1", "Actuators", 100, 50,
    "OutputData", Tuple.DOWN, AppEdge.ACTUATOR);

application.addTupleMapping("Module1", "Sensor",
    "ProcessedData-1", new FractionalSelectivity(1.0));
application.addTupleMapping("Module2", "ProcessedData-1",
    "ProcessedData-2", new FractionalSelectivity(1.0));
application.addTupleMapping("Module3", "ProcessedData-2",
    "ProcessedData-3", new FractionalSelectivity(1.0));
application.addTupleMapping("Module4", "ProcessedData-3",
    "ProcessedData-4", new FractionalSelectivity(1.0));
application.addTupleMapping("Module1", "ProcessedData-4",
    "OutputData", new FractionalSelectivity(1.0));

final AppLoop loop1 = new AppLoop(new ArrayList<String>(){{
    add("Sensor");add("Module1");add("Module2");add("Module3");
    add("Module4");add("Module1");add("Actuator");}});
    List<AppLoop> loops = new ArrayList<AppLoop>(){}add(loop1);}};
    application.setLoops(loops);
    return application;}
```

17.5.3 具有不同配置的应用程序模块

代码片段 4 创建了具有不同配置的 AppModule。

代码片段 4：

● 放置在 Main 类中

```
private static Application createApplication(String appId,
    int brokerId){
        Application application = Application.createApplication(appId,
            brokerId);
        application.addAppModule("ClientModule", 20,500, 1024, 1500);
        application.addAppModule("MainModule", 100, 1200, 4000, 100);

        application.addAppEdge("Sensor", "ClientModule", 3000, 500,
            "Sensor", Tuple.UP, AppEdge.SENSOR);
        application.addAppEdge("ClientModule", "MainModule", 100,
            1000, "PreProcessedData", Tuple.UP, AppEdge.MODULE);
        application.addAppEdge("MainModule", "ClientModule", 100,
            1000, "ProcessedData", Tuple.DOWN, AppEdge.MODULE);
        application.addAppEdge("ClientModule", "Actuators", 100,
            50, "OutputData", Tuple.DOWN, AppEdge.ACTUATOR);

        application.addTupleMapping("ClientModule", "Sensor",
            "PreProcessedData", new FractionalSelectivity(1.0));
        application.addTupleMapping("MainModule", "PreProcessedData",
            "ProcessedData", new FractionalSelectivity(1.0));
        application.addTupleMapping("ClientModule", "ProcessedData",
            "OutputData", new FractionalSelectivity(1.0));

        final AppLoop loop1 = new AppLoop(new ArrayList<String>(){{
            add("Sensor");add("ClientModule");add("MainModule");
            add("Actuator");}});
```

```
        List<AppLoop> loops = new ArrayList<AppLoop>(){{add(loop1);}};
        application.setLoops(loops);
        return application;}
```

- 放置在 Application 类中

```
public void addAppModule(String moduleName, int ram, int mips,
    long size, long bw){
        String vmm = "Xen";
        AppModule module = new AppModule(FogUtils.generateEntityId(),
            moduleName, appId, userId, mips, ram, bw, size, vmm,
            new TupleScheduler(mips, 1), new HashMap<Pair<String,
            String>, SelectivityModel>());
        getModules().add(module);
    }
```

17.5.4 具有不同元组发射率的传感器

可以使用代码片段 5 来创建具有不同元组发射率的传感器。

代码片段 5：

- 放置在 Main 类中

```
private static FogDevice addLowLevelFogDevice(String id,
    int brokerId, String appId, int parentId){
        FogDevice lowLevelFogDevice = createAFogDevice
            ("LowLevelFogDevice-"+id, 1000, 1000, 10000, 270, 2, 0,
            87.53, 82.44);
        lowLevelFogDevice.setParentId(parentId);
        getIdByName.put(lowLevelFogDevice.getName(),
            lowLevelFogDevice.getId());}
        Sensor sensor = new Sensor("s-"+id, "Sensor", brokerId,
            appId, new DeterministicDistribution(getValue(5.00)));
        sensors.add(sensor);
        Actuator actuator = new Actuator("a-"+id, brokerId, appId,
            "OutputData");
        actuators.add(actuator);
        sensor.setGatewayDeviceId(lowLevelFogDevice.getId());
        sensor.setLatency(6.0);
        actuator.setGatewayDeviceId(lowLevelFogDevice.getId());
        actuator.setLatency(1.0);
        return lowLevelFogDevice;}

    private static double getValue(double min) {
        Random rn = new Random();
        return rn.nextDouble()*10 + min;}
```

17.5.5 从传感器发送特定数量的元组

代码片段 6 使传感器可以创建特定数量的元组。

代码片段 6：

- 放置在 Sensor 类中

```
static int numOfMaxTuples = 100;
static int tuplesCount = 0;
public void transmit(){
    System.out.print(CloudSim.clock()+": ");
    if(tuplesCount<numOfMaxTuples){
        AppEdge _edge = null;
```

```
for(AppEdge edge : getApp().getEdges()){
    if(edge.getSource().equals(getTupleType()))
        _edge = edge;
}
long cpuLength = (long) _edge.getTupleCpuLength();
long nwLength = (long) _edge.getTupleNwLength();
Tuple tuple = new Tuple(getAppId(), FogUtils.generateTupleId(),
    Tuple.UP, cpuLength, 1, nwLength, outputSize,
        new UtilizationModelFull(), new UtilizationModelFull(),
        new UtilizationModelFull());
tuple.setUserId(getUserId());
tuple.setTupleType(getTupleType());
tuple.setDestModuleName(_edge.getDestination());
tuple.setSrcModuleName(getSensorName());
Logger.debug(getName(), "Sending tuple with tupleId = "
    +tuple.getCloudletId());
int actualTupleId = updateTimings(getSensorName(),
    tuple.getDestModuleName());
tuple.setActualTupleId(actualTupleId);
send(gatewayDeviceId, getLatency(), FogEvents.TUPLE_ARRIVAL,
    tuple);
tuplesCount++;
    }
}
```

17.5.6　雾设备的移动性

按照层次顺序，每个特定层次的雾设备都与上一层的雾设备相连。代码片段 7 展示了在 iFogSim 中如何处理移动性的问题。在这里，我们考虑了任意低层雾设备去往某个目的地的移动性。

代码片段 7：

- 放置在 Main 类中

```
static Map<Integer, Pair<Double, Integer>> mobilityMap = new HashMap
    <Integer, Pair<Double, Integer>>();
static String mobilityDestination = "FogDevice-0";
private static FogDevice addLowLevelFogDevice(String id,
    int brokerId, String appId, int parentId){
    FogDevice lowLevelFogDevice = createAFogDevice
        ("LowLevelFogDevice-"+id, 1000, 1000, 10000, 270, 2, 0,
        87.53, 82.44);
    lowLevelFogDevice.setParentId(parentId);
    getIdByName.put(lowLevelFogDevice.getName(),
        lowLevelFogDevice.getId());

    if((int)(Math.random()*100)%2==0){
        Pair<Double, Integer> pair = new Pair<Double,
        Integer>(100.00, getIdByName.get(mobilityDestination));
        mobilityMap.put(lowLevelFogDevice.getId(), pair);}

    Sensor sensor = new Sensor("s-"+id, "Sensor", brokerId, appId,
        new DeterministicDistribution(getValue(5.00)));
    sensors.add(sensor);
    Actuator actuator = new Actuator("a-"+id, brokerId, appId,
        "OutputData");
    actuators.add(actuator);
    sensor.setGatewayDeviceId(lowLevelFogDevice.getId());
    sensor.setLatency(6.0);
```

```
    actuator.setGatewayDeviceId(lowLevelFogDevice.getId());
    actuator.setLatency(1.0);
    return lowLevelFogDevice;}
```

- 包含在 Main 方法中

```
Controller controller = new Controller("master-controller",
    fogDevices, sensors, actuators);
controller.setMobilityMap(mobilityMap);
```

- 放置在 Controller 类中

```
private static Map<Integer, Pair<Double, Integer>> mobilityMap;
public void setMobilityMap(Map<Integer, Pair<Double,
    Integer>> mobilityMap) {
    this.mobilityMap = mobilityMap;
    }
    private void scheduleMobility(){
        for(int id: mobilityMap.keySet()){
            Pair<Double, Integer> pair = mobilityMap.get(id);
            double mobilityTime = pair.getFirst();
            int mobilityDestinationId = pair.getSecond();
            Pair<Integer, Integer> newConnection = new Pair<Integer,
                Integer>(id, mobilityDestinationId);
            send(getId(), mobilityTime, FogEvents.FutureMobility,
            newConnection);
        }
    }
private void manageMobility(SimEvent ev) {

    Pair<Integer, Integer>pair =
      (Pair<Integer, Integer>)ev.getData();
    int deviceId = pair.getFirst();
    int newParentId = pair.getSecond();
    FogDevice deviceWithMobility = getFogDeviceById(deviceId);
    FogDevice mobilityDest = getFogDeviceById(newParentId);
    deviceWithMobility.setParentId(newParentId);
    System.out.println(CloudSim.clock()+" "+deviceWithMobility
        .getName()+" is now connected to "+mobilityDest.getName());}
```

- 包含在 Controller startEntity 方法中

```
scheduleMobility();
```

- 包含在 Controller processEvent 方法中

```
case FogEvents.FutureMobility:
        manageMobility(ev);
        break;
```

- 放置在 FogEvents 类中

```
public static final int FutureMobility = BASE+26;
```

在代码片段 7 中，使用者能添加移动性管理方法所必要的其他指令来处理移动驱动的问题，如 AppModule 迁移和具有时延的连接。

17.5.7 将低层雾设备与附近网关连接

代码片段 8 是低层雾设备连接到附近网关雾设备的简单方法。这里使用相应的 x 和 y 坐标值创建网关雾设备。

代码片段 8：

- 放置在 Main 类中

```java
private static FogDevice addLowLevelFogDevice(String id,
    int brokerId, String appId){
        FogDevice lowLevelFogDevice = createAFogDevice
            ("LowLevelFogDevice-"+id, 1000, 1000, 10000, 270, 2, 0,
            87.53, 82.44);
        lowLevelFogDevice.setParentId(-1);
        lowLevelFogDevice.setxCoordinate(getValue(10.00));
        lowLevelFogDevice.setyCoordinate(getValue(15.00));
        getIdByName.put(lowLevelFogDevice.getName(),
            lowLevelFogDevice.getId());
        Sensor sensor = new Sensor("s-"+id, "Sensor", brokerId,
            appId, new DeterministicDistribution(getValue(5.00)));
        sensors.add(sensor);
        Actuator actuator = new Actuator("a-"+id, brokerId,
            appId, "OutputData");
        actuators.add(actuator);
        sensor.setGatewayDeviceId(lowLevelFogDevice.getId());
        sensor.setLatency(6.0);
        actuator.setGatewayDeviceId(lowLevelFogDevice.getId());
        actuator.setLatency(1.0);
        return lowLevelFogDevice;}

private static double getValue(double min) {
        Random rn = new Random();
        return rn.nextDouble()*10 + min;}
```

- 放置在 Constructor 类中

```java
private void gatewaySelection() {
        // TODO Auto-generated method stub
        for(int i=0;i<getFogDevices().size();i++){
            FogDevice fogDevice = getFogDevices().get(i);
            int parentID=-1;
            if(fogDevice.getParentId()==-1) {
                double minDistance = Config.MAX_NUMBER;
                for(int j=0;j<getFogDevices().size();j++){
                    FogDevice anUpperDevice = getFogDevices().get(j);
                    if(fogDevice.getLevel()+1==anUpperDevice.getLevel()){
                        double distance = calculateDistance(fogDevice,
                            anUpperDevice);
                        if(distance<minDistance){
                            minDistance = distance;
                            parentID = anUpperDevice.getId();}
                    }
                }
            }
            fogDevice.setParentId(parentID);
        }
    }
private double calculateDistance(FogDevice fogDevice,
    FogDevice anUpperDevice) {
        // TODO Auto-generated method stub
```

```
    return Math.sqrt(Math.pow(fogDevice.getxCoordinate()-
       anUpperDevice.getxCoordinate(), 2.00)+
          Math.pow(fogDevice.getyCoordinate()-anUpperDevice
             .getyCoordinate(), 2.00));}
```

- 包含在 FogDevice 类中

```
protected double xCoordinate;
protected double yCoordinate;

public double getxCoordinate() {
    return xCoordinate;}

public void setxCoordinate(double xCoordinate) {
    this.xCoordinate = xCoordinate;}

public double getyCoordinate() {
    return yCoordinate;}

public void setyCoordinate(double yCoordinate) {
    this.yCoordinate = yCoordinate;}
```

- 包含在 Controller constructor 方法中

```
gatewaySelection();
```

- 包含在 Config 类中

```
public static final double MAX_NUMBER = 9999999.00;
```

17.5.8   创建雾设备集群

在代码片段 9 中，我们运用一个非常简单的原理来创建雾设备集群。在这里，如果驻留在同一层并且与相同的上层雾节点连接的两个雾设备位于阈值距离处，则被认为属于相同的雾集群。

代码片段 9：

- 放置在 Controller 类中

```
static Map<Integer, Integer> clusterInfo = new HashMap<Integer,
    Integer>();
static Map<Integer, List<Integer>> clusters = new HashMap<Integer,
    List<Integer>>();
    private void formClusters() {
        for(FogDevice fd: getFogDevices()){
            clusterInfo.put(fd.getId(), -1);
        }

        int clusterId = 0;

        for(int i=0;i<getFogDevices().size();i++){
            FogDevice fd1 = getFogDevices().get(i);
            for(int j=0;j<getFogDevices().size();j++) {
                FogDevice fd2 = getFogDevices().get(j);
                if(fd1.getId()!=fd2.getId()&&
                   fd1.getParentId()==fd2.getParentId()
                        &&calculateDistance(fd1,fd2)<Config.CLUSTER_
                            DISTANCE && fd1.getLevel()==fd2.getLevel())
                {
```

```
                    int fd1ClusteriD = clusterInfo.get(fd1.getId());
                    int fd2ClusteriD = clusterInfo.get(fd2.getId());
                    if(fd1ClusteriD==-1 && fd2ClusteriD==-1){
                        clusterId++;
                        clusterInfo.put(fd1.getId(), clusterId);
                        clusterInfo.put(fd2.getId(), clusterId);

                    }
                    else if(fd1ClusteriD==-1)
                        clusterInfo.put(fd1.getId(),
                        clusterInfo.get(fd2.getId()));
                    else if(fd2ClusteriD==-1)
                        clusterInfo.put(fd2.getId(),
                        clusterInfo.get(fd1.getId()));
                    }
                }
            }

        for(int id:clusterInfo.keySet()){
            if(!clusters.containsKey(clusterInfo.get(id))){
                List<Integer>clusterMembers = new ArrayList<Integer>();
            clusterMembers.add(id);
            clusters.put(clusterInfo.get(id), clusterMembers);
            }
            else
            {
                List<Integer>clusterMembers = clusters.get
                  (clusterInfo.get(id));
                clusterMembers.add(id);
                 clusters.put(clusterInfo.get(id), clusterMembers);
            }
        }

    for(int id:clusters.keySet())
        System.out.println(id+" "+clusters.get(id));

}
```

- 包含在 Controller constructor 方法中

```
formClusters();
```

- 包含在 Config 类中

```
public static final double CLUSTER_DISTANCE = 2.00;
```

17.6　部署策略的仿真

　　在本节中，我们将讨论一个简单的应用程序部署场景，并在 iFogSim 中仿真雾环境的部署策略。

17.6.1　物理环境的结构

　　在雾环境中，设备按三层的分层顺序进行编排（如图 17.5）。低层雾设备连接到物联网传感器和执行器。网关雾设备桥接云数据中心和终端雾设备以执行模块化应用程序。为简单起见，相同层级的雾装置被认为是同构的。所有传感器的检测频率相同。

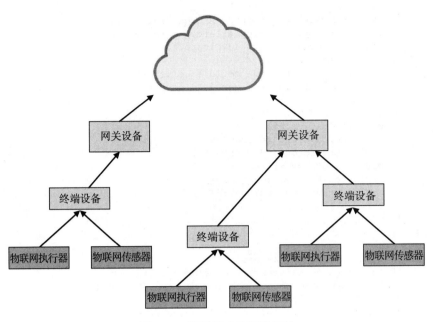

图 17.5   部署策略的网络拓扑

17.6.2   逻辑组件的假设

应用程序模型如图 17.6 所示。在这里，我们假设客户端模块放置在终端雾设备中，而存储模块放置在云端。主模块需要启动一定数量的计算资源。为了在期限内满足不同终端设备的需求，终端设备可以向连接的网关雾设备请求额外的资源。

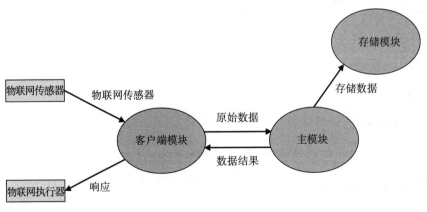

图 17.6   部署策略的应用程序模型

17.6.3   管理（应用程序部署）策略

我们根据不同终端设备的最终期限要求和主机设备的资源可用性，把网关雾设备中的主应用程序模块作为目标。为便于理解，应用程序部署策略的流程如图 17.7 所示。

代码片段 10 展示了在 iFogSim 工具包中仿真该案例场景的必要指令。这里的 MyApplication、MySensor、MyFogDevice、MyActuator、MyController 和 MyPlacement 类与

iFogSim 包中的 Application、Sensor、FogDevice、Actuator、Controller 和 ModulePlacement 类一致。其中明确提到了这些内容。

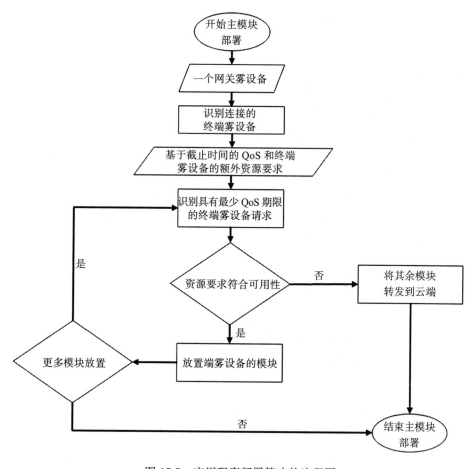

图 17.7 应用程序部署策略的流程图

代码片段 10：

- Main 类

```java
public class TestApplication {
    static List<MyFogDevice> fogDevices = new
        ArrayList<MyFogDevice>();
    static Map<Integer,MyFogDevice> deviceById =
        new HashMap<Integer,MyFogDevice>();
    static List<MySensor> sensors = new ArrayList<MySensor>();
    static List<MyActuator> actuators = new ArrayList<MyActuator>();
    static List<Integer> idOfEndDevices = new ArrayList<Integer>();
    static Map<Integer, Map<String, Double>> deadlineInfo =
        new HashMap<Integer, Map<String, Double>>();
    static Map<Integer, Map<String, Integer>> additionalMipsInfo =
        new HashMap<Integer, Map<String, Integer>>();

    static boolean CLOUD = false;

    static int numOfGateways = 2;
    static int numOfEndDevPerGateway = 3;
```

```
static double sensingInterval = 5;

public static void main(String[] args) {

    Log.printLine("Starting TestApplication...");

    try{
       Log.disable();
       int num_user = 1;
       Calendar calendar = Calendar.getInstance();
       boolean trace_flag = false;
       CloudSim.init(num_user, calendar, trace_flag);
       String appId = "test_app";
       FogBroker broker = new FogBroker("broker");

       createFogDevices(broker.getId(), appId);

       MyApplication application = createApplication(appId,
          broker.getId());
       application.setUserId(broker.getId());

       ModuleMapping moduleMapping = ModuleMapping
          .createModuleMapping();

       moduleMapping.addModuleToDevice("storageModule", "cloud");
       for(int i=0;i<idOfEndDevices.size();i++)
       {
          MyFogDevice fogDevice = deviceById.get
             (idOfEndDevices.get(i));
          moduleMapping.addModuleToDevice("clientModule",
             fogDevice.getName());
       }


       MyController controller = new MyController
          ("master-controller", fogDevices, sensors, actuators);

       controller.submitApplication(application, 0,
          new MyModulePlacement(fogDevices, sensors,
          actuators, application, moduleMapping,"mainModule"));
       TimeKeeper.getInstance().setSimulationStartTime
          (Calendar.getInstance().getTimeInMillis());

       CloudSim.startSimulation();

       CloudSim.stopSimulation();

       Log.printLine("TestApplication finished!");
    } catch (Exception e) {
          e.printStackTrace();
          Log.printLine("Unwanted errors happen");
    }
}

private static double getvalue(double min, double max)
{
    Random r = new Random();
    double randomValue = min + (max - min) * r.nextDouble();
    return randomValue;
}
```

```
private static int getValue(int min, int max)
{
    Random r = new Random();
    int randomValue = min + r.nextInt()%(max - min);
    return randomValue;
}

private static void createFogDevices(int userId, String appId) {
    MyFogDevice cloud = createFogDevice("cloud", 44800, 40000,
        100, 10000, 0, 0.01, 16*103, 16*83.25);
    cloud.setParentId(-1);
    fogDevices.add(cloud);
    deviceById.put(cloud.getId(), cloud);

    for(int i=0;i<numOfGateways;i++){
        addGw(i+"", userId, appId, cloud.getId());
    }
}

private static void addGw(String gwPartialName, int userId,
    String appId, int parentId){
    MyFogDevice gw = createFogDevice("g-"+gwPartialName, 2800,
        4000, 10000, 10000, 1, 0.0, 107.339, 83.4333);
    fogDevices.add(gw);
    deviceById.put(gw.getId(), gw);
    gw.setParentId(parentId);
    gw.setUplinkLatency(4);
    for(int i=0;i<numOfEndDevPerGateway;i++){
        String endPartialName = gwPartialName+"-"+i;
        MyFogDevice end  = addEnd(endPartialName, userId,
        appId, gw.getId());
    end.setUplinkLatency(2);
    fogDevices.add(end);
    deviceById.put(end.getId(), end);
    }
}

private static MyFogDevice addEnd(String endPartialName,
    int userId, String appId, int parentId){
    MyFogDevice end = createFogDevice("e-"+endPartialName, 3200,
        1000, 10000, 270, 2, 0, 87.53, 82.44);
    end.setParentId(parentId);
    idOfEndDevices.add(end.getId());
    MySensor sensor = new MySensor("s-"+endPartialName,
        "IoTSensor", userId, appId, new DeterministicDistribution
        (sensingInterval));
        // 传感器间的传输时间服从确定性分布
    sensors.add(sensor);
    MyActuator actuator = new MyActuator("a-"+endPartialName,
        userId, appId, "IoTActuator");
    actuators.add(actuator);
    sensor.setGatewayDeviceId(end.getId());
    sensor.setLatency(6.0);   // EEG 传感器和父智能手机的连接时延是 6 ms

    actuator.setGatewayDeviceId(end.getId());
    actuator.setLatency(1.0);   // 显示执行器和父智能手机的连接时延是 1 ms

    return end;
}

private static MyFogDevice createFogDevice(String nodeName,
```

```
        long mips, int ram, long upBw, long downBw, int level,
        double ratePerMips, double busyPower, double idlePower) {
        List<Pe> peList = new ArrayList<Pe>();
        peList.add(new Pe(0, new PeProvisionerOverbooking(mips)));
        int hostId = FogUtils.generateEntityId();
        long storage = 1000000;
        int bw = 10000;

        PowerHost host = new PowerHost(
            hostId,
            new RamProvisionerSimple(ram),
            new BwProvisionerOverbooking(bw),
            storage,
            peList,
            new StreamOperatorScheduler(peList),
            new FogLinearPowerModel(busyPower, idlePower)
          );
        List<Host> hostList = new ArrayList<Host>();
        hostList.add(host);
        String arch = "x86";
        String os = "Linux";
        String vmm = "Xen";
        double time_zone = 10.0;
        double cost = 3.0;
        double costPerMem = 0.05;
        double costPerStorage = 0.001;
        double costPerBw = 0.0;
        LinkedList<Storage> storageList = new LinkedList<Storage>();
        FogDeviceCharacteristics characteristics =
            new FogDeviceCharacteristics(
            arch, os, vmm, host, time_zone, cost, costPerMem,
            costPerStorage, costPerBw);

        MyFogDevice fogdevice = null;
        try {
            fogdevice = new MyFogDevice(nodeName, characteristics,
                new AppModuleAllocationPolicy(hostList),
                storageList, 10, upBw, downBw, 0, ratePerMips);
        } catch (Exception e) {
            e.printStackTrace();}
        fogdevice.setLevel(level);
        fogdevice.setMips((int) mips);
        return fogdevice;}

    @SuppressWarnings({"serial" })
    private static MyApplication createApplication(String appId,
        int userId){

        MyApplication application = MyApplication.createApplication
            (appId, userId);
        application.addAppModule("clientModule",10, 1000, 1000, 100);
        application.addAppModule("mainModule", 50, 1500, 4000, 800);
        application.addAppModule("storageModule", 10, 50, 12000, 100);

        application.addAppEdge("IoTSensor", "clientModule", 100, 200,
            "IoTSensor", Tuple.UP, AppEdge.SENSOR);
        application.addAppEdge("clientModule", "mainModule", 6000,
            600  , "RawData", Tuple.UP, AppEdge.MODULE);
        application.addAppEdge("mainModule", "storageModule", 1000,
            300, "StoreData", Tuple.UP, AppEdge.MODULE);
        application.addAppEdge("mainModule", "clientModule", 100, 50,
```

```
            "ResultData", Tuple.DOWN, AppEdge.MODULE);
        application.addAppEdge("clientModule", "IoTActuator", 100, 50,
            "Response", Tuple.DOWN, AppEdge.ACTUATOR);

        application.addTupleMapping("clientModule", "IoTSensor",
            "RawData", new FractionalSelectivity(1.0));
        application.addTupleMapping("mainModule", "RawData",
            "ResultData", new FractionalSelectivity(1.0));
        application.addTupleMapping("mainModule", "RawData",
            "StoreData", new FractionalSelectivity(1.0));
        application.addTupleMapping("clientModule", "ResultData",
            "Response", new FractionalSelectivity(1.0));

        for(int id:idOfEndDevices)
        {
            Map<String,Double>moduleDeadline = new HashMap
                <String,Double>();
            moduleDeadline.put("mainModule", getvalue(3.00, 5.00));
            Map<String,Integer>moduleAddMips = new HashMap<String,
                Integer>();
            moduleAddMips.put("mainModule", getvalue(0, 500));
            deadlineInfo.put(id, moduleDeadline);
            additionalMipsInfo.put(id,moduleAddMips);}

        final AppLoop loop1 = new AppLoop(new ArrayList<String>(){{
            add("IoTSensor");add("clientModule");add("mainModule");
            add("clientModule");add("IoTActuator");}});
        List<AppLoop> loops = new ArrayList<AppLoop>(){{add(loop1);}};
        application.setLoops(loops);
        application.setDeadlineInfo(deadlineInfo);
        application.setAdditionalMipsInfo(additionalMipsInfo);
        return application;}
}
```

- 包含在 MyApplication 类中

```
private Map<Integer, Map<String, Double>> deadlineInfo;
private Map<Integer, Map<String, Integer>> additionalMipsInfo;

public Map<Integer, Map<String, Integer>> getAdditionalMipsInfo() {
        return additionalMipsInfo;
    }
public void setAdditionalMipsInfo(
        Map<Integer, Map<String, Integer>> additionalMipsInfo) {
        this.additionalMipsInfo = additionalMipsInfo;
    }
public void setDeadlineInfo(Map<Integer, Map<String, Double>>
    deadlineInfo) {
        this.deadlineInfo = deadlineInfo;
    }

public Map<Integer, Map<String, Double>> getDeadlineInfo() {
        return deadlineInfo;
    }
public void addAppModule(String moduleName,int ram, int mips,
    long size, long bw){
        String vmm = "Xen";
        AppModule module = new AppModule(FogUtils.generateEntityId(),
            moduleName, appId, userId, mips, ram, bw, size, vmm,
            new TupleScheduler(mips, 1), new HashMap<Pair<String,
            String>, SelectivityModel>());

        getModules().add(module);    }
```

- 包含在 MyFogDevice 类中

```
private int mips;

    public int getMips() {
        return mips;
    }

    public void setMips(int mips) {
        this.mips = mips;
    }
```

- MyModulePlacement 类

```
public class MyModulePlacement extends MyPlacement{

protected ModuleMapping moduleMapping;
protected List<MySensor> sensors;
protected List<MyActuator> actuators;
protected String moduleToPlace;
protected Map<Integer, Integer> deviceMipsInfo;

public MyModulePlacement(List<MyFogDevice> fogDevices,
    List<MySensor> sensors, List<MyActuator> actuators,
        MyApplication application, ModuleMapping
            moduleMapping, String moduleToPlace){
        this.setMyFogDevices(fogDevices);
        this.setMyApplication(application);
        this.setModuleMapping(moduleMapping);
        this.setModuleToDeviceMap(new HashMap<String,
            List<Integer>>());
        this.setDeviceToModuleMap(new HashMap<Integer,
            List<AppModule>>());
        setMySensors(sensors);
        setMyActuators(actuators);
        this.moduleToPlace = moduleToPlace;
        this.deviceMipsInfo = new HashMap<Integer, Integer>();
        mapModules();
    }

    @Override
    protected void mapModules() {

        for(String deviceName : getModuleMapping().
            getModuleMapping().keySet()){
            for(String moduleName : getModuleMapping().
                getModuleMapping().get(deviceName)){
                int deviceId = CloudSim.getEntityId(deviceName);
                AppModule appModule = getMyApplication().
                    getModuleByName(moduleName);
                if(!getDeviceToModuleMap().containsKey(deviceId))
                {
                List<AppModule>placedModules = new ArrayList
                    <AppModule>();
                placedModules.add(appModule);
                getDeviceToModuleMap().put(deviceId,
                    placedModules);
                }
                else
                {
                    List<AppModule>placedModules =
```

```
                    getDeviceToModuleMap().gct(deviceId);
                placedModules.add(appModule);
                getDeviceToModuleMap().put(deviceId,
                    placedModules);
            }
        }
    }
for(MyFogDevice device:getMyFogDevices())
{
    int deviceParent = -1;
    List<Integer>children = new ArrayList<Integer>();

    if(device.getLevel()==1)
    {
        if(!deviceMipsInfo.containsKey(device.getId()))
            deviceMipsInfo.put(device.getId(), 0);
        deviceParent = device.getParentId();
        for(MyFogDevice deviceChild:getMyFogDevices())
        {
            if(deviceChild.getParentId()==device.getId()){
                children.add(deviceChild.getId());}
        }
        Map<Integer, Double>childDeadline = new HashMap<Integer,
            Double>();
        for(int childId:children)
            childDeadline.put(childId,getMyApplication().
            getDeadlineInfo().get(childId).get(moduleToPlace));

        List<Integer> keys = new ArrayList <Integer>
            (childDeadline.keySet());

        for(int i = 0; i<keys.size()-1; i++)
        {
            for(int j=0;j<keys.size()-i-1;j++)
            {
                if(childDeadline.get(keys.get(j))>childDeadline
                    .get(keys.get(j+1))){
                int tempJ = keys.get(j);
                int tempJn = keys.get(j+1);
                keys.set(j, tempJn);
                keys.set(j+1, tempJ);
                }
            }
        }
    }
    int baseMipsOfPlacingModule = (int)getMyApplication().
      getModuleByName(moduleToPlace).getMips();
    for(int key:keys)
    {
        int currentMips = deviceMipsInfo.get(device.getId());
        AppModule appModule = getMyApplication()
            .getModuleByName(moduleToPlace);
        int additionalMips = getMyApplication().
            getAdditionalMipsInfo().get(key).get(moduleToPlace);
        if(currentMips+baseMipsOfPlacingModule+additionalMips
                                <device.getMips())
        {
            currentMips = currentMips+baseMipsOfPlacingModule+
                additionalMips;
            deviceMipsInfo.put(device.getId(), currentMips);
            if(!getDeviceToModuleMap().containsKey
                (device.getId()))
```

```
            {
                List<AppModule>placedModules = new
                    ArrayList<AppModule>();
                placedModules.add(appModule);
                getDeviceToModuleMap().put(device.getId(),
                    placedModules);

            }
            else
            {
            List<AppModule>placedModules =
                getDeviceToModuleMap().get(device.getId());
            placedModules.add(appModule);
            getDeviceToModuleMap().put(device.getId(),
                placedModules);
            }

        }
        else
        {
            List<AppModule>placedModules =
                getDeviceToModuleMap().get(deviceParent);
            placedModules.add(appModule);
            getDeviceToModuleMap().put(deviceParent,
            placedModules);
            }
        }
      }
    }
}

public ModuleMapping getModuleMapping() {
    return moduleMapping;
}

public void setModuleMapping(ModuleMapping moduleMapping) {
    this.moduleMapping = moduleMapping;
}


public List<MySensor> getMySensors() {
    return sensors;
}

  public void setMySensors(List<MySensor> sensors) {
     this.sensors = sensors;
}

public List<MyActuator> getMyActuators() {
    return actuators;
}

public void setMyActuators(List<MyActuator> actuators) {
    this.actuators = actuators;
}
}
```

17.7   智能医疗案例研究

在目前的医疗保健解决方案中，物联网主要通过手持或者与身体接触的物联网设备（如脉搏血氧仪、心电监护仪、智能手表等）发挥作用，这些设备通过客户端应用程序模块感知用户的健康状况。物联网设备通常与智能手机连接，并且智能手机充当相应的应用程序的网关节点。这些网关节点会预处理物联网设备的感知数据。如果应用程序网关节点中可用的资源满足需求，则在网关节点处进行应用程序的数据分析和事件管理操作，否则这些操作将在上层雾节点处执行。对于上述第二种情况，应用程序网关节点选择合适的计算节点来部署其他应用程序模块并基于那些模块的结果启动执行器。我们讨论了在 iFogSim 中仿真相应雾环境的方法，并扩展了物联网支持的智能医疗解决方案的案例[5]。物联网支持的智能医疗方案的系统架构和应用程序模型分别如图 17.8 和图 17.9 所示，下面列出了系统和应用程序的功能，以及在 iFogSim 中对其进行建模的必要指南：

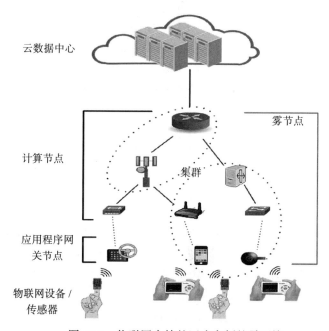

图 17.8　物联网支持的医疗案例的雾环境

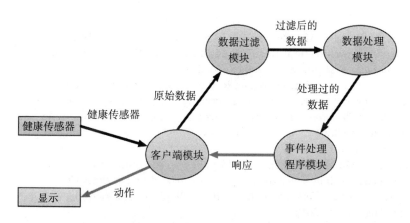

图 17.9　物联网支持的医疗案例的应用程序模型

- 它是一个 n 层分层的雾环境。随着雾层的级别变高，在该层的雾设备的数量变少。

雾设备之间形成集群，并且可以移动。物联网设备（如脉搏血氧仪、心电监护仪等）连接到低层雾设备。物联网设备的检测频率不同。对这些物理实体进行建模需要三个步骤：

1）按照代码片段 1 和代码片段 10 创建 FogDevice 对象并定义 n 层分层的雾环境。

2）使用代码片段 5 和代码片段 6 创建具有不同检测间隔的 Sensor 对象，同时传输特定数量的元组。

3）通过修改代码片段 7 和代码片段 9，分别模拟雾设备的移动性和集群结构。

- 应用程序模型由四个具有顺序单向数据流的模块组成。不同应用程序模块的要求不同，每个应用程序模块可以从主雾设备请求额外的资源，以在 QoS 定义的期限内处理数据。对这些逻辑实体进行建模同样需要三个步骤：

1）通过代码片段 2 和代码片段 3 为物联网支持的医疗应用程序定义对象。

2）使用代码片段 4 创建具有不同要求的 ApplicationModule 对象。

3）使用代码片段 10 处理应用程序模块期望的其他要求和截止时间。

- 在本案例研究中，应用程序模块的部署方式应尽可能减少应用程序生成事件响应所需的时间。在这种情况下，在受约束的雾设备上放置模块对时延感知可能非常有效[14]。模拟这些管理问题的步骤如下：

1）修改代码片段 8，使用低时延的雾计算节点连接应用程序网关节点。

2）使用代码片段 10 实现用户定义的时延感知应用程序部署策略。

17.8 结论

在本章中，我们重点介绍了 iFogSim 的主要功能，提供了安装和仿真雾环境的说明，并讨论了一些示例场景和相应的代码片段。最后，我们演示了如何在 iFogSim 仿真的雾环境中实现自定义应用程序部署，并提供了一个物联网支持的智能医疗案例研究。

本章所讨论的示例场景和部署策略的源代码可以在 CLOUDS 实验室的 GitHub 网页中获取：https://github.com/Cloudslab/iFogSimTutorials。

参考文献

1 J. Gubbi, R. Buyya, S. Marusic, and M. Palaniswami. Internet of Things (IoT): A vision, architectural elements, and future directions. *Future Generation Computer Systems*, 29(7): 1645–1660, 2013.

2 R. Mahmud, K. Ramamohanarao, and R. Buyya. Fog computing: A taxonomy, survey and future directions. *Internet of Everything: Algorithms, Methodologies, Technologies and Perspectives*. Di Martino Beniamino, Yang Laurence, Kuan-Ching Li, et al. (eds.), ISBN 978-981-10-5861-5, Springer, Singapore, Oct. 2017.

3 F. Bonomi, R. Milito, J. Zhu, and S. Addepalli. Fog computing and its role in the Internet of things. In *Proceedings of the first edition of the MCC workshop on Mobile Cloud computing (MCC '12)*, pp. 13–16, Helsinki, Finland, Aug. 17–17, 2012.

4 A. V. Dastjerdi and R. Buyya. Fog computing: Helping the Internet of Things realize its potential. *IEEE Computer*, 49(8):112–116, 2016.

5 R. Mahmud, F. L. Koch, and R. Buyya. Cloud-fog interoperability in IoT-enabled healthcare solutions. In *Proceedings of the 19th Interna-

tional Conference on Distributed Computing and Networking (ICDCN '18), pp. 1–10, Varanasi, India, Jan. 4–7, 2018.

6 C. Sonmez, A. Ozgovde, and C. Ersoy. Edgecloudsim. An environment for performance evaluation of edge computing systems. In *Proceedings of the Second International Conference on Fog and Mobile Edge Computing (FMEC'17)*, pp. 39–44, Valencia, Spain, May 8–11, 2017.

7 Online: https://www.smplsft.com/SimpleIoTSimulator.html, Accessed April 17, 2018.

8 H. Gupta, A. Dastjerdi, S. Ghosh, and R. Buyya. iFogSim: A toolkit for modeling and simulation of resource management techniques in internet of things, edge and fog computing environments. *Software: Practice and Experience (SPE)*, 47(9): 1275–1296, 2017.

9 R.N. Calheiros, R. Ranjan, A. Beloglazov, C.A.F. De Rose, and R. Buyya. CloudSim: A toolkit for modeling and simulation of cloud computing environments and evaluation of resource provisioning algorithms. *Software: Practice and Experience*, 41(1): 23–50, 2011.

10 R. Benali, H. Teyeb, A. Balma, S. Tata, and N. Hadj-Alouane. Evaluation of traffic-aware VM placement policies in distributed cloud using CloudSim. In *Proceedings of the 25th International Conference on Enabling Technologies: Infrastructure for Collaborative Enterprises (WETICE'16)*, pp. 95–100, Paris, France, June 13–15, 2016.

11 R. Mahmud, M. Afrin, M.A. Razzaque, M.M. Hassan, A. Alelaiwi and M.A. AlRubaian. Maximizing quality of experience through context-aware mobile application scheduling in cloudlet infrastructure. *Software: Practice and Experience*, 46(11):1525–1545, 2016.

12 M. Taneja and A. Davy. Resource aware placement of IoT application modules in Fog-Cloud Computing Paradigm. In *Proceedings of the IFIP/IEEE Symposium on Integrated Network and Service Management (IM'17)*, pp. 1222–1228, Lisbon, Portugal, May 8–12, 2017

13 L.F. Bittencourt, J. Diaz-Montes, R. Buyya, O.F. Rana, and M. Parashar. Mobility-aware application scheduling in fog computing. *IEEE Cloud Computing*, 4(2): 26–35, 2017.

14 R. Mahmud, K. Ramamohanarao, and R. Buyya. Latency-aware application module management for fog computing environments. *ACM Transactions on Internet Technology (TOIT)*, DOI: 10.1145/3186592, 2018.

15 R. Mahmud, S. N. Srirama, K. Ramamohanarao, and R. Buyya. Quality of experience (QoE)-aware placement of applications in fog computing environments. *Journal of Parallel and Distributed Computing*. DOI: 10.1016/j.jpdc.2018.03.004, 2018.

16 M. Mahmoud, J. Rodrigues, K. Saleem, J. Al-Muhtadi, N. Kumar, and V. Korotaev. Towards energy-aware fog-enabled cloud of things for healthcare. *Computers & Electrical Engineering*, 67: 58–69, 2018.

17 A. Chai, M. Bazm, S. Camarasu-Pop, T. Glatard, H. Benoit-Cattin and F. Suter. Modeling distributed platforms from application traces for realistic file transfer simulation. In *Proceedings of the 17th IEEE/ACM International Symposium on Cluster, Cloud and Grid Computing (CCGRID'17)*, pp. 54–63, Madrid, Spain, May 14–15, 2017.

18 O. Skarlat, M. Nardelli, S. Schulte, and S. Dustdar. Towards QoS-aware fog service placement. In *Proceedings of the 1st IEEE International Conference on Fog and Edge Computing (ICFEC'17)*, pp. 89–96, Madrid, Spain, May 14–15, 2017.

推荐阅读

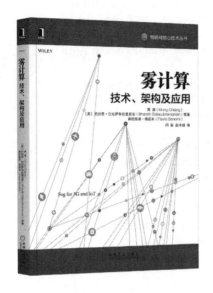 

雾计算：技术、架构及应用

作者：Mung Chiang, Bharath Balasubramanian, Flavio Bonomi

ISBN：978-7-111-58402-5 定价：79.00元

"雾"是更贴近地面的"云"，本书将带领你"拨云见雾"，开启5G与物联网的新时代！

随着终端设备性能的飞速提升，雾不仅能够解决云面临的难题，还能为企业的快速创新提供机遇。雾计算关注以客户端为中心的感知，充分利用边缘设备的计算、存储、通信和管理能力，具有低时延的优势，在智慧城市、车联网、AR/VR游戏和视频点播等方面有着广阔的应用前景，堪称物联网关键领域的完美解决方案。

本书云集了来自学术界和企业界的先锋学者和实践专家，全面讨论雾计算的关键技术和工程应用，对雾架构的组网、计算和存储等方面进行了深入分析，涉及众多前沿研究和设计挑战。本书对于相关领域的研究者、工程师和学生都非常有益，将助力其在技术变革的风暴中"腾云驾雾"。

用于物联网的Arduino项目开发：实用案例解析

作者：Adeel Javed ISBN：978-7-111-56360-0 定价：59.00元

这是一本关于如何用Arduino构建日常使用的、能连接到互联网的设备的书。有了联网的设备，应用就可以发挥联网的优势。

本书给急于学习Arduino的爱好者提供绝佳参考。它通过具体的项目实例展示Arduino的工作原理，以及用Arduino能实现什么，涉及用Arduino实现互联网连接、常见的物联网协议、定制的网页可视化，以及按需或实时接收传感器数据的安卓应用等。

本书能给你提供基于Arduino设备开发的坚实基础，你可以根据自己特定的开发需求来选择起步的方向。

推荐阅读

传感网原理与技术
作者：李士宁 等 ISBN：978-7-111-45968-2 定价：39.00元

物联网信息安全
作者：桂小林 等 ISBN：978-7-111-47089-2 定价：45.00元

传感器原理与应用
作者：郑阿奇 等 ISBN：978-7-111-48026-6 定价：35.00元

ZigBee技术原理与实战
作者：杜军朝 ISBN：978-7-111-48096-9 定价：59.00元

物联网工程设计与实施
作者：黄传河 ISBN：978-7-111-49635-9 定价：45.00元

物联网通信技术
作者：黄传河 ISBN：978-7-111-52805-0 定价：49.00元

解读物联网

书号: 978-7-111-52150-1 作者: 吴功宜 吴英 定价: 79.00元

- 本书采用问/答形式，针对物联网学习者常见的困惑和问题进行解答。全书包括300多个问题，辅以400余幅插图及大量的数据、表格，深度解析了物联网的背景知识和疑难问题，帮助学习者理解物联网的方方面面。
- 本书贯彻了应用驱动的思路，贴近社会发展与技术发展的前沿。以物联网的特征、关键技术为主线，以九大应用领域为重点，阐明物联网发展对推动社会发展的重要作用；以物联网引发的科学研究问题为线索，说明物联网对未来科学技术发展的重大影响，向读者全方位展示物联网的"前世、今生与未来"。
- 本书不仅涵盖物联网关键技术和应用的介绍，还体现了作者对物联网这一新生事物的发展与前景的深度思考，以及把握一项新技术的前景与发展趋势的方法。这种从全局高度分析、考量新技术的方式对避免跟风新技术，把握技术发展的大趋势大有裨益。